원큐패스는 수험생들이 **한번에 합격**하기를 응원합니다.

미용사 일반 필기

김선희 · 김서원 공저

다락원

저자소개

김선희
現 경복대학교 준오헤어디자인과 부교수
現 NCS 자격기관 컨설팅 위원
現 한국인체미용예술학회 사독위원
한양대학교 이학박사
CIABC Licensed Hairstylist, Canada

김서원
現 뷰티연구소 K(케이) 대표
現 일본 헐리우드미용전문학교 한국사무소 운영
現 서울종합예술실용학교 뷰티예술계열 교수
現 삼육보건대 뷰티융합과 P-tech 교수
NCS학습모듈 헤어미용 분야 개발 참여

머리말

이 책은 다양한 학습 환경에서 자기 주도적 방법으로 미용사 일반 자격증을 취득하고자 노력하는 학습자를 대상으로 집필된 수험 참고서입니다.

미용사 일반 필기자격 시험에서 요구하는 학습의 범위와 양은 다른 자격시험에 비해 현저히 방대합니다. 이러한 현실을 반영하여 현재 한국산업인력공단에서 발표한 출제기준과 기출을 분석하여 학습내용을 구성하였습니다. 실기 테크닉과 관련된 이해도가 요구되는 영역은 수험생이 수월하게 학습할 수 있도록 자세한 그림과 참고 내용을 준비했습니다.

학습자가 출제영역별로 구분된 핵심이론을 학습한 후 출제예상문제를 풀이하여 자가진단하고, 실제시험과 동일하게 구성한 실전 모의고사를 치르는 순서로 손쉽게 미용사 일반 필기자격 시험을 준비할 수 있도록 하였습니다. 또한, NCS 헤어미용의 학습내용도 연계 반영하여 산업현장이 요구하는 실무형 인재로 성장하는 데 도움이 되고자 합니다.

이 책의 특징은 다음과 같습니다.

핵심이론
핵심만 간추려 학습량을 줄인 설명과 생생한 자료 사진과 일러스트를 제공하여 학습내용을 빠르게 이해할 수 있습니다.

출제예상문제
각 장별로 출제예상문제를 수록하여 이론에 대한 확인과 시험 대비를 할 수 있습니다.

실전모의고사
CBT 형식에 맞게 구성한 적중률 높은 5회의 실전모의고사를 통해 실전 대비를 할 수 있습니다.

이 책을 통하여 수험생이 미용사 일반 필기자격 시험에 합격하는 기쁨을 누리기를 기원하며, 미용 산업 현장에 첫발을 내딛어 미용전문 인재로 성장하기를 기대합니다.

저자 일동

개요

미용업무는 공중위생분야로서 국민의 건강과 직결되어 있는 중요한 분야로 향후 국가의 산업구조가 제조업에서 서비스업 중심으로 전환되는 차원에서 수요가 증대되고 있다. 분야별로 세분화 및 전문화 되고 있는 세계적인 추세에 맞추어 미용의 업무 중 헤어미용을 수행할 수 있는 미용분야 전문인력을 양성하여 국민의 보건과 건강을 보호하기 위하여 자격제도를 제정

수행직무

아름다운 헤어스타일 연출 등을 위하여 헤어 및 두피에 적절한 관리법과 기기 및 제품을 사용하여 일반미용을 수행

진로 및 전망

미용실에 취업하거나 직접 자신의 미용실을 운영할 수 있다. 미용업계가 과학화, 기업화됨에 따라 미용사의 지위와 대우가 향상되고 작업조건도 양호해질 전망이며, 남자가 미용실을 이용하는 경향이 두드러지고, 많은 남자 미용사가 활동하는 미용 업계의 경향으로 보아 남자에게도 취업의 기회가 확대될 전망이다.

검정형 시험안내

※ 과정평가형으로도 취득할 수 있습니다.

응시방법

한국산업인력공단 홈페이지
[회원가입 → 원서접수 신청 → 자격선택 → 종목선택 → 응시유형 →
추가입력 → 장소선택 → 결제하기]

시험일정

상시시험
자세한 일정은 Q-net(http://q-net.or.kr)에서 확인

필기시험

필기검정방법 : 객관식 4지 택일형
문제수 : 60문항
시험시간 : 1시간(60분)
합격기준 : 100점을 만점으로 하여 60점 이상

실기시험

실기검정방법 : 작업형
시험시간 : 3시간 정도
합격기준 : 100점을 만점으로 하여 60점 이상

합격률

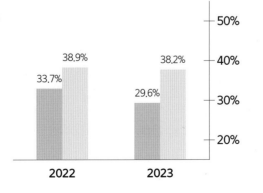

1. 미용업 안전위생관리

미용의 이해	미용의 개요, 미용의 역사
피부의 이해	피부와 피부 부속 기관, 피부유형분석, 피부와 영양, 피부와 광선, 피부면역, 피부노화, 피부장애와 질환
화장품 분류	화장품 기초, 화장품 제조, 화장품의 종류와 기능
미용사 위생 관리	개인 건강 및 위생관리
미용업소 위생 관리	미용도구와 기기의 위생관리, 미용업소 환경위생
미용업 안전사고 예방	미용업소 시설·설비의 안전관리, 미용업소 안전사고 예방 및 응급조치

2. 고객응대 서비스

고객 안내 업무	고객 응대

3. 헤어샴푸

헤어샴푸	샴푸제의 종류, 샴푸 방법
헤어트리트먼트	헤어트리트먼트제의 종류, 헤어트리트먼트 방법

4. 두피·모발관리

두피·모발 관리 준비	두피·모발의 이해
두피 관리	두피 분석, 두피 관리 방법
모발 관리	모발 분석, 모발 관리 방법
두피·모발 관리 마무리	두피·모발 관리 후 홈케어

5. 원랭스 헤어커트

원랭스 커트	헤어 커트의 도구와 재료, 원랭스 커트의 분류, 원랭스 커트의 방법
원랭스 커트 마무리	원랭스 커트의 수정·보완

6. 그래쥬에이션 헤어커트

그래쥬에이션 커트	그래쥬에이션 커트 방법
그래쥬에이션 커트 마무리	그래쥬에이션 커트의 수정·보완

7. 레이어 헤어커트

레이어 헤어커트	레이어 커트 방법
레이어 헤어커트 마무리	레이어 커트의 수정·보완

8. 쇼트 헤어커트

장가위 헤어커트	쇼트 커트 방법
클리퍼 헤어커트	클리퍼 커트 방법
쇼트 헤어커트 마무리	쇼트 커트의 수정·보완

9. 베이직 헤어펌	
베이직 헤어펌 준비	헤어펌 도구와 재료
베이직 헤어펌	헤어펌의 원리, 헤어펌 방법
베이직 헤어펌 마무리	헤어펌 마무리 방법
10. 매직스트레이트 헤어펌	
매직스트레이트 헤어펌	매직스트레이트 헤어펌 방법
매직스트레이트 헤어펌 마무리	매직스트레이트 헤어펌 마무리와 홈케어
11. 기초 드라이	
스트레이트 드라이	스트레이트 드라이 원리와 방법
C컬 드라이	C컬 드라이 원리와 방법
12. 베이직 헤어컬러	
베이직 헤어컬러	헤어컬러의 원리, 헤어컬러제의 종류, 헤어컬러 방법
베이직 헤어컬러 마무리	헤어컬러 마무리 방법
13. 헤어미용 전문제품 사용	
제품 사용	헤어전문제품의 종류, 헤어전문제품의 사용방법
14. 베이직 업스타일	
베이직 업스타일 준비	모발상태와 디자인에 따른 사전준비, 헤어세트롤러의 종류, 헤어세트롤러의 사용방법
베이직 업스타일 진행	업스타일 도구의 종류와 사용법, 모발상태와 디자인에 따른 업스타일 방법
베이직 업스타일 마무리	업스타일 디자인 확인과 보정
15. 가발 헤어스타일 연출	
가발 헤어스타일	가발의 종류와 특성, 가발의 손질과 사용법
헤어 익스텐션	헤어 익스텐션 방법 및 관리
16. 공중위생관리	
공중보건	공중보건 기초, 질병관리, 가족 및 노인보건, 환경보건, 식품위생과 영양, 보건행정
소독	소독의 정의 및 분류, 미생물 총론, 병원성 미생물, 소독방법, 분야별 위생·소독
공중위생관리법규 (법, 시행령, 시행규칙)	목적 및 정의, 영업의 신고 및 폐업, 영업자 준수사항, 면허, 업무, 행정지도감독, 업소 위생등급, 위생교육, 벌칙, 시행령 및 시행규칙 관련 사항

차례

1장

미용업 안전 위생관리

능력단위의 정의

미용업 안전위생 관리는 고객에게 청결하고 안전한 서비스를 제공하기 위해 미용사와 서비스 공간의 위생을 관리하고 안전사고를 예방하는 능력이다.

1절 미용의 이해

1 미용의 개요

1 미용의 정의

일반적 미용	복식을 제외하고 얼굴, 머리, 피부 등에 물리적·화학적 시술을 하여 외모를 아름답고 건강하게 유지·발전시키는 행위
NCS의 헤어미용직무	고객의 미적 요구와 정서적 만족감 충족을 위해 미용기기와 제품을 활용하여 샴푸, 헤어커트, 헤어퍼머넌트 웨이브, 헤어컬러, 두피·모발관리, 헤어스타일 연출 등의 미용 서비스를 제공하는 일
공중위생관리법의 미용업	손님의 얼굴, 머리, 피부 및 손톱·발톱 등을 손질하여 손님의 외모를 아름답게 꾸미는 영업

> **참고** 공중위생관리법의 미용사 업무의 범위
> 파마, 머리카락 자르기, 머리카락 모양내기, 머리피부 손질, 머리카락 염색, 머리감기, 의료기기나 의약품을 사용하지 않는 눈썹 손질

2 미용의 의의
① 시대의 문화, 풍속을 구성하는 중요한 요소로 시대의 요구에 맞춰 새롭게 개발된다.
② 유행을 보급시키기 위해 미용의 건전한 발달이 요구된다.
③ 개인의 보건위생과 직접적인 관계가 있기 때문에 공중위생관리법에 규정된 사항을 준수한다.

3 미용의 목적
① 외모를 건강하고 아름답게 관리하여 미적 표현 욕구를 충족
② 심리적 욕구를 만족시키고 생산의욕을 높임
③ 단정한 용모를 가꾸어 긍정적인 이미지를 창출
④ 외모의 결점을 보완하고 개성미를 연출

> **참고**
> 현실적인 효용성 측면에서 제약을 받지 않는 순수예술인 음악, 문예, 조각, 순수 회화 등의 자유예술(自由藝術)과 비교하면, 미용은 고객 대상의 다양한 제한적 상황에서 미적 감각을 표현하는 부용예술(附庸藝術)적 특성을 가지고 있다.

4 미용의 특수성

① 고객의 의사를 존중하고자 하는 미용사 의사표현의 제한성

② 고객의 신체 일부를 소재로 작업하는 소재 선택의 제한성

③ 방문고객을 대상으로 작업하는 시간적 제한성

④ 고객의 나이, 직업, 시술목적(T.P.O), 희망 스타일 등을 고려하여 작업

> **참고** T.P.O
>
> T(시간, Time) / P(장소, Place) / O(상황, Occasion)

5 미용의 4단계 과정

> **소재 확인**
> 고객의 특징을 신속하게 관찰하고 분석

▼

> **구상**
> (고객의 희망사항을 파악한 이후)
> 분석한 소재의 특징을 고려한 기술 연구와 디자인 계획

▼

> **제작**
> 구상한 디자인을 기술과 예술적 감각으로 구체화하는 작업

▼

> **보정**
> 전체의 형태와 조화미를 고려하여 수정 및 보완
> 고객의 만족여부를 확인하고 마무리

2 미용 기본용어

1 두상의 지점

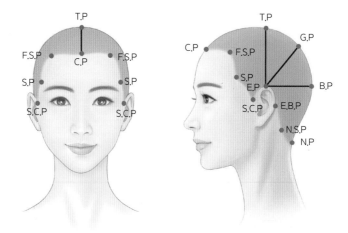

▲ 두부의 주요 포인트

C.P.	센터 포인트(Center Point)		S.P.	사이드 포인트(Side Point)
T.P.	탑 포인트(Top Point)		S.C.P.	사이드 코너 포인트(Side Corner Point)
G.P.	골든 포인트(Golden Point)		E.P.	이어 포인트(Ear Point)
B.P.	백 포인트(Back Point)		E.B.P.	이어 백 포인트(Ear Back Point)
N.P.	네이프 포인트(Nape Point)		N.S.P.	네이프 사이드 포인트(Nape Side Point)
F.S.P.	프론트 사이드 포인트(Front Side Point)			

참고 두부의 구분

2 두상의 구획과 명칭

정확하고 편리한 헤어 디자인을 완성하기 위해 두상을 구획으로 나누는 것을 블로킹(blocking)이라 함

1	앞머리 영역	F.S.P~T.P~F.S.P
2	U라인 영역(말발굽형 블로킹)	F.S.P~G.P~ F.S.P
3	리세션 블로킹(recession blocking)	S.P~G.B.M.P~ S.P 두상의 가장 넓은 부위를 연결하는 선
4	센터라인(정중선, Center Line) 두상의 좌우가 대칭되는 지점의 연결선	C.P~T.P~ N.P
5	이어 투 이어라인(측중선, Ear to Ear Line) 좌우 이어 포인트를 연결한 선	E.P~T.P~E.P
6	헴라인(hemline) 피부와 두피의 경계선이며 머리카락이 나기 시작한 선	
7	페이스라인 얼굴면의 머리카락이 나기 시작한 라인	S.C.P~C.P~S.C.P
8	네이프 라인(목뒤선, Nape Line)	N.S.P~N.P~N.S.P
9	이어 백 라인(목옆선, Ear Back Line)	E.P~E.B.P~N.S.P

※ G.B.M.P : 골든 백 미디엄 포인트(Golden Back Medium Point)

3 미용작업의 자세

1 미용사의 사명(역할)과 고객응대

① 미용전문 지식을 습득하여 고객이 만족하는 개성을 살린 미(아름다움)를 연출
② 시대의 문화를 반영한 건전한 유행 유도
③ 공중위생과 안전에 주의
④ 고객응대 예절과 친절한 서비스 제공
⑤ 정돈되고 매력적인 모습으로 작업준비

2 **올바른 미용작업 자세**

① 다리를 어깨 너비 정도로 벌려 안정된 자세로 피로감을 줄이도록 한다.
② 힘을 배분하여 균일한 동작을 하도록 한다.
③ 심장의 높이와 평행한 정도로 고객의 위치를 조절한다.
④ 정상 시력일 경우 안구에서 약 25cm 정도의 작업거리를 유지한다.
⑤ 실내조도는 75Lux 이상이 되도록 한다.
⑥ 샴푸를 할 때는 약 15cm(6인치) 정도 양발을 벌리고 서서 등을 곧게 펴고 시술한다.
⑦ 구부리는 동작을 할 때는 허리를 구부리고 고객 위로 너무 가까이 가지 않는다.

4 미용의 역사

1 **한국의 미용**

(1) 삼한시대(고대)

① 수장급은 관모를 착용하고 전쟁포로와 노예는 머리카락을 깎아서 표시함
② 마한의 남성은 결혼 후 상투를 틀어 올림
③ 진한 사람들은 머리카락을 뽑아 이마를 넓히고 짙은 눈썹을 그림
④ 문신을 하여 장식적, 주술적 효과와 신분의 차이를 나타냄

(2) 국가시대(고대)

고구려	• 고분벽화를 통해 다양한 머리모양을 확인할 수 있음 • 남성은 채머리, 묶은머리를 하거나 상투(외상투, 쌍상투)를 틀고, 신분에 따라 비단, 금, 천으로 제작한 관모를 착용 • 여성은 얹은머리, 푼기명식머리, 중발머리, 쪽머리, 환계머리 등 다양한 형태의 머리모양
백제	• 남성은 상투를 틈 • 미혼 여성은 땋은 댕기머리, 기혼 여성은 쌍계머리 • 화장과 화장품 제조 기술을 일본에 전파
신라	• 머리 형태로 신분과 지위를 표시함 • 가체를 제작하는 장발처리 기술이 발달함 • 향수와 향료를 제조
통일신라	• 화려한 머리빗(소, 梳)과 비녀(채, 釵)로 장식함 • 사치적 요소가 강해 계급에 따라 규제함 • 미혼 여성은 땋은 댕기머리, 기혼 여성은 쌍계머리

(3) 고려시대(중세)

화장법	• 분대화장 : 백분과 눈썹먹을 사용한 기생들의 짙은 화장 • 비분대화장 : 여염집(일반) 여성들의 옅은 화장
머리형태	• 모발을 염색하고 머릿기름을 사용함 • 통일신라에 비해 소박한 형태 • 미혼 여성은 길게 뒤로 늘어뜨려 묶은 채머리, 땋은머리(붉은 상홍색 댕기), 기혼 여성은 쪽머리나 얹은머리 • 남성은 채머리, 땋은머리(검은 댕기), 상투, 원나라 침략 이후 개체변발

(4) 조선시대(근세~근대)

화장법	조선 초기	• 유교사상과 가부장적 사회의 영향으로 내면의 아름다움을 중시 • 양반가의 부녀자들은 청결하고 단정한 연한 화장
	조선 중엽	• 상류사회 밑화장으로 참기름을 사용 • 신부화장으로 분화장을 하고 연지(양쪽 볼), 곤지(이마)를 찍음 • 궁녀와 기생은 눈화장, 색조화장 • 화장품 판매상인 매분구 등장
	조선 후기	• 일본과 서양의 영향으로 새로운 화장품과 화장법 도입
머리형태		• 여성은 큰머리(어여머리), 얹은머리, 쪽머리(일반 부녀자), 둘레머리, 조짐머리 등 • 화관, 족두리, 떨잠, 뒤꽂이, 비녀, 댕기 등의 장식품을 사용 • 남성은 상투, 민상투

(5) 현대(20세기)

1910년대	일제강점(경술국치)에 의한 한일합병 이후 일본, 중국, 미국, 영국의 영향이 반영됨
1920년대	신여성 스타일 유행 : 이숙종(높은머리), 김활란(단발머리)
1930년대	최초의 미용실 개원 : 오엽주(화신백화점 내 화신미용원)
1945년 이후	김상진(현대미용학원), 권정희(정화고등기술학교), 임형선(예림미용고등기술학교)

얹은머리

뒷머리에서 앞머리로 감아 돌려 끝을 앞머리 가운데에
감아 꽂은 머리 형태

중발머리

어깨 높이 정도의 모발을 머리 뒤에 낮게 묶은 머리 형태

푼기명머리 (풍기명머리)

머리를 셋으로 나누어 한 다발의 머리는 뒤로 묶고 두
다발의 머리채는 양쪽 볼에 각각 늘어뜨린 머리 형태

환계식머리

긴 머리를 가닥으로 땋아 타원형 테처럼 형을 만들어
풀어지지 않도록 비녀를 꽂고 머리 양쪽 끝을 늘어뜨
리는 머리 형태

쌍계(雙髻)머리 (쌍상투머리)

머리를 둘로 갈라 상투를 두 개로 틀어 올린 머리 형태

채머리

뒤로 길게 늘어뜨리는 자연스러운 머리 형태

조선시대 머리의 형태

어여머리 (큰머리)

궁중의 왕비나 공주, 상층의 양반가의 머리로 가르마 위에 첩지를 매고 그 위에 어염족두리를 쓴 후 그 위에 가체를 얹고, 비녀와 매개댕기로 고정

떠구지머리

어여머리 위에 떠구지를 올린 머리

대수머리

궁중에서 왕비의 의식용 복장인 대례복 차림에 사용되었던 머리 모양

첩지머리

가르마 중앙에 첩지를 대고 쪽머리, 또는 어여머리와 함께 묶은 머리
(봉황 : 왕비, 개구리 : 상궁)

얹은머리

머리를 뒤에서 땋아 앞 정수리에 고정시킨 형태로 삼국시대 이후 부녀의 기본 머리 모양으로 조선시대에는 얹은머리에 가체를 크고 높게 올림

조짐머리

정조의 가체 금지령으로 어여머리 대신 쪽을 돋보이게 하기 위해 가체를 땋아 '소라딱지' 비슷하게 틀어 쪽머리 위에 얹음

쪽머리

기혼녀의 보편적 머리 형태로 가르마를 타고 곱게 빗어 묶고 한 줄로 땋아서 끝은 자주색 댕기로 묶은 후 땋은머리를 둥글게 말고 비녀로 고정

둘레머리 (코머리)

기혼녀의 대표적인 머리로 자기의 머리를 한 갈래로 땋아 머리 둘레를 감아 돌리고 모발 끝을 옆으로 고정

19

2 중국의 미용

(1) 고대 하(夏)나라(2,070~1,600 B.C.) 시대
분을 사용함

(2) 고대 은(殷)나라(1,600~1,046 B.C.) 시대
① 주왕(紂王) 때 꽃잎의 액을 얼굴에 바르는 화장법 사용(연지, 燕脂)
② 아방궁 3천명의 미희들에게 백분과 연지를 바르게 하고 눈썹을 그리게 함

(3) 당(唐)나라(618~907년) 시대
① 수하미인도(樹下美人圖, 나무 아래에 여성을 배치한 그림)가 유행함
② 눈썹화장을 중시하고 현종(玄宗) 때 십미도(十眉圖)를 완성
③ 양귀비의 홍분 화장법(홍장, 얼굴 전체를 붉게 함)과 목욕법이 성행함

> **참고 당나라의 화장법**
> - 연분 : 분을 바름
> - 연지 : 붉은색의 연지를 바름
> - 대미 : 검은색 광물로 눈썹을 그림
> - 액황, 화전 : 이마에 꽃문양을 그리거나 붙임, 입체감을 줌
> - 면엽 : 입술 양쪽에 보조개를 찍음
> - 사홍 : 관자놀이에 초승달 문양을 그림
> - 순지 : 중앙이 동그란 앵두모양 입술

3 서양의 미용

(1) 고대

이집트 (3,000~322 B.C.)	• 고대 미용의 발상지 • 모발을 짧게 자르거나 밀고 가발을 착용 • 흑색(콜, kohl), 녹색을 사용한 눈화장 • 사프란과 붉은 찰흙을 섞어 입술연지 • 퍼머넌트의 기원 : 알칼리 성분의 진흙을 모발에 발라 나무막대에 감고 태양열로 건조 • 헤나를 사용하여 붉은 갈색으로 모발을 염색
그리스 (1,100~146 B.C.)	• 비너스 조각상에 나타난 키프로스(cyprus)풍의 머리 형태 : 나선형 컬을 겹쳐 쌓은 모발을 링렛트(머리끈, ringlet)로 장식하여 후두부 목선에 묶어 틀어 올린(시뇽, chignons) 형태
로마 (753 B.C.~ 476년)	• 그리스와 유사한 머리 형태 • 향유, 향장품, 머리분을 사용(귀족 '후란기파니'가 향수 제조) • 금발로 탈색과 염색

(2) 중세(476~1,453년)

비잔틴	• 동로마 스타일에 동양적 특색이 가미된 화려한 스타일
로마네스크	• 비잔틴 영향을 받은 서유럽 스타일
고딕	• 프랑스, 영국 중심의 수직적, 직선적 건축양식 • 원추형 모자(에넹)

(3) 근세(1,500~1,800년)

르네상스	• 인간 중심의 고전문화의 부활
바로크	• 자유분방함 • 전문 미용사 배출
로코코	• 프랑스 귀족 중심의 사치스러운 머리장식 • 섬세함과 화려함

(4) 현대

무슈 끄로샤트	1830년 프랑스, 일류 미용사
마셀 그라또우	1875년 아이론을 사용한 마셀 웨이브 개발
찰스 네슬러	1905년 영국, 퍼머넌트 웨이브(스파이럴 와인딩)
조셉 메이어	1925년 독일, 머신 히팅 퍼머넌트 웨이브(크로키놀식 와인딩)
J.B. 스피크먼	1936년 영국, 콜드 퍼머넌트 웨이브

밀로의 비너스 조각(Venus de Milo)

4 퍼머넌트 웨이브 역사

B.C. 3,000년경, 고대 이집트	모발을 막대기로 말아서 진흙(알칼리성 토양)을 모발에 바르고, 햇볕에 건조시킨 후 웨이브를 만듦
1,905년, 찰스 네슬러 (Charles Nessler)	붕사와 같은 알칼리 수용액으로 적신 긴 모발을 막대에 나선형으로 감아(스파이럴 와인딩) 열을 가하여 지속력 있는 웨이브를 만듦
1,925년, 조셉 메이어 (Joseph Mayer)	모발 끝에서 모근 쪽으로 말아가는 크로키놀식 와인딩(croquignole winding) 방법을 고안하여 짧은 머리에도 시술함
1,936년, J. B. 스피크먼 (J.B. Speakman)	열을 가하지 않고 아황산수소나트륨을 이용하여 40℃ 정도의 실온에서 콜드 퍼머넌트 웨이브(cold permanent wave)를 고안하여 퍼머넌트 웨이브의 대중화에 기여함

과거의 퍼머넌트 웨이브 히팅 머신(heating machine)

2절 피부의 이해

1 피부와 피부 부속 기관

1 피부의 특징 및 기능

(1) 피부의 특징

① 피부는 신체의 표면을 둘러싸고 있는 조직으로 체내의 모든 기관 중 가장 큰 기관이다.

② 피부는 표피, 진피, 피하조직의 3개 층으로 이루어져 있다.

③ 피부의 부속기관으로 한선(땀샘), 피지선, 모발(털), 손톱, 발톱 등이 있다.

④ 가장 이상적인 피부의 pH 범위는 pH 4.5~5.5로 약산성 상태이다.

⑤ 신체 부위 중 가장 두꺼운 부분은 발바닥과 손바닥이며, 가장 얇은 부분은 눈꺼풀이다.

⑥ 성인의 경우 피부가 차지하는 비중은 체중의 약 15~17%이다.

(2) 피부의 기능

보호 기능	• 피부의 각질층과 피부지질은 외부의 물리적인 자극이나 다양한 유해물질에 대한 방어막 역할 • 열, 추위, 화학적 자극, 자외선, 세균 및 미생물로부터 보호 • 복원 능력이 있어 외부 화학적 자극으로부터 피부 산성도를 유지
체온조절 기능	• 체내에서 열 생산, 혈관의 수축과 이완, 한선을 통해 체온 조절 • 체온 상승 → 한선과 혈관이 확장되어 열 발산 → 체온 하강 • 체온 하강 → 혈관이 수축하여 열 발산 억제 → 체온 상승
감각·지각 기능	• 인체의 가장 중요한 감각기관으로, 통각, 촉각, 냉각, 압각, 온각이 있어 외부 자극에 대한 감각을 느낌 • 통각 : 통증이 느껴지는 감각으로, 가장 예민하고 피부에 존재하는 감각기관 중 가장 많이 분포 • 온각 : 따뜻함을 느끼는 감각으로, 가장 둔함 • 냉각 : 차가움을 느끼는 감각 • 압각 : 눌렸을 때 압력을 느끼는 감각 • 촉각 : 피부에 닿아서 느껴지는 감각
분비·배설 기능	• 피지와 땀을 분비하여 인체의 노폐물을 배출 • 한선(땀샘) : 땀을 분비하여 체온조절 및 노폐물 배출과 수분 유지에 관여 • 피지선 : 피지를 분비하여 피부 건조 방지 및 유해물질 침투 방지
호흡 기능	• 피부 표면을 통해 산소 흡수, 이산화탄소 방출
흡수 기능	• 외부의 온도 흡수, 감지 • 모낭, 피지선을 통해 제한적으로 흡수(친유성 물질과 소분자에 한함)

비타민 D 합성 기능	• 자외선의 자극에 의해 비타민 D 합성 • 비타민 D는 칼슘과 인의 대사에 관여, 뼈의 생성과 발육을 도와주는 역할(구루병, 골 다공증, 골연화증 등 예방)
저장 기능	• 피부는 영양물질과 수분을 보유 • 피하조직은 지방을 저장
재생 기능	• 상처가 생기면 원래의 상태로 돌아가려는 피부의 재생 기능 • 켈로이드 : 진피의 결합조직의 과도한 증식력에 의해 흉터부분이 융기되어 비대해지 는 피부질환
면역 기능	• 표피에 면역 반응에 관련된 세포(랑게르한스 세포)가 존재하여 피부의 면역에 관여

2 피부의 구조

피부의 구조

피부	표피	각질층 : 표피의 최상층
		투명층 : 손바닥과 발바닥 등에 주로 분포, 투명하게 보이는 층
		과립층 : 각화유리질 과립이 존재하는 층
		유극층 : 표피의 대부분을 구성하는 가장 두꺼운 층
		기저층 : 표피의 가장 아래층으로 진피와 경계를 이루는 층
	진피	유두층 : 표피의 기저층과 결합되어 물결 모양을 이루고 있는 층
		망상층 : 진피의 80~90%를 차지하는 그물 모양의 층
	피하조직	피하지방 : 피부의 가장 아래에 위치하는 층으로 지방세포로 구성
	피부 부속기관	피지선, 한선, 모발, 손·발톱

(1) 표피

① 표피의 특징

- 피부의 가장 바깥 표면에 있는 층
- 세균, 유해물질 등의 외부 자극으로부터 피부를 보호

② 표피의 구조 및 기능

표피의 구조

각질층	• 표피의 최상층으로 외부 자극으로부터 피부 보호 및 이물질 침투 방지 • 무핵층, 죽은 각질세포가 쌓여 계속적인 박리 현상을 일으킴 • 각질세포 사이는 세포 간 지질로 형성된 라멜라 구조(널판지 모양)로 되어 있음 • 10~20%의 수분을 함유(10% 이하가 되면 피부가 거칠어짐) • 친수성 성분의 천연보습인자로 수분 조절 및 보습막 형성 (천연보습인자(NMF) 성분 : 아미노산, 젖산염, 암모니아, 요소) • 각화 주기 : 기저층에서 생성되어 각질층까지 올라와 박리될 때까지 기간(약 28일)
투명층	• 손바닥과 발바닥 등에 주로 분포, 투명하게 보이는 층 • 생명력이 없는 상태의 무색, 무핵층 • 세포 내의 반유동성 물질로 피부 윤기를 담당하는 엘라이딘 함유 • 세포 내에 빛을 굴절, 반사시켜 자외선의 80%를 흡수하고 피부염 방지
과립층	• 각화유리질 과립이 존재하는 층 • 무핵층, 본격적으로 각질화 과정이 시작되는 층 • 수분 저지막(레인방어막)이 수분 증발을 방지하고 외부로부터 피부를 보호
유극층	• 유핵층, 표피의 대부분을 구성하는 가장 두꺼운 층 • 세포의 표면에 돌기가 존재 • 세포 간의 물질과 노폐물 교환이 이루어짐 • 피부면역에 중요한 역할을 하는 랑게르한스세포 존재

기저층	• 유핵층, 표피의 가장 아래층으로 진피와 경계를 이루며, 진피의 유두층으로부터 영양분을 공급
	  받아 피부의 새 세포를 형성
	• 원추형의 세포가 단층으로 이어져 각질형성세포(기저세포)와 색소형성세포(멜라닌 색소 형성),
	  머켈세포(촉각)가 분포

참고 표피의 각화현상

표피의 기저층에서 발생한 각질형성세포가 기저층 → 유극층 → 과립층 → 투명층 → 각질층으로 이동하여 각질로 탈락되는 현상, 약 28일 소요

참고 레인방어막(수분 저지막)

· 외부로부터 이물질이 침입하는 것을 방어
· 체액 및 체내의 필요물질이 체외로 빠져나가는 것을 방지
· 피부가 건조해지는 것을 방지
· 피부염 유발을 억제

③ 표피의 구성세포

랑게르한스세포	· 피부의 면역기능 담당 · 돌기를 가지고 있으며 대부분 표피의 유극층에 존재 · 외부로부터 침입한 이물질을 림프구로 전달
색소형성세포 (멜라닌세포)	· 표피의 기저층에 존재 · 피부 색상을 결정짓는 색소제조세포 · 멜라닌 색소의 주기능 : 자외선을 받으면 왕성하게 활동하여 자외선을 흡수·산란시켜 피부손상 방지 · 멜라닌 세포 수 : 인종과 피부색에 관계없이 일정 · 멜라닌, 헤모글로빈, 카로틴의 분포 : 피부색 결정 · 멜라닌 : 흑색소, 헤모글로빈 : 적색소, 카로틴 : 황색소
각질형성세포 (케라티노사이트)	· 기저층에서 세포분열에 의해 새 세포를 생성 · 피부의 각질을 형성하는 세포
머켈세포 (촉각세포)	· 기저층에 존재, 촉각감지 세포 · 불규칙한 모양의 핵 존재, 신경자극을 뇌에 전달

(2) 진피

① 진피의 특징

· 피부의 주체를 이루는 층으로 피부의 90% 이상을 차지한다.
· 유두층과 망상층으로 구분된다.
· 피부조직 외의 부속기관인 혈관, 신경관, 림프관, 한선, 피지선, 모발과 입모근을 포함하고 있다.
· 교원섬유(콜라겐)와 탄력섬유(엘라스틴) 및 무코다당류로 구성되어 강한 탄력성을 지닌다.

② 진피의 구조

유두층	• 진피의 상단 부분으로 10~20%를 차지 • 표피의 기저층과 결합되어 물결 모양을 이루고 있는 층 • 교원섬유와 탄력섬유가 느슨하게 구성되어 있음 • 모세혈관과 신경말단이 표피 가까이 풍부하게 분포되어 표피에 산소와 영양분 공급 • 혈관과 신경이 존재
망상층	• 유두층 아래에 위치하고 있으며, 진피의 80~90% 차지 • 섬세한 그물 모양의 층 • 교원섬유(콜라겐)와 탄력섬유(엘라스틴)의 단단한 결합조직 • 피부의 탄력 및 팽창에 관여 • 감각기관이 분포되어 있고 혈관, 신경관, 림프관, 한선, 피지선, 입모근, 모발 등의 부속기관 존재

③ 진피의 구성세포

섬유아세포	• 진피를 구성하는 주된 세포 • 콜라겐, 엘라스틴 등의 조직성분 생성
대식세포	• 선천적 면역 세포 • 외부로부터 이물질을 걸러내는 역할 • 대식세포의 세포질에는 가수분해효소가 축적된 리소좀이 많음 • 백혈구를 탐식하여 소화하고 이물질을 제거 및 분해하는 식균 작용
비만세포 (마스트세포)	• 알레르기의 주요인이 되는 면역세포 • 히스타민과 세로토닌, 헤파린이 함유되어 있어, 세포붕괴로 세포 안의 물질 방출 시 조직에 과민반응이 일어남

④ 진피의 구성물질

교원섬유 (콜라겐)	• 섬유아세포에서 생성 • 진피의 70~80%를 차지하는 단백질 • 콜라겐으로 구성되어 피부주름 담당 • 탄력섬유(엘라스틴)와 그물 모양으로 짜여 있어 피부에 탄력과 신축성 부여, 상처 치유 • 콜라겐은 보습능력을 가지고 있어 노화될수록 콜라겐의 함량이 낮아짐 • 콜라겐의 양이 감소하면 피부의 탄력감소 및 주름형성의 원인이 됨
탄력섬유 (엘라스틴)	• 섬유아세포에서 생성 • 신축성이 강한 섬유단백질로 피부탄력에 관여 • 화학물질에 대한 저항력이 강해 피부 파열을 방지
기질	• 세포와 섬유성분 사이를 채우고 있는 물질 • 피부의 수분 보유력을 높임 • 히알루론산(40% 이상), 헤파란황산 등으로 이루어진 무코다당류

(3) 피하조직

① 피부의 가장 아래에 위치하며 진피에서 연결되어 섬유의 불규칙한 결합으로 수많은 지방세포로 구성
② 체온 조절 및 탄력 유지와 외부 충격으로부터 신체를 보호하고 영양분을 저장
③ 피하지방의 축적은 주변의 결합조직과 림프관에 압박을 주어 체내의 노폐물이 배출되지 못하고 쌓여 순환장애와 탄력저하로 울퉁불퉁하게 보이는 셀룰라이트 현상을 일으킴

3 피부 부속기관의 구조 및 기능

(1) 한선(땀샘)

① 한선의 특징
  • 한선은 진피와 피하조직의 경계에 위치하며 입술, 음부를 제외한 전신에 존재
  • 성인은 하루에 약 700~900cc의 땀을 분비하며, 열, 운동, 정신적 흥분 등은 한선의 활동을 증가시킴
  • 기능 : 땀 분비, 체온조절, 체내 노폐물 등 분비물 배출, 피부습도 유지 및 피지막(산성막) 형성

② 한선(땀샘)의 분류

구분	아포크린 한선(대한선)	에크린 한선(소한선)
분포	• 특정 부위에 분포 • 겨드랑이, 배꼽, 유두, 생식기, 항문 주변	• 전신에 분포(입술, 생식기 제외) • 손바닥, 발바닥, 이마, 겨드랑이에 많이 분포
분비	• 털과 함께 존재 • 모낭에 부착되어 모공을 통해 분비 • 성별, 인종별 분비량이 차이 남(여성〉남성, 흑인〉백인〉동양인 순으로 분비) • 사춘기 이후 주로 분비(성호르몬의 영향)	• 털과 관계없이 한공을 통하여 분비 • 99% 수분의 맑은 액체를 분비
냄새	• 냄새가 남 • 남성보다 여성 생리 중에 냄새가 강함	• 무색, 무취(냄새의 원인이 아님)

③ 땀의 분비현상

다한증	• 땀이 과다하게 분비되는 증상 • 원인 : 자율신경계의 이상
소한증	• 비정상적으로 땀의 분비가 감소하는 증상 • 원인 : 갑상선 기능의 저하, 신경계 질환
무한증	• 땀이 분비되지 않는 증상 • 원인 : 중추신경장애, 말초신경장애
액취증	• 대한선 분비물이 세균에 의해 부패되어 악취가 나는 증상 • 원인 : 대한선(아포크린 한선)의 기능 항진
땀띠(한진)	• 땀의 분비통로가 막혀 땀이 쌓여 발생하는 증상

> **참고 땀의 기능**
>
> • 체온 조절
> • 피지막을 형성하고 피부 표면의 산성도 유지
> • 수분과 노폐물 배출을 통해 신장의 기능을 도움

(2) 피지선

① 진피 망상층에 위치, 모낭에 연결되어 모공을 통해 피지를 분비
② 피지를 분비하는 선(코 주위에 발달), 손바닥과 발바닥에는 피지선이 없음
③ 성인은 하루에 약 1~2g의 피지를 분비
④ 안드로겐, 테스토스테론의 남성호르몬이 증가하는 사춘기 남성에게 집중적으로 분비
⑤ 피지선의 노화현상 : 피지 분비 감소, 피부의 중화능력 하락, 피부의 산성도 약해짐

> **참고 피지의 기능**
>
> • 피부의 항상성 유지
> • 피부 보호(천연보호막)
> • 유독물질 배출작용
> • pH 4.5~5.5의 약산성으로 살균작용

(3) 입모근

① 추위에 피부가 노출되거나 공포를 느끼면 입모근이 수축하여 모근을 닫아 체온손실을 막음(체온 조절 역할)
② 모낭의 측면에 위치하며 모근부 아래의 1/3 지점에 비스듬히 붙어 있는 근육
③ 속눈썹, 눈썹, 코털, 겨드랑이를 제외하고 전신에 분포

(4) 모발

① 모발의 성분 : 70~80%의 케라틴(단백질), 10~15%의 수분, 1~8%의 지질, 그 외 미량 원소, 멜라닌
② 모발의 성장 : 1일 평균 약 0.34~0.35mm 정도, 1달에 약 1~1.5cm 정도 자람

③ 모발의 구조

모발의 구조   모발의 단면

모간	• 피부 밖으로 나와 있는 모발의 부분 • 모수질, 모피질, 모표피로 구성	
	모수질	모발의 안쪽 부분, 모발에 따라 수질의 크기가 다름
	모피질	모발의 85~90% 이상, 멜라닌색소와 섬유질을 함유
	모표피	모발의 바깥 부분, 비늘처럼 겹쳐 있는 각질세포로 구성(큐티클층)
모근	• 피부 안에 들어가 있는 모발의 부분 • 모낭, 모구, 모유두, 모모세포, 피지선으로 구성	
	모낭	모근을 감싸고 있는 부분이며, 피지선과 대한선, 입모근이 부착되어 있음
	모구	모근의 아래쪽으로 모발이 성장하는 부분
	모유두	모근의 가장 아래쪽 중심 부분, 모모세포와 모세혈관이 있어 산소와 영양공급이 이루어지며, 신경이 존재
	모모세포	모발의 기원이 되는 곳으로 세포의 분열증식으로 모발이 만들어지며, 모유두와 연결되어 모발 성장을 담당
	피지선	피지를 분비하여 모발에 윤기와 부드러움을 주며 두피에 얇은 피지막을 형성하여 두피를 보호

참고 멜라닌색소

• 피부와 모발의 색상 결정
• 페오멜라닌 : 노란색과 빨간색 모발(서양인)
• 유멜라닌 : 흑갈색과 검정색 모발(동양인)

④ 모발의 성장 주기

성장기 → 퇴행기(퇴화기) → 휴지기 → 발생기의 단계를 반복한다.

성장기   퇴화기   휴지기   발생기

모발의 성장주기

성장기	• 모유두의 모세혈관에서 공급되는 영양분으로 성장하는 단계 • 전체 모발의 88% 정도 • 여성은 4~6년 유지, 남성은 4~5년 유지
퇴행기 (퇴화기)	• 모구부의 수축이 일어나면서 모발의 성장이 멈추게 되는 단계 • 전체 모발의 1% 정도 • 30~45일 정도 유지됨
휴지기	• 분리된 모유두가 위축되고 모낭은 줄어들며 모근도 위쪽으로 밀려 올라가서 모낭의 깊이도 1/3 정도로 줄어드는 단계 • 다음 성장기가 시작될 때까지 약 3~4개월 유지되며 전체 모발의 약 14~15%가 휴지기이며 빗질에 의해서도 모발이 쉽게 빠짐
발생기	• 한 모낭 안에 서로 다른 모주기의 모발이 함께 존재하여 모구가 팽창되면서 새로운 모발이 성장하는 단계 • 휴지기의 모발은 새로 발생하는 모발에 의해 자연 탈모됨

(5) 손톱과 발톱

① 경단백질인 케라틴과 아미노산으로 이루어진 피부 부속기관
② 손끝과 발끝을 보호하며, 물건을 잡을 때 받침대 역할, 장식의 기능
③ 손·발톱의 경도는 수분의 함량이나 각질 조성에 따라 달라짐
④ 개인에 따라 성장속도는 차이가 있지만 매일 0.1mm 가량 성장
⑤ 정상적인 손·발톱의 교체는 대략 6개월 가량

참고 건강한 손·발톱의 조건
• 손·발톱의 표면이 매끈하고 갈라짐이 없이 단단하고 탄력이 있어야 함
• 바닥에 강하게 부착되어 있어야 하며, 아치모양을 형성
• 윤기가 흐르며, 연한 분홍빛을 띠고 투명함

2 피부유형분석

1 피부유형의 분류

피부 유형은 중성, 지성, 건성, 복합성, 민감성, 노화, 여드름, 색소침착 피부 등으로 구분된다.

피지 분비량과 수분량에 따른 분류	중성 피부	한선과 피지선의 기능이 정상이며, 충분한 수분과 유분을 가지고 있는 이상적인 피부 유형
	건성 피부	피부의 유분과 수분의 분비량이 적어 건조함을 느끼는 유형
	지성 피부	피지선의 기능이 발달하여 피지가 과다하게 분비되는 유형
	복합성 피부	얼굴 부위에 따라 서로 다른 피부 유형이 2가지 이상 공존하는 유형
기타 분류	민감성 피부	피부 특정 부위가 붉어지거나 민감한 반응을 보이는 피부 유형
	여드름 피부	피지분비 과다, 여드름균 증식, 모공 폐쇄로 인한 모공 내의 염증이 있는 피부 유형
	색소침착 피부	멜라닌 색소의 과다 생성으로 인하여 발생하는 색소 이상 현상이 일어나는 피부 유형
	노화 피부	나이가 들면서 신체의 구조와 기능이 점진적으로 저하되어 외부환경에 대한 반응능력이 감소된 피부 유형

2 피부유형의 특징 및 관리방법

(1) 중성 피부

특징	• 피부 표면이 매끄럽고 탄력 있고 촉촉하다. • 모공이 섬세하고, 세안 후 피부 당김이 거의 느껴지지 않는다. • 전반적으로 주름, 여드름, 색소침착이 없고 저항력이 좋다.
관리방법	• 세안을 깨끗하게 하고, 영양 섭취를 균형 있게 한다. • 피부의 유·수분 균형을 위해 주기적으로 마사지와 팩으로 관리한다.

(2) 건성 피부

특징	• 피지와 땀의 분비 저하로 유분과 수분의 균형이 정상적이지 못하다(각질층의 수분이 10% 이하). • 모공이 작고, 피부결이 얇고 섬세하며 탄력 저하와 주름이 쉽게 형성된다. • 보습능력 저하로 각질을 보이고 피부가 당기며 화장이 잘 받지 않는다. • 피부가 손상되기 쉬워 색소침착에 의한 기미, 주근깨가 생기기 쉽고 노화현상이 빨리 온다.
관리방법	• 건성 피부는 보습작용 강화가 중요하다. • 적절한 수분과 유분 공급 및 충분한 수면을 취한다. • 피부에 수분을 보충하기 위하여 마사지와 팩을 자주 한다.

(3) 지성 피부

특징	• 피부의 결이 거칠며, 피지 분비량이 많고 모공이 커서 화장이 잘 지워진다. • 색소침착과 트러블, 지루성 피부염, 여드름 등이 발생하기 쉽다. • 남성 호르몬이나 여성 호르몬 작용이 활발해져서 생긴다.
관리방법	• 세정력이 우수한 클렌징 제품을 사용하여 피부 표면의 노폐물 및 화장품 잔여물을 제거해 준다. • 오일 성분이 없는 제품을 사용하여 피부관리를 한다.

(4) 복합성 피부

특징	• 중성, 건성, 지성 피부 중 현저하게 다른 두 가지 이상의 현상이 나타난다. • T존 부위는 대체로 지성 피부로 피부결이 거칠고 모공이 크며 유분기가 많다. • U존 부위는 대체로 건성이지만 예민한 피부로 피부결이 얇고 모공이 작고 섬세하다. • 환경적 요인, 피부관리 습관, 호르몬 불균형 등이 원인이다.
관리방법	• T존 부위는 모공 관리와 피지조절을 위한 관리를 한다. • U존 부위는 유·수분 관리를 꼼꼼하게 해주며, 특히 눈가, 입가, 볼 부위는 건조해지기 쉽고 외부 기후변화에 따라 균형을 잃기 쉬우므로 세안 및 보습에 신경 쓰도록 한다.

(5) 민감성 피부

특징	• 가벼운 자극에도 예민하게 반응하는 피부 유형으로, 피부결이 섬세하지만 피부가 얇고 붉은색이 많다. • 피부표면의 방어막이 손상되어 피부 내 수분 손실량이 증가한다. • 피부홍반, 염증, 혈관 확장과 발열감이 있다. • 면역기능 저하로 색소침착이 발생하기 쉽다.
관리방법	• 수분을 많이 섭취하고 수분크림을 많이 바른다. • 외출 시 자외선 차단제를 사용하여 피부의 색소침착을 방지한다. • 피부에 강한 자극을 주는 강한 마사지나 스크럽 등을 피한다. • 알코올 성분이 들어간 화장품의 사용을 피한다.

(6) 여드름 피부

특징	• 피지 분비가 많아 번들거리며 피부가 두껍고 거칠다. • 화장이 잘 지워지고 시간이 갈수록 칙칙해진다.
관리방법	• 유분이 많은 화장품의 사용을 피하고 보습기능을 가진 화장품을 사용한다. • 클렌징을 철저히 하여 피부의 청결을 유지한다. • 가급적 메이크업을 하지 않는 것이 좋다. • 과도하게 단 음식, 지방성 음식, 알코올의 섭취를 피한다.

(7) 색소침착 피부

① 색소침착은 멜라닌 색소의 과다 생성으로 인하여 발생하는 색소 이상 현상을 말한다.

② 기미, 주근깨 등의 색소가 침착되어 칙칙하고 어두운 피부 상태가 된다.

③ 스트레스, 자외선, 개인의 건강상태, 임신, 여성호르몬, 멜라닌 자극 호르몬의 증가 등이 원인이다.

④ 색깔이 균일하지 않으며 임신 중에 두드러진다.

(8) 노화 피부

노화란 나이가 들면서 신체의 구조와 기능이 점진적으로 저하되어 외부환경에 대한 반응능력이 감소하는 것을 말한다.

내인성 노화 (생리적 노화)	• 생리적 노화현상, 나이에 따른 자연스러운 노화의 과정 • 표피와 진피의 구조적 변화로 피부가 얇아짐 • 피지선과 한선이 퇴화되어 피부의 윤기가 떨어짐 • 랑게르한스세포의 감소로 면역력 저하, 신진대사 기능 저하 • 콜라겐섬유의 구조 변화로 탄력 저하, 피부가 늘어지고 깊은 주름 발생
외인성 노화, 광노화 (환경적 노화)	• 환경적 노화 현상, 자외선 등의 외부 환경으로 일어나는 과정 • 표피 두께가 두꺼워지고 피부가 건조하며 거칠어짐 • 모세혈관이 확장되며 자외선 방어능력 저하로 과색소침착증 발생

(9) 모세혈관 확장 피부

① 표피의 모세혈관이 약화되거나 파열, 확장되어 피부 표면에 붉은 실핏줄이 보인다.

② 약한 혈관, 급격한 온도변화, 갑상선이나 성 호르몬 장애, 자율신경의 영향, 자극적인 음식, 스트레스, 만성 변비, 강한 마사지, 필링, 위장 장애, 스테로이드제, 임신이나 경구피임약 등이 원인이다.

3 건강한 피부를 유지하기 위한 방법

① 항상 적당한 수분 유지하기

② 두꺼운 각질층 제거하기

③ 충분한 수면과 영양을 공급하기

④ 일광욕을 많이 하면 환경적 노화현상이 일어나므로 주의하기

3 피부와 영양

1 영양소의 개요

(1) 영양소의 정의

① **영양** : 생명체가 생명의 유지·성장·발육을 위하여 필요한 에너지와 몸을 구성하는 성분을 음식물을 통하여 섭취, 소화, 흡수, 배설 등의 생리 기능을 하는 과정

② **영양소** : 생명체가 영양을 유지할 수 있도록 하는 식품에 들어있는 양분의 요소

(2) 영양소의 작용 및 종류

구분	작용	종류
열량소	열량공급 작용(에너지원)	탄수화물, 지방, 단백질
구성소	인체 조직 구성 작용, 혈액 및 골격 형성	탄수화물, 지방, 단백질, 무기질, 물
조절소	인체 생리적 기능 조절 작용	단백질, 무기질, 물, 비타민

(3) 영양소의 분류
① 3대영양소 : 탄수화물, 지방, 단백질
② 5대영양소 : 탄수화물, 지방, 단백질, 무기질, 비타민
③ 6대영양소 : 탄수화물, 지방, 단백질, 무기질, 비타민, 물
④ 7대영양소 : 탄수화물, 지방, 단백질, 무기질, 비타민, 물, 식이섬유

(4) 영양소의 기능
① 에너지 보급과 신체의 체온을 유지하여 신체 조직의 형성과 보수에 관여
② 혈액 및 골격 형성과 체력 유지에 관여
③ 생리 기능의 조절 작용을 하여 피부의 건강 유지를 도움

2 피부와 영양
(1) 탄수화물
① 1g당 4kcal의 에너지 공급
② 혈당 유지, 중추신경계를 움직이는 에너지원
③ 75%가 에너지원으로 사용되고, 남은 것은 지방으로 전환되어 근육과 간에 글리코겐 형태로 저장
④ 탄수화물은 세포를 활성화하여 건강한 피부로 유지시켜 줌
⑤ 급원식품 : 밥, 빵, 국수, 감자, 고구마 등
⑥ 결핍 시 : 기력 부족, 체중 감소, 신진대사의 저하로 피부의 기능이 떨어짐
⑦ 과잉 시 : 피부의 산성화로 지성 피부, 접촉성 피부염이나 부종을 일으킴

(2) 단백질
① 1g당 4kcal의 에너지 공급
② 주요 생체 기능을 수행하고 피부, 모발, 손·발톱, 골격, 근육 등의 체조직 구성 및 성장 촉진
③ pH 평형 유지, 효소와 호르몬 합성, 면역세포와 항체 형성 역할
④ 체내의 수분 조절, 질병에 대한 저항력 강화
⑤ 진피의 망상층에 있는 결합조직(콜라겐)과 탄력섬유(엘라스틴) 등은 단백질 성분이므로 단백질 섭취는 피부미용에 필수
⑥ 급원식품 : 소고기, 돼지고기, 달걀, 우유, 치즈 등
⑦ 결핍 시 : 빈혈, 발육저하, 조직노화, 피지분비 감소
⑧ 과잉 시 : 신경과민, 혈압상승, 불면증 유발 → 피부에 악영향

(3) 지방(지질)

① 1g당 9kcal의 에너지 공급
② 체지방의 형태로 에너지 저장
③ 체조직 구성, 피부의 건강 유지, 피부 탄력과 저항력 증진
④ 피하지방이 과다하면 비만이 되고, 부족하면 피부노화를 초래
⑤ 급원식품 : 버터, 식용유, 참기름, 땅콩 등
⑥ 결핍 시 : 체중 감소, 신진대사 저하, 세포의 활약 감소로 피부가 거칠어짐
⑦ 과잉 시 : 콜레스테롤이 모세혈관을 촉진시켜 피부 탄력 저하
⑧ 필수지방산의 효과 : 피부 유연, 산소공급, 세포활성화(화장품 원료로 사용)
⑨ 포화지방산과 불포화지방산

포화지방산	상온에서 고체 또는 반고체 상태 유지	육류, 유제품	심혈관 질환
불포화지방산	상온에서 액체 상태 유지	올리브유, 식용유, 생선	콜레스테롤 억제 기능 항노화 기능

(4) 무기질(미네랄)

생리적 기능을 조절하는 작용을 하며, 열이나 빛, 산, 알칼리에 의해 분해되지 않는다.

다량 무기질	칼슘(Ca)	• 골격과 치아 형성 • 혈액 응고, 근육 수축 및 이완 • 결핍 시 구루병, 골다공증
	인(P)	• 골격과 치아 형성 • 산과 알칼리의 균형 유지 • 세포의 핵산, 세포막 구성
	마그네슘(Mg)	• 탄수화물, 지방, 단백질의 대사에 관여 • 삼투압 조절, 근육 활성 조절
	나트륨(Na)	• 체내의 산과 알칼리의 평형유지 • 수분 균형 유지, 삼투압 조절, 근육의 탄력 유지 • 결핍 시 근육경련, 시력감퇴, 구토, 설사
	칼륨(K)	• pH 균형과 삼투압 조절 • 신경과 근육 활동

미량 무기질	철분(Fe)	• 헤모글로빈의 구성 요소 • 면역기능 유지, 피부의 혈색 유지 • 시금치, 조개류, 소나 닭의 간 등에 함유 • 결핍 시 빈혈, 손발톱 약화, 면역 기능 저하
	요오드(I)	• 갑상선 호르몬 구성 요소 • 모세혈관의 기능을 정상화시킴 • 탈모 예방, 과잉지방 연소 촉진
	구리(Cu)	• 효소의 성분 및 효소 반응의 촉진
	아연(Zn)	• 생체막 구조 기능의 정상유지 도움
	셀레늄(Se)	• 항산화작용, 노화억제, 면역기능

(5) 비타민
① 지용성 비타민 A, D, E, K

구분	기능	결핍 시 증상	급원
비타민 A (레티놀)	• 피부각화 정상화, 피지 분비 억제 • 멜라닌색소 합성 억제 효과 • 피부재생, 노화방지, 면역기능 강화 • 주름, 각질 예방 • 눈의 시력에 중요	피부건조, 세균 감염, 야맹증, 색소침착, 모발 퇴색, 손톱 균열	간유, 버터, 달걀, 우유, 당근, 시금치
비타민 D (칼시페롤)	• 칼슘과 인의 흡수를 도와 뼈의 발육 촉진 • 자외선에 의해 피부 합성 • 골다공증 예방	구루병, 골다공증, 구순염, 피부병	-
비타민 E (토코페롤)	• 항산화 기능으로 노화 방지 • 혈액순환 촉진과 피부 청정 효과 • 호르몬 생성 및 생식기능의 유지	피부 건조, 노화, 혈색 약화, 불임증, 신경체계 손상	두부, 유색채소
비타민 K (필로키논)	• 출혈 발생 시 혈액 응고 촉진 • 지혈작용	혈액응고 저하로 과다 출혈 발생, 피부염 발생, 모세혈관 약화	-

② 수용성 비타민 B, C, H, P

구분	기능	결핍 시 증상	급원
비타민 B$_1$ (티아민)	• 피부 면역력에 관여 • 당질 대사의 보조효소로 작용	각기병, 피부윤기 저하, 붓는 현상, 피로감 유발	쌀의 배아, 두류, 돼지고기
비타민 B$_2$ (리보플라빈)	• 피부미용에 중요, 피부염증 예방, 피부 보습 유지 • 영유아의 성장 촉진 및 입안의 점막보호 • 구강 질병에 효과	구순염, 습진, 부스럼, 피부염, 과민피부, 피로감	우유, 치즈, 달걀흰자
비타민 B$_3$ (나이아신)	• 염증 완화, 피부탄력	피부병, 현기증, 설사, 우울증	우유, 생선, 땅콩
비타민 B$_6$ (피리독신)	• 피부염에 중요한 항피부염 비타민 • 여드름, 모세혈관 확장 피부에 효과적	구각염, 구토, 접촉성 피부염, 지루성 피부염	효모, 밀, 옥수수
비타민 B$_{12}$ (시아노코발라민)	• 조혈 작용에 관여 • 신경 조직의 정상적 활동에 기여	악성빈혈, 아토피, 지루성 피부염, 신경계 이상, 세포 조직 변형	육류, 어패류, 달걀
비타민 C (아스코르빈산)	• 노화예방, 항산화 작용 • 멜라닌색소 형성 억제 • 기미, 주근깨 완화 및 미백효과 • 교원질 형성, 모세혈관 강화	괴혈병, 빈혈, 피부를 창백하게 함	과일류, 야채류
비타민 H (바이오틴)	• 신진대사 왕성, 피부탄력에 관여 • 피부병 치료에 도움	피부색 퇴색, 피부염, 피지 저하, 피부 건조	-

3 체형과 영양

(1) 체형의 변화 요인

① 경제 발전, 소득 증가로 인한 식생활 환경(고열량, 간편식 제품)의 변화

② 바쁜 일상으로 인한 불규칙한 식사, 간식과 야식, 과식과 폭식 등의 식습관 고착화

③ 편리한 생활 환경, 운동량 감소에 따른 미소진된 에너지의 과도한 체내 저장(비만)

(2) 체형의 분류

내배엽형(비만형)	키가 작고 어깨 폭이 좁은 데 비하여 몸통이 굵고, 특히 하복부가 크고 복부와 옆구리에 지방이 많으며 엉덩이가 처져 둥근 체형
중배엽형(투사형)	어깨 폭이 넓고 근골이 건장한 근육형으로 팔다리의 근육이 매우 발달되어 있으며 다른 체형에 비해 같은 자극에도 근육이 쉽게 발달이 되는 체형
외배엽형(세장형)	키가 크고 뼈나 근육의 발달이 나빠 근육이 잘 붙지 않는 체형

(3) 비만

① 비만의 원인

잘못된 식습관으로 음식의 섭취량과 소비열량 간의 불균형으로 인해 나타나며 운동량 부족과 유전적 요인 및 스트레스로 인한 내분비계 이상이나 호르몬 기능 저하 등의 원인도 있음

② 비만의 유형

셀룰라이트 비만	• 우리 몸의 대사 과정에서 배출되는 노폐물, 독소 등이 배출되지 못하고 피부조직에 정체되어 있어 비만으로 보이며 림프 순환이 원인 • 소성결합조직이 경화되어 뭉치고 피하지방이 비대해져 피부 위로 울퉁불퉁한 살이 도드라져 보이며 여성에게 많이 나타남 • 임신, 폐경, 피임약 복용 등으로 인한 여성 호르몬 이상으로 발생하며 식이조절과 운동만으로는 제거하기 어려움
피하지방 비만	• 물렁물렁하며 번들거리는 지방으로 신체 전반적으로 발생 • 과도한 열량섭취와 운동부족으로 발생 • 식이요법과 운동으로 개선 가능
내장지방 비만	• 내장의 체지방층과 다른 내장의 막 사이에 체지방이 과잉 축적된 형태 • 윗배만 불룩 튀어나온 형태의 복부비만이 대표적이며 식이요법과 운동으로 개선 가능

③ 비만으로 인한 성인병

- 복부지방 : 고혈압, 당뇨병, 고지혈증
- 팔다리 지방 : 정맥류, 관절염
- 기타 : 만성피로, 호흡곤란, 편두통, 우울증

(4) 체형과 영양

탄수화물과 체형	조섬유소로 장의 연동운동과 음식물의 부피 증가로 인해 변비 예방에 효과적, 탄수화물의 섭취가 부족하면 체중감소 현상이 나타나며 과다 섭취 시 비만과 체질의 산성화를 일으킴
단백질과 체형	단백질은 체형을 구성하는 대표적인 영양소로 근육을 만드는 데 도움을 주어 보통 체형관리 보충제로 많이 이용되나 칼로리를 줄이지 않고 과다 섭취하면 체중이 증가할 수 있음
지방과 체형	지방의 부족은 체중 감소로 이어지며 과다 섭취 시에는 당뇨, 고혈압, 지방간을 유발하고 피하지방층의 과다 축적으로 비만을 초래. 섭취는 총 열량의 20~25%를 넘기지 않는 것이 바람직
무기질과 체형	무기질은 생체 내의 대사조절원의 역할을 하는 물질로서 체내 수분과 근육의 탄력을 유지시켜 주는 영양소로 무기질 섭취가 부족하게 되면 오히려 지방이 분해되는 것을 막아 살이 찔 수 있음
비타민과 체형	비타민은 다른 영양소의 작용을 돕고 인체 생리기능 조절에 중요한 역할을 하는 영양소로 꾸준하게 섭취하여야 적절한 체중 유지에 도움을 줌

4 피부와 광선

1 자외선

태양광의 스펙트럼을 사진으로 찍었을 때, 가시광선보다 짧은 파장(200~400nm)으로 눈에 보이지 않는 빛이다.

(1) 자외선의 종류

구분	파장	기능 및 역할
자외선A (UV-A)	320~400nm (장파장)	• 진피층까지 침투하여 주름 생성 • 색소침착, 피부의 탄력 감소와 건조화, 인공선탠
자외선B (UV-B)	290~320nm (중파장)	• 표피 기저층, 진피 상부까지 침투 • 기미, 주근깨, 수포, 일광화상, 피부홍반을 유발 • 각질세포 변형 • 유리에 의하여 차단 가능
자외선C (UV-C)	200~290nm (단파장)	• 가장 강한 자외선 • 오존층에 의해 차단되나 최근 오존층 파괴로 인체와 생태계에 많은 영향을 끼침 • 살균작용 및 피부암의 원인

(2) 자외선이 피부에 미치는 영향

긍정적인 영향	부정적인 영향
• 비타민 D 합성(구루병 예방) • 소독 및 살균효과 • 혈액순환 촉진 • 식욕과 수면의 증진, 내분비선 활성화 등의 강장효과	• 홍반 반응 • 과도하게 노출될 경우 일광화상 • 멜라닌의 과다 증식(색소침착, 피부건조, 수포생성) • 광노화 • 피부암 유발

2 적외선

가시광선보다 파장이 길고 피부 깊숙이 침투하며 열을 발산하여 피부로 온도를 느낄 수 있다.

(1) 적외선이 피부에 미치는 효과

① 피부에 열을 가하여 피부를 이완시키는 역할
② 피부 깊숙이 침투하여 생성물이 흡수되도록 돕는 역할
③ 온열작용으로 혈류 증가를 촉진
④ 신경말단 및 근조직에 영향(근육이완, 통증, 긴장감 완화)

(2) 적외선등의 이용
① 온열작용을 통해 화장품의 흡수를 도움
② 건성 피부, 주름 피부, 비듬성 피부 등에 효과적
③ 과량 조사 시 두통, 현기증, 일사병 등 유발

5 피부면역

1 면역의 종류
면역이란 외부의 미생물(세균, 바이러스)이나 화학물질로부터 생체를 방어하는 기능으로 특정 병원체나 독소에 대한 저항력을 가지는 상태이다.
① 선천적 면역 : 태어날 때부터 가지고 있는 면역체계로 인종, 종족에 따른 차이가 있다.
② 후천적 면역 : 후천적으로 형성된 면역

능동면역	자연 능동면역	전염병 감염에 의해 형성된 면역
	인공 능동면역	예방접종의 결과로 획득된 면역
수동면역	자연 수동면역	모체로부터 생성된 면역
	인공 수동면역	면역 혈청주사에 의해 획득된 면역

2 피부와 면역

표피	랑게르한스세포, 각질형성세포(사이토카인 생성) 면역반응
진피	대식세포, 비만세포가 피부면역의 중요한 역할
각질층	라멜라 구조로 외부로부터 보호
피지막	박테리아 성장을 억제(땀과 피지가 피부표면에 막을 형성)

3 면역 반응(면역 매커니즘)

B 림프구	• 특정 항원에만 반응하는 체액성 면역 • 특정 면역체에 대해 면역글로불린이라는 항체를 생성하여 면역 역할 수행
T 림프구	• 직접 항원을 파괴하는 세포성 면역 • 피부 및 장기 이식 시 거부반응에 관여 • 세포 대 세포의 접촉을 통해 직접 항원을 공격

6 피부노화

1 피부노화의 정의
나이가 들어서 신체의 전반적인 활력이 떨어지고 모든 생리적인 기능이 저하되는 과정을 말한다.

2 피부노화의 원인
① 노화유전자와 세포의 노화
② 활성산소 라디칼
③ 신경세포의 피로
④ 신진대사 과정에서 발생하는 독소
⑤ 텔로미어 단축
⑥ 아미노산 라세미화

> **참고** 텔로미어(telomere)
>
> 세포 속에 있는 염색체의 양 끝단에 붙어있는 반복 염기서열로, 세포분열이 일어날수록 길이가 점점 짧아져 나중에는 매듭만 남게 되고 세포복제가 멈추어 죽게 되면서 노화가 일어남

> **참고** 라세미화(racemization)
>
> 광학활성물질 자체의 선광도가 감소하거나 완전히 상실되는 현상으로, 생체에서 대사의 과정에서 아미노산이나 당 등이 라세미화 됨으로써 노화의 원인이 됨

3 피부노화 현상

내인성 노화 (생리적 노화)	• 나이가 들면서 피부가 노화되는 자연스러운 현상 • 표피와 진피의 두께가 얇아지고, 각질층의 두께가 두꺼워짐 • 피하지방세포 감소로 유분이 부족 • 세포와 조직의 탈수현상으로 피부가 건조해지고 잔주름 증가 • 면역(랑게르한스세포 감소), 신진대사 기능 저하 • 멜라닌 색소 감소로 피부색이 변함 • 탄력섬유와 교원섬유의 감소와 변성으로 탄력성 저하, 피부 처짐 및 주름 발생
광노화 (환경적 노화)	• 생활환경, 외부환경 등 외부 인자에 의해 피부가 노화되는 현상 • 표피와 진피의 두께가 두꺼워짐 • 탄력성 감소로 인한 피부 늘어짐, 피부 건조 • 색소의 불균형으로 과색소침착 • 면역성 감소(랑게르한스세포 수 감소) • 진피 내의 모세혈관 확장 • 콜라겐의 변성과 파괴가 일어남

7 피부장애와 질환

1 원발진과 속발진
(1) 원발진
정상피부에서 발생하는 초기증상으로 피부의 병변이다.

반점	• 피부 표면에 융기나 함몰 없이 피부의 색만 변화한 상태로 크기나 형태가 다양 • 주근깨, 기미, 자반, 노인성 반점, 오타모반, 백반 등
홍반	• 모세혈관의 충혈과 확장으로 피부가 붉게 변하는 상태
팽진	• 피부 상층부의 부분적인 부종으로 인해 국소적으로 부풀어 오르는 일시적 발진으로 가려움 동반 • 두드러기, 알레르기 등
수포	• 소수포 : 1cm 미만의 액체를 포함한 물집 상태(화상, 포진) • 대수포 : 1cm 이상의 액체와 혈액을 포함한 물집 상태
면포	• 피지덩어리가 막혀 좁쌀 크기로 튀어나와 있는 상태 • 비염증성 여드름
구진	• 1cm 미만으로 표피에 형성되는 붉은 융기, 상처 없이 치유 • 피지샘 주위, 땀샘, 모공의 입구에 생김
결절	• 구진과 비슷하나 1cm 이상으로 경계가 명확한 단단한 융기 • 진피나 피하지방까지 침범하여 통증 동반
농포	• 표피 부위에 고름(농)이 차있는 작은 융기, 염증을 동반 • 주변조직이 파괴되지 않도록 빨리 짜주어야 함
낭종	• 액체나 반고형 물질이 표피, 진피, 피하지방층까지 침범하여 피부 표면이 융기된 상태 • 여드름 4단계로 통증을 유발하고, 흉터가 남는 상태
종양	• 직경 2cm 이상, 과잉 증식되는 세포의 집합조직에 고름과 피지가 축적된 상태 • 여러 가지 모양과 크기가 있으며, 양성과 악성이 있음

(2) 속발진

원발진 후 진행된 질병이나 외적 요인에 의해 발생되는 피부질환의 후기 단계이다.

인설 (비듬)	• 죽은 표피세포인 각질이 가루형태로 떨어져 나가는 것 • 표피성 진균증, 건선 등
위축	• 진피세포나 성분의 감소로 인하여 피부가 얇아지고 탄력을 잃은 상태 • 화상
균열	• 심한 건조증이나 질병, 외상에 의해 표피가 갈라진 상태 • 발뒤꿈치 갈라짐 현상
가피	• 표피층의 소실 부위에 혈청과 고름, 분비물이 딱딱하게 말라 굳은 상태 • 딱지
찰상	• 기계적 외상, 지속적 마찰로 생기는 표피의 박리 상태 • 흉터 없이 치유됨
미란	• 수포가 터진 후 표피가 벗겨진 표피의 결손 상태 • 짓무름, 흉터 없이 치유됨
궤양	• 진피와 피하지방층까지의 조직 결손으로 깊숙이 상처가 생긴 상태 • 치료 후 흉터가 남음
켈로이드	• 피부 손상 후 상처가 치유되면서 결합조직이 과다 증식되어 흉터가 표면 위로 굵게 융기된 상태
반흔 (흉터)	• 세포재생이 더 이상 되지 않음 • 피지선과 한선이 없고 피부에 상처의 흔적이 남은 상태
태선화	• 장기간에 걸쳐 긁어서 표피가 건조하고, 가죽처럼 두꺼워지고 딱딱한 상태 • 만성 소양성 질환에 흔함

> **참고** 소양성 질환
>
> 자각적 증상으로서 피부를 긁거나 문지르고 싶은 충동에 의한 가려움증을 동반한 질환

2 여드름

(1) 여드름의 특징

① 피지 분비 과다, 여드름균 증식, 모공 폐쇄에 의해 형성되는 염증 상태
② 얼굴, 목, 가슴 등 피지 분비가 많은 부위에 발생
③ 사춘기의 지성 피부에 여드름이 많이 나타남

(2) 여드름의 원인

① 유전적 영향, 모낭 내 이상 각화, 피지의 분비
② 여드름 균의 군락 형성, 염증반응
③ 열과 습기에 의한 자극, 물리적 · 기계적 자극, 압력과 마찰

④ 남성호르몬인 테스토스테론과 여성호르몬인 황체호르몬(프로게스테론)의 분비 증가로 발생 (사춘기 여드름의 근본 원인)
⑤ 잘못된 식습관과 스트레스, 위장장애, 변비, 수면부족, 음주 등
⑥ 화장품이나 의약품의 부적절한 사용

(3) 여드름의 종류
① 비염증성 여드름(면포성 여드름)

백면포	모공이 막혀 피지와 각질이 뒤엉킨 피부 위 좁쌀 형태의 흰색 여드름
흑면포	모공이 열려 있으며 단단하게 굳어진 피지가 산화되어 검게 보이는 여드름

② 염증성 여드름

구진	1단계	1cm 미만, 모낭 내에 축적된 피지에 여드름 균이 번식하면서 혈액이 몰려 붉게 부어오르며 약간의 통증이 동반되는 여드름
농포	2단계	염증 반응이 진전되면서 박테리아로 인하여 악화되어 고름이 생기고 피부 표면에 농이 보이는 형태의 여드름
결절	3단계	1cm 이상, 딱딱한 응어리가 피부 위로 돌출되어 통증이 동반되는 검붉은색의 염증이 진피까지 깊숙이 위치한 여드름
낭종	4단계	피부가 융기된 상태로 진피에 자리잡고 있으며 심한 통증이 동반되고 치료 후 흉터가 남는 여드름

참고 여드름 발생 과정

면포 → 구진 → 농포 → 결절 → 낭종

(4) 여드름의 관리방법
① 유분이 많은 화장품의 사용은 피하고, 보습 위주의 관리를 한다.
② 세안을 철저히 하고 피부의 청결에 항상 유의한다.
③ 적당한 운동과 비타민을 섭취한다.
④ 과로를 피하고 적당한 일광(자외선)을 쪼인다. (자외선은 여드름 피부 치료에 많이 사용된다.)
⑤ 지방이 많은 음식, 단 음식, 피임약, 알코올, 다시마의 요오드 성분 등은 여드름을 악화시키므로 주의한다.

3 색소질환

(1) 과색소 질환

멜라닌 색소 증가로 인해 발생되는 색소 질환으로 기미, 주근깨, 노인성 반점 등이 있다.

기미	• 경계가 명확한 갈색의 점 • 원인 : 자외선 과다 노출, 경구피임약 복용, 임신, 내분비 장애, 선탠기 사용 등
주근깨	• 주로 유전적 요인에 의해 발생
검버섯	• 얼굴, 목, 팔, 다리 등에 경계가 뚜렷한 구진 형태로 발생
노인성 반점	• 흑갈색의 사마귀 모양으로 40대 이후 손등이나 얼굴에 발생
벌록 피부염	• 향료에 함유된 요소가 자외선을 받아 피부의 색이 변하는 피부질환

(2) 저색소 질환

멜라닌 색소 감소로 인해 발생되는 색소 질환으로 백반증, 백피증 등이 있다.

백반증	• 후천성 피부 변화로 인한 탈색소 질환, 멜라닌세포가 결핍된 흰색 반점형, 타원형 또는 부정형의 흰색반점이 나타남
백피증(백색증)	• 멜라닌 색소 부족으로 피부나 털이 하얗게 변하는 증상

> **참고** 색소침착의 원인
> • 자외선, 내분비 기능장애, 임신, 갱년기 장애, 유전적 요인
> • 정신적 불안과 스트레스, 질이 좋지 않은 화장품의 사용, 선탠기

4 감염성 피부질환

(1) 바이러스성

대상포진	• 바이러스성 피부질환으로 심한 통증 동반 • 잠복해 있던 수두 바이러스의 재활성화에 의해 발생 • 발진이 신경띠를 따라 길게 나타나는 군집 수포성 증상
단순포진 (헤르페스)	• 바이러스성 피부질환으로 헤르페스 바이러스의 급성감염으로 발생 • 한 곳에 국한하여 물집이 발생하는 수포성 증상 • 입술주위, 성기에 주로 나타나고 같은 부위에 재발 가능
수두	• 대상포진 바이러스 1차 감염으로 발생 • 주로 소아에게 발병되며 전염력이 매우 강함 • 피부 전체가 가렵고 수포성 발진이 생김
홍역	• 홍역 바이러스 감염으로 발생 • 발열과 발진을 주 증상으로 하는 급성발진성 질환 • 주로 소아에게 발병되며 전염성이 강하여 감수성 있는 접촉자의 90% 이상이 발병

사마귀	• 유두종 바이러스(HPV)에 의한 감염으로 발생 • 표피의 과다한 증식이 일어나 구진 형태로 나타남 • 전염성이 강하여 타인 및 자신의 신체 부위에 다발적으로 감염시킴
풍진	• 풍진 바이러스에 의한 감염으로 발생 • 귀 뒤, 목 뒤의 림프절 비대와 통증으로 얼굴, 몸에 발진

(2) 세균성

농가진	• 화농성 연쇄상구균에 의해 발생하며, 전염성이 높은 표재성 농피 증상
모낭염	• 모낭이 박테리아에 감염되어 발생하여 고름이 형성되는 증상
옹종	• 황색 포도상구균에 의해 발생하여 모낭에서 나타나는 급성 화농성 염증의 증상
봉소염	• 용혈성 연쇄구균에 급성 박테리아 감염으로 발생하여 홍반과 통증을 동반하는 증상

(3) 진균성

백선(무좀)	• 사상균(곰팡이균)에 의해 발생, 피부껍질이 벗겨지고 가려움을 동반, 주로 손과 발에서 번식
칸디다증	• 진균의 일종인 칸디다균으로 인해 감염 • 붉은 반점과 가려움을 동반하는 염증성 질환 증상 • 손톱, 피부, 구강, 질, 소화관 등에 발생
완선	• 사타구니에 나타나는 진균성 질환

5 안검 주위 및 기타 피부질환

비립종	• 모래알 크기의 각질 세포로, 직경 1~2mm의 둥근 백색 구진 형태 • 신진대사의 저조가 원인으로 주로 눈 밑 얇은 부위에 위치
한관종 (물사마귀)	• 눈 주위와 볼, 이마 부위에 1~3mm의 피부색 구진 형태 • 황색 또는 분홍색의 반투명성 구진으로 피부 양성 종양이며 작은 물방울 모양으로 오돌오돌하게 솟아나 보임
화상	• 제1도 화상 : 피부가 붉어지고, 열감과 동통 수반 • 제2도 화상 : 진피층까지 손상되어 수포가 형성되고 홍반, 부종, 통증 동반 • 제3도 화상 : 피부 전층과 신경이 손상된 상태로 흉터가 남음
주사	• 코를 중심으로 양볼에 나비 형태로 붉게 발생하는 만성, 충혈성 질환 • 피지선의 염증과 깊은 관련이 있음 • 안면홍조 발생, 모세혈관 확장

3절 화장품 분류

1 화장품 기초

1 화장품의 정의(화장품법)
① 인체를 청결·미화하여 매력을 더하고 용모를 밝게 변화시키기 위해 사용하는 물품
② 피부·모발의 건강을 유지 또는 증진시키기 위하여 인체에 바르고 뿌리는 등의 방법으로 사용되는 물품
③ 인체에 대한 작용이 경미한 물품
④ 어떤 질병을 진단하거나 치료 또는 예방을 목적으로 하는 특정한 물질인 의약품(약사법)에 해당하지 않는 것

2 화장품의 사용목적
① 인체를 청결·미화하기 위함
② 인체의 매력을 더하여 용모를 밝게 변화시키기 위함
③ 피부·모발의 건강을 유지 또는 증진하기 위함
④ 외부 환경으로부터 피부 및 모발 등 인체를 보호하기 위함

3 화장품의 4대 요건

안전성	피부에 대한 자극, 알레르기, 독성이 없어야 함
안정성	사용기간 및 보관에 따른 변질, 변색, 변취, 미생물의 오염이 없어야 함
사용성	흡수성, 발림성 등 피부에 사용감이 좋아야 함
유효성	세정효과, 적절한 보습효과, 자외선 차단, 미백효과, 주름개선, 피지 분비 조절, 색채 효과 등의 유효한 효능을 나타내야 함

4 화장품, 의약외품, 의약품의 구분
안정성과 유효성에 따라 화장품, 의약외품, 의약품 등으로 구분한다.

구분	화장품	의약외품	의약품
사용대상	정상인	정상인 및 환자	환자
사용목적	미화, 청결	미화, 위생	질병 치료 및 진단, 예방
사용기간	장기간, 지속적	장기간, 지속적	일정기간
사용범위	전신	특정 부위	특정 부위
부작용	없어야 함	없어야 함	어느 정도는 무방

5 **화장품 사용 시 주의사항**

① 제조 연월일 및 사용 기간을 확인 후 반드시 표시 기간 내 사용

② 상처 부위나 피부질환 등의 이상이 있는 부위에는 사용하지 말 것

③ 사용 중 피부에 붉은 반점, 가려움증 등의 이상 증상 발생 시 사용을 중지하고 의사에게 상담

④ 고온 또는 저온의 장소 및 직사광선을 피하고 서늘한 곳에 보관할 것

⑤ 사용 후 반드시 뚜껑을 닫아 보관할 것

⑥ 유·소아의 손이 닿지 않는 곳에 보관할 것

6 **화장품 용기 기재 사항(화장품법)**

① 화장품의 명칭

② 영업자의 상호 및 주소

③ 해당 화장품 제조에 사용된 모든 성분

④ 내용물의 용량 또는 중량

⑤ 제조번호

⑥ 사용기한 또는 개봉 후 사용기한

⑦ 가격

⑧ 사용할 때의 주의사항

2 화장품 제조

1 **화장품의 원료**

화장품은 수성원료, 유성원료, 계면활성제, 보습제, 방부제, 폴리머, 산화방지제, 착색료, 향료, 기타 성분 등으로 구성되어 있다.

(1) 수성원료

정제수	• 화장품의 주원료로서 성분함량이 가장 많음 • 모든 화장품의 기초 성분으로 사용되며, 수분공급 기능으로 피부 보습 작용 • 물의 세균과 금속이온, 불순물이 제거된 정제수 사용
에탄올	• 무색, 무취의 휘발성을 지닌 투명 액체로서 물 또는 유기용매와 잘 희석됨 • 청량감과 휘발성이 있음, 수렴효과, 소독작용 • 함량이 많으면 피부에 자극(10% 전후가 일반적 함량)

(2) 유성원료

유성원료는 피부의 수분손실 조절, 흡수력 및 사용감 향상, 피부 보호막 역할, 유해물질 침투 방지 효과가 있다.

오일	* 피부에 유연성, 윤활성 부여 * 피부표면에 친유성 막을 형성하여 피부를 보호하며 수분 증발 저지	
	식물성 오일	식물의 열매, 종자, 꽃 등에서 추출(호호바 오일, 올리브 오일 등)
	동물성 오일	동물의 피하조직 및 장기에서 추출(라놀린, 밍크 오일, 스쿠알렌 등)
	광물성 오일	석유 등에서 추출(바셀린, 유동파라핀 등)
	천연 오일	천연물에서 추출하여 가수분해, 수소화 등의 공정을 거쳐 유도체로 이용
	합성 오일	실리콘 오일, 미리스틴산이소프로필 등
왁스	* 실온에서 고형화제인 유성성분이며, 제품의 변질이 적음 * 화장품의 굳기를 조절, 광택을 부여하는 역할 * 기초화장품, 메이크업 화장품에 사용되는 고형의 유성성분	
	식물성 왁스	호호바유, 카르나우바 왁스(야자나무의 잎), 칸데릴라 왁스(칸데릴라 식물) 등
	동물성 왁스	라놀린(양털), 밀랍(꿀벌), 경납(향유고래), 망치고래유 등
고급 지방산	* 천연 유지와 밀랍 등에 포함되어 있는 에스테르 화합물을 분해하여 얻음 * 비누, 각종 계면활성제, 첨가제 등의 원료로 사용 * 스테아린산, 올레산, 팔미트산, 미리스틱산 등	

(3) 계면활성제

① 계면활성제의 특성

- 계면활성제는 물과 기름이 잘 섞이게 하는 역할을 함
- 두 물질의 경계면에 흡착해 성질을 변화시키고, 소량의 기름을 물에 녹이거나 또는 고체 입자를 물에 균일하게 분산시키는 물질
- 기체, 액체, 고체의 계면 자유에너지를 저하시켜 세정 작용을 하는 화합물
- 한 분자 내에 둥근 머리 모양의 친수성기와 막대 모양의 친유성기가 함께 있음

② 계면활성제의 분류

종류	기능	주요 용도
양이온 계면활성제	* 살균, 소독작용 우수 * 정전기 발생 억제	* 헤어린스, 헤어 트리트먼트 * 유연제, 정전기 방지제
음이온 계면활성제	* 세정 작용, 기포형성 작용 우수	* 비누, 샴푸, 클렌징폼 * 치약

양쪽성 계면활성제	• 세정 작용, 기포형성 작용 약함 • 살균력, 유연효과 • 피부 저자극, 피부 안정성	• 베이비 샴푸, 저자극 샴푸 • 유아용 제품
비이온 계면활성제	• 피부 자극이 적어 기초화장품에 주로 사용 • 유화력, 습윤력, 가용화력, 분산력 우수	• 기초화장품류 • 헤어 크림, 헤어 트리트먼트 • 가용제, 유화제, 세정제

> **참고** 계면활성제의 피부 자극 및 세정력 세기
> · 피부 자극의 세기 : 양이온성 〉 음이온성 〉 양쪽성 〉 비이온성
> · 세정력 세기 : 음이온성 〉 양이온성 〉 양쪽성 〉 비이온성

(4) 보습제

보습제는 수용성 물질로 흡착성이 높아 수분 흡수, 보습 유지, 피부 건조 완화 등의 효과가 있다.

① 종류

에몰리엔트		• 피부표면에 얇은 막을 형성하여 수분 증발 방지 및 촉촉함 부여 • 오일 및 왁스 등
폴리올		• 공기 중의 수분을 끌어당겨 보습 효과를 줌 • 글리세린, 디프로필렌글리콜, 솔비톨 등
모이스처 라이저	천연보습인자 (NMF)	• 수용성 보습제로서 각질층에 존재 • 피부의 수분이 외부로 증발되는 것을 막아줌 • 아미노산(40%), 젖산(12%), 요소(7%) 등으로 구성
	콜라겐	• 탁월한 보습 효과를 지님 • 분자량이 커서 피부에 흡수되지 않는 고분자 형태의 보습제 • 빛이나 열에 쉽게 파괴
	히알루론산	• 인체의 결합조직 내에 존재하는 보습제 • 보습작용, 유연작용

② 보습제가 갖추어야 할 조건

- 적절한 보습능력이 있을 것
- 피부 친화성이 좋을 것
- 다른 성분과의 혼용성이 좋을 것
- 보습력이 환경의 변화에 쉽게 영향을 받지 않을 것
- 응고점이 낮고, 휘발성이 없을 것

(5) 방부제

① 미생물 증가 억제를 통한 혼탁, 분리, 변색, 악취 등의 예방으로 화장품의 변질 방지 및 살균 작용
② 일정 기간 보존을 위한 보존제 역할(박테리아, 곰팡이 성장 억제)
③ 종류 : 파라벤류, 이미다졸리디닐 우레아, 페녹시에탄올 등

(6) 폴리머

화장품 제조 시 점도증가제, 피막형성제로 주로 이용되며, 보습제 및 계면활성제로도 일부 사용된다.

점도증가제	• 화장품의 점도를 유지하거나 제품의 안정성을 유지하기 위한 성분 • 제품의 질감, 사용성, 안전성에 중요한 영향을 미침
피막형성제	• 도포 후 시간이 경과되면 굳게 되는 성질을 가짐 • 팩, 마스카라, 아이라이너, 네일 에나멜, 헤어 스타일링 제품 등에 사용

(7) 산화방지제

① 화장품의 성분이 공기와 닿아 산화되는 것을 억제하여 제품의 산패를 방지·지연시키는 성분
② 화장품의 품질, 보존 및 안전성 유지에 중요한 역할을 함
③ 종류 : 토코페롤, 레시틴, 비타민 C, 부틸히드록시툴루엔 등

(8) 착색료

화장품에 색상을 더하기 위해 사용되며 주로 메이크업 화장품에 사용된다.

염료	• 화장품의 색상 효과 • 물과 오일에 잘 녹음(수용성 염료, 유용성 염료) • 화장수, 크림, 샴푸, 헤어오일 등에 색상을 부여
안료	• 빛 반사 및 차단의 역할 • 물과 오일에 녹지 않음(메이크업 제품에 사용) • 무기안료 : 빛, 산, 알칼리에 강하고 내광성·내열성이 좋으며 커버력이 우수함 • 유기안료 : 유기용매에 녹아 색이 번짐, 색 선명, 착색력이 좋음

(9) 향료

① 원료 냄새를 중화하여 좋은 향이 나도록 하며 휘발성이 필요
② 종류 : 천연향료, 합성향료, 조합향료 등

(10) 기타 성분

아줄렌	• 피부진정 작용, 염증 및 상처 치료에 효과
아미노산	• 수분 함량이 많고 피부 침투력이 우수
알부틴	• 티로시나아제 효소의 작용을 억제
AHA	• 각질 제거, 유연기능 및 보습기능 • 피부와 점막에 약간의 자극이 있음
레시틴	• 항산화작용, 유연작용

2 화장품의 제조 기술

화장품은 가용화·분산·유화 공정 및 혼합 공정, 분쇄 공정을 거쳐 제조된다.

(1) 가용화

① 계면활성제에 의해 물에 오일이 용해되어 투명하게 보이는 상태
② 계면활성제에 의해 오일성분 주위에 가시광선 파장보다 작은 집합체를 형성하는 미셀 형성 작용으로 빛이 투과되어 투명하게 보임
③ 종류 : 화장수, 향수, 투명 에센스, 헤어 토닉 등

(2) 분산

① 계면활성제에 의해 물 또는 오일에 미세한 고체입자가 균일하게 혼합된 상태
② 종류 : 립스틱, 아이섀도, 마스카라, 파운데이션 등의 메이크업 화장품

(3) 유화

① 유화의 특징
  • 계면활성제에 의해 물에 다량의 오일이 균일하게 혼합되어 우윳빛으로 섞여있는 상태
  • 서로 섞이지 않는 액체에 계면활성제 등을 넣어 한쪽의 액체를 다른 쪽의 액체 가운데로 미세하게 분산시켜 안정된 에멀전을 만드는 기술
  • 종류 : 로션류, 크림류

② 유화 타입에 따른 종류

O/W수중유형	• 물에 오일이 분산되어 있는 형태 • 수분감이 많고 피부 흡수율이 높으며, 산뜻하고 가벼움 • 에센스, 로션(에멀전), 핸드 로션 등
W/O유중수형	• 오일에 물이 분산되어 있는 형태 • 유분감이 많아 피부 흡수율이 낮으며, 사용감이 무거움 • 영양 크림, 클렌징 크림, 자외선 차단 크림 등
다상 에멀전	• O/W/O, W/O/W • 분산되어 있는 입자 자체가 에멀전을 형성하고 있는 상태

3 화장품의 종류와 기능

1 기초화장품

(1) 기초화장품의 사용목적

① 피부의 노폐물, 불필요한 각질, 화장품 잔여물 등의 제거를 위한 세정 효과
② 피부에 유분 및 수분, 영양 공급
③ 피부 pH밸런스 조절 및 정돈

④ 피부의 수분 손실 방지 및 보호

피부 세정	피부의 노폐물 및 화장품 잔여물 제거	클렌징 폼, 클렌징 워터, 클렌징 젤, 클렌징 로션, 클렌징 크림, 클렌징 오일 등
피부 정돈	피부에 수분 공급, pH 조절, 피부 진정	화장수, 스킨 로션, 스킨 토너, 토닝 로션 등
피부 보호	피부에 유·수분과 영양 공급	로션, 크림, 에센스 등

(2) 기초화장품의 종류

클렌징	• 피부의 청결 유지와 피지, 화장품 잔여물, 노폐물의 제거(각질 제거) • 제품 흡수의 효율과 피부 호흡을 원활히 하는 데 도움(피부정돈) • 종류 : 비누, 클렌징 폼, 클렌징 워터, 클렌징 젤, 클렌징 로션, 클렌징 크림, 클렌징 오일 등
딥 클렌징	• 클렌징으로 제거되지 않은 노폐물이나 묵은 각질 제거 기능 • 종류 : 스크럽, 효소, 고마쥐, AHA 등
화장수(스킨)	• 피부의 잔여물 제거, 정상적인 pH 밸런스를 맞추어 피부 정돈 • 피부에 청량감 부여, 피부 진정, 쿨링 작용 • 종류 : 유연화장수(보습효과), 수렴화장수(모공수축, 알코올 성분이 많음)
에멀젼(로션)	• 유·수분 공급, 유분막 형성으로 보호작용 • 발림성이 좋고 피부에 빨리 흡수되며 사용감이 산뜻함 • 종류 : W/O형(탁월한 보습 효과), O/W형(사용감이 가볍고 산뜻함)
에센스	• 다양한 기능에 따라 고농축 보습성분과 특정한 유효성분을 포함한 제품 • 피부 보습 및 노화 억제 성분 등을 농축해 만든 것으로 피부에 수분과 영양분 공급
팩	• 피부에 보호막 형성, 보습과 영양 공급 • 유효성분 침투율을 높임 • 피부의 노폐물 및 노화된 각질 제거 • 종류 : 워시오프 타입, 티슈오프 타입, 필오프 타입, 패치 타입, 시트 타입 등

2 메이크업 화장품
(1) 메이크업 화장품의 사용목적
① 피부의 결점을 보완해 주고 피부색을 균일하게 표현하여 건강하고 아름다운 피부를 표현
② 피부에 색조 효과를 부여하고 음영 효과를 주어 입체감을 연출
③ 자외선, 먼지, 유해물질 등 외부의 환경오염 물질로부터 피부 보호
④ 자신감과 심리적 만족감 부여

(2) 메이크업 화장품의 종류
① 베이스 메이크업 화장품

메이크업 베이스	• 피부 톤을 정리하고 화장의 지속성을 높이는 역할 • 파운데이션의 밀착성을 높여줌 • 인공 보호막의 형성으로 피부 보호 • 색소침착 방지
파운데이션	• 피부색을 기호에 맞게 바꿔주고 잡티나 결점을 보완 • 피부에 광택과 투명감 부여 • 리퀴드, 크림, 스틱의 제형 등이 있음
페이스 파우더	• 화장의 지속성을 높여주고 파운데이션의 유분기를 잡아줌 • 피부색 정돈 및 화사한 피부 표현 • 콤팩트 파우더, 루스 파우더 등

② 포인트 메이크업 화장품

아이섀도	• 눈과 눈썹 부위에 색채와 음영을 주어 입체감을 표현 • 케이크 타입, 크림 타입, 펜슬 타입 등
블러셔	• 볼에 색상을 넣어 얼굴색을 밝고 건강하게 보이게 하고 입체감 연출 • 케이크 타입, 크림 타입 등
아이브로우	• 비어있는 눈썹을 채워주고, 눈썹 모양을 연출 • 펜슬 타입, 케이크 타입 등
마스카라	• 속눈썹의 숱을 풍성하게 하거나 길고 짙어 보이게 하여 눈매를 아름답게 표현 • 볼륨마스카라, 컬링마스카라, 롱래쉬마스카라, 워터프루프마스카라 등
아이라이너	• 눈의 윤곽이나 눈 모양을 조정하여 눈매를 수정하고 뚜렷한 눈매를 연출 • 리퀴드 타입, 펜슬 타입, 케이크 타입, 젤 타입 등
립스틱	• 입술에 색채와 윤기를 부여하고 수분 증발 방지 • 모이스처 타입, 매트 타입, 롱라스팅 타입, 립글로즈 등

3 기능성 화장품
(1) 기능성 화장품의 개념 (화장품법 제2조 2항)
기능성 화장품이란 화장품 중에서 다음의 어느 하나에 해당되는 것으로서 총리령으로 정하는 화장품을 말한다.
① 피부의 미백에 도움을 주는 제품
② 피부의 주름개선에 도움을 주는 제품
③ 피부를 곱게 태워주거나 자외선으로부터 피부를 보호하는 데에 도움을 주는 제품
④ 모발의 색상 변화·제거 또는 영양공급에 도움을 주는 제품
⑤ 피부나 모발의 기능 약화로 인한 건조함, 갈라짐, 빠짐, 각질화 등을 방지하거나 개선하는 데에 도움을 주는 제품

(2) 기능성 화장품의 분류

미백 제품	• 멜라닌 색소침착 방지, 티로시나아제 활성을 억제하여 피부에 미백 효과, 기미·주근깨 생성을 억제하여 피부 미백에 도움을 주는 화장품 • 성분 : 비타민 C(미백 효과, 멜라닌 생성 억제), 알부틴, 하이드로퀴논, 레몬, 구연산, 감초	
주름 개선 제품	• 피부 섬유아세포의 활성을 유도하여 콜라겐과 엘라스틴 합성을 촉진시켜 피부 탄력 강화 및 주름 개선 • 성분 : 레티놀(콜라겐 생성 촉진, 피부주름 개선 및 탄력 증대), 아하(AHA)(미백 작용, 주름 감소), 항산화제(카로틴, 녹차추출물, 비타민 E, 비타민 C)	
피부 태닝 제품	• 피부 손상을 최소화하고 자외선에 천천히 그을리도록 도움 • 성분 : DHA(피부손상을 최소화하고 자외선에 천천히 그을리도록 도움을 줌)	
자외선 차단 제품	• 자외선으로부터 피부를 보호하기 위해 사용 • 일광 노출 전 발라야 효과가 좋으며 시간이 지나면 덧바르는 것이 좋음	
	자외선 흡수제	• 화학적으로 자외선을 피부에 흡수하여 피부 침투 차단 • 화장이 밀리지 않고 투명하게 표현되나 피부트러블 가능성 높음 • 성분 : 파라아미노 안식향산, 옥틸디메칠파바, 옥틸메톡시신나메이트, 벤조페논, 옥시벤존
	자외선 산란제	• 피부 표면에서 물리적으로 자외선을 산란 또는 반사 • 차단 효과는 우수하나 화장이 밀림 • 성분 : 산화아연(징크옥사이드), 이산화티탄(티타늄디옥사이드)
모발 제품	• 모발의 색상 변화·제거 또는 영양공급에 도움을 주는 재품 • 일시적으로 색상을 변화하는 제품을 제외 • 종류 : 염모제, 탈색제, 모발 염모성분을 빼주는 탈염제 등	
체모 제거 제품	• 털의 구성성분인 케라틴을 변성시켜 몸의 과다한 털이나 원치 않는 털을 없애는 데 도움을 주는 제품 • 물리적으로 제거하는 제품은 제외	
여드름성 피부 완화 제품	• 각질, 피지 등을 씻어내어 여드름성 피부관리에 도움을 주는 제품 • 종류 : 인체세정용 제품류	
탈모 증상 완화 제품	• 모발 및 두피에 영양을 주어 모발이 빠짐을 막아주는 데 도움을 주는 제품 • 피부나 모발의 기능 약화로 인한 건조함, 갈라짐, 빠짐, 각질화 등을 방지하거나 개선하는데 도움 • 코팅 등 물리적으로 모발을 굵게 보이는 제품은 제외	

참고 자외선 차단지수 SPF(Sun Protection Factor)

• UV-B 방어 효과를 나타내는 지수   • 수치가 높을수록 자외선 차단지수가 높음
• 피부의 멜라닌 양과 자외선에 대한 민감도에 따라 효과가 달라질 수 있음

$$SPF = \frac{자외선\ 차단제품을\ 바른\ 피부의\ 최소홍반량}{자외선\ 차단제품을\ 바르지\ 않은\ 피부의\ 최소홍반량}$$

4 바디 관리 화장품

얼굴과 모발을 제외한 모든 신체부위에 세정, 트리트먼트, 체취 억제, 신체보호, 자외선 차단 등의 바디 관리에 도움을 주는 화장품이다.

세정 제품	• 피부 노폐물 제거 • 전신을 세정하여 청결함을 유지 • 치밀한 기포 지속성과 부드러운 세정성 • 세균의 증식을 억제하고 피부 각질층의 세포 간 지질을 보호	비누, 바디 클렌저, 입욕제
각질 제거 제품	• 피부의 노화된 각질 제거	바디 스크럽, 바디 솔트
바디 트리트먼트	• 피부에 유·수분 및 영양 공급 • 피부의 보습과 건조함을 방지	바디 로션, 바디 오일, 바디 크림
체취방지 제품	• 신체의 냄새를 억제하는 기능 • 땀의 분비로 인한 냄새와 세균의 증식을 억제하기 위해 주로 겨드랑이 부위에 사용	데오도란트 (스프레이, 로션, 파우더, 스틱 제형)
일소용 제품 (태닝 제품)	• 피부를 균일하게 그을려 건강한 피부 표현	선탠용 제품
일소 방지용 제품 (자외선 차단 제품)	• 햇볕에 타는 것을 방지하고 자외선으로부터 피부를 보호	선스크린 제품
슬리밍 제품	• 노폐물을 배출하고 지방을 분해 효과 • 혈액순환 촉진, 노폐물 배출, 셀룰라이트 예방	지방 분해 크림, 슬리밍 젤

5 모발 화장품

모발 및 두피를 청결히 유지하고 모발의 스타일을 연출하기 위하여 사용하는 화장품이다.

세정제	샴푸	• 모발과 두피의 오염물질 제거
트리트먼트제	린스	• 정전기 방지, 모발의 표면을 부드럽게 하면서 광택을 줌
	헤어 트리트먼트	• 모발과 두피 손상 예방, 영양공급
	헤어 팩	• 손상된 모발 회복

정발제	헤어 오일	• 모발에 유분 공급, 광택 부여 • 모발 보호 및 정돈
	헤어 로션	• 모발의 수분공급, 보습효과
	헤어 무스	• 에어졸 타입으로 모발에 헤어스타일 연출
	헤어 스프레이	• 헤어스타일을 고정시켜주는 역할
	헤어 젤	• 투명한 젤 타입으로 모발에 헤어스타일 연출
	헤어 리퀴드	• 산뜻하고 가벼운 정발제 • 모발을 보호하기 위한 제품으로 젖은 모발에 사용
	포마드	• 남성용 정발제로서 헤어스타일 연출 • 모발에 광택 부여
육모제	헤어 토닉	• 모발과 두피에 영양을 주면서 두피의 혈액순환을 좋게 함 • 모발 촉진, 탈모 방지, 가려움증 예방

6 향수

(1) 향수의 특징

① 동물이나 식물을 추출하여 얻어지는 향기를 가진 액체 형태의 화장품
② 사용자의 매력을 돋보이게 하거나 심리적 안정감과 기분전환을 위해 사용

(2) 향수의 조건

① 향이 강하지 않고 지속성이 있어야 함
② 향의 퍼짐성과 확산성이 좋아야 함
③ 향이 조화를 잘 이루어야 함
④ 향의 개성과 특징이 있어야 하고, 시대성에 부합되어야 함

(3) 향수의 분류

① 농도 단계에 따른 분류

구분	퍼퓸	오데퍼퓸	오데토일렛	오데코롱	샤워코롱
함유량	15~30%	9~12%	6~8%	3~5%	1~3% 함유
지속성	약 6~7시간	약 5~6시간	약 3~5시간	약 1~2시간	약 1시간

② 향의 휘발속도에 따른 분류

탑 노트	• 향수 용기를 열거나 뿌렸을 때 느껴지는 향수의 첫 느낌 • 휘발성이 강한 향료로 꽃, 잎, 과일에서 추출
미들 노트	• 휘발성이 중간 정도인 향료로 향수가 가진 본연의 향 • 줄기, 잎, 꽃에서 추출
베이스 노트	• 마지막까지 남아 있는 잔향 • 휘발성이 낮은 향료로 나무껍질, 진액, 뿌리에서 추출

7 에센셜 오일, 캐리어 오일

(1) 에센셜 오일(아로마 오일)

① 에센셜 오일의 특징

- 식물의 꽃이나 줄기, 뿌리 등 다양한 부위에서 추출한 휘발성 있는 오일
- 분자량이 작아 침투력이 강함, 면역 기능 향상, 감기에 효과적
- 피지·지방 물질에 용해되어 피부 관리, 여드름과 염증 치유에 사용

② 에센셜 오일의 효능

피부미용, 내분비계 정상화, 면역강화, 항염작용, 항균작용, 피부진정작용, 혈액순환 촉진 등

③ 에센셜 오일의 종류

꽃	라벤더	심리적 안정, 근육 이완 작용, 상처와 화상 치유 등의 재생 작용
	카모마일	진정작용으로 소양증, 민감성 알러지 피부에 효과가 있음
	자스민	호르몬 균형의 조절로 정서적 안정과 긴장을 완화하는 효과가 있음
	아줄렌	카모마일에서 추출한 오일, 진정작용, 살균·소독·항염 작용, 여드름 피부에 효과적
	베르가못	진정작용과 신경 안정에 효과
허브	페퍼민트	혈액순환 촉진(멘톨), 피로회복, 졸음방지에 효과, 통증완화
	로즈마리	기억력 증진과 두통의 완화효과가 있음, 배뇨를 촉진하는 작용을 함
	티트리	피지조절, 방부작용, 살균·소독작용, 여드름 피부에 효과적
수목	유칼립투스	근육통 치유 효과, 염증 치유 효과, 호흡기 질환에 효과적

④ 에센셜 오일의 사용법

- 캐리어 오일에 희석해서 적정 용량을 사용
- 점막이나 점액 부위에 직접 사용 자제
- 안전성 확보를 위하여 사전에 패치 테스트를 실시
- 임산부, 고혈압 환자, 심장병 환자, 과민한 사람은 사용 자제 권장
- 산소, 빛 등에 의해 변질될 수 있으므로 자외선이 차단되는 갈색병에 보관

⑤ 에센셜 오일의 활용법

흡입법	• 기체 상태의 에센셜 오일을 코를 통해 흡수하는 방법 • 건식 흡입법 : 티슈나 수건 등에 에센셜 오일을 1~2방울 떨어뜨려 흡입 • 증기 흡입법 : 끓인 물에 에센셜 오일을 떨어뜨려 흡입 • 감기, 기침, 천식 등 호흡기계 질환에 좋음
확산법	• 아로마 램프, 스프레이를 이용하여 분자 상태로 확산시키는 방법 • 감기, 기침, 천식 등 호흡기계 질환에 좋음
입욕법	• 코 흡입과 피부 흡입 두 가지의 효과를 볼 수 있는 방법 • 욕조에 온수를 채운 후 에센셜 오일 10~15방울 떨어뜨려 반신욕 및 전신욕 진행 • 혈액순환 촉진, 긴장 이완
마사지법	• 에센셜 오일을 캐리어 오일에 희석하여 피부에 도포 후 마사지로 혈액순환, 정서적 안정을 주는 방법 • 근육이완 및 심신안정 효과
습포법	• 수건 등을 이용하여 냉습포, 온습포로 찜질하는 방법 • 염증 및 통증 완화

⑥ 에센셜 오일의 추출법

수증기 증류법		• 식물을 물에 담가 가온하면 증발되는 향기물질을 분리하여 냉각시킨 후 액체 상태의 천연향을 얻는 방법 • 아로마테라피에서 가장 많이 사용 • 천연향을 대량으로 얻을 수 있으나 고온에서 일부 향기성분이 파괴될 수도 있음
압착법		• 과일즙 만드는 방법과 같이 압착하여 향을 추출하는 방법 • 냉압착법 : 정유 성분이 파괴되는 것을 막기 위해 저온 상태에서 추출
용매 추출법	휘발성	• 식물의 꽃을 이용하여 향기성분을 녹여내는 방법
	비휘발성	• 동식물의 지방유를 이용한 추출법으로 냉침법과 온침법이 있음
이산화탄소 추출법		• 이산화탄소 가스를 이용하여 추출 • 고순도의 질 좋은 아로마 오일 추출 시 사용
침윤법		• 온침법 : 따뜻한 식물유에 꽃이나 잎을 넣어 식물에 정유가 흡수되게 한 후 추출 • 냉침법 : 동물성 기름을 바른 종이 사이사이에 꽃잎을 넣어 추출 • 담금법 : 알코올에 정유를 함유하고 있는 식물 부위를 담가 추출

(2) 캐리어 오일(베이스 오일)

① 캐리어 오일의 특징
- 에센셜 오일을 피부에 효과적으로 침투시키기 위해 사용하는 식물성 오일
- 에센셜 오일은 원액을 사용할 수 없기 때문에 캐리어 오일과 섞어 사용
- 에센셜 오일의 향을 방해하지 않도록 향이 없어야 하고 피부 흡수력이 좋아야 함

② 캐리어 오일의 종류

호호바 오일	• 모든 피부 타입에 적합 • 피부 친화력이 좋으며, 쉽게 산화되지 않아 안정성이 높음 • 침투력 및 보습력이 우수 • 여드름, 습진, 건선 피부에 사용
맥아 오일	• 토코페롤이 풍부하여 강력한 항산화 작용 • 건성, 손상 피부에 효과
살구씨 오일	• 끈적임이 적고 흡수가 빠르며, 피부 윤기와 탄력성에 효과 • 비타민 A와 E, 무기질 함유 • 건조 피부와 민감성 피부에 적합 • 습진, 가려움증에 효과
아보카도 오일	• 모든 피부 타입에 적합 • 비타민 E 풍부 • 비만관리용으로 많이 사용
아몬드 오일	• 모든 피부 타입에 적합 • 비타민 A와 E 풍부 • 피부 보습력이 좋아 가려움증, 건성 피부에 효과적
포도씨 오일	• 비타민 E 풍부 • 여드름 피부에 효과 • 피부재생에 효과적이며 황산화 작용
코코넛 오일	• 피부노화, 목주름 등에 효과적 • 선탠오일로 사용
로즈힙 오일	• 레티놀, 비타민 C 함유 • 세포재생, 화상치유

8 네일 화장품

손·발톱에 색상과 광택을 부여하거나 유분과 수분을 공급하여 손·발톱을 보호하는 화장품

네일 에나멜	손·발톱에 색상을 주는 제품, 네일 폴리시 또는 래커라고도 함
베이스 코트	손·발톱에 바르는 투명한 액체, 손톱 변색과 오염 방지 및 에나멜 밀착력을 높임
탑 코트	에나멜 위에 도포하여 에나멜의 광택이 지속적으로 유지되도록 하는 역할
프라이머	손·발톱 표면의 pH 밸런스를 조절하여 아크릴의 접착력을 높이는 역할
에나멜 리무버	손·발톱의 에나멜을 제거할 때 사용, 폴리시 리무버라고도 함
큐티클 오일	손·발톱 주변의 큐티클을 부드럽게 제거하기 위하여 사용

4절 미용사 위생 관리

1 개인 건강 및 위생 관리

1 미용사 위생관리의 필요성
① 불특정 다수의 출입이 허용된 개방된 공간에서 고객과 가까운 거리에서 업무 수행
② 고객 신체의 일부인 두피·모발을 중심으로 손, 피부 등에 접촉하고 대화하며 업무 수행
③ 감염을 비롯한 질병에 노출되어 있는 작업 환경

> **참고**
>
> 공중위생의 유지 및 국민 건강 증진에 기여하는 관점에서 미용 업무를 면허 취득자로 제한을 두고 있으며, 면허를 취득한 후에도 지속적으로 미용업 종사자는 자신은 물론 고객 및 동료들의 안전과 위생을 위해 올바른 위생 관리 방법을 숙지하여 이를 생활화해야 한다.

2 미용사 손 위생 관리
① 미용 업무의 대부분은 고객의 모발 및 두피에 화학 약품이나 제품을 사용하며 이루어지므로 위생적인 손 관리가 필요하다(약제 사용 시 반드시 미용 장갑 착용).
② 업무 전후, 화장실 전후, 식사 전후에는 손 씻기, 손 소독 등의 손 위생관리를 습관화 할 필요가 있다.
③ 손 씻기 후 건조한 다음 보습 효과가 탁월한 핸드 로션 등을 발라 손이 거칠어지지 않도록 관리한다.

손 소독	소독제(소독제 비누, 알코올 세제 등)를 이용하여 미생물 수를 감소시키거나 성장을 억제하도록 하는 것
손 씻기	세정제와 물을 이용하여 손을 청결하게 하는 것
손 위생	손 소독과 손 씻기 모두 포함한 것

3 미용사 체취 관리
(1) 땀 냄새 관리
땀샘에서 분비되는 땀은 우리 신체의 불쾌한 냄새를 유발하는 대표적인 원인 중 하나다. 특히 아포크린 땀샘의 땀은 피지의 세균들에 의해 달걀 썩는 듯한 강한 냄새를 유발하는 지방산과 암모니아로 분해되며 심한 경우 겨드랑이 부분에 노랗게 착색하는 경우도 있다.
① 청결한 위생 상태 유지 : 직무 수행 시 입었던 옷은 매일 세탁
② 통풍이 잘되고 활동하기 편한 천연 섬유 소재의 옷 착용

(2) 발 냄새 관리

하루 종일 신발을 착용한 상태에서 움직이는 미용업 종사자에게 발 냄새는 관리하기 어려운 것 중에 하나다. 특히, 발은 땀샘이 많아 땀 분비가 많은 부분으로 여름철에는 더욱 각별히 신경을 써야 한다.

① 청결한 발의 위생 상태 유지

② 업무 중 통풍이 잘 되고, 발 모양 및 사이즈에 맞는 편한 신발 착용

4 미용사 구취 관리

미용 업무는 고객과 근접한 거리에서 대화를 나누며 이루어지므로 자신의 구취를 수시로 점검하여 고객에게 구취로 인한 불쾌감을 주지 않도록 한다. 특히, 다음과 같은 경우에는 심한 구취가 발생하므로 평상시에 주의하는 생활 습관을 지니도록 한다.

① 식후 및 흡연 직후

② 입안이 건조한 상태

③ 충치 및 잇몸 질환이 있는 경우

④ 마늘, 양파, 파 등 자극적인 음식물 섭취 후

⑤ 식사 시간을 놓쳐 지나치게 허기진 상태

⑥ 지속적으로 과도한 스트레스 및 긴장 상태

⑦ 지나친 음주와 흡연으로 구강 조직이 건조해진 상태

2 미용사 복장 관리

미국의 심리학자 앨버트 머레이비언(Albert Mehrabian) 박사는 자신이 개발한 머레이비언 법칙을 통해 사람의 이미지를 형성하는 가장 중요한 요소로 용모, 표정, 태도, 행동, 자세 등에 해당하는 시각적 요소를 꼽았다. 따라서 아무리 좋은 내용의 메시지라도 시각적 호감도가 낮으면 상대방에게 그 의미나 내용이 효과적으로 전달되기 어렵다고 했다.

내용적 요소(말의 내용, 어휘선택, 용어사용 등)
시각적 요소(용모, 표정, 태도, 행동, 자세 등)
청각적 요소(목소리, 말투, 억양, 말의 속도 등)

머레이비언 법칙-이미지 형성 요소

1 헤어스타일 및 메이크업
① 고객을 맞이하기 전 복장 및 액세서리, 헤어스타일, 메이크업 등을 완성하여 깨끗하고 단정한 상태를 유지하도록 한다.
② 미용사의 헤어스타일은 고객이 미용사의 전문성을 판단하는 기준이 될 수도 있으므로 트렌드를 반영하는 스타일과 컬러를 유지하는 것이 중요하다.

2 액세서리
① 목걸이, 반지, 귀걸이, 팔찌 등의 액세서리는 시술 시 고객 머리카락에 걸리거나 두피, 얼굴 등을 스치면서 상처를 낼 우려가 있다.
② 시술 시 액세서리가 부딪혀서 나는 소리 등이 불쾌감을 줄 수 있다.
③ 기본적으로 착용하지 않는 것을 원칙으로 하되, 착용하더라도 작업에 방해가 되는 디자인의 액세서리는 피한다.

3 기타
① 지정된 유니폼 및 신발 착용을 하는 경우도 청결하고 단정함을 유지한다.
② 약제를 사용하는 업무 시에는 작업용 앞치마 착용으로 복장에 얼룩이 지는 것을 방지한다.

5절 미용업소 위생 관리

1 미용업소 환경 위생 관리

미용 제품에는 인체에 유해한 수준의 양은 아니지만 다양한 화학 물질이 함유되어 있어 장시간 밀폐된 공간에서 사용할 경우 인체에 미치는 영향을 염려하지 않을 수 없다. 따라서 업무 중에는 실내 공기를 주기적으로 환기시키는 것은 물론 공기 청정기 사용 등으로 쾌적한 환경을 유지하도록 주의해야 한다.

구분	화학 물질	인체에 미치는 영향
합성(모발) 염료	영구적 산화 염료(과산화수소를 산화시켜 방향족 디아민을 생성)	눈, 코 및 인후 자극
금속성(모발) 염료	납을 포함하는 복합 물질, 콜타르	돌연변이 유발
탈색제	과산화수소, 과산화나트륨, 수산화암모늄, 과산화황산암모늄, 과황화칼륨	피부, 눈, 코, 인후 또는 폐 자극을 유발
펌제	알코올, 브로민산염, 과산화나트륨, 붕산, 암모늄티오글라이콜레이트, 글리세롤모노티오글라이콜레이트	일부는 중추 신경에 영향(두통, 어지러움)과 눈, 코 및 인후 자극, 호흡기 문제(호흡 곤란, 기침), 피부 자극, 화상 또는 알레르기 반응(코 막힘, 콧물, 재채기, 천식, 피부염) 유발
중화제	페나세틴	실험 발암 물질 및 돌연변이 유발 요인
샴푸와 컨디셔너	알코올, 석유 정제물, 폼알데하이드	피부염 및 천식 헤어스프레이는 폐, 호흡기 질환

1 미용업소의 기온 및 습도
① 최적의 온도는 18℃ 정도이며, 15.6~20℃ 정도에서 쾌적함을 느낄 수 있다.
② 습도는 40~70% 정도면 대체로 쾌적함을 느낄 수 있다.
③ 실제로 쾌적함을 주는 습도는 온도에 따라 달라지는데, 15℃에서는 70% 정도, 18~20℃에서는 60%, 21~23℃에서는 50%, 24℃ 이상에서는 40%가 적당한 습도이다.
④ 펌제 및 염모제가 활발하게 작용할 수 있는 적당한 온도는 15~25℃ 정도이다.

2 환기
① 환기는 실내의 오염된 공기와 실외의 깨끗한 공기를 인위적으로 교환하는 것이다.
② 자연 환기 : 환기구 또는 창문이나 출입문 등을 개방하는 환기 방법
③ 기계 환기(강제 환기) : 송풍기나 환풍기, 후드, 공기 청정기 등을 사용하는 환기 방법
④ 자연 환기는 창문이나 문을 통해 새로운 공기가 들어오고 실내의 더워진 공기는 가벼워져 위로 올라가 외부로 배출되는 원리를 이용한 환기로 실내외의 온도차가 5°C 이상이고 창문이 상하로 위치해 있을 때 효과가 매우 크다.

⑤ 좁은 실내에서 장시간 환기를 하지 않으면 불쾌감, 현기증, 권태 및 식욕 저하를 일으킬 수 있으므로 고객과 미용사의 건강을 위해 1~2시간에 한 번씩 주기적인 환기를 실시한다.

⑥ 미용업소의 구조상 출입문이나 창문을 통한 환기가 어려울 때에는 환기 팬이나 환기 시스템 등 적극적인 환기 설비를 갖추도록 한다.

3 미용업소 위생 관리

① 미용업소의 청결 상태와 사용하는 도구의 위생 수준 및 종사자의 위생에 대한 인식 정도는 미용업 유지에 필수적인 요소이다.

② 미용업소가 제공하는 서비스 품질에도 영향을 미치는 요소이다.

③ 미용업소를 항상 청결하고 깨끗한 상태로 유지하기 위해서 공간별, 기기 및 도구별, 청소 및 소독 방법별, 시기별, 주기별 등 업소 상황에 맞게 분류하고 담당자를 정해 청소 점검표를 준비하여 관리한다.

4 공간별 위생 관리

(1) 미용업소의 공간 구성

안내 데스크, 고객 대기 공간, 커트·펌·컬러 등 미용 서비스 공간, 고객 소지품 보관 공간(라커룸 등), 샴푸 공간, 제품 진열 공간, 제품 보관 공간, 두피·모발 관리, 업무 준비 공간, 음료 및 다과 준비 공간, 직원 휴게 공간, 화장실 등

(2) 미용업소의 공간 구분

① 고객이 서비스를 받는 공간 : 항상 청결함을 유지할 수 있도록 철저한 위생 관리가 요구

② 고객에게 서비스를 제공하기 위해 준비하는 공간 : 수시로 청소와 주기적인 소독이 필요

5 방법 및 시기별 위생 관리

구분	시기	내용
점검	매일	청소 상태, 제품 진열 상태, 고객에게 제공하는 서비스 음료 및 잡지 등의 청결 상태, 탕비실, 샴푸실의 냉·온수 상태, 수건 및 가운의 수량 및 위생 상태, 자외선 소독기 점검 등
	월 1회	환풍기, 유리창
	연 1회	간판, 조명, 냉·난방기 등 전반적인 환경 상태 등
청소	매일	영업 전 청소, 시술 직후 청소, 영업 마무리 청소 등
	주 1회	안내 데스크, 직원 휴게실, 탕비실(매일 청소도 진행하고 주 1회 대청소와 같은 청소 실시)
	월 1회	바닥 청소, 천장의 구석 등 청소, 벽 및 계단 청소 등
소독	사용 직후	빗, 컵, 브러시 등

2 미용업소 도구 및 기기 관리

1 미용업소 수건

수건을 선택할 때에는 수분 흡수가 빠르고 먼지가 많이 나지 않으며 쉽게 건조되어야 하므로 35cm×75cm 정도의 크기에 70~90g 정도의 무게의 수건이 적당하다.

(1) 수건의 용도

① 샴푸 후 젖은 모발에 수분을 흡수하는 용도
② 샴푸 후 젖은 모발을 감싸는 용도
③ 샴푸 후 목, 얼굴 주변의 물기를 닦아 내는 온수건 용도
④ 샴푸, 펌, 컬러 등 각종 작업 시 어깨에 걸치는 용도
⑤ 손을 씻거나 땀을 흘린 고객에게 사용을 권하는 경우

(2) 수건 세탁

미용업소에서 사용하는 수건은 머리카락과 약품이 묻어 있는 경우가 대부분으로 반드시 일반 세탁물과 분리하여 세탁해야 한다.

2 미용업소 가운

미용업소에서는 다양한 종류의 가운을 비치하고 미용 서비스 제공 시 머리카락과 화학 제품으로부터 고객의 피부와 옷을 보호하는 용도로 사용한다.

(1) 가운의 종류

서비스 종류별로 고객에게 착용시키는 가운의 종류도 다르다.

① **고객 가운** : 펌, 컬러 등 미용업소에 장시간 머무는 고객에게 사용하며, 업소에 따라 계절별로 준비하거나 일회용 사용으로 고객에게 서비스한다.
② **커트 보** : 헤어 커트 시 사용하며, 정전기 방지 및 코팅이 되어 있는 소재로 선택한다.
③ **염색 보** : 헤어 컬러 시 사용하는 것으로, 길이가 길고 소재는 방수 코팅이 되었거나 레자 등과 같이 수분이나 약제가 흡수되지 않아 고객의 옷을 안전하게 보호할 수 있다.
④ **어깨 보** : 블로 드라이, 아이론 등과 같이 스타일링 시 사용하며 나일론 등과 같이 가벼운 소재로 되어 있고 미용업소에서 가장 많이 활용한다.
⑤ **샴푸·펌·컬러 보** : 비교적 얇고 부드러운 비닐 재질로 되어 있어 샴푸, 코팅, 펌, 컬러 등 다양하게 사용하고 있다.
⑥ **펌·컬러 보** : 겉면은 레자로 되어 있고 안쪽 면은 얇은 천으로 되어 있어 수분이나 약제가 흡수되지 않지만 길이가 짧아 긴 머리 고객에게 사용할 때에는 주의해야 한다.

(2) 가운 세탁

가운의 소재는 크게 두 종류로 세탁이 가능한 소재와 겉 표면을 물수건과 마른수건으로 닦아 내기만 하는 레자, 비닐 등의 소재로 되어 있다.

3 미용업소 도구 관리

미용업소의 도구는 가위, 빗, 핀셋, 브러시, 펌 롯드, 핀 등이며, 미용 시술 중 고객의 머리카락이나 두피에 직접 닿았던 도구는 세균 감염의 우려가 있으므로 사용 후 각각 도구의 재질에 맞게 소독하여 정해 놓은 위치에 보관한다.

4 미용도구의 살균과 소독 방법

(1) 물리적 방법

① 습열 : 100℃ 물에 20분간 끓여 살균하는 방법

② 건열 : 수건, 거즈, 면직물, 등을 살균에 사용하는 방법

③ 자외선 : 전기 위생기의 자외선은 미용업소에서 위생 처리된 기구들을 위생적으로 보관하는 데 사용

(2) 화학적 방법

① 결과를 가장 확실하게 기대할 수 있는 살균 소독 방법

② 미용업소에서 박테리아 제거 및 번식 방지용으로 사용

③ 일부 화학제는 농도에 따라 살균제와 소독제로 분류되며, 높은 농도의 화학제는 살균제로 사용되며 강한 소독력이 있으나 부작용이 심해 사용 시 주의해야 하며, 낮은 농도의 화학제는 안전성이 높아 일반 소독약으로 사용된다.

6절 미용업 안전사고 예방

1 미용업소 안전사고 예방 및 응급 조치

1 미용업소 전기 안전 지식

미용업소는 전기 사용량이 매우 많은 업종이므로 평소에도 전기에 대한 주의 사항을 정확하게 숙지하여 안전사고가 발생하지 않도록 수시로 점검해야 한다.

(1) 합선 및 누전 예방

① 미용업소에서 사용하는 전기 기기는 용량에 적합한 기기를 사용해야 한다.

② 전선의 피복이 벗겨지지 않았는지 수시로 확인한다.

③ 천장 등 보이지 않는 장소에 설치된 전선도 정기 점검을 통하여 이상 유무를 확인한다.

④ 회로별 누전 차단기를 설치한다.

⑤ 미용업소 바닥이나 문틀을 지나는 전선이 손상되지 않도록 보호관을 설치하고 열이나 외부 충격 등에 노출되지 않도록 한다.

(2) 과열 및 과부하 예방

① 한 개의 콘센트에 문어발식으로 드라이어, 매직기, 열기구 등 여러 전기 기기의 플러그를 꽂아 사용하지 않는다.

② 미용 전기 기기의 전기 용량 및 전압에 적합한 규격 전선을 사용한다.

③ 전기 기기 사용 후에는 플러그를 콘센트에서 분리시켜 놓는다.

(3) 감전 사고 예방

① 젖은 손으로 전기 기구를 만지지 않는다.

② 물기 있는 전기 기구는 만지지 않는다.

③ 플러그를 뽑을 때 전선을 잡아당겨 뽑지 않는다.

④ 콘센트에 이물질이 들어가지 않도록 한다.

⑤ 고장 난 전기 기구를 직접 고치지 않는다.

⑥ 전기 기기와 연결된 전선의 상태를 수시로 확인한다.

⑦ 전기 기기를 사용하기 전 고장 여부를 확인한다.

2 소방 안전 지식

미용업소는 미용사 및 직원들 이외에도 많은 고객이 수시로 왕래를 하는 곳이므로 화재 발생 시 많은 인명 피해가 생길 수 있으므로 정확하고 빠른 대처법을 익혀야 한다. 화재 시 대피 방법, 화재 신고 방법, 소화기 및 옥내 소화전 사용 방법을 확인하도록 한다.

(1) 화재 시 대피 방법

① 화재가 나면 가장 먼저 발견한 사람이 "불이야!"라고 큰소리로 외쳐 다른 사람들에게 화재 발생을 알려 대피할 수 있도록 한다.
② 화재 경보 비상벨을 누른 후 119에 신고한다.
③ 화재 시에는 반드시 계단을 이용하여 대피하고 엘리베이터 사용은 피한다.
④ 대피 시에는 낮은 자세를 유지하고 물에 적신 담요나 수건 등으로 몸을 감싼다.
⑤ 아래층으로 대피할 수 없을 때에는 옥상으로 대피하여 바람이 불어오는 쪽에서 구조를 기다린다.

(2) 소화기 관리 및 사용

① 미용업소에서 소화기를 비치할 때에는 눈에 잘 띄고 통행에 지장을 주지 않는 곳에 한다.
② 소화기는 온도가 높거나 습기가 많은 곳, 직사광선을 피해 화재 시 대피를 고려하여 비상구 근처에 받침대를 사용하여 비치한다.
③ 소화기를 화재 발생 시 적시에 사용하기 위해 정기적으로 점검하여 사용 가능 여부를 확인한다.

3 기타 안전사고 관련 지식

미용업은 다른 업종에 비하여 안전사고 발생률이 매우 낮을 뿐만 아니라 위험성 역시 높지 않지만, 사소한 부주의로 인해 발생할 수 있는 안전사고는 매우 다양하다. 따라서 안전사고 유형을 숙지하고 사고 발생을 사전에 방지하기 위한 행동 요령을 습관화하여 안전사고를 최소화하는 노력을 한다.

구분	원인	유형	방지행동
도구 사용	• 가위 및 레이저 사용 미숙, 부주의 • 가위 등 나쁜 자세	창상	가위 및 레이저 사용법 숙지, 사용법 훈련
		어깨, 손목 등 시림	가위 사용 시 바른 자세 유지
전기 기기 사용	• 아이론기 조작 미숙 • 드라이어 조작 미숙	화상	기기 사용법 숙지, 사용법 훈련
		감전	콘센트, 전선 등 젖은 손으로 만지지 않기
약제 사용	• 펌1, 2제, 염모제 등의 피부 접촉	접촉성 피부염	철저한 손 씻기, 업무 시 미용 장갑 착용
기기 이동	• 가온기 및 미용실에서 사용하는 물품 이동	충돌	이동 시 시야 확보, 모서리 보호대 부착
바닥	• 바닥의 물기 • 전기 기기의 노즐	미끄러짐	수시로 바닥 청소 및 점검 전기 기기 노즐 정리
사다리 사용	• 높은 곳에 물건 정리	추락	2인 1조로 사용, 사다리를 안전 지대에 설치

4 미용업소 안전사고 대처

(1) 미용업소의 응급 상황

미용업소에서는 창상, 화상, 감전, 낙상 등 다양한 안전사고가 발생할 수 있다. 따라서 평소에 미용업소에서 발생할 수 있는 응급 상황과 대처 요령을 조사하여 안전사고 발생 시 신속하게 대처할 수 있도록 한다.

(2) 구급약

① 미용업소에는 간단한 응급조치에 사용할 수 있는 구급상자를 반드시 비치해 놓아야 한다.

② 구급상자는 위급 상황에 즉시 사용할 수 있도록 눈에 쉽게 잘 띄는 장소에 비치한다.

③ 모든 직원이 사용할 수 있도록 구급약 등 내용물에 대한 사용 설명서 등도 함께 보관해야 한다.

구분	내용물
먹는 약	소화제, 진통제, 해열제, 감기약, 종합 감기약, 지사제, 제산제, 위장약, 정로환 등
바르는 약	상처용 피부연고, 항생제 연고, 암모니아수, 바셀린, 소독수, 바르는 모기약 등
응급처지 기재	체온계, 혈압계, 가위, 칼, 핀셋, 족집게, 냉찜질 팩, 핫 팩 등
의료용 물품	소독 거즈, 반창고, 일회용 반창고, 거즈 붕대, 면봉, 화상 거즈 등
소독약	과산화수소수, 알코올, 생리 식염수 등
기타 물품	돋보기, 안대, 귀마개 등
구급카드	응급조치 자료, 비상 연락망 리스트 등

001 미용의 목적으로 가장 거리가 먼 것은?

① 아름다움에 관한 인간의 심리적 욕구를 만족시키고 생산의욕을 향상시킨다.
② 외모의 결점을 보완하여 개성미를 연출한다.
③ 노화를 전적으로 방지해주므로 필요하다.
④ 단정한 용모를 가꾸어 긍정적인 이미지를 연출한다.

[해설] 노화의 진행속도를 늦추고 예방하는 역할을 한다.

002 미용의 목적과 의의에 대한 설명 중 틀린 것은?

① 유행을 보급시키기 위해 미용의 건전한 발달이 요구된다.
② 교육과 지도가 필요하므로 미용의 구성요소를 법률로 정해 놓았다.
③ 미용은 그 시대의 문화, 풍속을 구성하는 중요한 요소이다.
④ 미용은 개인의 보건위생에 직접적인 관계가 있다.

[해설] 개인의 보건위생과 관계되어 공중위생관리법에 규정되어 있다.

003 미용의 필요성으로 가장 거리가 먼 것은?

① 현대생활에서는 상대방에게 불쾌감을 주지 않는 것이 중요하므로 필요하다.
② 노화를 전적으로 방지해주므로 필요하다.
③ 미용의 기술로 외모의 결점까지도 보완하여 개성미를 연출해주므로 필요하다.
④ 인간의 심리적 욕구를 만족시키고 생산의욕을 높이는 데 도움을 주므로 필요하다.

[해설] 미용은 결점을 보완하고 약간의 노화를 방지할 수 있으나 완벽한 노화방지의 역할을 할 수 없다.

004 미용의 특수성과 거리가 먼 것은?

① 손님의 머리 모양을 낼 때 시간적 제한을 받는다.
② 미용은 조형예술과 같은 정적예술이기도 하다.
③ 손님의 머리모양을 낼 때 미용사 자신의 독특한 구상을 표현해야 한다.
④ 미용은 부용예술이다.

[해설] 미용은 고객의 의사를 존중해야 하므로 미용사 의사표현의 제한성이 있다.

005 이용사 또는 미용사의 업무 등에 대한 설명 중 맞는 것은?

① 이용사 또는 미용사의 업무범위는 보건복지부령으로 정하고 있다.
② 이용 또는 미용의 업무는 영업소 이외 장소에서도 보편적으로 행할 수 있다.
③ 미용사의 업무범위는 파마, 아이론, 면도, 머리피부 손질, 피부미용 등이 포함된다.
④ 이용사 또는 미용사의 면허를 받은 자가 아닌 경우, 일정기간의 수련과정을 마쳐야만 이용 또는 미용업무에 종사할 수 있다.

[해설] 공중위생관리법의 미용사 업무의 범위는 파마, 머리카락 자르기, 머리카락 모양내기, 머리피부 손질, 머리카락 염색, 머리감기, 의료기기나 의약품을 사용하지 않는 눈썹 손질이다.

006 전체적인 형태와 조화미를 관찰하여 수정 보완하고 마무리하는 미용의 과정은?

① 통칙   ② 제작
③ 보정   ④ 구상

[해설] 소재확인(관찰, 분석) → 구상(디자인 계획) → 제작(구체적 작업) → 보정

007 두부 라인의 명칭 중에서 코를 중심으로 두상을 수직으로 나누는 선은?

① 정중선　　　　② 측중선
③ 수평선　　　　④ 측두선

해설 • 측중선 : 귓바퀴 가장 높은 곳(귀의 뒷뿌리, E.P.)에서 두상을 수직으로 가르는 선
• 수평선 : 귓바퀴 가장 높은 곳에서 두상을 수평으로 가르는 선
• 측두선 : 눈동자 바깥쪽을 헤어라인으로 올려 (F.S.P.) 측중선까지

008 커트 시술 시 두부(頭部)를 5등분으로 나누었을 때 관계없는 명칭은?

① 탑(top)　　　　② 사이드(side)
③ 헤드(head)　　　④ 네이프(nape)

해설 전두부(탑, top), 좌·우 측두부(사이드, side), 두정부(크라운, crown), 후두부(네이프, nape)

009 올바른 미용 작업자세로 적합하지 않은 것은?

① 샴푸를 할 때는 약 6인치 정도 발을 벌리고 서서 등을 곧게 펴고 시술한다.
② 헤어스타일링 시술 시 시술 자세는 심장높이가 적당하다.
③ 화장이나 매니큐어 시술 시에는 미용사가 의자에 바르게 앉아 시술한다.
④ 미용사는 선 자세 또는 앉은 자세 어느 때 일지라도 반드시 허리를 구부려서 시술한다.

해설 작업 시 등을 곧게 펴고 바른 자세를 유지하며, 구부리는 자세에는 목이나 등을 구부리지 않고 허리를 구부려 작업한다.

010 미용 시술 시 고객과의 작업거리와 실내조명 밝기가 알맞은 것은?

① 20cm, 20Lux　　② 20cm, 30Lux
③ 25cm, 100Lux　　④ 25cm, 50Lux

해설 정상 시력일 경우 안구에서 약 25cm 정도의 작업거리를 유지한다. 실내조도는 75Lux 이상이 되도록 한다.

011 한국 현대 미용사에 대한 설명 중 옳은 것은?

① 경술국치 이후 일본인들에 의존한 미용이 발달했다.
② 1933년 일본인이 우리나라에 처음으로 미용원을 열었다.
③ 해방 전 우리나라 최초의 미용교육기관은 정화고등기술학교이다.
④ 오엽주 씨가 화신 백화점 내에 미용원을 열었다.

해설 • 경술국치 이후 일본, 중국, 미국, 영국의 영향
• 1933년 한국인 오엽주 화신미용원 개원
• 해방 이후 미용교육기관 : 현대미용학원, 정화고등기술학교, 예림미용고등기술학교

012 삼한시대의 머리형에 관한 설명으로 틀린 것은?

① 전쟁포로와 노비의 머리카락을 깎았다.
② 수장급은 관모를 썼다.
③ 결혼한 남성은 상투를 틀었다.
④ 신분의 차이가 없이 자유롭게 했다.

해설 삼한시대는 머리형으로 신분과 계급을 표시하였다.

013 고려시대의 미용을 잘 표현한 것은?

① 가체를 사용하였으며 머리형으로 신분과 지위를 나타냈다.
② 슬슬전대모빗, 자개장식빗, 대모빗 등을 사용하였다.
③ 머리다발 중간에 틀어 상홍색의 갑사로 만든 댕기로 묶어 쪽진 머리와 비슷한 모양을 하였다.
④ 밑화장은 참기름을 바르고 볼에는 연지, 이마에는 곤지를 찍었다.

해설 • 가체는 신라시대부터 조선시대까지 널리 사용하였다.
• 통일신라시대는 화려한 머리빗으로 머리를 장식하였다.
• 조선시대 중엽에는 참기름을 사용하여 밑화장을 하였다.

정답	001	002	003	004	005	006	007	008
	③	②	②	③	①	③	①	③
	009	010	011	012	013			
	④	③	④	④	③			

014 조선시대 후반기에 유행하였던 일반 부녀자들의 머리 형태는?

① 쪽진머리   ② 푼기명머리

③ 쌍상투머리   ④ 귀밑머리

해설 쪽머리는 고대시대부터 보이는 머리 형태이다. 일반 부녀자들 사이에서 널리 유행한 시대는 조선 후기이다.

015 우리나라 미용사에서 면약(일종의 안면용 화장품)의 사용과 두발 염색이 최초로 행해졌던 시대는?

① 삼한   ② 삼국

③ 고려   ④ 조선

해설 고려시대에는 모발을 염색하고 머릿기름을 사용하였다.

016 조선시대에 사람 머리카락으로 만든 가체를 얹은 머리형은?

① 큰머리   ② 쪽진머리

③ 귀밑머리   ④ 조짐머리

해설 가체는 어여머리 위에 얹던 가발로 다리로 땋아 크게 틀어 올렸다.

017 다음 중 고대 중국의 미용에 관한 설명으로 틀린 것은?

① 하(夏)나라 시대에 분을, 은(殷)나라의 주 왕 때에는 연지 화장이 사용되었다.

② 아방궁 3천명의 미희들에게 백분과 연지를 바르게 하고 눈썹을 그리게 했다.

③ 액황이라고 하여 이마에 발라 약간의 입체감을 주었으며 홍장이라고 하여 백분을 바른 후 다시 연지를 덧발랐다.

④ 두발을 짧게 깎거나 밀어내고 그 위에 일광을 막을 수 있는 대용물로써 가발을 즐겨 썼다.

해설 고대 이집트는 일광을 막는 용도로 가발을 사용하였다.

018 다음 중 연결이 바른 것은?

① 콜드 퍼머넌트 웨이브 – 1936년 영국 J.B. 스피크먼

② 아이론 마셀 웨이브 – 1925년 독일 조셉 메이어

③ 크로키놀식 와인딩 – 1875년 프랑스 마셀 그라또우

④ 스파이럴식 와인딩 – 1830년 프랑스 무슈 끄로샤트

해설
- 무슈 끄로샤트 : 1830년 프랑스, 일류 미용사
- 마셀 그라또우 : 1875년 아이론을 사용한 마셀 웨이브 개발
- 찰스 네슬러 : 1905년 영국, 퍼머넌트 웨이브 (스파이럴 와인딩)
- 조셉 메이어 : 1925년 독일, 머신 히팅 퍼머넌트 웨이브(크로키놀식 와인딩)

019 고대 중국 당나라 시대의 화장법과 거리가 먼 것은?

① 눈썹화장을 중시하였다.

② 백분을 바르고 홍장을 하였다.

③ 이마에 액황을 그려 입체감을 표현하였다.

④ 흑색과 녹색을 사용하여 눈화장을 하였다.

해설 흑색과 녹색을 사용한 눈화장은 고대 이집트의 화장법이다.

020 다음 중 흑색과 녹색을 사용하여 눈화장을 하고 붉은 찰흙과 샤프란을 섞어 볼과 입술에 붉게 칠한 시대는?

① 고대 그리스   ② 고대 로마

③ 고대 이집트   ④ 중국 당나라

해설 고대 이집트시대에는 흑색(콜, kohl), 녹색을 사용하여 눈화장, 샤프란과 붉은 찰흙을 사용하여 입술연지 화장을 하였다.

021 다음 중 피부 구조에 대한 설명으로 틀린 것은?

① 피부는 표피, 진피, 피하조직으로 나누어진다.
② 표피의 가장 아래쪽은 기저층이다.
③ 진피는 유두층과 망상층으로 구성된다.
④ 피하조직은 피지선을 의미한다.

해설 피하조직은 진피층 아래 피하지방층을 의미한다.

022 피부색상을 결정짓는 데 주요한 요인이 되는 멜라닌 색소를 만들어 내는 피부층은?

① 과립층　　　　② 유극층
③ 기저층　　　　④ 유두층

해설 기저층은 표피의 가장 아래층에 있으며, 새로운 세포를 형성하는 층으로 멜라닌을 형성하는 색소 형성 세포를 가지고 있다.

023 피부의 각화과정(keratinization)이란?

① 피부가 손톱과 발톱으로 딱딱하게 변하는 것을 말한다.
② 피부세포가 기저층에서 각질층까지 분열되어 올라가 죽은 각질세포로 되는 현상을 말한다.
③ 기저세포 중의 멜라닌 세포가 많아져서 피부가 검게 되는 것을 말한다.
④ 피부가 거칠어져서 주름이 생겨 늙는 것을 말한다.

해설 각화과정이란 기저층에서 세포분열한 각질형성세포가 각질층으로 이동하여 피부의 각질로 탈락되는 과정으로 약 28일 소요된다.

024 다음 중 피부 구조에 대한 설명으로 옳은 것은?

① 피부의 구조는 표피, 진피, 피하조직의 3층으로 구분된다.
② 피부의 구조는 각질층, 투명층, 과립층의 3층으로 구분된다.
③ 피부의 구조는 한선, 피지선, 유선의 3층으로 구분된다.
④ 피부의 구조는 결합섬유, 탄력섬유, 평활근의 3층으로 구분된다.

해설 피부는 표피, 진피, 피하조직으로 구성되어 있으며, pH 4.5∼5.5의 약산성 피부 보호막을 형성하는 것이 이상적이다.

025 다음 중 피부의 진피층을 구성하고 있는 주요 단백질은?

① 알부민　　　　② 콜라겐
③ 글로불린　　　④ 시스틴

해설 콜라겐은 피부의 진피층에 주로 존재한다.

026 다음 세포층 가운데 손바닥과 발바닥에서만 볼 수 있는 것은?

① 과립층　　　　② 유극층
③ 각질층　　　　④ 투명층

해설 투명층은 표피에 위치하고 있으며 손바닥과 발바닥에 주로 분포하며 엘라이딘을 함유하고 있다.

027 다음 중 피부의 기능이 아닌 것은?

① 감각 기능　　　② 보호 기능
③ 체온조절 기능　④ 장식 기능

해설 피부는 보호, 체온조절, 흡수, 호흡, 분비, 감각, 저장, 재생, 면역, 비타민 D 합성 기능을 담당한다.

028 다음 중 표피에 존재하며, 면역과 가장 관계가 깊은 세포는?

① 멜라닌세포　　② 랑게르한스세포
③ 머켈세포　　　④ 섬유아세포

해설 랑게르한스세포는 표피의 유극층에 위치하며 피부면역에 관여한다.

029 모발을 구성하고 있는 케라틴(keratin) 중에 제일 많이 함유하고 있는 아미노산은?

① 알라닌　　　　② 로이신
③ 바린　　　　　④ 시스틴

해설 케라틴은 시스틴, 글루타민산, 리신, 알기닌 등 약 18종의 아미노산으로 구성되며 그 중 시스틴이 10∼14%로 가장 많이 포함되어 있다.

정답	014	015	016	017	018	019	020	021
	①	③	①	④	①	④	③	④
	022	023	024	025	026	027	028	029
	③	②	①	②	④	④	②	④

030 교원섬유(collagen)와 탄력섬유(elastin)로 구성되어 있어 강한 탄력성을 지니고 있는 곳은?

① 표피   ② 진피
③ 피하조직   ④ 근육

해설 진피는 교원섬유와 탄력섬유로 이루어진 결합조직이다.

031 다음 중 피지선에 대한 설명으로 틀린 것은?

① 피지를 분비하는 선으로 진피층에 위치한다.
② 피지선은 손바닥에는 전혀 없다.
③ 피지의 분비량은 10~20g 정도이다.
④ 피지선이 많은 부위는 코 주위이다.

해설 성인 기준 하루 피지의 분비량은 약 1~2g이다.

032 소한선(에크린선)에 대한 설명 중 틀린 것은?

① 에크린선은 혈관계와 더불어 신체의 2대 체온조절 기관이다.
② 에크린선의 한선체는 진피 내에 있다.
③ 무색, 무취로서 99%가 수분으로 땀을 구성한다.
④ 겨드랑이, 유두 등의 몇몇 부위에만 분포되어 있다.

해설 소한선은 입술과 생식기를 제외한 전신에 분포한다.

033 다음 중 일반적으로 건강한 모발의 상태는?

① 단백질 10~20%, 수분 10~15%, pH 2.5~4.5
② 단백질 20~30%, 수분 70~80%, pH 4.5~5.5
③ 단백질 50~60%, 수분 25~40%, pH 7.5~8.5
④ 단백질 70~80%, 수분 10~15%, pH 4.5~5.5

해설 모발은 케라틴 단백질, 멜라닌색소, 수분, 지질, 미량원소로 구성되고 모발의 등전점은 pH 4.5~5.5이다.

034 피부 유형에 대한 설명으로 틀린 것은?

① 복합성 피부 : 얼굴에 두 가지 이상의 피부 유형이 있다.
② 노화 피부 : 잔주름과 색소침착이 일어난다.
③ 민감성 피부 : 피부의 각질층이 두껍다.
④ 지성 피부 : 모공이 크며 번들거린다.

해설 민감성 피부는 각질층이 얇아 수분의 양이 부족하고 가벼운 자극에도 예민하게 반응한다.

035 피부 유형과 관리법에 대한 연결로 틀린 것은?

① 민감 피부 – 진정, 긴장완화
② 건성 피부 – 보습작용 억제
③ 지성 피부 – 피지분비 조절
④ 복합 피부 – 피지, 유·수분 균형 유지

해설 건성 피부는 보습작용을 강화하는 관리를 한다.

036 피지와 땀의 분비 저하로 유·수분의 균형이 정상적이지 못하고, 피부결이 얇으며 탄력 저하와 주름이 쉽게 형성되는 피부는?

① 건성 피부   ② 지성 피부
③ 복합성 피부   ④ 민감성 피부

해설 건성 피부는 피부결이 얇고 섬세하며 탄력 저하와 주름이 쉽게 생기고, 모공이 작고 피지와 땀의 분비 저하로 유·수분이 불균형이 있으며 보습능력 저하로 각질을 보이고 피부가 당기며 화장이 잘 받지 않는다.

037 지성 피부의 특징이 아닌 것은?

① 여드름이 잘 발생한다.
② 남성 피부에 많다.
③ 모공이 매우 크며 반들거린다.
④ 피부결이 섬세하고 곱다.

해설 지성 피부는 피부의 결이 거칠며, 피지 분비량이 많고 모공이 커 화장이 잘 지워지고 색소침착과 트러블, 지루성 피부염이 발생하기 쉽다. 남성호르몬이나 여성호르몬 작용과 관계가 있다.

038 다음의 중성 피부에 대한 설명으로 옳은 것은?

① 중성 피부는 화장이 오래가지 않고 쉽게 지워진다.

② 중성 피부는 계절이나 연령에 따른 변화가 전혀 없이 항상 중성상태를 유지한다.

③ 중성 피부는 외적인 요인에 의해 건성이나 지성쪽으로 되기 쉽기 때문에 항상 꾸준한 손질을 해야 한다.

④ 중성 피부는 자연적으로 유분과 수분의 분비가 적당하므로 다른 손질은 하지 않아도 된다.

해설 중성 피부는 피부표면이 매끄럽고 탄력 있고 촉촉하며 모공이 섬세하고, 세안 후 피부 당김이 거의 느껴지지 않는다. 전반적으로 주름, 여드름, 색소침착이 없고 저항력이 좋다.

039 민감성 피부에 대한 설명으로 가장 적합한 것은?

① 땀이 많이 나는 피부

② 멜라닌 색소가 많은 피부

③ 피지분비가 적은 피부

④ 면역기능이 저하된 피부

해설 민감성 피부는 피부 두께가 얇고 붉은색을 보이며 면역기능의 저하로 알레르기 반응이 나타난다. 피부홍반, 염증, 혈관 확장과 발열감이 있으며 색소침착이 발생하기 쉽다.

040 다음 중 3가지 기초식품군이 아닌 것은?

① 비타민　　　　② 탄수화물

③ 지방　　　　　④ 단백질

해설 3대 영양소 : 탄수화물, 단백질, 지방
6대 영양소 : 탄수화물, 단백질, 지방, 비타민, 무기질, 물

041 다음 중 무기질에 대한 설명으로 틀린 것은?

① 조절작용을 한다.

② 수분과 산, 염기의 평형 조절을 한다.

③ 뼈와 치아를 형성한다.

④ 에너지 공급원으로 이용된다.

해설 에너지 공급원은 탄수화물, 단백질, 지방이다.

042 자외선을 통해 피부에서 합성되는 것은?

① 비타민 K　　　② 비타민 C

③ 비타민 D　　　④ 비타민 A

해설 피부에 존재하는 비타민 D 전구체는 태양광선을 통해 비타민 D로 합성된다.

043 다음 중 피부의 각질, 털, 손톱, 발톱의 구성성분인 케라틴을 가장 많이 함유한 것은?

① 동물성 단백질　② 동물성 지방질

③ 식물성 지방질　④ 탄수화물

해설 케라틴은 경단백질로 동물성 단백질에 많이 함유되어 있다.

044 갑상선의 기능과 관계있으며 모세혈관 기능을 정상화시키는 것은?

① 칼슘　　　　　② 인

③ 철분　　　　　④ 요오드

해설 요오드는 갑상선 호르몬의 성분으로 갑상선 기능과 모세혈관 기능에 영향을 주는 무기질이다.

045 비타민 C 부족 시 어떤 증상이 주로 일어날 수 있는가?

① 피부가 촉촉해진다.

② 색소 기미가 생긴다.

③ 여드름의 발생 원인이 된다.

④ 지방이 많이 낀다.

해설 비타민 C가 부족하면 괴혈병, 빈혈의 증상이 발생하고 기미, 주근깨 등의 색소침착이 일어난다.

정답	030	031	032	033	034	035	036	037
	②	③	④	④	④	②	①	③
	038	039	040	041	042	043	044	045
	③	④	①	④	③	①	④	②

046 비타민 결핍증인 불임증 및 생식불능과 피부의 노화방지 작용 등과 가장 관계가 깊은 것은?

① 비타민 A
② 비타민 B 복합체
③ 비타민 E
④ 비타민 D

해설 비타민 E가 부족하면 피부 건조, 노화, 혈색 약화, 불임증, 신경체계 손상, 손톱 윤기 부족 등의 증상이 발생한다.

047 상피조직의 신진대사에 관여하며 각화정상화 및 피부재생을 돕고 노화방지에 효과가 있는 비타민은?

① 비타민 C
② 비타민 E
③ 비타민 A
④ 비타민 K

해설 비타민 A가 부족하면 피부건조, 세균 감염, 야맹증, 색소침착, 모발 퇴색, 손톱 균열 등의 증상이 발생한다.

048 다음 중 셀룰라이트 비만에 대한 설명이 아닌 것은?

① 림프 순환이 정체되어 노폐물 배출이 원활하지 않다.
② 여성에게 많이 나타난다.
③ 식이조절과 운동만으로 제거하기 어렵다.
④ 복부비만이 대표적인 형태이다.

해설 복부비만은 내장지방 비만의 대표적인 형태이다.

049 다음 중 광노화 현상을 발생시키는 광선은?

① 가시광선
② 적외선
③ 자외선
④ 원적외선

해설 광노화 현상 : 자외선에 과다 노출될 경우 피부를 보호하기 위해 기저층의 각질형성세포 증식이 빨라져 피부가 두꺼워지는 현상

050 자외선의 영향으로 인한 부정적인 효과는?

① 홍반반응
② 비타민 D 형성
③ 살균효과
④ 강장효과

해설 홍반은 모세혈관의 충혈과 확장으로 피부가 붉게 변하는 것으로 원발진에 속한다.

051 즉시 색소침착 작용을 하는 광선으로 인공 선탠에 사용되는 것은?

① UV A
② UV B
③ UV C
④ UV D

해설 자외선 A는 장파장으로 피부의 제일 깊은 진피까지 침투하여 주름 생성, 색소침착, 피부건조를 일으킨다. 인공선탠에 사용하는 광선의 파장이다.

052 광노화와 거리가 먼 것은?

① 피부 두께가 두꺼워진다.
② 섬유아세포수의 양이 감소한다.
③ 콜라겐이 비정상적으로 늘어난다.
④ 점다당질이 증가한다.

해설 노화피부는 콜라겐과 엘라스틴 등 진피 구성 성분이 감소하여 탄력저하, 주름이 발생한다.

053 적외선등에 대한 설명으로 옳은 것은?

① 온열작용을 통해 화장품의 흡수를 도와준다.
② 선탠의 효과가 있다.
③ 소독, 살균의 효과가 있다.
④ 파장의 길이에 따라 UV A, UV B, UV C로 분류한다.

해설 적외선등은 피부에 온열 자극을 주어 화장품의 흡수를 돕는다.

054 피부 깊숙이 침투하여 온열작용으로 혈류 증가를 촉진하고 근육이완, 통증완화의 효과를 주는 광선은?

① 자외선
② 적외선
③ 가시광선
④ 감마선

해설 적외선의 온열작용은 물질의 흡수를 돕고 근육이완 및 통증 완화 효과를 준다.

055 면역의 종류와 작용에 대하여 잘못된 기술은?

① 선천적 면역은 태어날 때부터 가지고 있는 면역체계이다.
② 후천적으로 형성된 면역에는 능동면역과 수동면역이 있다.
③ 면역은 특정 병원체나 독소에 대한 저항력을 가지는 상태이다.
④ 후천적 면역은 자연면역이라고도 한다.

해설 면역이란 생체를 방어하는 기능으로 태어날 때부터 가지고 있는 선천적 면역과 후천적으로 형성된 면역으로 구분한다.

056 피부의 면역에 관한 설명으로 맞는 것은?

① B 림프구는 항체를 생성한다.
② 표피의 각질형성세포는 면역기능을 담당한다.
③ 진피에는 면역기능을 담당하는 세포가 없다.
④ 피지막은 1차 방어의 역할을 하지 못한다.

해설 B 림프구는 면역글로불린이라 불리는 항체를 생성한다.

057 표피의 유극층에 존재하며 피부의 면역을 담당하는 세포는?

① 색소형성세포
② 랑게르한스세포
③ 각질형성세포
④ 탄력섬유

해설 랑게르한스세포는 피부의 유극층에 위치한다.

058 다음 중 피부의 면역 및 방어 기능 역할을 하지 않는 것은?

① 피지막
② 콜라겐
③ 랑게르한스세포
④ 대식세포

해설 콜라겐은 진피층에 위치하는 섬유상 단백질이다.

059 피부의 노화 원인과 가장 관련이 없는 것은?

① 노화 유전자와 세포 노화
② 항산화제
③ 아미노산 라세미화
④ 텔로미어 단축

해설 항산화제는 산화로 인한 피부노화를 방지하는 물질이다.

060 내인성 노화에 대한 설명으로 틀린 것은?

① 나이에 따른 자연스러운 노화 과정
② 환경적 원인에 의한 노화현상
③ 표피와 진피의 구조적 변화가 발생
④ 세포재생 기간이 길어짐

해설 바람, 자외선 등 외부환경 요인에 의한 노화는 외인성 노화이다.

061 피부의 노화인자 중 외부인자가 아닌 것은?

① 자외선
② 바람
③ 나이
④ 건조

해설 나이가 들어서 신체의 전반적인 활력이 떨어지고 모든 생리적인 기능이 저하되는 것은 내인성 노화이다.

062 노화가 되면서 나타나는 일반적인 얼굴 변화에 대한 설명으로 틀린 것은?

① 얼굴의 피부색이 변한다.
② 눈 아래 주름이 생긴다.
③ 볼우물이 생긴다.
④ 피부가 이완되고 근육이 처진다.

해설 볼우물(보조개)은 표정근의 움직임에 따라 발생한다.

063 광노화의 현상이 아닌 것은?

① 표피 두께의 증가
② 체내 수분 증가
③ 진피 내의 모세혈관 확장
④ 멜라닌의 이상 증식

해설 광노화로 인해 피부는 수분을 잃고 건조해진다.

정답	046	047	048	049	050	051	052	053
	③	③	④	③	①	①	③	①
	054	055	056	057	058	059	060	061
	②	④	①	②	②	②	②	③
	062	063						
	③	②						

064 다음 중 원발진이 아닌 것은?

① 면포 　　　　　② 결절
③ 종양 　　　　　④ 태선화

해설 원발진 : 피부질환의 초기 증상으로 반점, 구진, 결절, 종양, 팽진, 소수포, 농포 등이 있다.
속발진 : 2차적 피부질환으로 미란, 찰상, 인설, 가피, 태선화, 반흔 등이 있다.

065 다음 중 공기의 접촉 및 산화와 관계있는 것은?

① 흰 면포 　　　　② 검은 면포
③ 구진 　　　　　④ 팽진

해설 검은 면포(black head)는 면포의 입구가 개방되어 피지가 공기와 접촉된 부분이 산화되어 검게 변한 것이다.

066 피부의 변화 중 결절(nodule)에 대한 설명으로 틀린 것은?

① 표피 내부에 직경 1cm 미만의 묽은 액체를 포함한 융기이다.
② 여드름 피부의 4단계에 나타난다.
③ 구진이 서로 엉켜서 큰 형태를 이룬 것이다.
④ 구진과 종양의 중간 염증이다.

해설 결절은 1cm 이상의 경계가 명확한 단단한 융기 형태로 여드름 3,4단계에서 나타난다.

067 속발진에 해당하는 피부질환에 대한 설명이 틀린 것은?

① 미란은 수포가 터진 후 표피가 벗겨진 상태로 흉터 없이 치유된다.
② 균열은 심한 건조증이나 외상에 의해 표피가 갈라진 것이다.
③ 켈로이드는 결합조직이 과다 증식되어 흉터가 표면 위로 굵게 융기된 것이다.
④ 홍반은 모세혈관의 충혈과 확장으로 피부가 붉게 변한 상태이다.

해설 홍반은 원발진에 속한다.

068 여드름 치료에 있어 일상생활에서 주의해야 할 사항에 해당되지 않는 것은?

① 적당하게 일광을 쪼여야 한다.
② 과로를 피한다.
③ 비타민 B_2가 많이 함유된 음식을 먹지 않도록 한다.
④ 배변이 잘 이루어지도록 한다.

해설 수용성 비타민의 섭취는 여드름 치료에 도움을 준다.

069 자각증상으로서 피부를 긁거나 문지르고 싶은 충동에 의한 가려움증은?

① 소양감 　　　　② 작열감
③ 촉감 　　　　　④ 의주감

해설 소양감은 가려움증을 의미한다.

070 다음 중 여드름의 발생 순서로 옳은 것은?

① 면포 → 구진 → 농포 → 결절 → 낭종
② 낭종 → 구진 → 농포 → 결절 → 면포
③ 구진 → 면포 → 농포 → 결절 → 낭종
④ 면포 → 구진 → 결절 → 농포 → 낭종

해설 여드름의 발생 과정 : 면포 → 구진 → 농포 → 결절 → 낭종

071 진균에 의한 피부질환이 아닌 것은?

① 두부백선
② 족부백선
③ 무좀
④ 대상포진

해설 대상포진은 바이러스성 피부질환이다.

072 직경 1~2mm의 둥근 백색 구진으로 안면(특히 눈 하부)에 호발하는 것은?

① 비립종 　　　　② 피지선 모반
③ 한관종 　　　　④ 표피낭종

해설 비립종은 눈 아래 모공과 땀구멍에 주로 백색 구진의 형태로 발생한다.

073 다음 중 피지선과 가장 관련이 깊은 질환은?

① 사마귀   ② 주사(rosacea)

③ 한관종   ④ 백반증

해설 피지선의 염증성 질환인 주사는 얼굴 중앙 부위에 충혈성 형태로 주로 발생한다.

074 다음 중 화장품의 사용 목적과 가장 거리가 먼 것은?

① 인체를 청결·미화하여 매력을 더하기 위해 사용한다.

② 용모를 밝게 변화시키기 위해 사용한다.

③ 피부·모발을 건강하게 유지 또는 증진시키기 위하여 사용한다.

④ 인체에 대한 약리적인 효과를 주기 위해 사용한다.

해설 화장품의 사용 목적
- 인체를 청결·미화하여 매력을 더하고 용모를 밝게 변화시키기 위해 사용
- 피부 혹은 모발을 건강하게 유지 또는 증진시키기 위하여 인체에 바르고 뿌리는 등의 방법으로 사용되는 물품
- 인체에 사용되는 물품으로 인체에 대한 작용이 경미해야 함
- 의약품에 해당하는 물품은 제외

075 화장품과 의약품의 차이를 바르게 정의한 것은?

① 화장품은 특정 부위만 사용 가능하다.

② 화장품의 사용 목적은 질병의 치료 및 진단이다.

③ 의약품의 사용 대상은 정상적인 상태인 자로 한정되어 있다.

④ 의약품의 부작용은 어느 정도까지는 인정된다.

해설 • 화장품 : 정상인 대상, 청결·미화 목적, 장기간 사용, 부작용 없어야 함, 스킨, 로션, 크림 등
- 의약외품 : 정상인 대상, 위생·미화 목적, 장기간 사용, 부작용 없어야 함, 탈모제, 염모제 등
- 의약품 : 환자 대상, 질병의 진단 및 치료 목적, 단기간 사용, 부작용 있을 수도 있음, 항생제, 스테로이드 연고 등

076 화장품 품질의 4대 조건은?

① 발림성, 안정성, 방부성, 사용성

② 안전성, 방부성, 방향성, 유효성

③ 안전성, 안정성, 사용성, 유효성

④ 방향성, 안정성, 발림성, 유효성

해설 화장품 품질의 4대 조건 : 안전성, 안정성, 사용성, 유효성

077 화장품의 정의에 대한 설명으로 적절한 것은?

① 피부나 모발의 건강 유지를 위해 신체에 사용하는 것으로 인체에 작용이 경미하다.

② 피부나 모발의 질병치료 목적이다.

③ 피부나 모발의 병변 확인이 목적이다.

④ 피부나 모발의 구조 및 기능에 영향을 미치기 위해 신체에 사용하는 것을 목적으로 한다.

해설 피부 혹은 모발을 건강하게 유지 또는 증진시키기 위하여 인체에 바르고 뿌리는 등의 방법으로 사용되는 물품으로, 인체에 대한 작용이 경미해야 한다.

078 다음 중 화장품의 4대 요건에 해당되지 않는 것은?

① 안전성   ② 안정성

③ 사용성   ④ 보호성

해설 화장품 품질의 4대 조건 : 안전성, 안정성, 사용성, 유효성

정답	064	065	066	067	068	069	070	071
	④	②	①	④	③	①	①	④
	072	073	074	075	076	077	078	
	①	②	④	④	③	①	④	

079 화장품법상 화장품의 정의와 관련한 내용이 아닌 것은?

① 신체의 구조, 기능에 영향을 미치는 것과 같은 사용 목적을 겸하는 물품

② 인체를 청결히 하고, 미화하고, 매력을 더하고 용모를 밝게 변화시키기 위해 사용하는 물품

③ 피부 혹은 모발을 건강하게 유지 또는 증진하기 위한 물품

④ 인체에 사용되는 물품으로 인체에 대한 작용이 경미한 것

해설 화장품의 정의(화장품법)
- 인체를 청결·미화하여 매력을 더하고 용모를 밝게 변화시키기 위해 사용하는 물품
- 피부·모발의 건강을 유지 또는 증진시키기 위하여 인체에 바르고 뿌리는 등의 방법으로 사용되는 물품
- 인체에 사용되는 물품으로 인체에 대한 작용이 경미한 것
- 어떤 질병을 진단하거나 치료 또는 예방을 목적으로 하는 특정한 물질인 의약품에 해당하는 물품이 아닐 것

080 다음 중 계면활성제에 대한 설명으로 옳은 것은?

① 계면활성제는 일반적으로 둥근 머리 모양의 소수성기와 막대꼬리 모양의 친수성기를 가진다.

② 계면활성제의 피부에 대한 자극은 양쪽성, 양이온성, 음이온성, 비이온성의 순으로 감소한다.

③ 비이온성 계면활성제는 피부 자극이 적어 화장수의 가용화제, 크림의 유화제, 클렌징 크림의 세정제 등에 사용된다.

④ 양이온성 계면활성제는 세정 작용이 우수하며 비누, 샴푸 등에 사용된다.

해설
- 양이온성 : 살균·소독 작용 우수, 헤어린스, 헤어 트리트먼트 등
- 음이온성 : 세정 작용, 기포 형성 작용 우수, 비누, 샴푸, 클렌징 폼 등
- 비이온성 : 피부 자극이 적어 기초화장품에 사용, 화장수의 가용화제, 크림의 유화제 등
- 양쪽성 : 세정 작용, 피부 자극이 적음, 베이비 샴푸, 저자극 샴푸 등

081 계면활성제에 대한 설명 중 잘못된 것은?

① 계면활성제는 계면을 활성화시키는 물질이다.

② 계면활성제는 친수성기와 친유성기를 모두 소유하고 있다.

③ 계면활성제는 표면장력을 높이고 기름을 유화시키는 등의 특징을 가지고 있다.

④ 계면활성제는 표면활성제라고도 한다.

해설 계면활성제는 표면장력을 감소시키는 역할을 한다.

082 다음 중 화장품 용기의 표시 및 기재 사항이 아닌 것은?

① 제품의 명칭

② 내용물의 용량 및 중량

③ 제조자의 이름

④ 제조번호

해설 화장품 용기 기재 사항 : 화장품의 명칭, 영업자의 상호 및 주소, 해당 화장품 제조에 사용된 모든 성분, 내용물의 용량 또는 중량, 제조번호, 사용 기간 또는 개봉 후 사용 기간, 가격 및 주의사항

083 다음 중 물에 오일 성분이 혼합되어 있는 유화 상태는?

① O/W 에멀션 ② W/O 에멀션
③ W/S 에멀션 ④ W/O/W 에멀션

해설 유화 : 계면활성제에 의해 물에 다량의 오일이 균일하게 혼합되어 우윳빛으로 섞여 있는 상태
- O/W수중유형 : 물에 오일이 분산되어 있는 형태로 수분감이 많고 촉촉함
- W/O유중수형 : 오일에 물이 분산되어 있는 형태로 기름기가 많고 사용감이 무거움

084 다음 중 보습제가 갖추어야 할 조건이 아닌 것은?

① 다른 성분과의 혼용성이 좋을 것

② 휘발성이 있을 것

③ 적절한 보습능력이 있을 것

④ 응고점이 낮을 것

해설 보습제는 다른 성분과 혼용성이 좋고 보습 능력과 휘발성이 없어야 한다.

085 다음 중 보습제가 갖추어야 할 조건으로 옳은 것은?

① 응고점이 높을 것
② 다른 성분과의 혼용성이 좋을 것
③ 휘발성이 있을 것
④ 환경의 변화에 따라 쉽게 영향을 받을 것

해설 보습제는 다른 성분과 혼용성이 좋고 보습 능력과 휘발성이 없어야 하며, 환경의 변화에 따라 쉽게 영향을 받지 않아야 한다.

086 화장품 제조의 3가지 주요기술이 아닌 것은?

① 가용화 기술   ② 유화 기술
③ 분산 기술   ④ 용융 기술

해설 화장품 제조의 3가지 주요기술 : 가용화, 유화, 분산

087 세정작용과 기포형성 작용이 우수하여 비누, 샴푸, 클렌징폼 등에 주로 사용되는 계면활성제는?

① 양이온성 계면활성제
② 비이온성 계면활성제
③ 음이온성 계면활성제
④ 양쪽성 계면활성제

해설 음이온성 계면활성제는 세정작용과 기포형성 작용이 우수하여 비누, 샴푸, 클렌징폼 등에 주로 사용된다.

088 천연보습인자(NMF)의 구성 성분 중 40%를 차지하는 중요 성분은?

① 요소   ② 젖산염
③ 무기염   ④ 아미노산

해설 천연보습인자(NMF)의 구성 성분 중 아미노산이 40%로 가장 많이 차지하며, 그 외 젖산 12%, 요소 7% 등으로 이루어져 있다.

089 천연보습인자(NMF)에 속하지 않는 것은?

① 암모니아   ② 아미노산
③ 젖산염   ④ 글리세린

해설 글리세린은 폴리올의 성분 중 하나이다.

090 여드름 피부용 화장품에 사용되는 성분과 가장 거리가 먼 것은?

① 살리실산
② 글리실리진산
③ 아줄렌
④ 알부틴

해설 알부틴은 피부의 멜라닌 색소의 생성을 억제하며 피부를 깨끗하고 하얗게 유지해주는 기능이 있어 미백화장품의 성분으로 사용된다.

091 아하(AHA)의 설명이 아닌 것은?

① 각질 제거 및 보습기능이 있다.
② 글리콜릭산, 젖산, 사과산, 주석산, 구연산이 있다.
③ 알파 하이드록시카프로익에시드(Alpha Hydroxy-caproic Acid)의 약어이다.
④ 피부와 점막에 약간의 자극이 있다.

해설 AHA는 알파 하이드록시산(Alpha Hydroxy Acid)의 약어이다.

092 다음 중 화장품의 분류와 사용 목적이 잘못 짝지어진 것은?

① 기초화장품 : 세안, 정돈, 보호
② 방향 화장품 : 신체 보호, 미화, 체취 억제
③ 모발 화장품 : 세정, 컨디셔너, 염색, 탈색
④ 메이크업 화장품 : 베이스, 포인트 메이크업

해설 방향 화장품은 향수를 말하며, 방향성 식물에서 추출한 정유로 기분 전환에 사용

정답	079	080	081	082	083	084	085	086
	①	③	③	③	①	②	②	④
	087	088	089	090	091	092		
	③	④	④	④	③	②		

093 다음 중 기초화장품의 주된 사용 목적에 해당되지 않는 것은?

① 세정　　　　　② 피부 채색
③ 피부 정돈　　　④ 피부 보호

해설 기초화장품의 기능 : 세정(세안), 피부 정돈, 피부 보호

094 다음 중 기초화장품의 사용 목적 및 효과와 가장 거리가 먼 것은?

① 피부의 청결 유지　② 피부 보습
③ 여드름 치료　　　④ 잔주름 방지

해설 기초화장품은 피부 세정, 정돈 및 보호를 위해 사용하는 기초적인 화장품이다.

095 다음 중 클렌징에 대한 설명이 아닌 것은?

① 피부의 피지, 메이크업 잔여물을 없애기 위해 사용한다.
② 모공 깊숙이 있는 불순물과 피부 표면의 각질 제거를 주목적으로 한다.
③ 화장품의 흡수를 효율적으로 도와준다.
④ 피부의 생리적인 기능을 정상으로 도와준다.

해설 클렌징은 피부의 청결 유지와 피지, 메이크업 잔여물, 노폐물의 제거를 위해 사용하고, 제품 흡수의 효율과 피부 호흡을 원활히 하는 데 도움을 준다.

096 화장수의 설명 중 잘못된 것은?

① 피부의 각질층에 수분을 공급한다.
② 피부에 청량감을 준다.
③ 피부에 남아있는 잔여물을 닦아준다.
④ 피부의 각질을 제거한다.

해설 화장수의 기능 : 피부의 각질층에 수분 공급, 피부에 남아있는 잔여물 제거, 정상적인 pH 밸런스를 맞추어 피부 정돈, 피부 진정, 쿨링 작용

097 화장수의 작용이 아닌 것은?

① 피부에 남은 클렌징 잔여물 제거 작용
② 피부의 pH 밸런스 조절 작용
③ 피부에 집중적인 영양 공급 작용
④ 피부 진정 또는 쿨링 작용

해설 화장수는 피부에 수분을 공급하며, 영양 공급과는 거리가 멀다.

098 피지 분비의 과잉을 억제하고 피부를 수축시켜 주는 것은?

① 소염 화장수
② 수렴 화장수
③ 영양 화장수
④ 유연 화장수

해설 수렴 화장수는 알코올 성분이 많으며, 피부에 수분을 공급하고 피지 분비의 과잉을 억제하여 피부를 수축시켜 주는 역할을 한다.

099 팩의 분류에 속하지 않는 것은?

① 필오프 타입　　② 워시오프 타입
③ 패치 타입　　　④ 워터 타입

해설 팩은 피부에 보호막을 형성하고, 보습과 영양 공급을 한다. 팩의 종류에는 워시오프 타입, 티슈오프 타입, 필오프 타입, 패치 타입, 시트 타입 등이 있다.

100 팩의 목적 및 효과와 거리가 먼 것은?

① 피부의 혈행 촉진 및 청정 작용
② 진정 및 수렴 작용
③ 피부 보습
④ 피하지방의 흡수 및 분해

해설 팩은 피부에 보호막을 형성하고 보습과 영양 공급 등을 하지만 피하지방의 흡수 및 분해를 하지는 않는다.

101 팩 사용 시 주의사항이 아닌 것은?

① 피부 타입에 맞는 팩제를 사용한다.
② 잔주름 예방을 위해 눈 위에 직접 덧바른다.
③ 한방팩, 천연팩 등은 즉석에서 만들어 사용한다.
④ 안에서 바깥 방향으로 바른다.

해설 피부 타입에 맞는 팩제를 사용하여 얼굴의 안에서 바깥 방향으로 바르고, 한방팩, 천연팩 등을 만들어 사용하기도 하지만 눈 위에 직접 덧바르지는 않는다.

102 메이크업 베이스 색상이 잘못 연결된 것은?

① 그린색 : 모세혈관이 확장되어 붉은 피부
② 핑크색 : 푸석푸석해 보이는 창백한 피부
③ 화이트색 : 어둡고 칙칙해 보이는 피부
④ 연보라색 : 생기가 없고 어두운 피부

해설 생기가 없고 어두운 피부에는 흰색의 메이크업 베이스 색상을 사용한다.

103 다음 설명 중 파운데이션의 일반적인 기능과 가장 거리가 먼 것은?

① 피부색을 기호에 맞게 바꾼다.
② 피부의 기미, 주근깨 등 결점을 커버한다.
③ 자외선으로부터 피부를 보호한다.
④ 피지 억제와 화장을 지속시켜 준다.

해설 파운데이션의 기능
• 피부색을 기호에 맞게 바꿔주고 잡티나 결점을 보완
• 피부에 광택과 투명감 부여
• 리퀴드, 크림, 스틱의 제형 등이 있음

104 메이크업 화장품 중에서 안료가 균일하게 분산되어 있는 형태로 대부분 O/W형 유화 타입이며, 투명감 있게 마무리되므로 피부에 결점이 별로 없는 경우에 사용하는 것은?

① 트윈 케이크
② 스킨커버
③ 리퀴드 파운데이션
④ 크림 파운데이션

해설 O/W형 : 리퀴드 파운데이션
W/O형 : 크림 파운데이션

105 립스틱이 갖추어야 할 조건으로 틀린 것은?

① 저장 시 수분이나 분가루가 분리되면 좋다.
② 시간의 경과에 따라 색의 변화가 없어야 한다.
③ 피부점막에 자극이 없어야 한다.
④ 입술에 부드럽게 잘 발라져야 한다.

해설 립스틱 저장 시 수분이나 분가루가 분리되면 안 된다.

106 "블루밍 효과"의 설명으로 가장 적합한 것은?

① 파운데이션의 색소침착을 방지하는 것
② 보송보송하고 화사하게 피부를 표현하는 것
③ 밀착성을 높여 화장의 지속성을 높게 하는 것
④ 피부색을 고르게 보이도록 하는 것

해설 블루밍 효과는 보송보송하고 화사하게 피부를 표현하는 것을 말한다.

107 다음 설명 중 기능성 화장품에 해당하지 않는 것은?

① 피부에 멜라닌 색소가 침착하는 것을 방지하여 기미·주근깨 등의 생성을 억제함으로써 피부의 미백에 도움을 주는 기능을 가진 화장품
② 미백과 더불어 신체적으로 약리학적 영향을 줄 목적으로 사용하는 제품
③ 피부에 탄력을 주어 피부의 주름을 완화 또는 개선하는 기능을 가진 화장품
④ 피부를 곱게 태우거나 자외선으로부터 피부를 보호하는 데에 도움을 주는 제품

해설 인체에 대한 약리학적 영향을 줄 목적으로 사용하는 것은 의약품에 해당된다.

정답	093	094	095	096	097	098	099	100
	②	③	②	④	③	②	④	④
	101	102	103	104	105	106	107	
	②	④	④	③	①	②	②	

108 다음 중 기능성 화장품의 종류와 그 범위에 대한 설명으로 틀린 것은?

① 주름 개선 제품 : 피부 탄력 강화와 표피의 신진대사를 촉진시킨다.

② 미백 제품 : 피부 색소침착을 방지하고 멜라닌 생성 및 산화를 방지한다.

③ 자외선 차단 제품 : 자외선을 차단 및 산란시켜 피부를 보호한다.

④ 보습 제품 : 피부에 유수분을 공급하여 피부 탄력을 강화한다.

해설 보습 제품은 기초화장품에 포함된다.

109 다음 중 기능성 화장품의 범위에 해당하지 않는 것은?

① 미백 크림　　　　② 주름개선 크림

③ 바디 오일　　　　④ 자외선 차단 크림

해설 기능성 화장품의 범위
- 피부 미백에 도움을 주는 제품
- 피부 주름개선에 도움을 주는 제품
- 피부를 곱게 태워주거나 자외선으로부터 피부를 보호하는 데 도움을 주는 제품
- 모발의 색상 변화·제거 또는 영양공급에 도움을 주는 제품
- 피부나 모발의 기능 약화로 인한 건조함, 갈라짐, 빠짐, 각질화 등을 방지하거나 개선하는 데에 도움을 주는 제품

110 다음 중 미백 화장품에 사용되는 원료가 아닌 것은?

① 알부틴　　　　　② 코직산

③ 레티놀　　　　　④ 비타민 C 유도체

해설 레티놀은 주름 개선제 성분이다.

111 자외선 차단지수를 나타내는 약어는?

① UVC　　　　　② SPF

③ WHO　　　　　④ FDA

해설 SPF(Sun Protection Factor) : 자외선 차단지수

112 자외선 차단제에 대한 설명으로 틀린 것은?

① 자외선 차단제는 SPF(Sun protection factor) 지수가 매겨져 있다.

② SPF가 낮을수록 자외선 차단 능력이 높다.

③ 자외선 차단제의 효과는 멜라닌 색소의 양과 자외선에 대한 민감도에 따라 달라질 수 있다.

④ 자외선 차단지수는 제품을 사용했을 때 홍반을 일으키는 자외선의 양을 제품을 사용하지 않았을 때 홍반을 일으키는 자외선의 양으로 나눈 값이다.

해설 SPF가 높을수록 자외선 차단 능력이 높다.

113 바디 화장품의 종류와 사용 목적의 연결이 적합하지 않은 것은?

① 바디클렌저 – 세정, 용제

② 데오도란트 파우더 – 탈색, 제모

③ 선스크린 – 자외선 방어

④ 바스 솔트 – 세정, 용제

해설 데오도란트 파우더는 액취 방지용 화장품이다.

114 현대 향수의 시초라고 할 수 있는 헝가리 워터(Hungary water)가 개발된 시기는?

① 1770년경　　　　② 970년경

③ 1570년경　　　　④ 1370년경

해설 현대 향수의 시초라고 할 수 있는 헝가리 워터가 개발된 시기는 1370년경이다.

115 다음 중 향수의 부향률이 높은 것부터 순서대로 나열된 것은?

① 퍼퓸 〉오데퍼퓸 〉오데코롱 〉오데토일렛

② 퍼퓸 〉오데토일렛 〉오데코롱 〉오데퍼퓸

③ 퍼퓸 〉오데퍼퓸 〉오데토일렛 〉오데코롱

④ 퍼퓸 〉오데코롱 〉오데퍼퓸 〉오데토일렛

해설 향수의 부향률 순서 : 퍼퓸 〉오데퍼퓸 〉오데토일렛 〉오데코롱 〉샤워코롱

116 향수를 뿌린 후 즉시 느껴지는 향수의 첫 느낌으로 주로 휘발성이 강한 향료들로 이루어져 있는 노트(note)는?

① 탑 노트(top note)
② 미들 노트(middle note)
③ 하트 노트(heart note)
④ 베이스 노트(base note)

[해설] • 탑 노트 : 향수 용기를 열거나 뿌렸을 때 느껴지는 향수의 첫 느낌, 휘발성이 강한 향료로, 꽃, 잎, 과일에서 추출
• 미들 노트 : 휘발성이 중간 정도인 향료로 향수가 가진 본연의 향, 줄기, 잎, 꽃에서 추출
• 베이스 노트 : 마지막까지 남아 있는 잔향, 휘발성이 낮은 향료로, 나무껍질, 진액, 뿌리에서 추출

117 향수의 구비조건이 아닌 것은?

① 향에 특징이 있어야 한다.
② 향이 강하므로 지속성이 약해야 한다.
③ 시대성에 부합하는 향이어야 한다.
④ 향의 조화가 잘 이루어져야 한다.

[해설] 향수는 향의 지속성이 강해야 한다.

118 천연향의 추출방법 중에서 주로 열대성 과실에서 향을 추출할 때 사용하는 방법은?

① 수증기 증류법
② 압착법
③ 휘발성 용매 추출법
④ 비휘발성 용매 추출법

[해설] 압착법 : 과일즙 만드는 방법과 같이 압착하여 향을 추출하는 방법

119 여드름 관리에 사용되는 화장품의 올바른 기능은?

① 피지 증가 유도 효과
② 수렴작용 효과
③ 박테리아 증식 효과
④ 각질의 증가 효과

[해설] 여드름 관리에 사용되는 화장품은 수렴작용 효과가 있다.

120 다음 중 여드름 피부의 염증을 진정시키고 치유효과가 있는 것은?

① 동백 오일
② 티트리 오일
③ 로즈힙 오일
④ 달맞이꽃 오일

[해설] 티트리 오일 : 여드름 피부의 염증 진정, 치유 효과가 있다.

121 아로마 오일에 대한 설명 중 틀린 것은?

① 아로마 오일은 면역기능을 높여준다.
② 아로마 오일은 피부미용에 효과적이다.
③ 아로마 오일은 피부관리는 물론 화상, 여드름, 염증 치유에도 쓰인다.
④ 아로마 오일은 피지에 쉽게 용해되지 않으므로 다른 첨가물을 혼합하여 사용한다.

[해설] 아로마 오일은 피지에 쉽게 용해되므로 다른 첨가물을 혼합하지 않고 사용한다.

122 에센셜 오일을 추출하는 방법이 아닌 것은?

① 수증기 증류법
② 압착법
③ 혼합법
④ 용매 추출법

[해설] 에센셜 오일을 추출하는 방법에는 수증기 증류법, 압착법, 용매 추출법, 이산화탄소 추출법, 침윤법 등이 있다.

정답	108	109	110	111	112	113	114	115
	④	③	③	②	②	②	④	③
	116	117	118	119	120	121	122	
	①	②	②	②	④	③		

123 아로마 오일을 피부에 효과적으로 침투하기 위해 사용하는 식물성 오일은?

① 에센셜 오일　　② 캐리어 오일
③ 트랜스 오일　　④ 미네랄 오일

해설 캐리어 오일은 에센셜 오일을 피부에 효과적으로 침투시키기 위해 사용하는 식물성 오일로서 에센셜 오일의 향을 방해하지 않도록 향이 없어야 하고 피부 흡수력이 좋아야 한다.

124 캐리어 오일에 대한 설명 중 틀린 것은?

① 캐리어는 운반이란 뜻으로 캐리어 오일은 마사지 오일을 만들 때 필요한 오일이다.
② 베이스 오일이라고도 한다.
③ 에센셜 오일을 추출할 때 오일과 분류되어 나오는 증류액을 말한다.
④ 에센셜 오일의 향을 방해하지 않도록 향이 없어야 하고 피부 흡수력이 좋아야 한다.

해설 에센셜 오일을 추출할 때 오일과 분류되어 나오는 증류액을 플로럴 워터라고 한다.

125 캐리어 오일 중 액체상 왁스에 속하고, 인체 피지와 지방산의 조성이 유사하여 피부 친화성이 좋으며, 다른 식물성 오일에 비해 쉽게 산화되지 않아 보존 안정성이 높은 것은?

① 아몬드 오일　　② 호호바 오일
③ 아보카도 오일　　④ 맥아 오일

해설 호호바 오일은 우리 몸의 피지와 지방산의 조성이 거의 유사하여 흡수력이 좋으며, 건조하고 민감한 피부, 아토피 피부에 효과적이다.

126 아로마 오일에 대한 설명 중 틀린 것은?

① 식물의 꽃이나 잎, 줄기 등에서 추출한 오일을 말한다.
② 에센셜 오일 효과를 높이기 위하여 원액을 사용한다.
③ 심신을 안정시키는 효과가 있다.
④ 질병예방을 도와준다.

해설 아로마 오일은 원액을 그대로 사용하지 말고 소량이라도 희석해서 사용해야 한다.

127 다음 중 미용사 위생관리의 필요성에 관한 내용으로 가장 거리가 먼 것은?

① 불특정 다수의 출입이 허용된 개방된 공간에서 고객과 가까운 거리에서 업무를 수행하므로
② 고객 신체의 일부인 두피·모발을 중심으로 손, 피부 등에 접촉하고 대화하며 업무를 수행하므로
③ 감염을 비롯한 질병에 노출되어 있는 작업 환경이므로
④ 미용사 개인의 건강 및 용모 관리를 위하여

해설 미용사 위생관리는 미용사 개인과 고객의 위생을 위해 필요하다.

128 다음 중 손 위생 관리 내용으로 적절하지 않은 것은?

① 펌제나 염모제 등의 약제 사용 시 반드시 미용 장갑 착용
② 업무 전후, 화장실 전후, 식사 전후에는 손 씻기, 손 소독 등의 손 위생관리를 습관화
③ 손 씻기의 경우 세정제를 사용하지 않고 물로만 청결하게 세척하여 관리
④ 손 씻기 후 건조한 다음 보습 효과가 탁월한 핸드 로션 등을 발라 손이 거칠어지지 않도록 관리

해설 손 씻기의 경우 세정제를 사용하여 세척한다.

129 다음 중 미용사 위생관리의 내용과 거리가 먼 것은?

① 미용사 체력 관리
② 미용사 체취 관리
③ 미용사 구취 관리
④ 미용사 손 위생 관리

해설 미용사 위생관리
• 미용사 손 위생 관리
• 미용사 체취 및 구취 관리
• 미용사 용모 및 복장 관리

130 미용사 위생관리 내용 중 체취 관리 방법과 관련이 없는 내용은?

① 땀 냄새 관리를 위하여 통풍이 잘 되는 천연 섬유 소재의 옷을 착용한다.
② 청결한 위생 상태 유지를 위하여 직무 수행 시 입었던 옷은 매일 세탁한다.
③ 발 냄새 관리를 위하여 항상 청결한 발의 위생 상태에 유의한다.
④ 미용사의 용모를 돋보이게 하기 위해 신발은 가능한 굽이 있는 구두를 착용한다.

해설 업무 중에는 통풍이 잘 되고, 발 모양 및 사이즈에 맞는 편한 신발을 착용하는 것이 좋다.

131 미용사 구취관리 내용 중 심한 구취가 발생하는 원인으로 거리가 먼 것은?

① 양치질 시 입안을 물로 충분히 헹군 경우
② 식후 및 흡연 직후
③ 충치 및 잇몸 질환이 있는 경우
④ 마늘, 양파, 파 등 자극적인 음식물 섭취 후

해설 구취 발생의 원인
• 식후 및 흡연 직후
• 입안이 건조한 상태
• 충치 및 잇몸 질환이 있는 경우
• 마늘, 양파, 파 등 자극적인 음식물 섭취 후
• 식사 시간을 놓쳐 지나치게 허기진 상태
• 지속적으로 과도한 스트레스 및 긴장 상태
• 지나친 음주와 흡연으로 구강 조직이 건조해진 상태

132 일반적으로 이·미용업소의 실내 쾌적 온도와 습도의 범위로 가장 알맞은 것은?

① 온도 : 10~12℃, 습도 : 20%
② 온도 : 12~15℃, 습도 : 40%
③ 온도 : 18~20℃, 습도 : 60%
④ 온도 : 24~26℃, 습도 : 80%

해설 이·미용업소의 실내 적정 온도는 18±2℃이고, 적정 습도는 40~70%이다(쾌적 습도 60%).

133 다음 중 미용업소의 환기에 대한 내용으로 적절하지 못한 것은?

① 환기는 실내의 오염된 공기와 실외의 깨끗한 공기를 인위적으로 교환하는 것이다.
② 자연 환기란 환기구 또는 창문이나 출입문 등을 개방하여 환기하는 방법이다.
③ 지나치게 잦은 환기는 업무의 방해가 되므로 1일 1회 10분 정도로 제한하는 것이 좋다.
④ 미용업소의 구조상 자연환기가 어려울 때에는 환기 설비를 갖추도록 한다.

해설 좁은 실내에서 장시간 환기를 하지 않으면 불쾌감, 현기증, 권태 및 식욕 저하를 일으킬 수 있으므로 고객과 미용사의 건강을 위해 1~2시간에 한 번씩 주기적인 환기를 실시한다.

134 다음 중 미용업소 위생관리에 대한 내용으로 적절하지 못한 것은?

① 미용업소 위생관리는 미용업소가 제공하는 서비스 품질에 영향을 미치는 요소이다.
② 미용업소 종사자의 위생에 대한 인식 정도는 미용업 유지에 필수적인 요소이다.
③ 미용업소 위생관리를 위한 담당자 지정이나 청소 점검표 등의 방법은 효율적이지 못하다.
④ 공간별, 기기 및 도구별, 청소 및 소독 방법별, 시기별, 주기별 등 업소 상황에 맞게 분류하여 관리하는 것이 좋다.

해설 미용업소를 항상 청결하고 깨끗한 상태로 유지하기 위해서 공간별, 기기 및 도구별, 청소 및 소독 방법별, 시기별, 주기별 등 업소 상황에 맞게 분류하고 담당자를 정해 청소 점검표를 준비하여 관리한다.

정답	123	124	125	126	127	128	129	130
	②	③	②	②	④	③	①	④
	131	132	133	134				
	①	③	③	③				

135 다음 중 미용업소에서 배출되는 폐기물과 거리가 먼 것은?

① 의료 폐기물

② 일반 폐기물

③ 재활용품 폐기물

④ 음식물 쓰레기

해설 미용업소에서 배출되는 폐기물은 생활 폐기물(일반 폐기물, 음식물 쓰레기, 재활용품 폐기물)에 해당된다.

136 다음 중 조선시대 여성의 머리 형태에 속하지 않는 것은?

① 높은머리   ② 쪽머리

③ 얹은머리   ④ 떠구지머리

해설 높은머리는 1920년대 이숙종여사가 유행시킨 머리 형태이다.

137 다음 중 화장품의 정의로 틀린 것은?

① 인체를 청결 미화하여 매력을 더한다.

② 일정기간을 사용하고 특정 부위만 바른다.

③ 화장품은 인체를 대상으로 사용하는 것이다.

④ 용모를 밝게 변화시키거나 피부 또는 모발의 건강을 유지시킨다.

해설 화장품은 인체를 청결 · 미화하여 매력을 더하고 용모를 밝게 변화시키기 위해 사용하는 물품으로 피부 · 모발의 건강을 유지 또는 증진시키기 위하여 인체에 바르고 뿌리는 등의 방법으로 사용되며 인체에 대한 작용이 경미한 것이어야 한다.

138 다음 중 피부 면역에 관련된 설명 중 옳은 것은?

① 피부의 각질층도 피부면역작용을 한다.

② 미생물은 피부로 침투하지 못한다.

③ 표피에서는 랑게르한스 세포가 항원을 인식하여 림프구로 전달한다.

④ 우리 몸의 모든 면역세포는 기억능력이 있어서 기억에 의해 반응한다.

해설 표피의 유극층에 존재하는 랑게르한스 세포가 피부의 면역기능 담당하며, 외부로부터 침입한 이물질을 림프구로 전달한다.

139 조선시대 부녀의 예장 시 머리 위 가르마를 꾸미는 장식품으로 쪽진머리만 가능한 장식품의 이름은?

① 비녀   ② 첩지

③ 떨잠   ④ 댕기

해설 왕비는 도금한 봉첩지, 상궁은 개구리 첩지를 사용하였다.

140 다음 중 교원섬유와 탄력섬유로 구성되어 있어 강한 탄력성을 지니고 있는 피부의 부위는?

① 피하조직   ② 근육

③ 진피   ④ 표피

해설 진피의 망상층은 섬세한 그물 모양의 층으로 교원섬유(콜라겐)와 탄력섬유(엘라스틴)의 단단한 결합조직이다.

141 조선시대의 머리 형태 중 궁중의 나인들이 주로 했던 머리형태는?

① 어여머리   ② 새앙머리

③ 조진머리   ④ 쪽머리

해설 조선 시대 나인들이 예장(禮裝)할 때 땋는 머리 모양으로 머리를 두 갈래로 갈라서 땋고 이것을 각각 틀어 올려 뒤통수 밑으로 나란히 세워서 위아래로 두 덩이가 지게 묶고 긴 댕기를 맨 형태이다.

정답	135	136	137	138	139	140	141
	①	①	②	①	②	③	②

2장

고객응대 서비스

능력단위의 정의

고객응대 서비스란 고객의 만족감 향상을 위해 부가서비스를 제공하는 능력이다.

1절 고객 안내 업무

1 데스크 안내 서비스

1 고객 응대의 중요성

(1) 고객 응대
① 모든 직원이 업무 수행상 고객을 대할 때 고객이 회사에 신뢰와 호감을 가지도록 하는 일체의 행동
② 경쟁이 치열해지는 뷰티 산업에서 고객 만족을 통한 호의적인 고객 관계를 유지하는 것이 중요하고, 차별화된 고객 서비스를 통해 충성 고객을 확보하는 것 또한 성공의 중요한 요인임

(2) 고객의 정의
① 일반적인 정의 : 기업으로부터 상품과 서비스를 제공받는 사람
② 기업으로부터 구매하는 소비자로부터 기업과 직·간접적으로 거래하고 관계를 맺는 모든 사람을 포함

(3) 고객 접점
① 고객과 만나는 모든 순간
② 진실의 순간(MOT: moment of truth)이라고도 표현
③ 직원이 고객과 접하는 최초 15초
④ 고객과 접점에 있는 직원의 응대 서비스가 얼마나 중요한지를 의미
⑤ 고객 접점의 요소

Humanware	표정/대화, 용모/복장, 전화응대, 태도 등
Software	미용서비스의 기술력 및 가격, 정보제공, 대기시간 등
Hardware	건물·내부 실내 환경, 홈페이지 등

(4) 고객과의 접점 관리
① 대면 접점 : 직접 고객과 얼굴을 마주치는 것, 업무를 하며 고객과 만나는 모든 접점
② 비대면 접점 : 얼굴을 마주하지 않고 목소리나 글로 만나는 것, 전화, 이메일, 홈페이지 게시판, 블로그, SNS 등

(5) 고객 접점에서의 서비스 매너
① 고객에게 호감을 줄 수 있는 표정을 지음
② 고객에게 신뢰감을 줄 수 있는 바른 자세와 동작을 취함
③ 단정한 용모와 복장을 갖춤
④ 호감을 줄 수 있는 말씨와 의사소통 능력을 갖춤
⑤ 고객의 입장을 충분히 이해하는 역지사지(易地思之)의 자세를 취함
⑥ 고객을 이해하는 마음을 표현하는 공감 능력을 갖춤
⑦ 고객과의 상호 신뢰할 수 있도록 노력

(6) 고객 응대 대화법
① **대화의 중요성** : 대화란 단순한 메시지 교류뿐만 아니라 지식, 정보, 감정 등의 교환을 통해 상대와 나의 관계를 이어 주는 수단으로 상대를 배려하고 수용하는 표현 필요
② **대화의 3요소**
- 시각적 요소 : 표정, 시선, 제스처, 옷차림 등
- 청각적 요소 : 음성의 톤, 크기, 발음, 속도 등
- 언어적 요소 : 공손한 어휘 선택

2 내점 고객 응대 방법

(1) 데스크에서의 안내
고객이 미용실에 방문하면 제일 먼저 데스크에서 직원이 어떤 고객인지를 파악해서 고객 유형에 맞게 안내

(2) 대기 공간으로 안내
담당 디자이너를 기다려야 할 경우, 대기석으로 안내한 후 대기 시간을 알려 주고 음료 서비스를 제공

(3) 라커 룸으로 안내
① 고객의 소지품과 의복을 받아 개인 보관함에 넣음
② 열쇠는 고객에게 전달
③ 헤어 서비스의 종류에 따라 가운 착용을 도움

(4) 헤어 서비스 공간으로 안내
① 이동 목적을 알리고, 방향을 손동작으로 가리키며 이동을 유도
② 고객의 옆에 비스듬히 한 두 걸음 앞에 서서 안내할 방향 쪽을 따라 안내
③ 목적한 장소까지 고객과 함께 이동
④ 계단으로 이동할 경우, 올라갈 때에는 고객의 뒤에서, 내려갈 때에는 고객의 앞에서 걸어 고객보다 높은 위치가 되지 않도록 함(단, 여성 고객을 남성 직원이 안내할 때에는 계단을 오를 때 고객의 앞에서 이동)

3 전화 응대 방법
① 전화 고객 응대 시 고객의 표정이나 감정, 동작을 볼 수가 없으므로 올바른 어휘 선택을 통해 유의하여 고객 응대를 할 필요가 있음
② 좋은 표정과 바른 자세, 예의 바른 말투와 밝은 목소리가 전화 응대의 기본 매너
③ 미용업소에 걸려오는 전화의 대부분은 위치, 예약, 요금, 주차 등에 관련된 내용이므로 관련 내용을 정리한 자료집을 전화기 옆에 비치해 놓고 전화 응대에 사용

④ 전화 응대 요소

신속성	• 전화벨이 3번 이상 울리기 전에 받기 • 늦게 받았을 때에는 먼저 정중히 사과하고 통화하기
정확성	• 용건을 들으며 요점 메모하기 • 통화 내용을 요약, 복창하여 확인하기
친절성	• 미소 띤 얼굴로 대화하기 • 말씨는 분명하고 정중하게 하고, 음성의 높낮이와 속도에 유념하여 고객의 요구를 충족시키기 위해 노력하기

> **참고 고객관리시스템**
>
> • 미용실, 피부관리실, 네일샵 등 뷰티샵의 고객 및 영업정보를 기반으로 정보분석, 매출분석, 고객 동향 분석을 통해 고객 및 매장 관리를 하는 프로그램
> • 예약, 대기, 접수현황, 매출현황, 고객동향, 매장현황 확인
> • 담당자별 매출현황, 점판, 선불 등 영업 분석
> • 고객방문, 고객현황, 매장운영 등 자동 추적관리
> • 메신저 어플의 메시지 발송 및 예약 등 연동으로 매장운영 효과 극대화

2 대기고객 응대

1 대기고객 응대 방법
① 대기 공간은 고객이 기다리는 동안 편안한 마음으로 휴식을 즐기고 정보를 얻을 수 있어야 함
② 다양한 부가 서비스를 제공하여 고객이 만족하도록 응대

3 고객 배웅

1 요금 정산
(1) 요금 정산
헤어 서비스의 요금은 헤어 디자이너 경력과 서비스 매뉴얼에 따라 미용실마다 다르게 구성

(2) 디자이너 경력별 요금
동일한 헤어서비스를 진행하더라도 헤어디자이너의 경력과 역량에 따라 헤어스타일 결과도 달라질 수 있어 헤어서비스 내역에 대한 요금도 다르게 설정되어 있음

(3) 서비스 매뉴얼별 요금

① 모발의 길이와 모발 상태에 따라 추가해야 할 서비스 매뉴가 있어 요금이 상이할 수 있음
② 미용실은 서비스 매뉴얼별 요금이 표시된 요금표를 미용실 내부와 외부 등 눈에 잘 보이는 곳에 게시하여야 함
③ 헤어서비스 전 고객이 지불해야 할 서비스 내역을 반드시 인지시키도록 함

(4) 요금 게시 및 사전 정보 제공

공중위생관리법 시행규칙에 따라 세 가지 이상 이·미용 서비스 제공 시 이용자에게 '개별 서비스와 최종지급가격 및 전체 서비스의 총액'에 관한 내역서를 미리 제공하고, 내역서 사본을 1개월간 보관해야 함

> **참고 요금내역서 포함 사항**
> - 염색제, 펌제, 영양제 등 제품 사용 시 사용 제품명 명기
> - 할인율, 할인 쿠폰을 적용할 경우 이를 포함
> - 구체적인 서비스 제공 내역(품목)별 가격 합산

> **참고 3개 이상 항목 판단 기준**
> - 최초 기본요금(세 가지 항목)은 상세주문 내역서 작성
> - 최초 기본요금(두 가지 항목)은 상세주문 내역서를 작성하지 않아도 됨
> - 최초 기본요금(두 가지 항목)에 기장 추가의 경우 상세주문 내역서 작성

고객응대 서비스 출제예상문제

001 다음 중 고객 응대의 중요성에 대한 내용으로 적절하지 않은 것은?

① 직원이 업무 수행상 고객을 대할 때 고객이 회사에 신뢰와 호감을 가지도록 한다.

② 차별화된 고객 서비스를 통해 충성 고객을 확보할 수 있다.

③ 고객 만족을 통한 호의적인 고객 관계를 유지하는 것이 중요하다.

④ 치열한 경쟁 사회에서 고객 모두를 만족시키기 위한 응대 방법은 적절하지 않다.

해설 모든 직원이 업무 수행상 고객을 대할 때 고객이 회사에 신뢰와 호감을 가지도록 하는 일체의 행동을 고객 응대라고 하며, 경쟁이 치열해지는 뷰티 산업에서 고객 만족을 통한 호의적인 고객 관계를 유지하는 것이 중요하고, 차별화된 고객 서비스를 통해 충성 고객을 확보하는 것 또한 성공의 중요한 요인이다.

002 미용업에서 고객과의 접점 관리의 의미와 거리가 먼 것은?

① 고객 접점이란 고객과 만나는 모든 순간을 뜻한다.

② 대면 접점은 업무를 하며 고객과 직접 만나는 모든 접점이 해당된다.

③ 비대면 접점은 전화, 이메일, 홈페이지 게시판, 블로그, SNS 등이 해당된다.

④ 고객과 접점에 있는 직원의 응대 서비스와 고객 만족은 서로 관계가 없다.

해설 고객 접점이란 고객과 만나는 모든 순간을 뜻한다. 진실의 순간(MOT: moment of truth)이라고도 표현하는데, 직원이 고객과 접하는 최초 15초로서, 고객과 접점에 있는 직원의 응대 서비스가 얼마나 중요한지를 의미한다.

003 다음 중 고객 접점에서의 서비스 매너로 적절하지 않은 것은?

① 고객에게 호감을 줄 수 있는 표정을 짓는다.

② 고객에게 신뢰감을 줄 수 있는 바른 자세와 동작을 취한다.

③ 단정한 용모나 복장은 서비스 매너와는 관계가 없다.

④ 호감을 줄 수 있는 말씨와 의사소통 능력을 갖춘다.

해설 고객 접점에서의 서비스 매너
- 고객에게 호감을 줄 수 있는 표정을 짓는다.
- 고객에게 신뢰감을 줄 수 있는 바른 자세와 동작을 취한다.
- 단정한 용모와 복장을 갖춘다.
- 호감을 줄 수 있는 말씨와 의사소통 능력을 갖춘다.
- 고객의 입장을 충분히 이해하는 역지사지의 자세를 취한다.
- 고객을 이해하는 마음을 표현하는 공감 능력을 갖춘다.
- 고객과의 상호 신뢰할 수 있도록 노력한다.

004 미용업소에서 주로 사용하는 고객관리시스템을 통해 알 수 있는 내용이 아닌 것은?

① 신규고객의 개인 정보관련 내용

② 예약, 대기, 접수현황, 매출현황, 고객동향, 매장현황 확인

③ 담당자별 매출현황, 점판, 선불 등 영업분석

④ 고객방문, 고객현황, 매장운영 등 자동 추적관리

해설 고객관리시스템
- 예약, 대기, 접수현황, 매출현황, 고객동향, 매장현황 확인
- 담당자별 매출현황, 점판, 선불 등 영업분석
- 고객방문, 고객현황, 매장운영 등 자동 추적관리
- 카카오 톡 메시지 발송 및 예약 등 연동으로 매장운영 효과 극대화

005 다음 중 대기고객 응대 시 유의할 사항으로 거리가 먼 것은?

① 대기 공간은 고객이 기다리는 동안 편안한 마음으로 대기할 수 있도록 제공한다.

② 대기 중 제공하는 음료는 종류에 따라 적당한 온도를 유지한다.

③ 대기 중 다양한 부가 서비스를 제공하여 고객이 만족하도록 응대한다.

④ 대기 공간에서 미용 정보를 얻을 수 있는 잡지류, 헤어스타일 북 등은 제공하지 않는 것이 좋다.

해설 대기 공간에서 대기 중인 고객이 대기 시간을 지루하지 않게 보낼 수 있도록 패션 잡지류, 미용 관련 잡지, 헤어스타일 북, 컴퓨터, 인터넷 와이파이, 개인 스마트폰 충전기와 같은 물품과 기기를 비치한다.

006 미용업소의 결제 시스템 중 선불 정액권의 기대 효과로 볼 수 없는 것은?

① 신규 고객 확보를 극대화 할 수 있다.

② 고정 고객의 미용실 방문 주기를 단축할 수 있다.

③ 고정 고객 확보로 매출 증가에 기여할 수 있다.

④ 예약제 정착으로 효과적인 시간 관리 및 질적 서비스 향상을 꾀할 수 있다.

해설 선불 정액권 기대 효과 : 고정 고객 확보로 매출 증가에 기여하고, 예약제 정착으로 효과적인 시간 관리 및 질적 서비스 향상을 꾀한다.

정답	001	002	003	004	005	006		
	④	④	③	①	④	①		

3장

헤어샴푸

능력단위의 정의

헤어샴푸란 고객의 두피·모발 상태와 미용서비스에 적합한 샴푸제와 트리트먼트제로 샴푸기술을 활용하여 두피·모발을 세정하는 능력이다.

1절 헤어샴푸

1 샴푸제의 종류

1 헤어샴푸
헤어샴푸(hair shampoo)는 두피와 모발을 동시에 세정하는 과정

2 샴푸의 목적과 효과
① 두피와 모발에 쌓인 기름때(피지, 땀, 비듬, 먼지, 스타일링 제품 등)를 세정하여 청결하게 함
② 모근부의 혈액순환을 촉진하여 건강한 두피와 모발을 유지시킴
③ 정확한 두피와 모발 진단에 도움이 되며 시술을 용이하게 함
④ 화학 시술을 할 경우의 모발의 약액침투가 쉽게 이루어짐

3 샴푸제의 종류

일반 샴푸	• 두피와 모발의 세정을 목적으로 사용하는 샴푸 • 거품을 만들어내기가 쉬움
산성 샴푸	• 약산성(pH 4.5~6.5)의 샴푸 • 알칼리성 약제를 사용한 퍼머넌트나 염색 후의 모발을 중화하는 기능을 함
알칼리성 샴푸	• 약알칼리성(pH 7.5~8.5)의 샴푸 • 세정력이 좋으나 샴푸 후 산성린스를 사용하여 알칼리 성분을 중화하는 것이 바람직함
기능성 샴푸	• 두피와 모발의 약화된 기능을 개선하는데 도움을 주는 샴푸 • 모발의 색상변화와 영양을 공급하는 샴푸 • 두피와 모발의 상태에 따라 구분하여 사용함 • 댄드러프 샴푸(비듬방지, 약용샴푸) • 논스트리핑 샴푸(염색모발, pH가 낮아 두피자극 적음) • 프로테인 샴푸(단백질 성분 함유, 다공성 모발, 탄력) • 데오드란트 샴푸(냄새 제거) • 저미사이드 샴푸(소독, 살균) • 프리벤션 샴푸(탈모예방) • 리컨디셔닝 샴푸(손상회복) • 뉴티리티브 샴푸(영양공급) • 샴푸 시 핫오일(따뜻하게 데운 식물성 오일), 에그(흰자: 피지 및 이물질제거, 노른자: 영양과 윤기), 프로테인(누에고치, 노른자 단백질) 등의 재료를 사용하기도 함
저자극성 샴푸	• 양쪽성 계면활성제 사용 • 자극을 최소화한 샴푸(유아용)

4 샴푸제의 성분

세정 성분	계면활성제	거품의 형성과 세정 작용
	기포증진제	거품의 생성을 돕고 유지
	침투제	모발의 노폐물 흡착
	분산제	모발의 잔여 침전물 방지
컨디셔닝 성분	보습제	모발의 건조 방지와 보습
	유성성분	피지의 제거로 인한 두피 건조 방지
	조정제	모발의 윤기와 탄력
	컨디셔닝제	모발 표면 보호와 모발의 부드러움
	형광제	모발의 광택
	정전기방지제	모발의 정전기 방지
기타첨가제	방부제, 점증제, pH 조절제, 금속이온봉쇄제, 산화방지제, 색재, 향료	

5 계면활성제의 종류

종류	특징	주 사용제품
음이온성 계면활성제	세정작용 거품 형성	샴푸 비누 클렌징폼 보디클렌저
양이온성 계면활성제	정전기 방지 살균작용 소독작용	헤어린스 트리트먼트 정전기 방지제
양쪽이온성 계면활성제	약한 세정작용 약한 피부자극	유아용 샴푸
비이온성 계면활성제	약한 피부자극 보습 효과 가용화/유화 능력	기초화장품류

샴푸의 계면활성제 친유성기가 기름때를 만나면 친수성 부분은 바깥쪽을 향하고 기름때는 계면활성제로 둘러싸여 바깥쪽은 친수성을 띠게 된다. 이때 물로 헹굼 과정을 진행하면 기름때가 모발 표면에서 떨어진다.

① 오염물(유분)

② 계면활성제의 친유성 부분이 오염물을 감싼다.

③ 계면활성제가 오염물의 표면을 감싸서 오염물의 표면이 친수성으로 바뀐다.

④ 계면활성제로 둘러싸인 오염물이 물에 씻겨나간다.

친유기   친수기

〈계면활성제의 구조〉

표면이 친수성으로 바뀐 오염물

2 샴푸 방법

1 샴푸 방법

(1) 플레인(plain) 샴푸

① 두피와 모발의 세정을 목적으로 진행하는 일반적인 샴푸 방법

② 프리(pre) 샴푸 : 미용시술하기 전 두피의 자극이 적고 가볍게 세정하는 샴푸로 두피와 모발의 오염물을 제거하여 모류와 모질을 종류를 정확하게 구분할 수 있음

③ 세컨드 샴푸 : 두피와 모발의 세정 목적 외에 두피 매니플레이션을 진행하여 혈액순환을 높여 두피의 생리기능을 활성화함

④ 애프터(after) 샴푸 : 미용시술 후 세정하는 샴푸로 시술 종류에 따라 샴푸제를 구분하여 사용하며 산성 샴푸가 적당함

(2) 스페셜 샴푸

두피와 모발의 건강유지, 모발의 일시적 컬러 착색 및 염색 후 모발의 색상 유지력 향상 등의 특수한 목적으로 사용하는 샴푸 방법

(3) 드라이(dry) 샴푸

① 물을 사용하지 않는 샴푸 방법
② 리퀴드(liquid) 드라이 샴푸 : 벤젠, 알콜 등의 휘발성 용제를 사용하여 주로 헤어피스나 가발을 세정할 때 사용
③ 파우더(powder) 드라이 샴푸 : 백토, 붕사, 탄산마그네슘 등이 혼합된 분말이 피지와 노폐물을 흡착하는 원리로 모발을 빗질하여 분말을 제거하여 세정함

(4) 좌식 샴푸

고객이 미용의자에 앉아 있는 상태로 샴푸를 진행한 후 샴푸대로 이동하여 헹구는 샴푸 방법

(5) 와식 샴푸

샴푸대에서 샴푸 동작과 헹굼을 진행하는 가장 일반적인 샴푸 방법

2 샴푸 시술 시 주의사항

① 샴푸대 온수 사용 시 반드시 수온 및 수압을 사전에 확인
② 연수를 사용하고 물의 온도는 36~40℃가 적절
③ 고객의 체형에 맞춰 샴푸대를 조절하며, 고객의 의복이 젖지 않도록 주의
④ 충분한 거품을 형성하여 모발이 마찰로 엉키거나 정전기가 생기는 것을 방지
⑤ 손톱으로 고객의 두피를 긁지 않고, 눈과 귀, 얼굴로 물이 튀지 않도록 주의
⑥ 고객과 일정거리를 유지하며 약 15cm 정도 양발을 벌리고 등을 곧게 펴고 시술
⑦ 고객에게 안정감을 줄 수 있도록 샴푸실의 환경을 준비
⑧ 샴푸 후 주변을 정리

3 샴푸의 방법과 순서

① 고객을 샴푸대에 눕힌 후 타월을 삼각형으로 접어 얼굴을 가린다.
② 물의 온도가 적당한지 시술자의 손목 안쪽에 확인한 후 고객의 두피에 물을 주어(두정부 깊숙이) 물의 온도를 확인한다.
③ 전두부 C.P를 기준으로 페이스라인을 따라 측두부, 두정부, 후두부의 순서로 두피와 모발에 물을 충분히 적신다.
④ 두상 전체에 샴푸 테크닉(지그재그하기, 굴리기, 양손교차사용하기, 튕기기)을 골고루 적용한다.
⑤ 두피와 모발(특히, 페이스라인과 목, 귀 등)에 샴푸가 남지 않도록 깨끗이 헹군다.

2절 **헤어트리트먼트**

1 헤어트리트먼트제의 종류

1 헤어트리트먼트
① 일반적으로 샴푸의 다음 단계에 사용하는 모발용 제품
② 린스, 컨디셔너, 트리트먼트 등의 제품명으로 분류

> **참고 헤어트리트먼트의 원리**
>
> - 컨디셔너의 pH는 3~5 정도의 약산성
> - 이온 결합의 원리로 모발의 등전점을 유지해 주는 역할
> - 샴푸 후의 젖은 모발의 (−)이온과 컨디셔너의 양이온 계면활성제의 (+)이온이 흡착하여 모발 표면이 보호되는 막이 형성되어 정전기가 방지되며 모발이 엉키지 않게 됨

2 헤어트리트먼트의 목적 및 효과
① 샴푸의 알칼리 성분을 중화
② 모발을 윤기 있고 부드럽게 하여 정전기를 방지
③ 모발의 엉킴을 방지하고 빗질이 쉬움

3 헤어트리트먼트제의 종류
(1) 린스, 컨디셔너, 트리트먼트

린스, 컨디셔너	• 보호막 형성 • 정전기 억제 • 자연스러운 광택 • 엉킴 방지
트리트먼트	• 모발 손상의 진행 억제·방지 • 손상 부위의 보수 및 복구

(2) 저분자, 고분자

저분자 트리트먼트(LPP)	• 모발 내부로 침투하기 용이한 제품 • 방치 시간 필요 • 열처리를 하면 침투 속도와 사용 효과가 높아짐
고분자 트리트먼트(PPT)	• 모발 표면에 흡착하여 작용 • 방치 시간 짧음

> **참고 용어의 사전적 의미**
>
> - 린스(rinse) : 씻어내다, 헹구다
> - 컨디셔너(conditioner) : (모발용) 컨디셔너
> - 트리트먼트(treatment) : 치료, 처치, 처리

4 헤어트리트먼트제의 성분

	성분	작용
영양성분	아미노산	손상된 모발을 보수 및 복구
정전기방지 성분	양이온 계면활성제	정전기를 방지
컨디셔닝 성분	보습제	모발의 수분
	유성성분	모발의 윤기와 광택
	막형성제	모발의 손상방지
기타첨가제	방부제, pH 조절제, 산화방지제, 금속이온봉쇄제, 색재, 향료	

2 헤어트리트먼트 방법

1 린스의 종류

플레인 린스	• 제품을 사용하지 않고 물로 모발을 헹굼 • 퍼머넌트웨이브의 1제를 씻어내는 중간린스 방법
산성 린스	• 경수를 사용하거나 알칼리 비누로 샴푸한 후 모발의 알칼리 성분 중화 • 미온수에 산성성분(레몬, 구연산, 식초 등)을 희석하여 사용 • 금속성 피막, 화학시술 후 잔존한 불용성 알칼리 성분 제거
유성 린스 (건성 모발)	• 오일린스 : 미온수에 올리브유, 라놀린 등을 희석하여 사용 • 크림린스 : 가장 일반적인 형태로 오일류, 헤어크림 등의 화장재료 포함

2 헤어트리트먼트 방법

헤어 리컨디셔닝 (Hair Reconditioning)	손상된 모발을 정상적인 상태로 회복시키는 것
클리핑 (Clipping)	가위로 모표피가 벗겨졌거나 끝이 갈라진 부분을 제거하는 것
헤어 팩 (Hair Pack)	제품을 충분히 도포하고 스팀을 한 후 물로만 헹굼(플레인 린스)
싱징 (Singeing)	싱징왁스나 전기 싱징기를 사용하여 상한 모발을 그슬리거나 태움

001 다음 중 헤어샴푸제의 성분이 아닌 것은?

① 점증제   ② 계면활성제

③ 기포증진제   ④ 산화제

해설 샴푸제는 계면활성제, 기포증진제, 점증제, 침투제, 분산제, 산화방지제, 방부제, pH조절제 등의 성분으로 구성된다.

002 다음 중 샴푸의 효과를 가장 옳게 설명한 것은?

① 모발에 윤기를 부여한다.

② 모발을 청결하게 하며 두피를 자극하여 혈액 순환을 원활하게 한다.

③ 두통을 예방할 수 있다.

④ 모발의 노화를 방지한다.

해설 • 두피와 모발에 쌓인 기름때(피지, 땀, 비듬, 먼지, 스타일링 제품 등)를 세정하여 청결하게 한다.
• 모근부의 혈액순환을 촉진하여 건강한 두피와 모발을 유지하기 위함이다.
• 정확한 두피와 모발 진단에 도움이 되며 시술을 용이하게 한다.

003 다음 성분 중 세정작용이 약하나 피부자극이 적어 유아용 샴푸제에 주로 사용되는 것은?

① 음이온성 계면활성제

② 양이온성 계면활성제

③ 양쪽성 계면활성제

④ 비이온성 계면활성제

해설 양쪽성 계면활성제는 유아용 샴푸제나 저자극성 샴푸제에 주로 사용된다.

004 헤어샴푸의 목적과 가장 거리가 먼 것은?

① 두피와 모발에 영양공급

② 헤어트리트먼트를 하기 전 과정

③ 건강한 모발 성장

④ 청결한 두피와 모발 유지

해설 샴푸는 두피와 모발에 직접적인 영양공급을 하기 위한 단계가 아니다.

005 논스트리핑 샴푸제의 특징은?

① pH가 낮은 산성이며 두발을 자극하지 않는다.

② 비듬치료에 효과적이다.

③ 알칼리성 샴푸제이다.

④ 지루성 두피에 적합하다.

해설 논스트리핑(non-stripping) 샴푸제는 약산성으로 자극이 적고 염색모발에 적합하다.

006 다음 중 가발 세정에 적합한 샴푸제는?

① 리퀴드 드라이 샴푸

② 에그 파우더 드라이 샴푸

③ 프로테인 샴푸

④ 핫오일 샴푸

해설 리퀴드 드라이 샴푸는 벤젠이나 알코올 등의 휘발성 용액으로 가발을 담근 후 그늘에 말린다.

007 누에고치에서 추출한 성분과 난황성분을 함유한 샴푸제로 모발에 영양을 공급하는 샴푸는?

① 드라이 샴푸   ② 프로테인 샴푸

③ 산성 샴푸   ④ 저미사이드 샴푸

해설 프로테인 샴푸는 단백질을 함유한 영양공급 샴푸이다.

008 헤어샴푸의 종류 중 드라이 샴푸 방법이 아닌 것은?

① 에그 파우더 샴푸
② 핫 오일 샴푸
③ 파우더 드라이 샴푸
④ 리퀴드 드라이 샴푸

> 해설 • 리퀴드(liquid) 드라이 샴푸 : 벤제, 알코올 등을 사용, 주로 가발에 사용
> • 파우더(powder) 드라이 샴푸 : 붕산, 탄산마그네슘, 에그파우더 등을 사용한 후, 브러싱하여 분말을 제거

009 샴푸 시술 시 주의사항으로 적절하지 않은 것은?

① 연수를 사용하고 물의 온도는 36~40℃가 적당하다.
② 충분한 거품을 형성하여 모발이 마찰로 엉키거나 정전기가 생기는 것을 방지한다.
③ 약 15cm 정도 양발을 벌리고 등을 곧게 펴고 시술한다.
④ 손톱으로 고객의 두피를 긁으면서 시술한다.

> 해설 손톱으로 고객의 두피를 긁지 않고, 눈과 귀, 얼굴로 물이 튀지 않도록 주의한다.

010 다음 중 비듬제거 샴푸로서 가장 적당한 것은?

① 핫오일 샴푸 　② 드라이 샴푸
③ 댄드러프 샴푸 　④ 플레인 샴푸

> 해설 댄드러프(dandruff, 비듬)

011 샴푸에 대한 설명 중 잘못된 것은?

① 샴푸는 두피 및 모발의 더러움을 씻어 청결하게 한다.
② 다른 종류의 시술을 용이하게 하며, 스타일을 만들기 위한 기초적인 작업이다.
③ 두피를 자극하여 혈액순환을 좋게 하며, 모근을 강화시키는 동시에 상쾌감을 준다.
④ 모발을 잡고 비벼 주어 큐티클 사이사이에 있는 때를 씻어내고 모표피를 강하게 해준다.

> 해설 샴푸 시 모발을 서로 비비는 동작을 하지 않고 충분한 거품을 형성하여 모발이 마찰로 엉키는 것을 방지한다.

012 다음 중 미용시술하기 전 가볍게 세정하는 샴푸 방법은?

① 스페셜 샴푸
② 프리 샴푸
③ 세컨드 샴푸
④ 리퀴드 드라이 샴푸

> 해설 프리(pre) 샴푸 : 미용시술하기 전 두피의 자극이 적고 가볍게 세정하는 샴푸로 두피와 모발의 오염물을 제거하여 모류와 모질을 종류를 정확하게 구분할 수 있다.

013 다음 중 신징의 목적에 적합하지 않은 내용은?

① 비듬과 가려움증을 제거하기 위해
② 온열작용에 의해 두부의 혈액 순환을 촉진시키기 위해
③ 불필요한 두발을 제거하고 건강한 두발의 순조로운 발육을 위해
④ 잘라지거나 갈라진 두발로부터 영양물질이 흘러나오는 것을 막기 위해

> 해설 신징은 불필요한 두발을 제거하고 건강한 두발의 순조로운 발육을 조장하며, 잘라지거나 갈라진 두발로부터 영양분의 손실을 막고, 온열자극으로 두부의 혈액 순환을 촉진한다.

014 다음 중 헤어샴푸 시 순서로 올바른 것은?

① 전두부→측두부→두정부→후두부
② 전두부→두정부→측두부→후두부
③ 후두부→측두부→두정부→전두부
④ 측두부→전두부→두정부→후두부

> 해설 헤어샴푸는 전두부→측두부→두정부→후두부 순으로 진행된다.

정답	001	002	003	004	005	006	007	008
	④	②	③	①	①	①	②	②
	009	010	011	012	013	014		
	④	③	④	②	①	①		

015 계면활성제 중 자극성이 적고 안정성이 높아 유아용 샴푸의 주재료로 사용되는 계면활성제는?

① 음이온 계면활성제

② 양이온 계면활성제

③ 비이온 계면활성제

④ 양쪽성 계면활성제

해설 양쪽성 계면활성제는 자극성이 적고 안정성이 높아 유아용, 저자극성 샴푸에 주로 사용된다.

016 다음 중 좌식 샴푸에 대한 설명으로 적절한 것은?

① 샴푸대에서 샴푸 동작과 헹굼을 진행하는 가장 일반적인 샴푸 방법

② 염색 후 모발의 색상 유지력 향상 등의 특수한 목적으로 사용하는 샴푸 방법

③ 고객이 미용의자에 앉아 있는 상태로 샴푸를 진행한 후 샴푸대로 이동하여 헹구는 샴푸 방법

④ 물을 사용하지 않는 샴푸 방법

해설 좌식 샴푸 : 고객이 미용의자에 앉아 있는 상태로 샴푸를 진행한 후 샴푸대로 이동하여 헹구는 샴푸 방법

017 다음 중 샴푸를 할 때 두상의 어느 부위부터 물주기를 시작하는가?

① 후두부   ② 전두부

③ 네이프   ④ 귀 주변

해설 전두부 C.P를 기준으로 페이스 라인을 따라 측두부, 두정부, 후두부의 순서로 두피와 모발에 물을 준다.

018 헤어린스의 목적과 관계없는 것은?

① 두발의 엉킴 방지

② 샴푸의 알칼리성을 중화

③ 이물질 제거

④ 모발의 윤기 부여

해설 이물질 제거(피지, 땀, 비듬, 먼지, 스타일링 제품 등)는 샴푸의 목적이다.

019 다음 중 헤어린스제의 성분이 아닌 것은?

① 보습제

② 양이온 계면활성제

③ 환원제

④ 산화방지제

해설 린스는 양이온 계면활성제, 보습제, 유성성분, 막형성제, 산화방지제, 방부제, pH조절제 등의 성분으로 구성된다.

020 린스제의 역할이 아닌 것은?

① 샴푸의 알칼리 성분을 중화

② 모발을 윤기 있고 부드럽게 하여 정전기를 방지

③ 모발의 엉킴을 방지하고 빗질을 쉽게 함

④ 충분한 거품을 형성하여 모발이 마찰로 엉키는 것을 방지

해설 샴푸 시술을 할 때는 충분한 거품을 형성하여 모발이 마찰로 엉키거나 정전기가 생기는 것을 방지한다.

021 헤어컨디셔너제의 사용 목적이 아닌 것은?

① 시술과정에서 두발이 손상되는 것을 막아주고 이미 손상된 두발을 완전히 치유해준다.

② 두발에 윤기를 주는 보습역할을 한다.

③ 퍼머넌트 웨이브, 염색, 블리치 후의 pH 농도를 중화시켜 두발의 산성화를 방지하는 역할을 한다.

④ 상한 두발의 표피층을 부드럽게 해주어 빗질을 용이하게 한다.

해설 헤어컨디셔너제는 샴푸 후 알칼리 성분을 중화하고 모발을 윤기 있고 부드럽게 하여 정전기를 방지하여 모발의 엉킴을 방지하고 빗질하기 쉽게 한다.

022 다음 중 모발 내부로 침투가 쉬우며 열처리를 하면 사용효과가 높아지는 헤어트리트먼트제의 종류는?

① 저분자 트리트먼트(LPP)

② 컨디셔너

③ 고분자 트리트먼트(PPT)

④ 린스

해설 고분자 트리트먼트(PPT) : 모발 표면에 흡착하여 작용하며 방치 시간이 짧다.

023 다음 중 헤어트리트먼트제의 성분이 아닌 것은?

① 아미노산
② 음이온계면활성제
③ 보습제
④ pH조절제

해설 헤어트리트먼트제는 아미노산, 양이온계면활성제, 보습제, 유성성분, 막형성제, 산화방지제, 방부제, pH조절제 등의 성분으로 구성된다.

024 산성 린스의 사용에 관한 설명 중 틀린 것은?

① 살균작용이 있으므로 많이 사용하는 것이 좋다.
② 남아있는 퍼머넌트 약액을 제거할 수 있게 한다.
③ 금속성 피막을 제거해준다.
④ 비누 샴푸제의 불용성 알칼리 성분을 제거해준다.

해설 산성 린스는 모발의 알칼리 성분 중화하고 금속성 피막을 제거한다.

025 린스제를 사용하지 않고 미온수를 사용하여 모발을 헹구는 것은?

① 산성 린스
② 플레인 린스
③ 유성 린스
④ 오일 린스

해설 플레인 린스는 린스제품을 사용하지 않고 물로 모발을 헹구는 방법으로 퍼머넌트 웨이브의 1액을 씻어내는 중간린스 방법으로 사용하기도 한다.

026 경수나 알칼리 비누로 샴푸한 후 사용하기에 가장 적당한 린스는?

① 산성 린스
② 플레인 린스
③ 유성 린스
④ 오일 린스

해설 칼슘염, 마그네슘염 등의 성분을 함유한 경수와 알칼리 비누를 사용한 샴푸 후에는 산성 린스를 사용하여 모발의 잔류한 알칼리 성분을 중화한다.

027 헤어트리트먼트의 목적으로 가장 적합한 것은?

① 두피의 각질, 피지산화물과 노폐물을 제거하여 모공을 청결하게 함
② 건강한 모발을 유지하고 손상모발 부위를 회복하기 위함
③ 피지분비의 촉진으로 모발의 윤기를 부여함
④ 비듬을 제거하고 방지함

해설 헤어트리트먼트는 모발 손상의 진행을 억제하여 건강한 모발을 유지하고 손상 부위를 회복시키는 것이다.

028 다음 중 헤어트리트먼트 방법이 아닌 것은?

① 클리핑
② 싱글링
③ 신징
④ 헤어팩

해설 싱글링은 헤어커트 방법이다.

029 신징(singeing)의 목적에 해당하지 않는 것은?

① 불필요한 두발을 제거하고 건강한 두발의 순조로운 발육을 조장한다.
② 잘라지거나 갈라진 두발로부터 영양물질이 흘러나오는 것을 막는다.
③ 양이 많은 두발에 숱을 쳐내는 것이다.
④ 온열자극에 의해 두부의 혈액순환을 촉진시킨다.

해설 신징왁스나 전기 신징기를 사용하여 상한 모발을 그슬리거나 태우는 것이다.

030 알칼리성 비누로 샴푸한 모발에 가장 적당한 린스 방법은?

① 레몬 린스(lemon rinse)
② 플레인 린스(plain rinse)
③ 컬러 린스(color rinse)
④ 알칼리성 린스(alkali rinse)

해설 모발의 알칼리 성분을 중화하기 위하여 미온수에 레몬, 구연산, 식초 등을 희석하여 린스한다.

정답	015	016	017	018	019	020	021	022
	④	③	②	③	③	④	①	①
	023	024	025	026	027	028	029	030
	②	①	②	①	②	②	③	①

4장

두피·모발관리

능력단위의 정의

두피·모발관리란 고객의 두피·모발상태를 분석한 후 그 결과에 따라 기기와 제품을 선택하여 두피와 모발을 건강하게 관리하는 능력이다.

1절 두피·모발관리 준비

1 두피·모발의 이해

1 두피

두피는 두개골을 덮고 있는 평균 두께 1.5mm 정도의 얇은 피부 조직으로 개인의 특성에 따라 두피의 색상·두께·각질의 상태가 다르다.

(1) 두피의 구조

두피의 구조

① 세 개의 층으로 구성 : 표피, 진피, 피하지방
② 표면 : 모발, 한공, 모공
③ 내부 : 모낭, 피지선, 한선, 모세혈관, 입모근, 감각신경 말단 등

(2) 두피의 기능

보호기능	• 두개골 내부의 모든 기관을 외부의 충격, 자외선, 더위 및 추위로부터 보호 • 표면의 pH 4.5~5.5의 약산성을 유지하여 세균증식 및 외부물질의 침투를 방지
배출기능	• 체온이 상승하면 한공에서 땀을 배출하거나 모공의 피지분비를 통한 체내의 이물질 및 노폐물 배출
흡수기능	• 한공, 모공, 두피의 각질 사이의 지질조직을 통한 외부물질 흡수
호흡기능	• 두피를 포함한 피부조직이 전체 호흡의 약 1%를 담당
비타민 D 합성기능	• 내부에 존재하는 비타민 D 전구체가 햇빛을 받으면 비타민 D로 합성
감각기능	• 감각신경의 말단이 존재하여 냉각, 온각, 통각, 압각 등의 자극에 반응

2 모발

모발은 머리카락을 포함한 신체에 있는 모든 털을 총칭하며 털이 난 부위에 따라 두발, 수염, 체모 등으로 구분한다. 모발은 손바닥·발바닥·입술 등을 제외한 온몸에 분포한다.

(1) 모발의 구성 성분

단백질 (케라틴, keratin)	• 전체 모발 구성 성분의 약 80~90% 정도 • 18종류의 아미노산으로 구성되어 있으며, 시스틴(systine) 함유량이 높음
수분	• 약 10~20%의 수분 함유 • 샴푸 후 타월드라이 시 약 30~35%의 수분 함유
지질	• 약 1~8% 정도 • 땀과 섞여 두피와 모발표면에 피지막을 형성
미량원소	• 모발에는 철, 구리, 요오드, 아연 등 약 30여종이 포함 • 함유한 미량 원소의 종류는 모발의 색상에 영향을 줌
멜라닌	• 색소를 만드는 색소형성 세포는 모유두에 위치함 • 만들어진 색소는 모피질 내의 분산되어 모발의 색상을 결정 • 멜라닌 색소는 멜라닌 생성경로에 따라 유멜라닌과 페오멜라닌으로 구분(유멜라닌은 흑갈색이나 적갈색의 색소, 색소의 입자가 유멜라닌보다 작은 페오멜라닌은 황색의 색소)

> 참고 케라틴(keratin)
>
> 모발, 손톱, 발톱, 각질 등을 구성하는 단백질로 점성이 높고 탄성이 좋으며 물에 잘 녹지 않는 성질을 갖고 있다. 특히 황 함유 아미노산인 시스테인(cysteine)을 함유하고 있어서 다른 단백질에 비해서 단단하다.

(2) 모발의 구조

모간부	모표피 (cuticle)	• 모발의 가장 바깥쪽으로 전체의 10~15% 정도를 차지하며 5~15층의 얇고 투명한 조직이 물고기 비늘 모양으로 겹쳐져 있음 • 친유성 조직으로 외부의 물리적·화학적 자극으로부터 모발을 보호 • 모표피는 최외표피(epicuticle), 외표피(endocuticle), 내표피(endocuticle)로 구성 • 세포막복합체(CMC : cell membrane complex)는 모표피 조직들, 모표피와 모피질 사이, 모피질 조직들을 서로 연결하고 수분과 화학물질의 이동통로 역할을 함
	모피질 (cortex)	• 모발의 가운데 부분으로 모발 전체의 85~90%를 차지하며 멜라닌 색소가 존재하여 모발의 색을 결정함 • 친수성 조직으로 펌이나 염색 시술이 이루어지는 부분 • 모피질은 결정성 영역인 피질세포, 비결정성 영역인 세포간충물질, 멜라닌 색소로 구성
	모수질 (medulla)	• 모발의 중심부 조직으로 연모 등 얇은 모발에는 존재하지 않는 경우가 많으며 벌집 형태로 공기를 함유하여 보온 역할을 담당
모근부	모낭	• 모발을 둘러싼 주머니로 태아기 때 생성되며 모낭의 모양에 따라 직모(straight hair, 황인종), 파상모(curly hair, 백인종), 축모(kinky hair, 흑인종) 등 모발의 형태가 결정됨
	모구	• 모낭의 아래 부분으로 둥근 전구의 형태 • 모유두를 통해 모기질세포에 산소와 영양분이 전달되는 주요한 부분으로 모발의 성장이 저하되며 모구가 축소되고 모유두로부터 분리
	모유두	• 모낭의 아래쪽에 볼록하게 융기되어 있는 부분 • 표피의 기저층과 경계로 모기질 세포와 색소 생성 세포가 자리 잡고 있음
	모기질세포 (모모세포)	• 모유두를 통해 모세혈관으로 부터 영양과 산소를 공급받아 세포 분열과 증식을 반복하며 모표피, 모피질, 모수질로 분화되어 모발을 형성
	색소형성세포	• 모기질 세포 사이에 존재하며 멜라닌 소체를 분비하여 모피질 세포 내에 분산되어 모발의 색을 결정함
	입모근 (기모근)	• 불수의 근육으로 추위나 공포감을 느낄 때 수축하여 털을 세우거나 수축과 이완을 반복하여 피지를 배출
	피지샘 (피지선)	• 피지를 만드는 곳으로 입모근의 불수의적 운동에 의해 피지가 배출되어 두피와 모발의 표면에 약산성 피지막을 형성함 • pH 4.5~5.5의 약산성인 피지막은 두피의 세균번식을 방지하고 모발에 윤기를 부여함

(3) 모발의 기능

보호 기능	외부의 물리·화학적 자극으로부터 두피를 보호, 보온으로 인한 체온유지
배출 기능	피지 및 체내 중금속을 배출
감각 기능	외부자극이 모근부의 신경에 전달되어 반응
장식 기능	아름다움과 개성을 표현

(4) 모발의 성장

성장기 (anagen)	• 세포 분열이 가장 왕성하여 모발의 성장이 빠른 시기 • 전체 모발의 80~90%를 차지 • 성장기 기간은 약 3~6년
퇴화기/퇴행기 (catagen)	• 모발이 모낭의 모유두에서 분리되기 시작하여 모기질 세포의 대사가 느려지는 시기 • 모구부가 수축하며 모발의 성장이 멈춤 • 전체 모발의 1~2%를 차지 • 퇴행기 기간은 3~4주
휴지기 (telogen)	• 모낭에서 모유두가 완전히 분리되어 모낭의 길피가 1/3로 줄어듦 • 전체 모발의 약 10~15%를 차지 • 휴지기 기간은 약 3~4개월 • 브러싱이나 샴푸 등으로 모발이 쉽게 빠짐
발생기 (return to anagen)	• 한 모낭 안에 휴지기의 모발과 발생기의 모발이 함께 존재 • 모구가 팽창되면서 새로운 모발이 성장하며 휴지기의 모발은 자연적으로 밀려서 빠지게 됨

탈모

성장기　　　퇴행기　　　휴지기　　　발생기

모발의 성장주기

(5) 모발의 화학적 결합

주쇄결합 (세로)		• 단백질을 구성하는 아미노산들의 아미노기(-NH)와 카르복실기(-COOH)가 반응하여 탈수가 일어나고 서로 축합되는 것을 펩타이드 결합(peptide bond)이라고 함 • 모발 단백질은 구성하는 약 18종의 아미노산들의 펩타이드 결합이 연속적으로 긴 사슬의 형태로 반복된 폴리펩타이드(polypeptide) 형성 • 강한 결합으로 화학적인 처리에도 영향을 적게 받음
측쇄결합 (가로)	시스틴 결합 (disulfide bond)	• 모발 아미노산의 일종인 시스테인(cystein)은 불안정한 화합물로 쉽게 산화환원 작용으로 시스틴과 상호 전환함 • 시스테인 두 분자 사이의 티올기(-SH)가 산화되어 생성하는 -S-S- 형태의 황 원소 사이의 공유 결합으로 SS결합(SS-bond) 또는 이황화결합(disulfide bond)을 함 • 시스틴 결합을 절단하고 연결하는 과정을 이용하여 퍼머넌트 웨이브를 형성
	수소 결합 (hydrogen bond)	• O·N·F 등 전기음성도가 강한 2개의 원자 사이에 수소원자가 들어감으로써 생기는 결합 • 수분에 쉽게 절단되었다가 건조하면 재결합되는 성질을 이용하여 일시적인 웨이브(드라이, 세팅롤 등)를 형성
	이온 결합 (염결합, ionic bond)	• 전하를 띤 양이온과 음이온 사이의 정전기적 인력에 의한 결합 • 모발 단백질은 최대 결합을 이루는 pH 4.5~5.5 사이에서 가장 안정적으로 모발의 건강한 상태를 유지

pH(수소이온농도지수, potential of Hydrogen)
물질 속에 녹아있는 수소이온(H+)의 농도를 0부터 14까지의 간단한 숫자로 나타내는 척도

등전점
단백질 등의 양쪽성 전해질 입자의 전하가 0이 될 때의 상태를 용액의 pH로 표기, 등전점에서 물질이 가장 용해되기 어려움

(6) 모발의 특성

탄성	• 섬유상 단백질인 모발 케라틴을 잡아당겼다가 놓았을 때 원래의 자리로 돌아가려는 성질 • 모발을 당기면 모발이 늘어나면서 굵기가 가늘어지다가 끊어지게 되는데, 이때 모발이 늘어난 비율을 신장률(%, 신도)이라고 하며, 끊어질 때 가해진 힘을 인장강도(g)라고 함
흡습성 & 흡수성	• 흡습성이란 공기 중에서 기체 상태인 수분을 흡수하고 방출하는 것 • 흡수성은 액체 상태인 수분을 흡수하는 것 • 건강한 모발의 수분량은 약 10~15%이며, 세정 직후 약 30%, 드라이를 사용한 건조 후에도 약 10%의 수분을 보유함
팽윤	• 모발의 간층과 결합구조 사이로 수분 등의 액체를 흡수하여 부피가 늘어나 부푸는 현상으로 구조의 결합이 무너지고 용해되기 전 단계
열변성	• 가열에 의한 구조변화가 발생 • 120℃에서 수분의 증발이 급격히 일어나서 다공질구조로 팽화되고 130~150℃에서는 변색되며, 270~300℃에서는 타서 분해됨
광변성	• 태양광선의 적외선과 자외선의 영향으로 모발의 탈색과 탈모가 발생
대전성	• 모발은 양극성 아미노산인 대전체로 마찰로 인해 양이온(+)전기를 띠고 정전기를 발생 • 정전기는 습도와 온도의 영향을 받기 때문에 실내온도를 낮추거나 수분을 보충하여 정전기를 방지

2절 두피 관리

1 두피 분석

1 두피 관리
① 두피 환경을 개선하여 건강하고 아름다운 모발을 유지하기 위하여 시술하는 것
② 두피의 상태에 따라 다양한 프로그램을 구성할 수 있음
③ 탈모, 지루성 피부염 등 두피 질환의 경우 전문의의 치료를 받도록 안내

2 분석 방법

문진	• 고객과 상담을 통해 고객관리차트에 기록 • 고객의 대화를 경청하며 고객의 습관과 요구를 파악할 수 있는 구체적인 정보를 확인하는 방법
시진	• 두피와 모발의 상태를 육안으로 확인하는 방법 • 피지와 땀의 분비량, 각질 및 비듬 상태, 두피 색상, 탈모 부위, 염증 유무 등 • 모발의 윤기, 모발 끝의 갈라짐, 모발의 굵기와 양 등
촉진	• 손의 촉각으로 두피와 모발의 상태를 확인하는 방법 • 두피를 눌러서 탄력, 발열 상태 등을 확인 • 모발을 만지거나 당겨 수분 및 유분의 상태, 탄력 및 신장율 등을 확인
검진	• 두피·모발 진단기를 사용하여 확인하는 방법 • 각질 상태, 두피의 색상, 모발의 밀도, 모발의 굵기와 손상 상태 등의 정확한 진단 가능 • 인장 강도기, 피지 측정기, 원심 분리기 등의 기기를 사용할 수도 있음

> **참고** 고객관리차트 작성 내용 예
> • 고객관리차트를 작성하기 전, 개인정보법 강화에 의거하여 고객에게 개인정보 동의서를 받도록 한다.
> • 사실에 기반하여 구체적으로 작성하고 고객과의 공유내용과 직원들이 공유할 내용을 구분한다.
> • 두피의 색상과 상태
> • 모발의 굵기, 유수분 상태(건조, 윤기), 탄력, 빗질의 엉킴 정도
> • 생활습관 및 병력
> • 사전시술 내역(펌, 염색 등)
> • 관리제품 및 기기
> • 홈케어 추천 제품

3 기기와 도구

두피·모발 진단기	• 두피 및 모발의 상태를 정확하게 진단 • 내장 설치되어 있는 분석 프로그램으로 관리 전후를 비교하고 지속적인 관리 상태를 저장 • 렌즈의 배율은 목적 및 진단부위에 따라 1배율·50배율·250배율·500배율 등을 구분 • 관리 기간 중 두상의 일정한 부위를 측정하도록 유의 • 일반적인 두피의 피지 분비를 고려하면 세정 후 2~4시간 후가 진단하기에 적절함
스팀기(미스트기)	• 두피의 각질, 노폐물 등을 불려 제거를 돕고, 두피와 모발에 수분을 공급 • 두피와 모발의 상태에 따라 사용시간을 조절(건성 두피는 10분 정도, 비듬 두피는 15분 정도, 민감 두피는 7분 정도)
스캘프 펀치	• 워터펀치라고도 하며 샴푸대와 연결하여 사용 • 분당 1,000~2,400회의 파동으로 발생하는 수압과 물살로 두피나 모공의 각질 및 노폐물을 효과적으로 제거
기타	• 적외선램프(온열 작용으로 제품의 흡수를 높임) • pH측정기 • 고주파기 등

  ×1 • 탈모 형태

  ×200 • 모발 굵기 • 두피 모공

    ×60 • 두피 • 모발 밀집도 • 두피 각질 • 두피 민감도

   ×500 • 모발 큐티클

두피·모발 진단기

스팀기

4 두피의 유형별 특징 및 관리방법

	특징	관리방법
정상 두피	• 두피 관리의 기준이 되는 유형 • 표면의 색은 맑은 우유 빛깔 또는 연한 청색으로 촉촉하게 투명감을 보임 • 전체 모공의 50% 이상에서 한 개의 모공에 2~3개의 모발이 관찰됨 • 세포 각화 주기가 28일로 노화 각질이나 피지 산화물이거의 없이 모공 주변이 깨끗하며 모공이 열려 있음	• 규칙적인 스케일링과 유·수분을 공급하여 정상적인 두피의 상태가 유지되도록 관리함
건성 두피	• 피지의 분비가 적고 수분이 부족한 상태 • 표면이 건조하고 윤기가 없이 탁한 빛을 띠며, 모공 주변은 얇고 하얗게 각질이 일어난 형태를 보임 • 2~3일정도 샴푸하지 않아도 두피와 모발이 기름지지 않으며 모발의 굵기가 얇고 윤기가 없어 보임	• 묵은 각질을 제거한 후, 두피를 마사지하여 피지선이 활성화되도록 자극 • 부족한 지질과 유실된 수분을 공급하여 피지막을 보충함
지성 두피	• 피지선의 기능이 활성화되어 피지 분비량이 많음 • 표면이 축축하고 번들거려 보이고 모공 주변에 과다 분비된 피지와 각질 및 이물질 등이 엉겨붙음 • 과다한 피지로 모발도 기름지고 가라앉는 현상을 보임 • 오염과 세균 번식으로 염증을 유발하기 쉬움	• 스케일링제를 사용하여 두피의 각질을 제거하고 모공을 청결히 함 • 두피의 피지선이 자극되는 강한 마사지 동작은 피함
민감성 두피	• 유전적이거나 스트레스 및 잦은 화학시술 등이 발생 원인으로 각질층이 얇고 피지 분비량이 적은 두피 • 모세 혈관이 확장되어 표면에 옅게 붉은 색은 띠는 부분이 많으며 가벼운 자극에도 염증이나 감염이 유발됨 • 따가움·가려움·발열감 등의 현상이 자주 발생	• 외부 자극을 줄이고 스트레스를 완화하여 신체의 면역 기능을 회복함 • 진정 및 수분공급 제품을 사용
지루성 두피	• 과도하게 분비된 피지와 각질 및 노폐물들이 쌓여서 막힌 모낭에서 여드름균, 모낭충, 비듬균의 증식으로 홍반, 염증, 가려움증 발생 • 두피가 탁한 빛을 띠고 홍반과 확장된 모세혈관 또는 농포성 염증으로 탈모 촉진	• 모공을 청결히 하고, 염증을 살균하고 자극이 적은 제품을 사용 • 심한 경우에는 전문의의 치료를 받도록 권유 • 피지 조절을 위해 B_2, B_6 등이 풍부한 식품을 섭취
비듬성 두피	• 비듬(dandruff)이란 작은 조각 모양으로 표피가 탈락되어 각질이 눈에 띄게 나타나는 현상 • 피지선의 과다 분비, 각질세포의 세포의 이상증식, 말라세시아(malassezia) 효모균(비듬균)의 과다 증식 등이 원인 • 홍반, 염증, 가려움증을 동반함	• 입자가 작고 가벼운 건성비듬과 과도한 피지로 모공이 막혀 있고 입자가 큰 형태인 지성비듬으로 분류 • 두피를 청결하게 하고 항진균제 등이 포함된 약용 샴푸를 사용

탈모성 두피	• 탈모란 성모가 빠져나가서 모발이 있어야 할 부위에 모발이 없는 상태 • 성장기 모발이 줄어들고 휴지기 모발의 비율이 증가하여 하루 100개 이상의 모발이 빠짐 • 호르몬, 유전, 스트레스, 영양 장애, 질병, 노화, 출산, 물리적·화학적 자극 등이 원인 • 남성형 탈모는 유전적이거나 남성 호르몬 안드로겐의 원인으로 두상의 양쪽 측두부로 M자 모양의 이마가 넓어지며 정수리부터 탈모가 진행함 • 여성형 탈모는 두정부 중심의 모발이 가늘어지고 머리숱이 적어지는 특징을 보임	• 스트레스를 줄이고 조기 예방 관리가 중요함 • 두피 토닉과 영양제를 도포 • 현재 탈모치료 방법으로 스테로이드 연고, 미녹시딜 등의 약물처방, 모발이식 수술 등이 있음

건성 두피	지성 두피	민감성 두피	지루성 두피	비듬성 두피	탈모성 두피

2 두피 관리 방법

1 두피 관리의 이해

(1) 두피 관리의 일반적인 순서

상담 → 진단 → 관리방법 선택 → 릴렉싱마사지 → 브러싱 → 스케일링(스티머)
→ 두피세정 → 영양공급 → 마무리&홈케어 조언

(2) 두피 관리 방법

물리적 방법	• 물리적 자극을 주어 두피의 생리적 기능을 건강하게 유지 • 브러싱(브러시나 빗을 사용) • 두피 마사지(스캘프 매니플레이션) • 스팀타월, 헤어 스티머(10~15분) • 자외선, 적외선, 전류기기 사용
화학적 방법	• 헤어토닉, 헤어로션, 헤어크림 등의 형태인 양모제를 사용 • 베이럼(bayrum), 오드 키니네(quinine) 등의 성분 • 헤어오일은 사용하지 않음 • 스케일링(두피에 적합한 유형의 제품으로 각질과 피지산화물 등의 노폐물을 제거)

(3) 두피 유형별 관리방법

정상 두피	플레인(plain) 스캘프 트리트먼트
건성 두피	드라이(dry) 스캘프 트리트먼트
지성 두피	오일리(oily) 스캘프 트리트먼트
비듬성 두피	댄드러프(dandruff) 스캘프 트리트먼트

2 매뉴얼 테크닉 릴렉싱 마사지(릴렉스 매뉴얼 테크닉)

(1) 정의

릴렉스 매뉴얼테크닉	• 등, 어깨, 목의 뭉친 근육을 이완시켜 두피로 가는 혈액 순환을 촉진시키는 목적으로 두피 관리의 시작 전 또는 후에 시행
두피 매뉴얼테크닉	• 두피의 근육을 이완시키고 혈액 순환을 원활하게 하여 스케일링의 효과를 높이고 두피영양제의 흡수를 도움 • 민감성, 지루성 두피 등 염증이 심한 경우는 생략

(2) 목적 및 효과

① 등, 어깨, 목, 위팔(상완)과 두상의 근육이 이완됨
② 체온이 상승하여 대사를 촉진하고 혈액과 림프의 순환이 원활해짐
③ 영양공급과 노폐물의 배출에 도움을 줌
④ 부교감 신경계의 활성화로 심신이 안정됨

(3) 기본 동작

쓰다듬기(경찰법, effleurage)	가볍게 쓰다듬는 동작으로 모발 정돈과 긴장완화를 위해 시작단계에 사용
문지르기(강찰법, fricrion)	힘을 주어 문지르는 동작으로 근육 자극과 노폐물 배출을 촉진
반죽하기(유찰법, petrissage)	근육을 잡고 들어 올리듯이 주무르는 동작으로 근육을 유연하게 함
떨기(진동법, vibration)	양손을 사용하여 근육 옆 방향으로 진동을 주는 동작으로 근육을 자극
두드리기(고타법, tapotement)	손가락 등을 사용하여 가볍게 두드리는 동작으로 마무리 단계에 사용
누르기(압박법, pressure)	손바닥을 이용하여 감싸듯이 누르는 동작으로 근육과 신경을 진정시킴

(4) 주요 근육과 경혈점

주요 근육   경혈점

3 브러싱(Brushing)

(1) 정의

가볍게 두피를 자극하기 위해 빗살 끝이 둥근모양의 쿠션(우드타입) 브러시를 사용

(2) 목적 및 효과

① 두피와 모발의 먼지, 노폐물 및 스타일링 제품 등을 제거함
② 엉킨 모발을 정돈하여 샴푸 시술이 용이하도록 함
③ 가벼운 두피자극으로 두피기능이 원활해짐
④ 피지분비의 촉진으로 모발의 윤기를 부여함

4 두피스케일링

(1) 정의

두피의 각질을 제거하는 관리 단계로 두피의 상태에 따라 제품의 유형을 선택하여 제품을 도포하는 화학적 방법의 스켈프 트리트먼트

(2) 목적 및 효과

① 두피의 각질, 피지산화물과 노폐물을 제거하여 모공을 청결하게 함
② 다음 단계 관리에 사용하는 제품의 침투와 흡수를 도움
③ 가벼운 자극으로 인한 혈액순환으로 건강한 두피를 유지함

3절 모발 관리

1 모발 분석

(1) 모발의 손상요인

물리적 요인	마찰에 의한 모표피의 들뜸과 탈락, 모발 끝의 갈라짐, 열로 인한 모발의 변성 등
화학적 요인	펌, 염색, 탈색에 의한 모발 구성성분 감소, 모표피 손실, 모발색 변화 등
환경적 요인	자외선, 대기 오염 및 기후에 의해서 모발의 광택이 감소 및 변성
생리적 요인	스트레스, 호르몬의 불균형, 영양소 결핍 등

> **참고 손상 모발**
> • 발수성모(撥水性毛) : 단단하게 밀착된 모표피에 지질이 둘러싸여 용액의 흡수가 잘 되지 않는 모발로 분무한 물방울이 표면을 따라 떨어짐
> • 지모(支毛) : 모피질의 간층물질이 빠져나가고 모발 끝이 세로로 갈라지는 모발
> • 결절성열모(結節性裂毛症) : 모간에 불규칙한 간격으로 흰색 결절이 발생한 모발로 결절된 마디가 끊어짐
> • 다공성모(多孔性毛) : 모발의 간층물질이 빠져나가 모피질에 빈 공간이 많은 모발로 팽윤이 쉽게 되고 인장강도가 약함

2 모발 관리 방법

(1) 헤어트리트먼트

① 유분과 수분, 영양분을 공급하고 손상된 모발을 회복하기 위해 사용

② 저분자(LPP), 고분자(PPT) 트리트먼트, 사용 후 헹구어 내거나 헹구지 않는 트리트먼트 등

③ 팩과 앰플

팩	일반적으로 크림타입, 모발의 손상에 따라 방치시간이나 열처리 여부를 결정
앰플	고농축의 폴리펩타이드 성분으로 주로 펌이나 염색을 할 때 전처리용으로 사용

(2) 기기와 도구

미스트기(스팀기), 열기구(롤러 볼), 제품 도포용 브러시와 용기, 헤어밴드, 비닐 캡 등

(3) 일반적인 관리 순서

① 샴푸 후 모발의 물기를 제거

② 헤어 팩 또는 앰플을 모발에 도포

• 두상을 4등분 후 1cm 정도의 섹션을 나누어 브러시를 모발 끝부터 도포

• 제품의 흡수율을 높이기 위해 두피 쪽에서 모발 끝을 향해 핸들링

• 비닐 캡(랩)을 두르고 타월로 감싸 자연방치 하거나 가온기(롤러볼, 스팀기)를 사용

③ 샴푸 후 타월 드라이

4절 두피·모발관리 마무리

1 두피·모발관리 후 홈케어

(1) 두피·모발관리 마무리

① 관리 결과를 고객과 공유하고 관리 전후를 비교 설명한다.

② 두피·모발 영양제를 도포한다.

③ 과도한 헤어스타일링을 하지 않고 자연스럽게 마무리한다.

④ 홈케어 방법을 설명한다.

- 홈케어의 필요성을 설명
- 평소 사용하는 관리 제품을 확인하고 적합한 제품을 권유
- 홈케어 제품의 올바른 사용법을 설명

⑤ 주기적인 차후 관리가 진행되도록 관리 일정을 점검한다.

(2) 두피와 모발 상태에 따른 홈케어 방법

건성 두피	• 매일 샴푸를 하는 것은 두피의 건조를 유발할 수 있음 • 두피 보습제를 사용하여 유분과 수분을 보충
지성 두피	• 지성 두피용 샴푸를 사용하여 매일 샴푸하여 두피의 청결을 유지 • 샴푸 후 피지를 조절하고 세균을 억제할 수 있는 토닉을 사용
민감성 두피	• 저자극성 샴푸 사용 • 토닉을 사용하여 두피 진정과 수분 보충
탈모성 두피	• 탈모 전용 샴푸 사용 • 토닉과 영양 앰플을 사용 • 스트레스를 줄이고 균형 잡힌 식습관을 가지도록 함
손상모발	• 과도한 물리적·화학적 시술은 자제 • 다공성 모발을 복구할 수 있는 영양 앰플 및 트리트먼트제를 사용
가는 모발	• 균형 잡힌 식습관, 영양 앰플 • 모류의 반대 방향으로 모발을 건조하여 두피 쪽 모발에 볼륨을 유지

001 다음 중 두피의 기능에 해당하지 않는 것은?

① 보호기능　　② 배출기능
③ 흡수기능　　④ 장식기능

해설 두피의 기능 : 보호기능, 배출기능, 흡수기능, 호흡기능, 비타민 D 합성기능, 감각기능

002 모발의 성장이 멈추고 전체 모발의 14~15%를 차지하여 가벼운 물리적 자극에 의해 쉽게 탈모가 되는 단계는?

① 성장기　　② 퇴화기
③ 휴지기　　④ 발생기

해설 모발의 성장주기는 성장기 → 퇴화기 → 휴지기 → 발생기(자연탈락)의 단계로 순환한다.

003 모발의 가장 바깥쪽으로 전체의 10~15% 정도를 차지하며 5~15층의 얇고 투명한 조직이 물고기 비늘 모양으로 겹쳐져 있는 부분의 명칭은?

① 모수질　　② 모피질
③ 모표피　　④ 모유두

해설 모표피는 친유성 조직으로 외부의 물리적·화학적 자극으로부터 모발을 보호하는 역할을 한다.

004 두발의 물리적인 특성에 있어서 두발을 잡아 당겼을 때 끊어지지 않고 견디는 힘을 나타내는 것은?

① 두발의 질감　　② 두발의 밀도
③ 두발의 대전성　④ 두발의 강도

해설 • 대전성－마찰, 정전기
• 질감－표면 텍스쳐(두께, 곱슬 상태)
• 밀도－모발의 양

005 다음 중 모발의 성장단계를 옳게 나타낸 것은?

① 성장기 → 휴지기 → 발생기
② 휴지기 → 발생기 → 퇴화기
③ 퇴화기 → 성장기 → 발생기
④ 성장기 → 퇴화기 → 휴지기

해설 모발은 성장기, 퇴화기, 휴지기의 성장단계 과정으로 반복 발생하고 순환한다.

006 모발의 성분은 주로 무엇으로 이루어졌는가?

① 탄수화물　　② 지방
③ 단백질　　④ 칼슘

해설 모발의 주성분은 약 80% 이상이 케라틴 단백질이다.

007 두발의 70% 이상을 차지하며, 멜라닌 색소와 섬유질 및 간충 물질로 구성되어 있는 곳은?

① 모표피(cuticle)　　② 모수질(medulla)
③ 모피질(cortex)　　④ 모낭(follicle)

해설 • 모표피 : 모발의 가장 최외층으로 모발을 보호하는 역할
• 모수질 : 모발의 가장 안쪽, 연모에는 없으며 주로 동물의 털에 발달
• 모낭 : 모발이 자라나오는 주머니형태로 모발의 모근부를 둘러싸고 있음

008 모발의 색은 흑색, 적색, 갈색, 금발색, 백색 등 여러 가지 색이 있다. 다음 중 주로 검은 모발의 색을 나타나게 하는 멜라닌은?

① 티로신(tyroslne)
② 멜라노사이트(melanocyte)
③ 유멜라닌(eumelanin)
④ 페오멜라닌(pheomelanin)

해설 페오멜라닌 : 적색, 노란색 등의 입자가 작은 분사형 색소

009 모발의 구성 중 피부 밖으로 나와 있는 부분은?

① 피지선   ② 모표피

③ 모구   ④ 모유두

해설 피부 밖으로 모발이 나온 부분을 모간이라 하고, 모간부 모발의 횡단면은 바깥쪽부터 모표피, 모피질, 모수질로 구성되어 있다.

010 건강한 모발의 pH 범위는?

① pH 3~4   ② pH 4.5~5.5

③ pH 6.5~7.5   ④ pH 8.5~9.5

해설 모발의 등전점은 pH 4.5~5.50이다.

011 모발의 기능이 아닌 것은?

① 저장작용   ② 감각작용

③ 보온작용   ④ 보호작용

해설 모발은 보온, 보호, 감각, 장식의 기능을 한다.

012 입자가 작은 분사형으로 노란색이나 붉은 모발에 많이 포함되어 있는 모발의 색소는?

① 페오멜라닌   ② 멜라노사이트

③ 티로신   ④ 유멜라닌

해설 유멜라닌은 입자가 큰 과립형으로 흑갈색의 모발에 많이 포함되어 있다.

013 입모근의 역할 중 가장 중요한 것은?

① 체온 조절   ② 수분 조절

③ 피지 조절   ④ 호르몬 조절

해설 입모근은 모낭의 측면에 위치하며 모근부 아래의 1/3 지점에 비스듬히 붙어 있는 근육으로 추위에 피부가 노출되거나 공포를 느끼면 입모근이 수축하여 모근을 닫아 체온손실을 막아준다.

014 다음 중 남성 탈모증 발생의 주요 원인인 호르몬은?

① 안토시아닌   ② 안드로겐

③ 옥시토신   ④ 에스트로겐

해설 남성형 탈모는 유전, 남성 호르몬 안드로겐(androgen)이 주요 원인이다.

015 자가 면역 질환으로 다양한 크기의 원형 또는 타원형으로 모발이 빠지는 증상은?

① 원형 탈모증   ② 견인성 탈모증

③ 여성 탈모증   ④ 백반증

해설 자가 면역 질환인 원형 탈모는 다양한 크기의 원형 또는 타원형으로 모발이 빠지는 증상으로 수염, 눈썹 등에도 생긴다.

016 탈모의 원인으로 볼 수 없는 것은?

① 과도한 스트레스로 인한 경우

② 다이어트와 불규칙한 식사로 인한 영양부족인 경우

③ 여성호르몬의 분비가 많은 경우

④ 땀, 피지 등의 노폐물이 모공을 막고 있는 경우

해설 남성호르몬인 안드로겐의 과다는 탈모의 원인이다.

017 다음 중 정상두피에 관한 설명으로 적절하지 않은 것은?

① 모세혈관이 확장되어 붉은 색을 띠는 곳이 많이 보임

② 표면의 색이 맑은 우유 빛을 띠며 투명감을 보임

③ 한 개의 모공에 2~3개의 모발이 보임

④ 모공 주변이 깨끗하며 열려있음

해설 민감성 두피 : 유전적이거나 스트레스 및 잦은 화학시술 등이 발생 원인으로 각질층이 얇고 피지 분비량이 적은 두피

정답	001	002	003	004	005	006	007	008
	④	③	③	④	④	③	③	③
	009	010	011	012	013	014	015	016
	②	②	①	①	①	②	①	③
	017							
	①							

018 다음 중 비듬성 두피에 관한 설명으로 적절하지 않은 것은?

① 두정부를 중심으로 모발이 가늘어지고 모량이 줄어듦

② 가려움증을 동반하기도 함

③ 말라세시아(malassezia) 효모균(비듬균)의 과다 증식

④ 표피가 탈락되어 각질이 눈에 띄게 나타남

해설 여성형 탈모는 두정부 중심의 모발이 가늘어지고 머리숱이 적어지는 특징을 보인다.

019 두피분석 방법 중 고객의 습관과 요구를 파악할 수 있는 구체적인 정보를 확인하는 방법은?

① 시진(견진) ② 검진
③ 촉진 ④ 문진

해설 • 시진 : 두피와 모발의 상태를 육안으로 확인하는 방법
• 촉진 : 손의 촉각으로 두피와 모발의 상태를 확인하는 방법
• 검진 : 두피·모발 진단기를 사용하여 확인하는 방법

020 두피 타입에 알맞은 스캘프 트리트먼트(scalp treatment)의 시술방법이 틀린 것은?

① 건성 두피 – 드라이 스캘프 트리트먼트

② 지성 두피 – 오일리 스캘프 트리트먼트

③ 비듬성 두피 – 핫 오일 스캘프 트리트먼트

④ 정상 두피 – 플레인 스캘프 트리트먼트

해설 비듬성 두피는 댄드러프(dandruff) 스캘프 트리트먼트를 한다.

021 두피관리를 할 때 헤어 스티머(hair steamer)의 사용시간으로 가장 적합한 것은?

① 5~10분 ② 10~15분
③ 15~20분 ④ 20~30분

해설 두피관리 시 헤어 스티머는 10~15분 사용한다.

022 두피에 지방이 부족하여 건조한 경우에 하는 스캘프 트리트먼트는?

① 플레인 스캘프 트리트먼트

② 오일리 스캘프 트리트먼트

③ 드라이 스캘프 트리트먼트

④ 댄드러프 스캘프 트리트먼트

해설 건조한 두피는 드라이(dry) 스캘프 트리트먼트를 한다.

023 스캘프 트리트먼트의 목적이 아닌 것은?

① 원형 탈모증 치료

② 두피 및 모발을 건강하고 아름답게 유지

③ 혈액순환 촉진

④ 비듬방지

해설 질병의 치료는 트리트먼트에 해당하지 않는다.

024 다음 중 물리적 방법의 스캘프 트리트먼트가 아닌 것은?

① 자외선, 적외선기 사용

② 스팀타월, 헤어 스티머 사용

③ 헤어 토닉, 헤어 로션 도포

④ 스캘프 매니플레이션

해설 물리적 방법은 화학적 제품을 사용하지 않고 물리적 자극을 주어 두피를 관리하는 방법이다.

025 다음 중 물리적인 스캘프 트리트먼트 방법으로 엉킨 모발을 정돈하여 샴푸 시술이 용이하도록 돕는 것은?

① 헤어 스티머 ② 양모제
③ 두피 마사지 ④ 브러싱

해설 브러싱은 두피와 모발의 먼지, 노폐물 및 스타일링 제품 등을 제거, 엉킨 모발을 정돈, 가벼운 두피 자극으로 두피기능의 정상유지, 피지 분비의 촉진으로 모발에 윤기를 부여하는 목적으로 시술한다.

026 다음 중 두피 매니플레이션의 목적 및 효과가 아닌 것은?

① 등, 어깨, 목, 위팔(상완)과 두상의 근육이 이완됨

② 체온이 상승하여 대사를 촉진하고 혈액과 림프의 순환이 원활해짐

③ 부교감 신경계의 활성화로 심신이 안정됨

④ 두피의 다양한 질환을 치료함

해설 두피 매니플레이션(마사지)은 질환이 있는 두피에 시술할 수 없다.

027 다음 중 모근을 강화하여 모발의 성장을 도와 두피의 생리기능을 정상적으로 유지하기 위해 사용하는 양모제가 아닌 것은?

① 헤어로션 ② 헤어오일

③ 베이럼 ④ 헤어토닉

해설 화학적 두피관리에 사용하는 양모제로는 헤어토닉, 헤어로션, 헤어크림, 베이럼, 오드 키니네 등을 사용한다.

028 다음 중 스캘프 트리트먼트를 하기에 가장 적절한 경우는?

① 염증성 두피 질환이 있는 경우

② 샴푸 시술 전

③ 염색 시술을 하기 전

④ 퍼머넌트 웨이브 시술 전

해설 스캘프 트리트먼트를 시술하고 헤어샴푸를 하면 두피모발의 노폐물을 제거하면서 두피의 묵은 각질도 함께 제거할 수 있다.

029 헤어스티머의 선택 시에 고려할 사항과 가장 거리가 먼 것은?

① 내부의 분무 증기 입자의 크기가 각각 다르게 나와야 한다.

② 증기의 입자가 세밀하여야 한다.

③ 사용 시 증기의 조절이 가능하여야 한다.

④ 분무 증기의 온도가 균일하여야 한다.

해설 헤어스티머는 분무되는 증기 입자의 크기가 동일한 것이 좋다.

030 브러싱에 대한 내용 중 틀린 것은?

① 두발에 윤기를 더해주며 빠진 두발이나 헝클어진 두발을 고르는 작용을 한다.

② 두피의 근육과 신경을 자극하여 피지선과 혈액순환을 촉진시키고 두피조직에 영양을 공급하는 효과가 있다.

③ 여러 가지 효과를 주므로 브러싱은 어떤 상태에서든 많이 할수록 좋다.

④ 샴푸 전 브러싱은 두발이나 두피에 부착된 먼지나 노폐물, 비듬을 제거해준다.

해설 엉킨 모발을 손질하거나 샴푸 및 시술 전 브러싱을 한다.

031 두발의 다공성에 관한 사항으로 틀린 것은?

① 다공성모(多孔性毛)란 두발의 간충물질(間充物質)이 소실되어 보습작용이 적어져서 두발이 건조해지기 쉬운 손상모를 말한다.

② 다공성은 두발이 얼마나 빨리 유액(流液)을 흡수하느냐에 따라 그 정도가 결정된다.

③ 두발의 다공성 정도가 클수록 프로세싱 타임을 짧게 하고, 보다 순한 용액을 사용하도록 해야 한다.

④ 두발의 다공성을 알아보기 위한 진단은 샴푸 후에 해야 하는데 이것은 물에 의해서 두발의 질이 다소 변화하기 때문이다.

해설 다공성모는 모발의 간충물질이 빠져나가 모피질에 빈 공간이 많은 모발로 팽윤이 쉽게 되고 인장강도가 약하다.

032 일반적으로 퍼머넌트 웨이브가 잘 나오지 않는 두발은?

① 발수성 두발 ② 다공성 두발

③ 염색한 두발 ④ 흡수성 두발

해설 발수성 모발은 단단하게 밀착된 모표피에 지질이 둘러싸여 용액의 흡수가 잘 되지 않는 모발로 양액의 흡수도 잘 되지 않는다.

정답	018	019	020	021	022	023	024	025
	①	④	③	②	③	①	③	④
	026	027	028	029	030	031	032	
	④	②	②	①	③	④	①	

033 모발 손상의 원인으로만 짝지어진 것은?

① 드라이어의 장시간 이용, 크림 린스, 오버 프로세싱
② 두피 마사지, 염색제, 백 코밍
③ 브러싱, 헤어세팅, 헤어 팩
④ 자외선, 염색, 탈색

해설 자외선, 화학 시술, 물리적 자극은 모발 손상의 원인이다.

034 다음 중 스캘프 매니플레이션의 목적이 아닌 것은?

① 두피의 혈액순환 촉진
② 두피의 근육을 자극하며 두피의 피지선 자극
③ 두피의 비듬성 질환과 가려움증을 완화
④ 두피에 부착된 먼지, 노폐물, 모발의 엉킴을 제거

해설 두피에 부착된 먼지, 노폐물, 모발의 엉킴을 제거는 브러싱의 효과이다.

035 다음 중 일반적 스캘프 트리트먼트의 순서로 올바른 것은?

① 샴푸-트리트먼트-브러싱-스티머-마사지-적외선-샴푸-수분제거-마무리
② 브러싱-샴푸-트리트먼트-스케일링-적외선-마사지-샴푸-수분제거-마무리
③ 브러싱-샴푸-마사지-트리트먼트-스티머-스케일링-수분제거-마무리
④ 브러싱-스케일링-샴푸-스티머-트리트먼트-적외선-마사지-샴푸-수분제거-마무리

해설 스캘프 트리트먼트는 브러싱-스케일링-샴푸-스티머-트리트먼트-적외선-마사지-샴푸-수분제거-마무리 순으로 진행된다.

036 다음 중 헤어스티머에 대한 설명으로 틀린 것은?

① 손상된 두발에 약액의 작용을 촉진시킨다.
② 헤어다이, 스캘프 트리트먼트, 미안술에 사용한다.
③ 180~190℃의 스팀을 발생한다.
④ 온도를 높이면 약액 침투가 촉진되어 피부조직을 수축시킨다.

해설 헤어 트리트먼트의 경우 헤어스티머 사용 시 손상된 두발에 약액의 흡수를 높여주고 두피의 혈행을 활성화시켜 준다.

037 다음 중 건강한 모발의 적정한 수분 함량은?

① 약 10~15%   ② 약 30~35%
③ 약 40~45%   ④ 약 50~55%

해설 건강한 모발의 적정한 수분 함량은 약 10~15%이다.

038 두발이 손상되는 원인이 아닌 것은?

① 헤어드라이어기로 급속하게 건조시킨 경우
② 지나친 브러싱과 백코밍 시술을 한 경우
③ 스캘프 머니플레이션과 브러싱을 한 경우
④ 해수욕 후 염분이나 풀장의 소독용 표백분이 두발에 남아 있을 경우

해설 스캘프 머니플레이션과 브러싱은 두피와 모발을 관리하는 방법이다.

039 두발상태가 건조하며 길이로 가늘게 갈라지듯 부서지는 증세는?

① 원형탈모증   ② 결발성 탈모증

③ 비강성 탈모증   ④ 지모

해설 지모는 모피질의 간충물질이 빠져나가고 모발 끝이 세로로 갈라지는 모발이다.

040 엉킨 두발을 빗으려 할 때 어디에서부터 시작하는 것이 가장 좋은가?

① 두발 끝에서부터

② 두피에서부터

③ 두발 중간에서부터

④ 아무데서나 상관없다

해설 엉킨 모발은 모발의 끝에서 모근방향으로 빗질한다.

041 헤어트리트먼트제의 흡수를 높이기 위해 핸들링하는 적절한 방향은?

① 두피쪽에서 모발 끝을 향해

② 아무데서나 상관없다

③ 모발 끝에서 두피쪽을 향해

④ 모발 중간에서 두피족을 향해

해설 약 1cm 정도의 섹션을 나누어 브러시로 모발 끝부터 도포한 후 제품의 흡수율을 높이기 위해 두피 쪽에서 모발 끝을 향해 핸들링

042 다음 중 고농축의 폴리펩타이드 성분의 헤어트리트먼트제로 주로 펌이나 염색의 전처리용으로 사용하는 것은?

① 팩   ② 컨디셔녀

③ 앰플   ④ 린스

해설 팩 : 주로 크림 타입이며 모발의 손상에 따라 방치 시간이나 열처리 여부를 결정

043 건성 두피의 홈케어 방법에 대한 설명으로 적절한 것은?

① 두피 보습제의 사용

② 피지조절 기능의 토닉사용

③ 탈모전용샴푸 사용

④ 모발 앰플사용

해설 두피 보습제를 사용하여 유분과 수분을 보충하도록 함

044 다음 중 홈케어 방법을 설명하는 태도로 적절하지 않은 것은?

① 홈케어의 필요성을 충분히 설명한다.

② 평소 사용제품을 확인하고 적합한 제품을 권유한다.

③ 가격이 높은 제품을 권유한다.

④ 권유한 홈케어 제품의 올바른 사용법을 설명한다.

해설 올바른 홈케어를 안내하여 전문적인 두피 · 모발 관리의 효과를 높인다.

정답	033	034	035	036	037	038	039	040
	④	④	④	④	①	③	④	①
	041	042	043	044				
	①	③	①	③				

5장

원랭스 헤어커트

능력단위의 정의

원랭스 헤어커트란 층이 없는 형태의 헤어커트 스타일로 두상의 모든 모발을 동일선상에서 커트하는 능력이다.

1절 원랭스 커트

1 헤어커트의 도구와 재료

헤어커트를 진행하기 위해서는 커트 가위, 헤어커트 빗, 커트보, 어깨보, 이동식 작업대, 분무기, 클립 등의 헤어커트를 하기 위한 도구들이 필요하다.

1 커트 가위(scissors)

가위의 구조

① 역학적으로 지레의 원리를 이용하여 만들어진 절단 기구로 날의 두께가 얇고 양날의 견고함이 동일해야 함
② 협신에서 날끝으로 자연스럽게 구부러진(내곡선) 형태
③ 가위의 길이, 무게, 손가락 구멍의 크기가 시술자에게 적합해야 함
④ **종류**
용도에 따라 블런트 가위, 틴닝 가위, 장 가위, 숏 가위, 스트록 가위, 드라이커트 가위, 커브 가위 등으로 구분

재질	착강가위	날은 특수강, 협신부(손잡이)는 연강 또는 다양한 재질로 용접한 가위
	전강가위	전체를 특수강으로 연마하여 제작한 가위

2 커트 빗(comb)

일반적인 커트빗의 구조와 명칭

① 모발을 정돈하거나 정확한 시술에 도움을 주는 목적으로 사용
② 빗몸이 일직선이고 빗살의 간격이 균일
③ 뾰족하지 않은 빗살끝과 일정한 빗의 두께
④ 열이나 약품에 대한 내구성이 있어야 함
⑤ 빗질이 잘 되고 정전기가 발생하지 않는 것을 선택
⑥ 종류

얼레살	빗살의 간격이 넓은 부분으로 모량이 많은 부분을 빗질하거나 블로킹, 섹션(슬라이스) 라인 등을 나눌 때 사용
고운살	빗살의 간격이 촘촘한 부분으로 커트 시 패널(손가락 사이에 잡은 한 섹션)을 빗질할 때 사용

3 레이저(razor)

① 날(블레이드) 부분과 몸체(손잡이)로 구성
② 모발의 결을 쳐내어 모량을 감소하거나 형태선을 커트할 때 사용
③ 테이퍼링(tapering) : 모발 끝을 붓끝처럼 가늘고 얇게 하여 새의 깃털처럼 연결하는 기법으로 가벼움, 경쾌함, 율동감을 표현
④ 레이저 날을 모발에 사용하는 각도에 따라 질감 처리나 커트 효과의 차이가 나타남
　(날의 각도를 80~90°로 하여 모발 끝을 뭉툭하게 블런트 커트할 수도 있음)
⑤ 모발 손상을 방지하기 위해 수분을 충분하게 도포하여 커트하고 잘림성이 좋은 날을 사용
⑥ 알코올, 석탄산수, 크레졸수, 포르말린수 등으로 소독한 후 수분을 제거하고 기름칠을 함
⑦ 교체형은 사용 전에 날을 교환하여 사용

⑧ 구조와 종류

오디너리(ordinary) 레이저	쉐이핑(shaping) 레이저
• 빠르고 세밀한 작업에 용이 • 과도한 모발 잘림과 다칠 위험이 있음 • 안전장치가 없는 날	• 날에 보호막이 있어 초보자에게 적합 • 자연스러운 형태 연출 • 단면날과 양면날 형태가 있음 • 안전장치가 있는 날

4 헤어 커트의 바른 자세

① 어깨 너비로 양발을 벌리고 벌려 한쪽발을 약간 앞으로 두어 상하의 움직임이 자연스러운 안정감 있는 자세를 잡음
② 눈의 시선은 가위의 끝을 바라보며, 거리는 30~40cm를 유지
③ 가슴 높이 정도에서 시술하는 것이 적당
④ 두상의 낮은 위치를 커트할 때에는 한쪽 무릎을 바닥에 대고 반대쪽 무릎을 세워 시술자의 몸을 최대한 낮추어 커트

5 헤어 커트 도구의 위생 및 소독방법

① 공중위생관리법의 시설 및 설비 기준에 의거
② 소독을 한 기구와 소독을 하지 않은 기구를 구분하여 보관할 수 있는 용기를 비치
③ 소독기, 자외선, 살균기 등 도구의 소독을 위한 기구를 비치
④ 미용실 내에서의 교차감염을 예방

자외선소독법	20분 동안 자외선 소독기에 넣어둠 자외선이 닿는 표면만 살균 작용이 됨	가위, 레이저, 브러시, 클립
알코올 소독	70% 알코올 사용	가위, 레이저, 클립
크레졸 소독	크레졸수 3% 수용액에 10분 동안 담굼	가위, 빗, 브러시, 클립, 레이저

2 헤어커트의 기초적 이해

1 블로킹(blocking)

헤어커트 디자인에 따라 정확하고 편리한 커트를 위해 두상의 모발을 구분하여 나누는 것
(일반적으로 4~5등분 블로킹)

2 섹션(section)

정확한 커트를 위해 모발을 세부적으로 나누는 것

가로 섹션 (horizontal section)	세로 섹션 (vertical section)	레이디얼 섹션 (radial section)	사선 섹션 (diagonal section)	
커트 형태선을 수평으로 만들 때 사용	가로 섹션을 사용한 커트보다 질감처리를 하지 않아도 가벼운 느낌 가위 자국이 덜 나는 커트의 형태선 가능	수직 섹션과 함께 층을 많이 낼 때 사용 주로 두정부에 사용	커트 형태선이 기울어지게 만들 때 사용 A라인(전대각) : 콘케이브형(오목) V라인(후대각) : 콘벡스형(볼록)	

3 시술 각도(angle)

커트 시 두상에서 모발을 들어 올리거나 내려 잡는 정도로 커트한 모발의 층을 결정함

자연 시술 각도	두상 시술 각도
전체 축을 기준으로 중력에 의해 모발이 자연스럽게 떨어지는 방향을 기준(0°) 일반각이라고 함	각도의 기준이 두상의 접점으로 두상에서 들리거나 내린 각도

4 베이스(base)

헤어 커트 시 베이스로부터 끌어올려 잡은 모발(스트랜드)의 두피 바닥 면을 뜻함, 커트선의 형태, 길이, 균형을 맞춤

(1) 온 더 베이스(on the base)

① 잡은 모발을 베이스와 직각이 되게 중심으로 모아서 커트
② 시술자의 위치는 커트 선 중심에 서고 커트 선이 움직이는 방향을 따라 시술자의 위치도 이동
③ 잡은 모발이 동일한 길이로 커트되어 둥근(round) 형태를 만듦

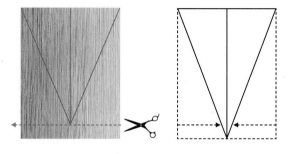

(2) 사이드 베이스(side base)

① 잡은 모발을 한쪽 면이 직각이 되도록 베이스의 한쪽 방향으로 당긴 지점에서 커트
② 모발이 당겨온 반대 방향이 길어짐
③ 정중선을 중심으로 사이드 베이스로 커트할 경우 사각(square) 형태를 만듦

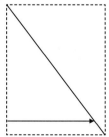

(3) 오프 더 베이스(off the base)

① 잡은 모발의 한쪽 면이 완전히 베이스를 벗어난 지점에서 커트
② 급격한 길이 변화를 주고자 할 때 사용
③ 삼각(triangular, A-라인) 형태를 만듦

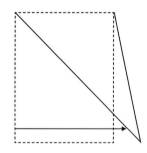

5 질감(texture)

① 질감이란 모발의 표면이 매끈하거나 거친 이미지를 뜻하는 것으로 커트 시술 각도에 따라 다르게 표현됨
② 일반적인 커트가 끝난 후 헤어커트 가위, 틴닝 가위, 레이저 등의 다양한 도구를 사용하여 질감 처리를 하면 모량을 감소하거나 모발의 움직임이나 흐름을 표현할 수 있음
③ 두상의 골격을 보정하여 완성도를 높은 커트가 가능

6 도해도의 작성과 분석

① 헤어커트 디자인을 계획하는 첫 단계
② 두상 그림을 사용하여 구획을 나누고 영역마다 설정된 모발 길이, 슬라이스 라인의 모양, 커트 각도, 섹션의 모양, 베이스의 방향 등을 숫자와 도식으로 표기

3 원랭스 커트의 분류

1 원랭스 커트의 특징

① 모발을 중력의 방향으로 빗어내려 일직선의 동일선상에서 커트하는 방법
② 커트 선이 바닥면과 평행으로 일직선인 스타일
③ 네이프에서 톱 방향으로 갈수록 모발의 길이가 길어지는 구조
④ 면을 강조되고 무게감이 최대인 스타일
⑤ 모발에 층이 없으며 매끄러운 표면의 질감
⑥ 커트 섹션(슬라이스)라인의 모양에 따라 커트 스타일이 결정됨
⑦ 일반적으로 블런트 커트로 진행
⑧ 솔리드 커트(solid cut)로 불리기도 함

머시룸 커트
이사도라 커트
패러럴보브 커트
스파니엘 커트

원랭스 커트의 종류

139

2 원랭스 커트의 종류 및 특징

오목(콘케이브)

패럴렐 보브형 (parallel bob style)		스패니얼 보브형 (spaniel bob style)	
• 수평 보브(horizontal bob), 평행 보브(parallel bob), 스트레이트 보브(straight bob)라고도 불림 • 앞부분과 뒷부분의 길이가 같은 수평형태의 아웃라인		• 앞내림형 커트 • 커트 선의 앞부분이 뒤보다 길어지는 스타일로 콘케 이브(concave, 오목)의 아웃라인 형태	
커트 방향	가로	커트 방향	사선
섹션(슬라이스) 라인	평행(수평) 라인	섹션(슬라이스) 라인	A 라인
시술 각도	자연시술각도 0°	시술 각도	자연시술각도 0°
베이스	오프 더 베이스	베이스	오프 더 베이스

볼록(콘벡스)

이사도라 보브형 (isadora bob style)		머시룸 커트 (mushroom cut)	
• 뒤내림형 커트 • 커트 선의 앞부분이 뒤보다 짧아지는 스타일로 콘벡 스(convex, 볼록)의 아웃라인 형태		• 버섯 모양의 스타일 • 얼굴 정면의 짧은 머리끝과 후두부의 머리끝이 연결 되어 콘벡스(convex, 볼록)의 아웃라인 형태	
커트 방향	사선	커트 방향	사선
섹션(슬라이스) 라인	V(U) 라인	섹션(슬라이스) 라인	V(U) 라인
시술 각도	자연시술각도 0°	시술 각도	자연시술각도 0°
베이스	오프 더 베이스	베이스	오프 더 베이스

2절 원랭스 커트 마무리

1 헤어 커트 기법

1 블런트(blunt)
① 모발과 수직으로 커트하여 직선의 단면
② 깔끔한 커트선과 무게감
③ 클럽커트(club cut)로 명칭하기도 함

2 나칭(notching)
① 가위 날을 45° 대각으로 세워 커트하여
규칙적인 톱니바퀴 모양의 단면
② 모발의 길이와 질감을 동시에 제거

3 포인팅(pointing)
① 가위 날끝을 세워 모발의 끝, 중간, 모근
가까이로 불규칙한 길이로 커트한 단면
② 나칭보다 섬세한 질감 효과

4 슬라이싱(slicing)/슬리더링(slithering)
① 모발의 표면을 따라 모발 끝 방향으로
미끄러지듯이 가위를 개폐하여 커트
② 생동감 있고 방향성 있는 모발의 질감 표현

5 슬라이딩(sliding)
① 가위가 미끄러지듯이 커트하여 형태를 만듦
② 짧은 모발 긴 모발의 자연스러운 연결과 질감 조절

6 **싱글링(shingling)/시저 오브 콤(scissor over comb)**
① 손으로 모발을 잡지 않고 빗을 위 방향으로 이동시키면서 가위로 빗에 끼어있는 모발을 커트
② 네이프나 사이드의 모발을 짧게 하거나 주로 남자머리에 사용

7 **클리핑(clipping)**
가위나 클리퍼를 사용하여 커트 후 튀어나온 불필요한 모발을 제거하는 방법

8 **트리밍(trimming)**
완성된 형태의 커트선을 최종적으로 다듬고 정돈하는 방법

9 **크로스 체크(cross check)**
처음 커트한 섹션라인과 교차되게 커트선을 체크하는 방법

10 **테이퍼링(tapering)/페더링(feathering)**
① 레이저를 사용하여 커트하여 길이를 자르면서 모량을 감소시킬 수 있음
② 웨트 커트로 진행하며 모발 끝을 가늘고 자연스럽게 표현

엔드 테이퍼링	노멀 테이퍼링	딥 테이퍼링
• 모발의 양이 적을 때 • 모발 끝을 정돈할 때 • 패널의 끝 1/3 지점 위에서부터 날의 각도를 40~45˚로 하여 테이퍼링	• 모발의 양이 보통일 때 • 자연스러운 모발 끝과 가벼운 움직임 • 패널의 끝 1/2 지점 위에서부터 날의 각도를 20~30˚로 하여 테이퍼링	• 모발의 양이 많이 감소 • 모발의 움직임 강조 • 패널의 끝 2/3 지점 위에서부터 날의 각도를 10~15˚로 하여 테이퍼링

11 **틴닝(thinning)**
① 틴닝 가위를 사용하여 모발의 양을 감소시켜 질감의 변화를 줌
② 톱니 모양 가위 날의 간격에 따라 잘려나가는 모량이 결정됨

001 웨트 커팅(wet cutting)의 설명으로 적합한 것은?

① 손상모를 손쉽게 제거할 수 있다.
② 전체적인 형태의 파악이 쉽다.
③ 길이 변화가 많지 않은 수정 커트에 주로 이용한다.
④ 두발의 손상을 최소화할 수 있다.

해설 물에 적신 모발을 커트하는 방법으로 주로 레이저를 사용한 커팅에 사용하며 모발 손상이 적다.

002 드라이 커트(dry cut)에 대한 설명 중 틀린 것은?

① 웨이브와 컬이 있는 모발을 커트하기에 용이하다.
② 모발의 손상 없이 정확하게 커트할 수 있다.
③ 전체적인 형태의 파악이 용이하다.
④ 주로 길이의 변화가 없는 수정커트에 사용한다.

해설 드라이 커트는 물에 젖지 않은 모발을 커트하는 방법으로 모발의 손상이 발생할 수 있다.

003 레이저 커트의 특징으로 알맞은 것은?

① 잘린 면이 정확하고 뭉툭하다.
② 모발 끝에 무게감이 있다.
③ 모발 끝이 자연스럽다.
④ 드라이 커트 방법을 사용한다.

해설 모발 끝이 점차적으로 가늘어지면서 모량이 제거된다.

004 커트 시 주의사항으로 틀린 것은?

① 두상의 골격구조와 형태를 고려한다.
② 모발의 성장방향과 흐름, 카우릭(cowlick)의 방향을 고려한다.
③ 고객의 의향을 묻지 않고 유행에 따라 디자인한다.
④ 정확한 커트 가이드 라인을 설정한다.

해설 커트 시술 전 고객의 의향을 파악하여야 한다.

005 다음 중 1~2cm 길게 커트해야 하는 경우는?

① 프레 커트를 할 때
② 애프터 커트를 할 때
③ 블런트 커트를 할 때
④ 시저스 커트를 할 때

해설 프레 커트는 퍼머넌트 웨이브 시술 전에 디자인 라인보다 1~2cm 길게 커트한다.

006 커트 시 가이드 라인에 대한 설명이 바른 것은?

① 커트 스타일의 기준으로 정한 두발 길이
② 모발을 당기는 일정한 텐션
③ 카우릭의 방향
④ 센터라인

해설 커트 시 정확한 가이드 라인을 설정한다.

정답	001	002	003	004	005	006		
	④	②	③	③	①	①		

007 두발 커트 시 두발끝의 2/3 정도를 테이퍼링 하는 것은?

① 노멀 테이퍼링

② 딥 테이퍼링

③ 엔드 테이퍼링

④ 보스 사이드 테이퍼링

해설 딥 테이퍼링은 두발 끝 2/3 지점에서 모량을 쳐내는 방법으로 두발에 적당한 움직임을 준다.

008 블런트 커팅과 같은 뜻을 가진 것은?

① 프레 커트　　② 애프터 커트

③ 클럽 커트　　④ 드라이 커트

해설 블런트 커트는 모발과 수직으로 직선의 단면이 되게 커트하는 것으로 클럽 커트로 불리기도 한다.

009 헤어커트 시 크로스 체크 커트(cross check cut)란?

① 최초의 슬라이스선과 교차되도록 체크 커트하는 것

② 모발의 무게감을 없애주는 것

③ 모발 길이를 처음보다 짧게 커트하는 것

④ 모발의 단차를 주는 것

해설 크로스 체크 커트는 처음 커트한 섹션라인과 교차되게 커트선을 체크하는 방법이다.

010 다음 중 커트된 모발 선이 가장 자연스럽게 완성되는 커트의 방법은?

① 블런트 커트　　② 클럽 커트

③ 드라이 커트　　④ 테이퍼링 커트

해설 테이퍼링은 레이저를 사용하여 모발 끝을 점차적으로 가늘어지게 모량을 제거하면서 커트하는 방법이다.

011 커트 스타일이 완성된 후 최종적으로 정돈하기 위해 가볍게 커트하는 방법은?

① 틴닝 커트　　② 애프터 커트

③ 트리밍 커트　　④ 테이퍼링 커트

해설 트리밍은 완성된 형태의 커트선을 최종적으로 다듬고 정돈하는 방법이다.

012 모발의 길이를 짧게 하지 않고 전체적으로 모발의 양을 감소시키는 방법은?

① 틴닝　　② 트리밍

③ 패더링　　④ 테이퍼링

해설 틴닝은 틴닝 가위를 사용하여 모발의 양을 감소시켜 질감을 변화하는 방법으로 톱니 모양 가위 날의 간격에 따라 잘려나가는 모량이 결정된다.

013 스트랜드의 2/3 지점에서 두발을 많이 쳐내는 테이퍼링 방법은?

① 엔드 테이퍼링

② 노멀 테이퍼링

③ 보스 사이드 테이퍼링

④ 딥 테이퍼링

해설 딥 테이퍼링은 모발의 양을 많이 감소시키고 모발의 움직임을 강조한다.

014 빗(comb)의 손질법에 대한 설명으로 틀린 것은? (단, 금속 빗은 제외)

① 1인 사용 후 소독한다.

② 증기소독과 자비소독 등 열에 의한 소독과 알코올 소독을 해준다.

③ 크레졸수, 역성비누액 등의 소독용액이 이용되며 세정이 바람직하지 않은 재질은 자외선으로 소독한다.

④ 소독용액에 약 10분 담근 후 물로 헹구고 물기를 제거한다.

해설 증기소독과 자비소독은 고열을 이용한 소독법으로 빗 모양의 변형이 발생할 수 있다(금속 소재의 빗은 가능함).

015 레이저(razor)에 대한 설명 중 가장 거리가 먼 것은?

① 셰이핑 레이저를 이용하여 커팅하면 안정적이다.
② 초보자는 오디너리 레이저를 사용하는 것이 좋다.
③ 솜털 등을 깎을 때 외곡선상의 날이 좋다.
④ 녹이 슬지 않게 관리를 한다.

해설 초보자가 사용하기에 적합한 레이저는 셰이핑 레이저이다.

016 다음 중 가위 구조의 명칭에 속하는 것은?

① 핸들
② 피벗(피벗포인트)
③ 프롱
④ 그루브

해설 피벗은 선회축 나사로 가위 양날의 몸체를 고정시킨다.

017 빗 선택 시 주의사항으로 옳은 것은?

① 빗살 사이가 불규칙한 것이 좋다.
② 빗살이 두꺼운 것이 좋다.
③ 빗살 끝이 날카로운 것이 좋다.
④ 빗살의 간격이 균일한 것이 좋다.

해설 내수성과 내구성이 좋으며 빗몸이 일직선이고 빗살의 간격이 균일하고 빗살 끝이 뾰족하지 않으며 빗의 두께가 일정한 것이 좋다.

018 다음 중 커트용 가위 선택 시 유의사항으로 옳은 것은?

① 협신에서 날끝으로 갈수록 만곡도가 급격하게 큰 것이 좋다.
② 양날의 견고함이 동일한 것이 좋다.
③ 무게가 무거운 것이 좋다.
④ 잠근 나사는 느슨하게 고정된 것이 좋다.

해설 • 날의 두께가 얇고 양날의 견고함이 동일해야 한다.
• 협신에서 날끝으로 자연스럽게 구부러진(내곡선) 형태가 좋다.
• 가위의 길이, 무게, 손가락 구멍의 크기가 시술자에게 적합해야 한다.

019 다음 중 잡은 모발을 베이스와 직각이 되게 중심으로 모아서 커트하는 베이스는?

① 온 더 베이스
② 사이드 베이스
③ 오프 더 베이스
④ 프리 베이스

해설 온 더 베이스(on the base) : 시술자의 위치는 커트 선 중심에 서고 커트 선이 움직이는 방향을 따라 시술자의 위치도 이동, 잡은 모발이 동일한 길이로 커트되어 둥근(round) 형태를 만듦

020 다음 중 급격한 길이변화를 주고자 할 때 사용하는 커트 베이스는?

① 온 더 베이스
② 사이드 베이스
③ 오프 더 베이스
④ 프리 베이스

해설 오프 더 베이스(off the base) : 잡은 모발의 한쪽 면이 완전히 베이스를 벗어난 지점에서 커트

021 원랭스 커트(one length cut)의 정의로 가장 적합한 것은?

① 두발 길이에 단차가 있는 상태의 커트
② 두발을 중력의 방향으로 빗어내려 모든 두발을 하나의 선상에서 자르는 커트
③ 전체의 머리 길이가 동일한 커트
④ 거친 표면의 질감을 연출하는 커트

해설 원랭스 커트는 모발을 중력의 방향으로(자연시술각 0°) 빗어내려 동일선상에서 커트하여 네이프에서 정수리 방향으로 갈수록 모발의 길이가 길어지는 구조이다. 단차가 없어 무게감 있는 형태와 매끄럽고 가지런한 질감으로 표현된다.

정답	007	008	009	010	011	012	013	014
	②	③	①	④	③	①	④	②
	015	016	017	018	019	020	021	
	②	②	④	②	①	③	②	

022 원랭스 커트(one length cut) 형태에 속하지 않는 것은?

① 레이어 커트

② 이사도라 커트

③ 패러럴 보브 커트

④ 스파니엘 커트

해설 원랭스 커트는 커트 섹션(라인)에 따라 패러럴(수평, 평행), 스파니엘, 이사도라, 머시룸 형태가 있다.

023 원랭스 커트 중 앞부분이 뒷부분보다 길어지는 형태의 커트는?

① 이사도라

② 스파니엘

③ 그라데이션

④ 수평보브

해설 스파니엘 커트는 앞부분이 뒤보다 길어지는 스타일로 콘케이브(concave, 오목)의 아웃라인 형태이다.

024 헤어스타일의 아웃라인(out line)이 콘케이브(concave)형의 커트로 무거움보다는 예리함과 산뜻함을 나타내는 헤어스타일은?

① 그래쥬에이션(grajuation)

② 스파니엘(spaniel)

③ 이사도라(isadora)

④ 레이어(layer)

해설 스파니엘 커트는 앞이 뒤보다 길어지는 스타일로 콘케이브(concave, 오목)의 아웃라인 형태이다.

025 다음 중 블로우 드라이로 마무리한 후 커트선의 형태를 확인하여 아웃라인을 정돈하는 것을 의미하는 것은?

① 프레 커트

② 웨트 커트

③ 리파인 커트

④ 클럽 커트

해설 트리밍(trimming) : 완성된 형태의 커트선을 최종적으로 다듬고 정돈하는 방법

026 다음 중 커트 후 마무리 방법으로 적절하지 않은 것은?

① 사용한 도구는 적합한 소독법 후 지정된 장소에 보관

② 고객가운은 세탁하지 않고 재사용

③ 폐기물은 분리 배출

④ 오염된 어깨보와 커트보는 세탁

해설 사용한 고객가운은 세탁한다.

정답	022	023	024	025	026			
	①	②	②	③	②			

그래쥬에이션 헤어커트

그래쥬에이션 헤어커트란 모발에 층이 있는 형태의 헤어커트로 헤어스타일에 따라 원하는 부분에 무게감을 주어 볼륨을 만들 목적으로 모발을 커트하는 능력이다.

1절 그래쥬에이션 커트

1 그래쥬에이션 커트 방법

1 그래쥬에이션 커트의 특징

① 점진적인 단차(층)가 생겨 볼륨감이 나타나는 커트로 원
랭스 커트보다는 가벼움을 레이어 커트보다는 무게감을
형성함

② 두상에서 아래가 짧고 위로 올라갈수록 머리 길이가 길
어지며 층이 나는 스타일로 시술각 높이에서 무게감과
형태선이 생김

③ 층이 있는 거친 질감과 매끄러운 질감의 혼합

④ 두상의 함몰된 부분이나 날카로운 인상을 보완하고 지적
이고 차분한 이미지를 연출

⑤ 표준(기본) 시술각은 45°(사선 45°)

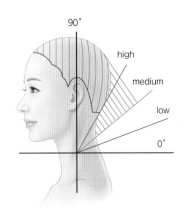

그래쥬에이션 커트의 종류

2 그래쥬에이션 커트의 종류

(1) 시술각도에 따른 분류

로 그래쥬에이션 (low graduation)		미디엄 그래쥬에이션 (medium graduation)		하이 그래쥬에이션 (high graduation)	
• 시술각도 0° 이상~45° 이하 • 낮은 점진적인 층을 형성 • 볼륨감보다는 무게감이 큼		• 시술각도 45°(±5°) • 두상의 볼륨감이 이상적으로 표현됨		• 시술각도 45° 이상~90° 이하 (50°~89°) • 높은 점진적 층을 형성 • 그래쥬에이션 커트 중에서 가장 가벼운 스타일로 무게감 보다는 볼륨감을 표현하기에 용이	
커트방향	세로(수직)	커트방향	세로(수직)	커트방향	세로(수직)
섹션(슬라이스) 라인	평행	섹션(슬라이스) 라인	평행	섹션(슬라이스) 라인	평행
시술각도	두상시술각도 30°	시술각도	두상시술각도 45°(±5°)	시술각도	두상시술각도 60°
베이스	온 더 베이스	베이스	온 더 베이스	베이스	온 더 베이스

(2) 패턴에 따른 분류

평행 그래쥬에이션 (parallel graduation)	• 점진적인 층이 평행하게 쌓여가는 형태
증가 그래쥬에이션 (increasing graduation)	• 뒤쪽으로 가면서 층이 증가되어 A라인으로 쌓여가는 형태 • 섹션라인은 A라인(전대각, 콘케이브)으로 앞쪽으로 모발이 길어지고 층은 감소
감소 그래쥬에이션 (decreasing graduation	• 뒤쪽으로 가면서 층이 감소되어 V라인으로 쌓여가는 형태 • 섹션라인은 V라인(후대각, 콘벡스)으로 뒤쪽으로 모발이 길어지고 층은 감소

3 그래쥬에이션 커트 방법

(1) 로 그래쥬에이션

① 모발에 물을 분무하여 수분 함량을 조절한다.

② 4등분으로 블로킹을 한다.

③ 네이프에서 약 2cm 폭의 평행 섹션 라인을 나누고 길이 가이드라인을 커트한다.

④ 정중선에서부터 좌우 약 2cm 잡아 두상 시술 각도 약 30°로 다운하여 빗질하고(오프 더 베이스) 커트한다(자연시술각도 약 30°로 들어 올려 커트한다).

⑤ 두상의 둥근 형태를 따라 가며 모발이 위치한 곳에서 커트를 진행한다.

⑥ 후두부 T.P 부근은 방사상 형태로 아래로 빗질하여 정돈하고 두상 시술 각도 약 30°로 다운하여 커트한다.

⑦ 양쪽 사이드는 E.P의 모발을 가이드로 하여 두상 시술 각도 약 30°로 다운하여 빗질하고(오프 더 베이스) 커트한다.

⑧ 완성 후 빗질로 마무리한다.

(2) 미디엄 그래쥬에이션

① 모발에 물을 분무하여 수분 함량을 조절한다.

② 4등분으로 블로킹을 한다.

③ 네이프에서 약 3cm 폭의 평행 섹션 라인을 나누고 길이 가이드라인을 커트한다.

④ 정중선을 중심으로 좌우 약 3cm 이내의 세로 베이스를 나누고, 온 더 베이스로 두상 시술 각도 약 45°로 빗질하여 세로로 커트한다.

⑤ 두상의 둥근 형태를 따라 가며 모발이 위치한 곳에서 커트를 진행한다.

⑥ 후두부 T.P에서는 방사상 섹션라인의 온 더 베이스로 두상 시술 각도 약 45°로 세로로 커트한다.

⑦ 양쪽 사이드는 E.P의 모발을 가이드로 하여 약 45°로 빗질하여 세로로 커트한다.

⑧ 완성 후 빗질로 마무리한다.

2절 그래쥬에이션 커트 마무리

1 그래쥬에이션 커트 마무리

1 그래쥬에이션 커트의 수정·보완

① 완성된 커트의 형태선을 확인하고 S.C.P/S.P/E.P/N.C.P 등의 양쪽 모발의 길이를 체크하여 수정이 필요하면 수정커트를 진행한다.

② 고객의 만족도를 파악하여 수정·보완한다.

③ 붓이나 스펀지를 사용하여 고객의 얼굴과 목 등의 머리카락을 털어낸다.

④ 핸드드라이 또는 덴멘브러시, 롤브러시를 사용한 블로우 드라이를 하여 마무리 한 후 커트선의 형태를 확인하여 필요하다면 커트의 아웃라인을 정돈하는 커트(리파인 커트)를 진행한다.

⑤ 틴닝 가위를 사용하여 커트 과정과 같은 방법과 방향으로 베이스를 나누어 잡고 디자인을 고려한 틴닝(thinning) 기법을 진행한다.

2 마무리 정리

① 사용한 도구 및 주변을 깨끗하게 정리한다.

② 머리카락과 같은 폐기물은 빗자루로 쓸어 분리 배출을 한다.

③ 사용한 도구는 도구별 관리법에 적합한 소독법을 실시한 후 지정된 장소에 보관한다.

④ 드라이기 등의 전열 기구는 전선이 걸리지 않도록 감아서 보관 장소에 둔다.

⑤ 어깨보와 커트보를 정리하고 오염이 있을 경우 세탁한다.

⑥ 고객 가운은 세탁한다.

그래쥬에이션 헤어커트 출제예상문제

001 헤어커트 시 두부 상부에 있는 두발은 길고 하부로 갈수록 짧게 커트해서 두발의 길이에 작은 단차가 생기는 커트 기법은?

① 스퀘어 커트(square cut)
② 원랭스 커트(one length cut)
③ 레이어 커트(layer cut)
④ 그라데이션 커트(graduation cut)

> 해설 그라데이션 커트는 두정부의 두발은 길게, 후두부의 두발은 짧게(사선 45˚) 커트하여 작은 단차의 층이 생기는 커트 형태이다.

002 그라데이션 커트(graduation cut)는 몇 도 각도 선에서 슬라이스로 커팅하는가?

① 사선 10도   ② 사선 45도
③ 사선 90도   ④ 사선 120도

> 해설 그라데이션 커트는 두정부에서 후두부 방향으로 사선 45˚ 선에서 커트한다.

003 다음의 헤어커트(hair cut) 모형 중 후두부에 무게감을 가장 많이 주는 것은?

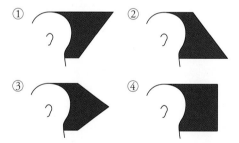

004 다음 중 그래쥬에이션 커트에 대한 설명으로 옳은 것은?

① 모든 모발이 동일한 선상에 떨어진다.
② 모발의 길이에 변화를 주어 무게(weight)를 더해 줄 수 있는 기법이다.
③ 모든 모발의 길이를 균일하게 잘라주어 모발에 무게(weight)를 덜어 줄 수 있는 기법이다.
④ 전체적인 모발의 길이 변화 없이 소수 모발만을 제거하는 기법이다.

> 해설 그래쥬에이션 커트는 단차가 적은 층이 생긴 형태의 커트로 입체감을 준다. 네이프에서 정수리 방향으로 갈수록 모발이 길어지고 시술각 높이에서 무게감과 형태선이 생긴다.

005 다음 중 가장 가벼운 그래쥬에이션 커트 스타일로 무게감보다는 볼륨감을 표현하기에 적당한 것은?

① 로(low) 그래쥬에이션
② 미디엄(medium) 그래쥬에이션
③ 하이(high) 그래쥬에이션
④ 감소(degressing) 그래쥬에이션

> 해설 하이 그래쥬에이션 : 시술각도 45˚ 이상~90˚ 이하(50˚~89˚)로 커트하여 높은 점진적 층을 형성

006 다음 중 처음 커트한 섹션라인과 교차되게 커트선을 체크하는 방법은?

① 크로스 체크   ② 틴닝 기법
③ 싱글링   ④ 클럽커트

> 해설 크로스 체크(cross check) : 처음 커트한 섹션 라인과 교차되게 커트선을 체크하는 방법

007 다음 중 모발의 양을 감소시켜 질감의 변화를 주는 커트 기법은?

① 트리밍 기법   ② 틴닝 기법
③ 리파인 커트   ④ 클럽 커트

> 해설 틴닝(thinning) : 틴닝 가위를 사용하여 모발의 양을 감소시켜 질감의 변화를 줌, 톱니 모양 가위 날의 간격에 따라 잘려나가는 모량이 결정됨

정답	001	002	003	004	005	006	007
	④	②	①	②	③	①	②

7장

레이어 헤어커트

레이어 헤어커트란 모발에 층이 있는 형태의 헤어커트로 가벼운 헤어스타일을 연출하기 위하여 모발을 커트하는 능력이다.

1 레이어 커트 방법

1 레이어 커트의 특징

① 90° 이상의 시술각으로 커트
② 시술각이 클수록 층이 높이 생기고 탑에서 네이프로 갈수록 모발이 길어져 무게감이 제거됨
③ 표면이 거칠고 가벼운 질감과 움직임, 모발의 끝이 뻗침
④ 가볍고 평면적인 느낌으로 경쾌하고 발랄한 이미지 연출

2 레이어 커트의 종류

(1) 시술각도에 따른 분류

세임 레이어 (same layer)	스퀘어 레이어 (square layer)	인크리스 레이어 (increase layer)
• 유니폼 레이어, 라운드 레이어라고도 불림 • 모발 전체의 길이를 동일하게 커트 • 두상의 둥근 형태를 따라 가며 커트를 진행(이동디자인라인)	• 단면이 사각형 모양의 직각의 형태를 만들며 커트 • 사방에서 대칭으로 길이를 같게 커트 • 모발이 짧은 경우 크라운 영역의 볼륨감이 생김 • 남성커트 스타일에 많이 사용	• 하이 레이어라고도 불림 • 네이프의 길이가 길고 위로 올라갈수록 짧아지는 형태로 급격한 층이 생김 • 주로 긴머리에 적용

커트방향	세로(수직)	커트방향	세로(수직), 가로(수평)	커트방향	세로(수직)
섹션(슬라이스) 라인	평행	섹션(슬라이스) 라인	평행	섹션(슬라이스) 라인	평행
시술각도	두상시술각도 90°	시술각도	자연시술각도 90°, 180°	시술각도	두상시술각도 90° 이상
베이스	온 더 베이스	베이스	온 더 베이스	베이스	온 더 베이스

2절 레이어 헤어커트 마무리

1 레이어 헤어커트 마무리

1 레이어 커트의 수정·보완

① 완성된 커트의 형태선을 확인하고 S.C.P/S.P/E.P/N.C.P 등의 양쪽 모발의 길이를 체크하여 수정이 필요하면 수정커트를 진행한다.

② 고객의 만족도를 파악하여 수정·보완한다.

③ 붓이나 스펀지를 사용하여 고객의 얼굴과 목 등의 머리카락을 털어낸다.

④ 핸드드라이 또는 롤브러시를 사용한 볼륨 C컬 블로우 드라이를 하여 마무리 한 후 커트선의 형태를 확인하여 필요하다면 커트의 아웃라인을 정돈하는 커트(리파인 커트)를 진행한다.

2 마무리 정리

① 사용한 도구 및 주변을 깨끗하게 정리한다.

② 머리카락과 같은 폐기물은 빗자루로 쓸어 분리 배출을 한다.

③ 사용한 도구는 도구별 관리법에 적합한 소독법을 실시한 후 지정된 장소에 보관한다.

④ 드라이기 등의 전열 기구는 전선이 걸리지 않도록 감아서 보관 장소에 둔다.

⑤ 어깨보와 커트보를 정리하고 오염이 있을 경우 세탁한다.

⑥ 고객 가운은 세탁한다.

001 레이어드 커트(layered cut)의 특징이 아닌 것은?

① 모든 두발이 네이프 라인에서 일직선으로 커트된다.

② 두피 면에서의 모발의 각도를 90도 이상으로 커트한다.

③ 가벼운 질감과 부드럽고 움직임 있는 스타일을 만들 수 있다.

④ 네이프 라인에서 탑 부분으로 올라가면서 모발의 길이가 점점 짧아지는 커트이다.

해설 모든 두발이 네이프 라인에서 일직선으로 커트되는 것은 원랭스 커트 형태이다.

002 두발이 유난히 많은 고객이 윗머리가 짧고 아랫머리로 갈수록 길게 하며, 두발 끝 부분을 자연스럽고 차츰 가늘게 커트하는 스타일을 원하는 경우 알맞은 시술방법은?

① 레이어 커트 후 테이퍼링(tapering)

② 원랭스 커트 후 클리핑(clipping)

③ 그라데이션 커트 후 테이퍼링(tapering)

④ 레이어 커트 후 클리핑(clipping)

해설 레이어 커트는 두정부에서 네이프로 점점 길어지는 인크리스 형태이다.

003 정사각형의 의미와 직각의 의미로 커트하는 기법은?

① 블런트 커트(blunt cut)

② 스퀘어 커트(square cut)

③ 롱 스트로크 커트(long stoke cut)

④ 체크 커트(check cut)

해설 스퀘어 커트는 모발의 움직임이 레이어보다 작고 그라데이션보다 크다.

004 다음 중 두상의 둥근 형태를 따라가며 모발 전체의 길이를 동일하게 커트하는 레이어 커트는?

① 스퀘어 레이어

② 인크리스 레이어

③ 세임 레이어

④ 하이 레이어

해설 세임 레이어 : 유니폼 레이어, 라운드 레이어라고도 불림, 두상시술각도 90°, 온 더 베이스로 커트

정답	001	002	003	004			
	①	①	②	③			

8장

쇼트 헤어커트

쇼트 헤어커트란 다양한 커트도구와 커트기법을 사용하여 모발을
짧게 커트하는 능력이다.

1절 쇼트 헤어커트

1 쇼트 헤어커트

1 정의
① 남녀 구분 없이 트렌드를 반영하여 가위 커트, 싱글링 커트, 클리퍼 커트 기법을 사용하여 헤어스타일을 디자인하고 연출
② 깔끔한 댄디 스타일, 투-블록, 모히칸 스타일 등이 있음

2 모류의 특징
① 모류란 모발이 자라나가는 방향 또는 흐름을 뜻함
② 모발 성장 패턴 반대 방향으로 커트하여 무거움을 제거하고 주변과 부드럽게 연결함
③ 모류의 뭉침이나 흩어짐은 쇼트커트에 큰 영향을 줌
④ 주로 골든 포인트와 네이프 포인트 또는 센터 포인트에 나타남

순류	좌측·우측 흘림 모류	좌측·우측 다발성 모류	중앙 쏠림 모류(제비추리)
• 무거운 모량만 정리하고 전체적인 균형미를 맞춤	• 한쪽 방향으로 흐르는 모류를 흐름의 반대 방향으로 밀어주듯이 정리하여 네이프 포인트를 기준으로 아래로 떨어지게 함	• 네이프 부분의 모류를 70% 정도 제거 • 역방향하는 모근 부분을 정리	• 좌측·우측 아래로 모류가 모여 있음 • 틴닝 가위로 모량을 조절하여 주변 모량과 비슷하게 정리

3 모량 조절
틴닝(thinning), 테이퍼링(tapering), 포인팅(pointing), 슬라이싱(slicing) 등의 질감처리 기법을 사용하여 모양을 조절하여 쇼트헤어 커트의 완성도를 높임

2절 장가위 헤어커트

1 쇼트 헤어커트 방법

1 싱글링 헤어커트

① 네이프와 사이드의 아래 부분 모발을 짧게 자르고 위쪽으로 올라갈
수록 길어지게 커트하는 방법

② 손으로 모발을 잡지 않고 빗으로 커트할 모발의 방향성을 잡아 줌
(빗이 모발을 고정하여 가이드라인이나 커트각도를 결정하는 역할)

③ 가위의 한쪽날(정인)을 커트 빗 위에 고정시킨 후 위로 이동하면서
튀어나온 모발을 커트

④ 시저스 오브 콤(scissor over comb)이라고도 함

⑤ 총길이 6인치 이상의 장가위를 주로 사용(가위의 총길이는 가위 끝
에서 약지환까지의 길이)

⑥ 어깨 넓이로 양발을 벌리고 팔은 가슴 높이에 두며 두상의 위치에
따라 한쪽 무릎을 구부리고 피는 동작을 하여 바른 자세를 유지함

2 싱글링 헤어커트 빗

① 모발을 고정하여 가이드라인 길이를 결정하고 커트 각도를 가늠하는 역할

② 검지와 중지에 빗살(고운살)을 끼워 엄지와 검지로 맞잡음

③ 중지는 빗등부위를 받치고 소지는 빗등 아래 지지대 역할

2 싱글링 헤어커트 방법

1 싱글링 기법 : 모발의 길이를 조절

다운 싱글링	• 빗으로 모발을 들어 길이를 정하고 위에서부터 내려오면서 커트 • 긴머리의 형태를 만들 때 주로 사용
업 싱글링	• 빗으로 모발을 떠올려 아래에서 위로 올라가면서 커트 • 커트선을 연결할 때 주로 사용
연속 싱글링	• 빗을 두상에 대고 아래에서 위로 올라가면서 연속해서 커트 • 일반적인 싱글링 기법

2 트리밍 기법 : 튀어나온 모발을 정리

모발의 정리가 필요한 부분에 가위의 정인을 갖다 대고 엄지손가락으로 가위 끝 날을 받치고 검지손
가락으로 두상을 지지하여 모발을 정리하는 방향으로 가위질하며 밀고 나감

3절 클리퍼 헤어커트

1 클리퍼 커트 방법

1 클리퍼(clipper)

(1) 클리퍼의 특징

① 고정 날이 모발을 정돈하여 모으고 고정 날의 빗살 사이로 밀려들어 온 모발을 이동 날과의 상호 작용에 의해 빠르게 움직이면서 자르게 됨

② 잘린 모발이 날리지 않을 정도의 모발 수분 상태로 커트

③ 주로 얼레살의 빗을 사용 : 커트 빗이 시술 각도나 모발 길이를 조절

④ 사용 전 충분히 충전해야 함

⑤ 사용 후에 몸체에서 날을 분리하여 머리카락을 털어 내고 오일을 발라서 보관

⑥ 부착 날을 덧대면 빗을 사용하지 않아도 mm 수에 따라 모발이 커트됨

(2) 클리퍼의 구조

고정 날(밑날)	이동 날(윗날)	몸체(핸들)
• 모발을 정돈하여 모음 • 홈의 길이가 이동 날에 비해 길고 간격이 넓음	• 고정 날의 빗살 사이로 밀려들어온 모발을 잘라냄 • 홈의 길이와 간격이 고정 날보다 좁음	• 손잡이 부분으로 전원 스위치가 있으며 날을 조정하는 스위치가 있는 경우도 있음

2 클리퍼 커트하기

① 클리퍼의 날 방향 몸체에 엄지를 얹고 뒷면을 네 손가락으로 안정적으로 잡는다.
② 빗살에 평행이 되게 클리퍼를 밀착시키고 오른쪽에서 왼쪽 방향으로 동일한 속도로 움직인다.
③ 클리퍼를 잡은 손목의 힘을 빼고 빗살 위로 튀어나온 모발을 빗살 위를 스치듯이 3~4cm씩 짧게 나누어 커트한다.
④ 두상의 상부는 연필 잡는 자세로 클리퍼를 잡는다.
⑤ 네이프(nape)와 이어(ear) 부분은 손목에 힘을 빼고 밖으로 원을 그리듯이 빠져나오며 커트한다 (회전기법).
⑥ 모류를 확인하고 반대방향으로 올려 들어가면서 커트한다.
⑦ 귀 주변을 클리퍼가 지나 갈 때는 귀를 아래로 접어 보호한다.

4절 쇼트 헤어커트 마무리

1 쇼트 헤어커트 마무리

1 쇼트 커트의 수정·보완

① 커트 형태의 균형과 정확성을 확인하며 보정커트(크로스 체크, cross checking)를 한다.

② 커트의 완성도를 높이기 위해 질감처리와 아웃라인 정리를 드라이 커트(dry cut)로 진행한다.

③ 고객의 만족도를 파악하여 수정·보완한다.

④ 붓이나 스펀지를 사용하여 고객의 얼굴과 목 등의 머리카락을 털어낸다.

⑤ 드라이어나 아이론을 사용하여 스타일에 적합한 스타일링을 한다.

⑥ 헤어스프레이, 헤어젤, 헤어왁스, 헤어무스, 헤어포마드 등을 도포하여 스타일링을 마무리한다.

2 마무리 정리

① 사용한 도구 및 주변을 깨끗하게 정리한다.

② 머리카락과 같은 폐기물은 빗자루로 쓸어 분리 배출을 한다.

③ 사용한 도구는 도구별 관리법에 적합한 소독법을 실시한 후 지정된 장소에 보관한다.

④ 사용한 가위는 잔여 모발을 제거하고 날 안쪽과 회전축 부위에 오일을 도포하여 서늘하고 건조한 곳에 보관한다.

⑤ 사용한 클리퍼는 날을 본체와 분리하여 전용솔로 남아있는 모발을 제거하고 날에 오일(클리퍼용 또는 미용 가위용)을 도포하여 서늘하고 건조한 곳에 보관한다.

⑥ 드라이기 등의 전열 기구는 전선이 걸리지 않도록 감아서 보관 장소에 둔다.

⑦ 어깨보와 커트보를 정리하고 오염이 있을 경우 세탁한다.

⑧ 고객 가운은 세탁한다.

쇼트 헤어커트 출제예상문제

001 다음 중 싱글링 커트기법에 대한 설명으로 적절한 것은?

① 많은 양의 모발을 빗살 위로 올려 커트한다.
② 빗을 천천히 위로 이동하면서 가위를 재빨리 개폐한다.
③ 레이저를 사용한다.
④ 디자인 라인보다 길게 커트한다.

> 해설 싱글링은 손으로 모발을 잡지 않고 빗을 위 방향으로 이동시키면서 가위로 빗에 끼어있는 모발을 커트한다.

002 손으로 두발을 잡지 않고 빗을 천천히 위쪽으로 이동시키면서 가위로 빗에 끼어있는 두발을 잘라나가는 커팅 기법은?

① 싱글링(shingling)
② 틴닝 시저스(thinning scissors)
③ 레이저 커트(razor cut)
④ 슬리더링(slithering)

> 해설 손으로 모발을 잡지 않고 빗을 위 방향으로 이동시키면서 가위로 빗에 끼어있는 모발을 커트하는 것으로 네이프나 사이드의 모발을 짧게 하거나 주로 남자머리에 사용한다.

003 가위를 사용하여 튀어나오거나 삐져나온 두발을 잘라내는 방법은?

① 슬라이싱
② 클리핑
③ 페더링
④ 틴닝

> 해설 클리핑은 가위나 클리퍼를 사용하여 커트 후 튀어나온 불필요한 모발을 제거하는 방법이다.

004 다음 중 모류에 대한 설명으로 적절하지 않은 것은?

① 모발이 자라나가는 방향 또는 흐름
② 주로 골든, 네이프, 센터 포인트에서 나타남
③ 모류의 방향으로 커트하여 무게감을 제거하고 주변과 연결
④ 중앙쏠림모류(제비추리)는 좌측과 우측 아래로 모류가 모임

> 해설 모발 성장 패턴 반대 방향으로 커트하여 무거움을 제거하고 주변과 부드럽게 연결함

005 다음 중 모량을 조절하여 쇼트 헤어커트의 완성도를 높이는 질감처리 방법이 아닌 것은?

① 틴닝
② 신징
③ 포인팅
④ 테이퍼링

> 해설 틴닝(thinning), 테이퍼링(tapering), 포인팅(pointing), 슬라이싱(slicing) 등의 질감처리 기법을 사용하여 모량을 조절

006 다음 중 클리퍼에 사용에 대한 설명으로 적절하지 않은 것은?

① 이동날이 모발을 정돈하여 모음
② 주로 얼레살 빗을 사용
③ 잘린 모발이 날리지 않을 정도의 모발 수분 상태로 커트
④ 클리퍼는 고정날, 이동날, 몸체로 구성

> 해설 클리퍼의 고정 날이 모발을 정돈하여 모으고 고정 날의 빗살 사이로 밀려들어 온 모발을 이동날과의 상호 작용에 의해 빠르게 움직이면서 모발이 잘려나감

정답	001	002	003	004	005	006		
	②	①	②	③	②	①		

007 다음 중 클리퍼 커트 방법에 대한 설명으로 적절한 것은?

① 빗살에 수직이 되게 클리퍼를 밀착시키고 움직인다.
② 네이프와 이어부분은 회전기법을 사용한다.
③ 모류의 방향은 고려하지 않는다.
④ 빗살 위로 튀어나온 모발을 한번에 커트한다.

해설 빗살에 평행이 되게 클리퍼를 밀착시키고 빗살 위로 튀어나온 모발을 빗살 위를 스치듯이 3~4cm씩 짧게 나누어 커트한다.

008 다음 커트 테크닉 중에서 싱글링 방법으로 틀린 것은?

① 빗질을 위로하여 커트할 두발을 짧게 한다.
② 아래로 갈수록 길게 자르는 요령이다.
③ 위쪽으로 갈수록 길게 자르는 요령이다.
④ 빗을 위로 서서히 올리면서 가위를 재빨리 개폐하여 잘라 나간다.

해설 손으로 모발을 잡지 않고 빗을 위쪽 방향으로 이동시키면서 가위로 빗에 끼어있는 모발을 커트하는 방법. 네이프나 사이드의 모발을 짧게 하거나 주로 남자머리에 사용한다.

009 쇼트헤어 커트의 완성도를 높이는 질감처리 기법으로 사용하지 않는 것은?

① 틴닝   ② 테이퍼링
③ 포인팅   ④ 블런트

해설 틴닝(thinning), 테이퍼링(tapering), 포인팅(pointing), 슬라이싱(slicing) 등의 질감처리 기법

010 다음 중 사용한 도구의 정리법으로 적절하지 않는 것은?

① 가위의 잔여모발을 제거한 후 회전축 부위에 오일을 도포
② 클리퍼의 본체와 날을 분리하여 모발을 제거
③ 고객가운은 세탁하지 않고 재사용
④ 오염된 커트보는 세탁

해설 사용한 고객가운은 세탁한다.

정답	007	008	009	010				
	②	②	④	③				

9장

베이직 헤어펌

베이직 헤어펌이란 모발에 펌제를 도포하고 로드로 와인딩하여 모발을 웨이브형태로 변화시킬 수 있는 능력이다.

1절 베이직 헤어펌 준비

1 헤어펌 도구와 재료

고객가운	어깨보(파마보)	로드(rod)
• 고객이 착용하는 가운	• 고객가운 위에 수건을 두르고 그 위에 사용 • 방수 재질	• 모발을 감아 웨이브를 만드는 도구 • 로드의 굵기에 따라 구분 • 일반적으로 1'호'가 가장 큰 로드이고 숫자가 커질수록 로드의 굵기는 가늘어짐
파마지(엔드페이퍼, end paper)	고무밴드	펌스틱(perm stick)
• 잡은 모발의 텐션(팽팽함)을 유지하며 와인딩이 가능 • 모발 끝 부분의 펌제 흡수량을 조절하여 모발 손상을 방지	• 로드에 와인딩한 모발을 두피에 고정하는 역할 • 모근 부분을 강하게 자극할 경우 모발에 고무줄 자국을 남기거나 모발이 끊어짐	• 모발과 고무줄 사이의 간격을 형성하여 고무줄 자국과 모발의 손상을 방지 • 로드의 위치를 정확하게 고정하여 원하는 곳에 웨이브를 형성

꼬리빗(tail comb)	헤어밴드	비닐 캡(plastic cap)
• 블로킹과 섹션을 쉽게 분리하고 와인딩 시 모발의 결을 정리하여 적당한 텐션을 유지 • 빗의 끝이 뾰족하고 날카로운 형태는 두피의 자극과 염증을 유발	• 펌제가 얼굴과 목 등으로 흘러내림을 방지하고 비닐캡의 고무줄이 피부를 자극하는 것을 방지	• 모자 형태로 만든 얇은 비닐 • 공기를 차단하여 펌제(1제, 환원제)의 산화와 건조를 방지하고 두피의 열로 모발 전체의 온도를 고르게 유지하며 약액의 흘러내림과 냄새 유출을 방지
(미용장갑 이미지)	(중화 받침대 이미지)	(클립 이미지)
미용장갑	중화 받침대	클립(clip)
• 고무 소재의 장갑 • 펌제의 접촉으로 인한 시술자의 손을 보호	• 펌제(2제, 산화제) 산화제를 도포할 때 • 약액이 고객가운이나 옷으로 흘러내림을 방지	• 핀셋이라고도 불림 • 블로킹이나 섹션으로 나누어놓은 모발을 고정

그 외 공병, 수건 분무기 등이 필요

2 헤어펌 기기

(1) 열처리기

① 펌제 또는 트리트먼트제의 작용을 촉진
② 적외선 가열기, 스티머, 전기 모자 등을 사용

(2) 타이머

작용 시간을 정하고 알림을 설정

2절 베이직 헤어펌

1 헤어펌 원리

1 헤어펌의 정의
헤어펌은 모발에 물리적·화학적인 방법을 가하여 모발의 형태를 변화시키고 오랫동안 유지되게 하는 것이다(영구적인 물결모양의 형태를 형성).

2 퍼머넌트 웨이브 원리

```
물리적 작용  ➕  화학적 작용  ▶  영구적 형태변경
```

물리적 작용	• '로드'를 사용하여 팽팽하게 당겨(텐션, tension) 와인딩을 하면 모발의 탄력성으로 굴곡과 늘어남의 차이가 생기고 웨이브가 형성됨 • 물을 적시면 다시 원래의 상태로 돌아감
화학적 작용	• 퍼머넌트 약액 제1액의 환원작용으로 모발(모피질)의 시스틴 결합을 끊어 '로드'로 일시적인 웨이브 형성을 용이하게 함 • 제2액의 산화작용에 의한 시스틴 재결합으로 새로 만든 웨이브를 고정하여 영구적인 웨이브를 형성

3 헤어펌의 분류
(1) 콜드펌
① 일반 펌
② 실온에서 펌제 사용
③ 종류

1욕식	• 환원제(1제) 한 종류를 사용하여 시술하는 방법으로 공기 중의 산소를 이용한 자연산화를 이용 • 시술시간이 오래 걸리고 컬의 형성력이 약함
2욕식	• 환원제(1제)와 산화제(2제) 두 종류를 사용하여 시술하는 방법으로 일반적으로 가장 많이 사용
3욕식	• 전처리제(1제), 환원제(2제), 산화제(3제)로 구성 • 전처리제(1제)는 특수 활성제로 환원제가 모발에 쉽게 침투할 수 있도록 팽윤·연화시키는 작용 • 굵은 모발, 발수성 모발, 저항성 모발 등에 효과적

(2) 열펌

① 펌제 사용
② 열을 가함
③ 종류

직펌	와인딩을 한 후 펌제를 도포한 상태에서 열을 직접 가하는 방법
연화펌	펌제를 도포하여 모발을 연화한 후 헹구어내고 모발을 적절하게 건조한 후 와인딩

4 헤어펌제의 주요 구성 성분

(1) 환원제(1제)

환원제	시스틴결합 절단	티오글리콜산	• 2~7% 농도 • 건강모, 자연모, 경모, 발수성모, 저항성모
		시스테인	• 손상모, 염색모, 다공성모 • 티오글리콜산에 비해 환원력이 약함
알칼리제	pH조절제 모발의 팽윤	암모니아수	• 휘발성 • 강한 웨이브 • 자극적인 냄새
		모노에탄올아민	• 비휘발성 • 알칼리 잔류로 인한 손상

(2) 산화제(2제, 중화제)

산화제	시스틴 재결합	과산화수소	• 빠른 반응 • 강한 산화력 • 손상과 탈색
		브롬산나트륨, 브롬산칼륨 등	• 3~5% 농도 • 과산화수소에 비해 산화력이 약함 • 시간차를 두고 2중 도포

2 헤어펌 방법

1 와인딩 기법

크로키놀식	스파이럴식	압착식
• 모발 끝에서부터 두피 쪽으로 와인딩 • 가장 일반적인 방법으로 모발 길이에 관계없이 가능 • 모발 끝부분의 웨이브가 강하게 형성	• 두피에서 모발 끝 쪽을 향하거나 모발 끝에서 두피 쪽으로 와인딩 • 모발 전체에 균일하고 일정한 웨이브가 형성	• 기구 사이에 모발을 끼워서 눌러 고정 • 기구의 모양에 따라 형태가 결정됨

2 고무밴드 사용법

① 로드에 와인딩한 모발을 두피에 고정하는 역할
② 모근 부분을 강하게 자극할 경우 모발에 고무줄 자국을 남기거나 모발이 끊어짐
③ 고정 형태에 따라 로드에 감긴 모발에 주어지는 힘이 다름

일자형	X자형	혼합X형
• 미용사(일반) 국가 자격시험에서 사용하는 방법 • 와인딩 한 로드의 두피 밀착력이 높으나 밴딩 자국이 남아 모발의 손상을 주의해야 함	• 고무 밴드 자국이 나지 않음 • 굵은 롤이나 뿌리볼륨 와인딩에 사용	• 일반적으로 많이 사용하는 방법 • 로드가 안정감 있게 고정됨

3 베이스와 와인딩 시술각도

온 더 베이스 (on the base, 논 스템)			• 베이스 내부에 로드가 안착 • 스템이 거의 없음 • 모근의 최대 높은 볼륨 형성 • 패널을 120˚~135˚로 빗어 올려 와인딩
하프 오프 베이스 (half off base, 하프 스템)			• 로드가 베이스 절반에 걸쳐 안착 • 비교적 중간 길이의 스템 • 적절한 모근의 볼륨 형성 • 패널을 90˚로 빗어 올려 와인딩
오프 베이스 (off base, 롱 스템)			• 로드가 베이스를 벗어나 안착 • 긴 스템 • 모근의 볼륨감이 없음 • 패널을 45˚로 내려 빗어서 와인딩

4 파마지 사용법

① 엔드 페이퍼(end paper) 또는 파지, 습지라고 불림
② 모발이 와인딩될 때 텐션을 유지하며 로드에 밀착하여 와인딩 되어 고르고 매끄러운 컬을 만듦
③ 모발 끝이 꺾이는 것을 방지하고 과도한 펌제의 흡수를 막아 모발을 보호하는 역할

단면 사용법	양면 사용법	접기 사용법
• 가장 일반적인 사용법	• 양면에 파마지 사용 • 모발 끝 손상이 심하거나 길이 차이가 클 때 사용	• 파마지를 반으로 접어 사용 • 모발 끝을 모아 잡거나 길이 차이가 심할 때 사용

3절 헤어펌의 진행 과정

1 준비단계

| 고객가운 및 어깨보 | ▶ | 고객상담 및 모발진단커트 | ▶ | 사전샴푸와 사전커트 |

1 고객가운 및 어깨보 착용

고객에게 고객가운과 어깨보를 착용함

2 고객 상담 및 모발 진단

① 고객의 희망 스타일과 두피 및 모발 상태를 확인

두피의 상태 (scalp condition)	• 상처와 염증이 있는 두피는 시술하지 않음
모발의 상태 (hair condition)	• 굵기(thickness) • 밀도(모량, density) • 질감(texture, 곱슬 유무) • 손상정도 판단 : 탄력성(elasticity), 흡수성(absorption), 다공성(porosity)
사전 시술내용 (client service history)	• 사전 시술 내역을 확인함

② 모발 전처리제 및 피부보호제 도포

전처리제 종류	사용 모발	전처리 방법
특수활성제 or 1제	• 자연 모발(곱슬모, 굵은모) • 저항성 모발 • 발수성 모발	• 모발의 연화처리 : 모발을 팽윤·연화하기 위한 목적 • 알칼리 성분의 특수 활성제 또는 1제(환원제)를 도포한(열처리 또는 자연방치) 후에 모발의 상태에 따라 바로 와인딩 하거나 미지근한 물로 세척한 후 1제를 재도포하고 와인딩
단백질 주성분의 헤어트리트먼트 (크림, 유액, 용액)	• 손상모 • 극손상모	• 모발의 손상도를 개선하여 효과적 시술결과를 얻기 위해 • PPT, LPP 등의 트리트먼트제를 도포한 후 열처리 하고 미지근한 물로 세척

> **참고** 사전 처리 제품
>
> • PPT(polypeptide) : 모발 아미노산 펩티드 결합의 중합체
> • LPP(low molecullar PPT) : PPT에 비해 입자가 작아 모발 속 침투율이 높음
> • CMC(cell membrane complex) : 모발 세포막 복합체, 모피질 단백질 섬유와 간 충물질을 보호

172

3 **사전 샴푸**

① 프리샴푸(pre-shampoo)라고 하며 모발의 오염물 또는 스타일링 제품을 제거하는 목적으로 진행

② 두피에 자극을 주지 않는 가벼운 샴푸방법으로 컨디셔너는 사용하지 않음

4 **사전 커트**

헤어펌의 웨이브가 완성된 상태를 고려하여 모발 길이를 설정하도록 주의

2 본 진행 단계

5 **약제 도포와 빗질**

모발의 상태에 따라 직접법과 간접법을 선택

직접법	• 펌 1제를 도포한 후에 와인딩 • 건강모, 경모, 지성모, 발수성모
간접법	• 젖은 모발에 와인딩을 한 후에 펌 1제를 도포 • 손상모, 극손상모, 연모

6 **로드 와인딩**

와인딩 베이스는 모발의 질감, 밀도, 사용하는 로드의 크기, 디자인 등을 고려하여 사용하는 로드의 길이와 높이를 기준으로 크기를 결정

모량이 많고 굵은 모발	스트랜드를 적게 하고 가는 로드를 사용
모량이 적고 가는 모발	스트랜드를 크게 하고 굵은 로드를 사용

7 **헤어밴드를 두르고 1제를 도포**

1제가 세지 않도록 헤어밴드를 두르고 도포함

8 비닐 캡(랩)을 씌움

① 공기를 차단하여 펌제(1제, 환원제)의 산화와 건조를 방지

② 두피의 열로 모발 전체의 온도를 고르게 유지

③ 약액의 흘러내림과 냄새 유출을 방지

9 작용시간(프로세싱 타임)

① 헤어펌의 웨이브가 형성되기까지의 처리 시간

② 모발의 성질과 상태, 펌제의 종류, 사용하는 로드 등을 고려하여 1제의 방치시간을 결정

자연처리	• 실온에서 약 5~20분 정도 방치 • 손상모
열처리 · 후 · 자연처리	• 약 5~15분 정도의 열처리 후 실온에서 약 5~20분 정도 방치 • 건강모

10 중간 테스트(테스트 컬)

① 헤어펌의 정확한 프로세싱 시간을 결정하고 웨이브 형성 정도를 확인하기 위한 과정

② 후두부 중간에 위치한 로드(2~3개)를 풀어서 두피 쪽으로 밀어 웨이브 형성 상태와 탄력을 확인

③ 모발의 연화 결과를 확인하여 1제의 프로세싱 상태를 확인

오버(over) 프로세싱	• 1~2단계 크기가 큰 로드로 교체 • 즉시 미온수로 중간세척하고 중화 • 중화제 도포 후 로드를 제거하고 방치
언더(under) 프로세싱	• 1~2단계 크기가 작은 로드로 교체 • 1제를 재도포하고 열처리 • 온수로 중간세척 후 최대한 건조시키고 중화

> **참고 모발 끝이 자지러지는 현상**
>
> • 모발 끝을 과도하게 테이퍼링 함
> • 너무 가는 크기의 로드를 사용함
> • 텐션 없이 느슨하게 와인딩 함
> • 오버 프로세싱을 진행함

11 중간세척 또는 산성린스

① 미온수로 1제를 세척하여 환원 작용을 멈추게 함

② 산성린스 : 티슈나 수건으로 1제를 가볍게 닦고 pH 밸런스제 도포

효과	• 제1액의 알칼리제 잔여로 인한 모발손상을 방지 • 산화제의 작용을 원활하게 하여 컬의 탄력과 고정력을 높임 • 모발의 pH 밸런스(알칼리 중화)를 조절하여 모발 건강유지

12 2제 도포와 작용시간
① 산화제인 제2제의 도포 후에 헤어펌 웨이브가 고정되기까지의 처리 시간
② 고객의 두피나 얼굴, 목덜미 등의 피부에 흐르지 않도록 주의
③ 건강모 : 약 10~20분 정도 방치
④ 손상모 : 약 5~15분 정도 방치
⑤ 브롬산나트륨이 주성분인 산화제는 두 번에 나누어 2중 도포 후 5~10분 정도 방치

3 헤어펌 마무리

13 와인딩 풀기(로드 아웃/오프)
① 긴머리 스타일은 두상의 아래에서 위 방향으로 로드를 제거
② 약액이 튀지 않도록 주의

14 사후 샴푸
① 미온수를 사용하여 펌제를 충분히 헹구며 컨디셔너제를 도포한 후에 두피 지압으로 마무리
② 모발의 등전점을 빠르게 회복하기 위해 컨디셔너제를 사용
③ 산성 샴푸제를 사용하기도 함

15 필요에 따라 사후 커트
필요하다면 커트로 스타일을 정리함

16 스타일링

웨이브 스타일	• 샴푸 후 모발을 건조하고 10~20% 정도 수분이 있는 상태에서 스타일링 제품을 도포 • 과도하게 건조되어 손질이 어려울 경우 분무하여 수분을 보충 • 소량씩 여러 번에 나눠 모발 끝에서부터 도포
C컬 또는 스트레이트 스타일	• 샴푸 후 모발의 물기를 완전히 제거 후 스타일링 제품을 도포 • 소량씩 여러 번에 나눠 모발 끝에서부터 도포

001 모발의 측쇄 결합이 아닌 것은?

① 시스틴 결합
② 염 결합
③ 수소 결합
④ 폴리펩티드 결합

해설 폴리펩티드 결합은 모발의 주쇄 결합이다.

002 다음 중 콜드 퍼머넌트 웨이브 시술 시 제2액의 작용은?

① 산화작용
② 환원작용
③ 동화작용
④ 펩티드 결합

해설 퍼머넌트 약액 제1액의 환원작용으로 모발(모피질)의 시스틴 결합이 끊어지고 제2액의 산화작용에 의해 시스틴이 재결합한다.

003 퍼머넌트 웨이브 형성과 관련 있는 모발 구조는?

① 모피질
② 모수질
③ 모표피
④ 모근

해설 퍼머넌트 약액 제1액의 환원작용으로 모발(모피질)의 시스틴 결합이 끊어지고 제2액의 산화작용에 의해 시스틴이 재결합한다.

004 퍼머넌트 웨이브 시술 시 산화제의 역할이 아닌 것은?

① 퍼머넌트 웨이브의 환원작용을 계속 진행시킨다.
② 제1액의 작용을 멈추게 한다.
③ 시스틴 결합을 재결합시킨다.
④ 제1액의 작용으로 만들어진 컬의 형태를 고정시킨다.

해설 환원작용을 진행하는 것은 퍼머넌트 웨이브제 제1액의 역할이다.

005 다음 중 퍼머넌트 웨이브제의 산화제 역할이 아닌 것은?

① 사용한 로드로 컬을 형성하는 작용한다.
② 1액의 작용을 멈추게 한다.
③ 시스틴 결합을 재결합시킨다.
④ 1액에 의해 형성한 컬을 고정한다.

해설 퍼머넌트 약액 제1액의 환원작용으로 모발(모피질)의 시스틴 결합을 끊어 "로드"로 일시적인 웨이브 형성을 용이하게 하고, 제2액의 산화작용에 의한 시스틴 재결합으로 새로 만든 웨이브를 고정하여 영구적인 웨이브를 형성한다.

006 퍼머넌트 웨이브 시술 시 모발의 시스틴 결합을 절단하는 역할을 하는 것은?

① 브롬산나트륨
② 티오글리콜산
③ 과산화수소
④ 취소산나트륨

해설 환원제로 주로 사용하는 성분은 티오글리콜산이다.

007 다음 중 퍼머약의 제1액 중 티오글리콜산의 적정 농도는?

① 1~2%
② 2~7%
③ 8~12%
④ 15~20%

해설 2~7%의 티오글리콜산이 주로 사용된다.

008 프로세싱 솔루션(processing solution)에 관한 설명으로 틀린 것은?

① pH 9.5 정도의 알칼리성 환원제이다.
② 티오글리콜산이 가장 많이 사용된다.
③ 한 번 사용하고 남은 액은 원래의 병에 다시 넣어 보관해도 좋다.
④ 어두운 장소에 보관하고 금속용기 사용은 삼가야 한다.

해설 사용 후 남은 펌제는 산화되므로 재사용하지 않는다.

009 시스테인(cysteine) 퍼머넌트 웨이브제에 관한 설명으로 바른 것은?

① 알칼리에서 강한 환원력을 가지고 있어 건강 모발에 효과적이다.
② 모발의 아미노산 성분과 동일한 것으로 손상 모발에 효과적이다.
③ 환원제로 티오글리콜산을 이용하는 퍼머넌트제이다.
④ 암모니아수 등의 알칼리제를 사용하는 대신 계면활성제를 첨가한 제재이다.

해설 시스테인제는 손상모, 염색모, 다공성모에 주로 사용한다.

010 프로세싱 솔루션의 주성분으로 사용하지 않는 것은?

① 과산화수소   ② 티오글리콜산
③ 암모니아   ④ 시스테인

해설 프로세싱 솔루션은 퍼머넌트 웨이브제 제1액을 말한다. 과산화수소, 브롬산나트륨, 브롬산칼륨은 제2액의 주성분이다.

011 헤어펌제 2액인 브롬산 염류의 적정 농도는?

① 1~2%   ② 3~5%
③ 6~8.5%   ④ 8~10.5%

해설 중화제의 주성분인 브롬산(취소산) 염류의 적정 농도는 3~5%이다.

012 퍼머넌트 웨이브의 제1액 처리에 따른 프로세싱 중 언더 프로세싱의 설명으로 틀린 것은?

① 언더 프로세싱은 프로세싱 타임 이상으로 제1액을 두발에 방치한 것을 말한다.
② 언더 프로세싱일 때에는 두발의 웨이브가 거의 나오지 않는다.
③ 언더 프로세싱일 때에는 처음에 사용한 솔루션보다 약한 제1액을 재도포한다.
④ 제1액의 처리 후 두발의 테스트 컬로 언더 프로세싱 여부가 판명된다.

해설 언더 프로세싱은 적정한 프로세싱 타임보다 1액의 방치시간이 짧은 경우를 말한다.

013 콜드 웨이브(cold wave) 시술 후 머리 끝이 자지러지는 원인에 해당되지 않는 것은?

① 모질에 비하여 약이 강하거나 프로세싱 타임이 길었다.
② 너무 가는 로드(rod)를 사용했다.
③ 텐션(tension : 긴장도)이 약하여 로드에 꼭 감기지 않았다.
④ 사전 커트 시 머리끝을 테이퍼(taper)하지 않았다.

해설 모발 끝을 과하게 테이퍼 하는 것은 퍼머넌트 시술 후 머리끝이 자지러지는 원인이 될 수 있다.

014 다음 중 퍼머넌트 웨이브가 잘 나올 수 있는 경우는?

① 오버 프로세싱으로 시스틴이 지나치게 파괴된 경우
② 사전 샴푸 시 비누와 경수로 샴푸하여 두발에 금속염이 형성된 경우
③ 두발이 저항성모이거나 발수성모로서 경모인 경우
④ 와인딩 시 텐션(tension)을 적당히 준 경우

해설 ①, ②, ③은 퍼머넌트 웨이브가 잘 안 나오는 경우이다.

015 퍼머넌트 웨이브 시 비닐캡을 씌우는 목적 및 이유에 해당하지 않는 것은?

① 체온으로 솔루션의 작용을 높여준다.
② 알칼리 성분의 휘발을 방지한다.
③ 제1액의 작용이 고르게 진행되게 한다.
④ 피부염을 방지한다.

해설 공기 중 노출로 인한 제1액의 산화와 건조를 방지, 균일한 온도 유지와 열전달, 약액의 흘러내림과 냄새를 차단한다.

정답	001	002	003	004	005	006	007	008
	④	①	①	①	①	②	②	③
	009	010	011	012	013	014	015	
	②	①	②	①	④	④	④	

016 다음 중 모발에 퍼머넌트 웨이브제가 쉽게 침투하고 시술 시간을 단축하는 목적으로 사용하지 않는 것은?

① 히팅캡 ② 신징
③ 헤어스티머 ④ 스팀타월

해설 신징은 신징왁스나 전기 신징기를 사용하여 상한 모발을 그슬리거나 태우는 것으로 헤어 트리트먼트에 사용하는 방법이다.

017 정상적인 모발의 경우 퍼머넌트 제1액의 방치 시간으로 적정한 것은?

① 5분 ② 10~15분
③ 30분 ④ 40분 이상

해설 일반적으로 정상모발은 제1액 도포 후 10~15분 방치 시간 이후 테스트 컬을 진행한다.

018 퍼머넌트 웨이브 시술 시 제1액을 씻어내는 플레인 린스를 진행하는 목적은?

① 산화제의 작용을 원활하게 한다.
② 모발의 연화를 진행한다.
③ 시스틴 결합을 절단한다.
④ 환원작용을 촉진한다.

해설 제1액의 알칼리제 잔여로 인한 모발손상을 방지, 산화제의 작용을 원활하게 하여 컬의 탄력과 고정력을 높이고 모발의 pH 밸런스를 조절하여 모발을 건강하게 유지하기 위함이다.

019 퍼머넌트 웨이브 시술 시 테스트 컬을 진행하는 목적으로 가장 적합한 것은?

① 산화제의 작용여부를 확인한다.
② 워터래핑 여부를 판단한다.
③ 디자인에 적합한 로드를 선택한다.
④ 프로세싱 시간과 웨이브의 형성 정도를 판단한다.

해설 모발의 연화 결과를 확인하여 제1액의 프로세싱 상태를 확인하는 과정으로 정확한 프로세싱 시간을 결정하고 웨이브 형성 정도를 판단할 수 있다.

020 콜드 퍼머넌트 시 제1액을 도포하고 비닐캡을 씌우는 이유로 거리가 가장 먼 것은?

① 체온으로 솔루션의 작용을 빠르게 하기 위하여
② 제1액의 작용이 두발 전체에 골고루 행하여지게 하기 위하여
③ 휘발성 알칼리의 휘산작용을 방지하기 위하여
④ 두발을 구부러진 형태대로 고정시키기 위하여

해설 모발의 구부러진 형태를 고정하기 위해서는 퍼머넌트 제2액(산화제)을 도포한다.

021 콜드 퍼머넌트 웨이브 시술 시 두발에 부착된 제1액을 씻어 내는 데 가장 적합한 린스는?

① 에그 린스(egg rinse)
② 산성 린스(acid rinse)
③ 레몬 린스(lemon rinse)
④ 플레인 린스(plain rinse)

해설 플레인 린스란 미온수의 물만 사용하여 헹구는 방법으로, 퍼머넌트 웨이브의 제1액을 제거하는 중간린스(중간세척)는 플레인 린스 방법으로 한다.

022 퍼머넌트 웨이브 시술 중 테스트 컬(test curl)을 하는 목적으로 가장 적합한 것은?

① 제2액의 작용 여부를 확인하기 위해서
② 로드가 제대로 선택되었는지 확인하기 위해서
③ 산화제의 작용을 확인하기 위해서
④ 정확한 프로세싱 시간을 결정하고 웨이브 형성 정도를 확인하기 위해서

해설 테스트 컬은 모발의 연화 결과를 확인하여 제1액의 정확한 프로세싱 시간을 결정하고 웨이브 형성 정도를 판단하는 것이다.

023 모발의 각도를 120°로 빗어서 로드를 감으면 논 스템(non-stem)이 되는 섹션 베이스는?

① 오프 베이스(off base)

② 온 하프 오프 베이스(on-half off base)

③ 트위스트 베이스(twist base)

④ 온 베이스(on base)

해설 온 베이스는 베이스 내부에 로드가 안착되는 형태로 모근의 최대 볼륨을 형성한다. 모발의 각도를 120° 위로 들어 와인딩한다.

024 헤어펌을 진행하기 전 저항성 모발의 전처리 방법으로 적절한 것은?

① PPT, LPP 등의 트리트먼트제를 도포

② 사전샴푸

③ 모발의 연화처리

④ 비닐캡

해설 모발의 연화처리 : 알칼리 성분의 특수 활성제 또는 1제(환원제)를 도포한(열처리 또는 자연방치) 후에 모발의 상태에 따라 바로 와인딩 하거나 미지근한 물로 세척한 후 1제를 재도포하고 와인딩

025 퍼머넌트 시술 후 디자인을 완성하는 커트는?

① 드라이 커트   ② 프레 커트

③ 애프터 커트   ④ 웨트 커트

해설 • 프레(pre) 커트는 퍼머넌트 웨이브 시술 전에 디자인 라인보다 1~2cm 길게 커트한다.
  • 웨트(wet) 커트는 물에 적신 모발을 커트하는 방법으로 모발 손상이 적다.

026 퍼머넌트 직후의 처리로 옳은 것은?

① 플레인 린스   ② 샴푸잉

③ 테스트 컬   ④ 테이퍼링

해설 플레인 린스는 물로만 가볍게 헹구는 것을 의미한다.

027 다음 중 산성린스에 대한 설명으로 틀린 것은?

① 퍼머넌트 웨이브 시술 전에 사용한다.

② 미지근한 물에 산성린스제를 녹여서 사용한다.

③ 표백작용이 있으므로 장시간의 사용은 피해야 한다.

④ 비누의 알칼리 성분을 중화시키고 금속성 피막을 제거한다.

해설 산성린스는 제1액의 알칼리제 잔여로 인한 모발 손상을 방지하고 산화제의 작용을 원활하게 하여 컬의 탄력과 고정력을 높인다. 또한 모발의 PH 밸런스(알칼리 중화)를 조절하여 모발 건강유지하게 한다.

028 다음 중 콜드 퍼머넌트의 웨이브의 제2액에 대한 설명으로 틀린 것은?

① 중화제라고 한다.

② 산화제라고 한다.

③ 정착제라고 한다.

④ 프로세싱 솔루션이라고 한다.

해설 프로세싱 솔루션은 제1액을 말한다.

정답	016	017	018	019	020	021	022	023
	②	②	①	④	④	④	④	④
	024	025	026	027	028			
	③	③	①	①	④			

029 콜드웨이브 시술 시 제1액을 도포한 후 불침투성 비닐캡을 씌우는 목적에 해당되지 않는 것은?

① 체온으로 솔루션의 작용을 높인다.
② 피부염을 방지하고 탈모를 예방한다.
③ 제1액 작용이 두발전체에 고루 행해진다.
④ 휘발성 알칼리가 일부 빠져나가는 것을 막아준다.

해설 비닐캡을 씌우는 목적은 공기를 차단하여 펌제(1제, 환원제)의 산화와 건조를 방지하고, 두피의 열로 모발 전체의 온도를 고르게 유지, 휘발성 알칼리가 일부 빠져나가는 것을 막아주기 위해서이다.

030 다음 중 콜드퍼머넌트 제2액의 근본적인 역할로 옳은 것은?

① 모발에 영향을 주는 역할
② 형성된 웨이브를 고정시켜주는 역할
③ 시스틴 결합을 환원시키는 역할
④ 웨이브하기 좋은 상태로 만들어주는 역할

해설 펌제 제2액은 s-s결합이 끊어져 있는 것을 원상태로 되돌려서 형성된 웨이브를 고정시켜주는 역할을 한다.

031 다음 중 퍼머넌트 웨이브 시술 시 프로세싱 타임에 대한 설명으로 틀린 것은?

① 와인딩이 끝난 후 모발에 환원제를 도포하고 캡을 씌운 후부터 시작된다.
② 작용시간이 초과된 것을 오버프로세싱이라 한다.
③ 언더프로세싱은 컬이 약하고 탄력이 없다.
④ 웨이브 시술 시 오버프로세싱은 컬의 탄력이 강화된다.

해설 오버프로세싱은 젖은 상태에서는 지나치게 꼬불거리고 마른 상태에서는 웨이브가 부스러진다.

032 다음에서 고객에게 시술한 커트에 대한 알맞은 명칭은?

> 퍼머넌트를 하기 위해 찾은 고객에게 먼저 커트(cut)를 시술하고 퍼머넌트를 한 후 손상모와 삐져나온 불필요한 모발을 다시 가볍게 잘라 주었다.

① 프레 커트(pre-cut), 트리밍(trimming)
② 에프터 커트(after-cut), 틴닝(thinning)
③ 프레 커트(pre-cut), 슬리더링(slithering)
④ 에프터 커트(after-cut), 테이퍼링(tapering)

해설 프레 커트는 퍼머넌트웨이브 시술 전에 디자인 라인보다 1~2cm 길게 커트하는 것이다. 트리밍은 완성된 형태의 커트선을 최종적으로 다듬고 정돈하는 방법이다.

정답	029	030	031	032			
	②	②	④	①			

10장

매직스트레이트 헤어펌

매직스트레이트 헤어펌이란 모발에 펌제를 도포하고 플랫 형태의 매직기를 사용하여 모발을 스트레이트 형태로 변화시킬 수 있는 능력이다.

1절 매직스트레이트 헤어펌

1 매직스트레이트 헤어펌 방법

1 매직스트레이트 헤어펌의 종류

(1) 매직스트레이트

① 플랫 아이론(flat iron)을 모발을 스트레이트(straight) 형태의 직모로 만드는 열펌
② 매끄럽고 윤기 나는 모발결을 만들기 위해 천천히 미끄러지듯이 프레스 작업을 진행

(2) 볼륨 매직

반원형 아이론(half round iron)을 사용하여 뿌리의 볼륨을 살리고 모발 끝부분에 C컬을 만드는 열펌

> **참고 프레스 작업**
>
> 모표피를 정돈하여 결을 매끄럽고 윤기 있게 만드는 작업

2 아이론

① 아이론은 열을 이용해 모발의 형태를 변형시키는 기기로 손잡이, 그루브, 로드로 구성
② 건강 모발 160~180℃, 손상 모발 120~140℃, 저항성 모발 180~200℃를 사용
③ 시술 시 패널의 폭은 약 1.5cm 내외, 시술 각도는 90°이상
④ 모발에 눌림 자국이 생기지 않도록 주의하여 사용

3 아이론의 종류

플랫 아이론(flat iron)	반원형 아이론(half round iron)	컬링 아이론(curling iron)
• 열판 모양이 평평한 판의 형태 • 주로 스트레이트로 모발을 펼 때 사용 • 모발과 수평인 상태로 사용 • 아이론기를 회전하는 테크닉으로 C컬이나 S컬 형태도 가능	• 열판 모양이 반원형의 형태 • 주로 뿌리 부분에 볼륨을 주거나 모발 끝 쪽에 C컬을 만들 때 사용 (볼륨매직) • 모발이 꺾이지 않도록 약 90°로 회전하여 사용 • 아이론기를 회전하는 테크닉으로 S컬 형태도 가능	• 열판 모양이 원형 롤의 형태 • 원형 롤의 지름은 3~38mm의 다양한 크기 • 주로 웨이브의 형태를 만들 때 사용 • 아이론기를 회전하여 모발을 아이론기에 감아 사용

4 매직스트레이트 헤어펌 진행단계

준비와 마무리 단계는 베이직 헤어펌과 동일함

(1) 열펌을 위한 연화 처리

① 사전 연화는 모발을 팽윤·연화시키고 모발 내의 시스틴결합(황결합)을 끊고 시스테인으로 환원

② 매직펌 전용 1제를 두피에서 0.5cm 정도 띄우고 원하는 부분만 약제를 도포

③ 모발이 눌리지 않도록 비닐캡(랩)을 씌움

④ 모발의 상태에 따라 방치시간과 열처리 여부를 결정

(2) 열펌 연화 점검

연화 정도를 판단하는 방법으로 연화가 미흡하면 점검하기 위해 변형한 모양이 유지되지 않음

소량의 모발을 동그랗게 말아 지그시 누르기	모발 중간을 반으로 접기	빗 꼬리 또는 로드에 모발을 말아보기

(3) 연화 처리 후 헹굼

① 미온수로 1제가 남지 않도록 충분히 세척 후 헤어트리트먼트를 처리

② 타월드라이 후 완전 건조

(4) 프레스 작업

테크닉에 따라 수분을 약간 남기는 경우 아이론의 온도를 약 110~140℃ 정도로 프레스 작업함

(5) 산화제 도포 후 작용시간 방치

산화제를 도포하고 작용시간 동안 방치함

2절 매직스트레이트 헤어펌 마무리

1 매직스트레이트 헤어펌 마무리와 홈케어 손질법

1 사후 샴푸
① 미온수를 사용하여 펌제를 충분히 헹구며 컨디셔너제를 도포한 후에 두피 지압으로 마무리
② 모발의 등전점을 빠르게 회복하기 위해 컨디셔너제를 사용
③ 산성 샴푸제를 사용하기도 함

2 스타일링
① 타월 드라이 후 드라이어를 사용하여 모발을 건조
② 드라이어나 플랫 아이론을 사용하여 가벼운 스타일링
③ 헤어 에센스, 헤어 오일 등을 도포하여 마무리

3 홈케어 손질법

샴푸 방법	• 펌 전용 샴푸를 사용하여 두피는 충분히 문지르고 모발은 비비는 동작을 하지 않도록 함 • 모발 끝부터 컨디셔너제를 도포 후 충분히 헹굼
타월 드라이	• 모발을 비비지 않도록 주의 • 두피는 지압하듯 누르며 문질러 닦고, 모발은 털거나 타월을 대고 두드려 닦음
모발 건조	• 가급적 자연 건조 • 드라이어의 열풍을 80~90% 이상 사용하고, 나머지는 냉풍을 사용하여 건조
헤어트리트먼트 사용 권장	• 모발을 건조한 후에 모발 끝부터 도포 • 모발 건조 전에 헤어트리트먼트제를 사용하면 수분이 빨리 건조되므로 모발 손상을 최소화
기타	• 시술 후 2~3일 정도는 핀 또는 고무줄을 사용하지 않도록 함 • 모발이 직접적으로 고온(사우나 등)에 노출되지 않도록 주의

매직스트레이트 헤어펌 출제예상문제

001 다음 중 매직스트레이트 헤어펌에 사용하는 아이론의 종류는?

① 컬링 아이론
② 플랫 아이론
③ 삼각 아이론
④ 반원형 아이론

해설 플랫 아이론(flat iron) : 열판 모양이 평평한 판의 형태

002 매직스트레이트 헤어펌은 모발을 어떤 형태로 만드는 것인가?

① C컬의 형태
② S컬의 형태
③ 스트레이트(직모) 형태
④ 물결의 형태

해설 플랫 아이론을 사용하여 스트레이트(straight) 형태의 직모로 만드는 열펌

003 다음 중 플랫 아이론 사용법에 대한 올바른 설명은?

① 모발과 수평인 상태로 사용
② 모발이 꺾이지 않도록 90°로 회전하여 사용
③ 아이론기를 회전하여 모발을 감아 사용
④ 강한 볼륨과 릿지를 표현할 때 사용

해설 • 플랫 아이론 : 주로 스트레이트로 모발을 펼 때 사용 모발과 수평인 상태로 사용
• 반원형 아이론 : 주로 뿌리 부분에 볼륨을 주거나 모발 끝 쪽에 C컬을 만들 때 사용(볼륨매직), 모발이 꺾이지 않도록 약 90°로 회전하여 사용

004 다음 중 열펌의 사전연화에 관한 설명으로 적절하지 않은 것은?

① 사전 연화는 모발내의 시스틴 결합을 끊음
② 펌제를 최대한 두피 가까이 도포함
③ 모발이 눌리지 않도록 주의하여 비닐캡(랩)을 씌움
④ 뿌리 볼륨이 필요한 부분은 약제를 바른 후에 모발을 들어 올려 공간을 만듦

해설 1제를 두피에서 0.5cm 정도 띄우고 원하는 부분만 약제를 도포

005 다음 중 매직스트레이트 헤어펌 후의 홈케어 방법에 대한 바른 설명은?

① 모발을 비비면서 타월 드라이함
② 시술 후 2~3일 정도는 핀 또는 고무줄을 사용하지 않도록 함
③ 헤어펌 직후 바로 사우나를 하기를 권장함
④ 고온의 열풍으로 모발을 건조함

해설 가급적 자연 건조 : 드라이어의 열풍을 80~90% 이상 사용하고, 나머지는 냉풍을 사용하여 건조

정답	001	002	003	004	005			
	②	③	①	②	②			

11장

기초 드라이

기초 드라이란 블로우 드라이어, 헤어 아이론, 헤어브러시 등의 기기 및 도구를 이용하여 모발을 스트레이트 또는 C컬 형태로 연출하는 능력이다.

1절 스트레이트 드라이

1 스트레이트 드라이 원리와 방법

1 헤어 드라이어

(1) 특징

① 헤어 드라이기의 열과 바람으로 젖은 모발을 건조하여 변형시키는 헤어 스타일링 방법

② 빠른 시간 안에 모발을 건조할 수 있고 원하는 스타일에 따라 모발의 볼륨, 방향성, 윤기, 웨이브 (컬) 등을 표현하기에 용이함

③ 헤어 드라이어의 열풍온도는 65~85℃, 송풍구는 약 90℃까지 온도 상승

④ 일반적인 미용업소 드라이어의 소비 전력은 1,500~2,000W

(2) 종류

핸드 타입		• 가장 일반적인 헤어 드라이어로 열과 바람으로 젖은 모발을 건조 • 온풍과 냉풍 선택
스탠드 타입		• 다목적 열기구로 열풍, 냉풍, 광선 등을 선택 • 웨이브 모발이나 손상 모발 건조 • 스타일링을 목적으로 사용하기에 부적합

(3) 구조와 명칭

흡입구(안쪽에
팬, 모터가 있음)

노즐

바디(안쪽에
열선이 있음

핸들

스위치

디퓨저

노즐	바람이 나오는 입구
팬	작은 프로펠러로 모터로 바람을 만드는 역할
바디	드라이어의 몸통으로 안쪽에 열선(발열체)이 있음
핸들	드라이어의 손잡이
스위치	작동과 바람의 세기를 조절
디퓨저	펌웨이브 모발을 건조할 때 모발이 헝클어지지 않도록 노즐 부분을 교체하여 사용

(4) 기본 사용법

핸들을 잡는 방법	바디를 잡는 방법

(5) 원리

① 모발 내부의 측쇄 결합 중 수소 결합(hydrogen bonds)의 특성을 이용하는 것

② 수분으로 절단된 모발의 수소 결합을 드라이어의 열과 바람, 도구의 힘(브러쉬 등)으로 재결합 시키나, 다시 수분을 공급하면 결합은 끊어지고 형태의 변화는 사라짐(일시적 웨이브)

2 헤어 아이론

(1) 특징

① 마셀 웨이브(marcel wave) : 아이론을 사용하여 모발의 웨이브를 만드는 방법으로 1875년 마셀 그라또우(Marcel Grateau)가 개발함
② 부드럽고 자연스러운 웨이브 형성
③ 프롱과 그루브가 수평으로 곧은 모양으로 열판의 열이 균일해야 함
④ 건강모의 아이론 사용 적정온도는 120~140℃, 회전각도는 45℃
⑤ 프롱은 아래쪽, 그루브는 위쪽으로 놓은 상태에서 그루브 핸들을 엄지와 엄지손가락 사이에 끼워 잡는다.

웨이브 형태	안말음(in curl)	그루브는 위쪽, 프롱은 아래쪽
	바깥말음(out curl)	프롱은 위쪽, 그루브는 아래쪽

(2) 종류

열판의 모양과 손잡이 형태에 따라 다양한 형태

플랫 아이론 (flat iron)	• 열판 모양이 평평한 판의 일자 형태 • 주로 스트레이트로 모발을 펼 때 사용 • 모발과 수평인 상태로 사용 • 아이론기를 회전하는 테크닉으로 C컬이나 S컬 형태도 가능
반원형 아이론 (half round iron)	• 열판 모양이 반원형의 형태 • 주로 뿌리 부분에 볼륨을 주거나 모발 끝 쪽에 C컬을 만들 때 사용(볼륨매직) • 모발이 꺾이지 않도록 약 90°로 회전하여 사용 • 아이론기를 회전하는 테크닉으로 S컬 형태도 가능
삼각 아이론	• 열판의 형태가 각진 삼각형 • 볼륨, 강한 리지감을 표현
컬링 아이론 (curling iron)	• 열판 모양이 원형 롤의 형태 • 원형 롤의 지름은 3~38mm의 다양한 크기 • 주로 웨이브의 형태를 만들 때 사용 • 아이론기를 회전하여 모발을 아이론기에 감아 사용
클램퍼 아이론 (clamper iron)	• 다이렉트기라고 함 • 열판의 모양이 지그재그의 형태(연속된 Z자형) • 두피에 볼륨을 주거나 스타일의 포인트를 주기 위해 사용

(3) 구조와 명칭

프롱(prong)	모발을 감는 로드(rod)의 역할
그루브(groove)	모발을 고정하고 누르는 역할

3 헤어 브러시

(1) 특징

① 빳빳하고 탄력 있는 동물의 털(자연강모), 표면이 매끄러운 플라스틱, 나일론 등으로 만들어짐
② 사용목적에 따라 브러시의 모양과 재질을 선택
③ 사용 후 비눗물(탄산소다수, 석탄산수)에 담가 손이나 세정 브러시를 사용하여 닦아낸 후 털이 아래로 가도록 그늘에서 말림

(2) 종류

벤트 브러시　　덴멘 브러시　　패들 브러시　　　　　롤 브러시
브러시의 종류

원형(롤) 브러시	돈모브러시	• 돼지털 사용(나일론과 결합된 형태를 주로 사용) • 모발의 윤기와 곱슬기를 잡아주거나 모근의 볼륨을 만들 때 사용 • 텐션 있게 모발의 형태를 변화 • 비교적 적은 모발 손상
	플라스틱브러시	• 나일론 롤, 가시롤 • 간격이 넓은 빗살 • 직모에 사용하기 편함 • 짧은 펌 모발의 마무리
	금속브러시	• 금속롤, 병롤 • 몸통이 열전도율이 높은 알루미늄 소재 • 빠른 작업 속도와 세팅 효과가 좋음 • 금속 과열로 인한 두피 화상 주의
반원형 브러시	벤트브러시	• 스켈톤 브러시 • 모발의 건조 시 모류의 방향성 설정 • 자연스러운 스타일을 표현할 때 사용
	덴멘브러시	• 자연스러운 모발의 볼륨 및 윤기, 흐름(방향성)을 표현하기에 적합
	쿠션브러시 (패들브러시)	• 면적이 넓고 쿠션이 있어 두피자극이 적음 • 주로 모발의 엉킴을 방지하거나 두피를 마사지 할 때 사용

2절 C컬 드라이

1 C컬 드라이 원리와 방법

1 스타일링 요소

수분	• 샴푸 후 물기를 충분히 제거한 후 차가운 바람으로 30% 정도의 수분이 남도록 건조 • 남은 수분이 열에 의해 건조되면서 형태와 모양이 만들어지기 때문
열(온도)	• 드라이어 열풍의 온도는 65~85℃, 아이론은 120~180℃ • 열에 의해서 수분이 증발되고 식히는 과정(쿨링, 뜸들이기)에서 변형된 단백질이 굳으며 형태를 만듦 • 드라이어의 열과 바람이 과도하게 접촉되면 모발의 윤기가 사라지고 열변성으로 인한 모발 손상이 발생
텐션	• 모발을 잡아당기는 힘을 뜻하는 것으로 균일하게 유지하여야 윤기와 탄력 있는 시술 가능
속도	• 일정한 속도를 유지하여 탄력과 윤기 있게 함 • 일반적으로 곱슬머리나 펌 모발은 뜸을 천천히 주고, 손상 모발은 빠르게 작업

2 컬의 형태

(1) 도구
① 드라이어 : 연모, 모량이 보통이거나 적은 보통 퍼머넌트 웨이브 모발에 효과적
② 아이론 : 경모, 모량이 많거나 강한 곱슬머리, 직모에 효과적

(2) 방향
① 인컬(안말음) : 모발의 아래쪽에 브러시를 놓고 두상 쪽을 향하여 안으로 감아줌
② 아웃컬(겉말음) : 모발의 위쪽에 브러시를 놓고 밖으로 향하여 감아줌

인컬	아웃컬

(3) 회전 바퀴수

① C컬 : 롤 브러시(아이론)에 모발을 1바퀴 반($1\frac{1}{2}$) 이내로 감음
② 사용하는 롤 브러시(아이론)의 굵기가 굵을수록 컬도 굵어짐

(4) 베이스

① 너비 : 롤 브러시(또는 아이론) 너비의 80% 정도
② 높이 : 사용하는 롤브러시(아이론)의 직경 정도

(5) 시술각도와 볼륨

온 더 베이스, 논 스템, 오버 베이스	하프 오프 베이스, 하프 스템	오프 베이스, 롱 스템
• 강한 볼륨 • 모발을 120° 이상 들고 롤 브러시를 넣음	• 보통 볼륨 • 모발을 90°로 들고 브러시를 넣음	• 적은 볼륨 • 모발을 90° 이하로 들고 브러시를 넣음

기초 드라이 출제예상문제

001 모발의 결합 중 수분에 의해 일시적으로 변형되며, 드라이어의 열을 가하면 재결합하여 형태가 만들어지는 결합은?

① s-s 결합　　　② 펩타이드 결합
③ 수소 결합　　　④ 염 결합

해설 블로우 드라이는 모발의 수소 결합의 원리를 이용하여 수분을 증발시켜 변형시킨 모발의 형태를 일시적으로 고정하는 것이다.

002 블로우 드라이 시술 시 윤기있는 질감과 탄력있는 웨이브를 만들기 위해 필요한 것은?

① 나일론 브러시　　② 텐션
③ 모발의 양　　　　④ 속도

해설 텐션을 주지 않으면 모발의 질감이 거칠고 원하는 결과를 얻을 수 없다.

003 모발의 결합 중 블로우 드라이의 원리에 사용되는 것은?

① 시스틴 결합　　② 수소 결합
③ 펩티드 결합　　④ 이중 결합

004 블로우 드라이 시술 시 주의사항으로 가장 거리가 먼 것은?

① 모발에 수분이 완전히 없는 상태로 시술한다.
② 슬라이스의 폭은 사용하는 롤 브러시의 지름을 기준으로 한다.
③ 장시간 반복적으로 모발에 열이 전달되지 않도록 한다.
④ 드라이어의 송풍구는 모발에서 약 1cm 정도 거리를 유지한다.

해설 약간의 수분이 있어 모발의 수소 결합이 끊어져 있는 상태가 적합하다.

005 헤어 드라이어의 사용 시 유의사항으로 틀린 것은?

① 드라이어의 가열은 120℃ 이상이 적당하다.
② 모발 끝은 브러시를 회전하여 텐션을 조절한다.
③ 종류에는 핸드형 블로우 타입과 후드형 스탠드 타입이 있다.
④ 굵기가 다양한 브러시를 사용하여 볼륨형성과 스타일링 목적으로 사용한다.

해설 헤어 드라이어의 가열온도는 60~80℃ 정도이다.

006 아이론의 선택조건으로 적합하지 않은 것은?

① 프롱의 길이와 핸들의 길이가 3:2로 된 것
② 프롱과 그루브의 접합지점이 느슨하지 않은 것
③ 프롱과 그루브 면의 열이 균일하게 전달되는 것
④ 단단하고 녹이나지 않는 재질로 만들어진 것

해설 프롱과 핸들의 길이는 1:1 정도로 균등한 것이 좋다.

007 시술자의 조정에 의해 바람을 일으켜 직접 내보내는 블로우 타입으로 주로 드라이세트에 많이 사용되는 것은?

① 핸드 드라이어　　② 에어 드라이어
③ 스탠드 드라이어　④ 적외선램프 드라이어

해설 블로우 타입은 일반적인 헤어 드라이어의 형태로 열과 바람으로 젖은 모발을 건조하는 미용기기이다.

008 마셀 웨이브 시술에 관한 설명 중 틀린 것은?

① 프롱은 아래쪽, 그루브는 위쪽을 향하도록 잡는다.
② 아이론의 온도는 120~140℃를 유지시킨다.
③ 아이론을 회전시키기 위해서는 반대쪽에 45° 각도로 회전시킨다.
④ 아이론의 온도가 균일할 때 웨이브가 일률적으로 완성된다.

해설 마셀 웨이브를 시술할 때 기본 아이론을 잡는 방법은 프롱이 위쪽, 그루브가 아래쪽을 향하게 놓고 그루브 핸들 사이에 엄지와 검지를 끼워 잡는다.

정답	001	002	003	004	005	006	007	008
	③	②	②	①	①	①	①	①

009 다음 중 아이론을 사용하여 만드는 웨이브는?

① 마셀 웨이브(marcel wave)

② 와이드 웨이브(wide wave)

③ 내로우 웨이브(narrow wave)

④ 덜 웨이브(dull wave)

해설 마셀 웨이브는 아이론을 사용하여 모발의 웨이브를 만드는 방법으로 1875년 마셀 그라또우(Marcel Gurateau)가 개발하였다.

010 마셀 웨이브를 사용하여 안말음(in curl)을 시술할 때 아이론을 바르게 사용하는 방법은?

① 그루브는 위쪽, 프롱은 아래방향

② 프롱은 위쪽, 그루브는 아래방향

③ 그루브와 프롱 모두 아래방향

④ 방향은 상관없다.

해설 아이론을 사용하여 인컬 웨이브를 만들 때 아이론의 그루브는 위쪽, 프롱은 아래쪽으로 향하게 잡는다.

011 블로우 드라이 시술 시 모발에 볼륨을 주거나 웨이브 형성 시 가장 좋은 브러시는?

① 일반브러시

② 쿠션브러시

③ 덴멘 브러시

④ 원통형 롤 브러시

해설 덴멘 브러시는 모근의 볼륨을 세우고자 할 때 사용하고, 쿠션부러시는 두피 관리용으로 주로 사용한다.

012 브러시의 손질법으로 적절하지 않은 것은?

① 비눗물이나 탄산소다수에 담그고 부드러운 털은 손으로 가볍게 비벼 빤다.

② 빳빳한 털은 세정브러시로 닦아낸다.

③ 털이 위로 가도록 햇볕에 말린다.

④ 석탄산수나 크레졸수를 사용하여도 된다.

해설 세정 후 털이 아래로 향하도록 하여 그늘에 말린다.

013 브러시의 종류에 따른 사용목적이 틀린 것은?

① 덴멘 브러시는 열에 강하여 모발에 텐션과 볼륨감을 주는데 사용한다.

② 롤 브러시는 롤의 크기가 다양하고 웨이브를 만들기에 적합하다.

③ 스켈톤 브러시는 여성헤어스타일이나 긴 머리 헤어스타일 정돈에 주로 사용된다.

④ S형 브러시는 바람머리 같은 방향성을 살린 헤어스타일 정돈에 적합하다.

해설 스켈톤 브러시는 모발의 건조 시 모류를 설정하고 자연스러운 스타일을 표현할 때 사용한다.

014 블로우 드라이 시술 결과에 영향을 주는 주요 요인이 아닌 것은?

① 수분

② 텐션

③ 모발의 길이

④ 패널의 크기

해설 블로우 드라이 시술 시 수분, 열, 텐션, 시술속도, 패널의 크기, 도구의 회전 등을 조절할 수 있는 기술 등이 결과에 영향을 준다.

015 다음 중 스타일링 요소가 아닌 것은?

① 수분

② 열(온도)

③ 텐션

④ 제품

해설 스타일링 요소 : 수분, 열, 텐션, 속도

016 모량이 많거나 강한 곱슬머리 또는 직모에 효과적인 스타일링 도구는?

① 아이론

② 드라이어

③ 브러시

④ 노즐

해설 드라이어 : 연모, 모량이 보통이거나 적은 보통 퍼머넌트웨이브 모발에 효과적

017 드라이어를 사용하여 C컬을 만들 때 브러시에 감기는 모발의 회전 바퀴수는?

① 1바퀴 반 이내

② 2바퀴 이상

③ 반 바퀴

④ 3바퀴 이상

해설 C컬 : 롤 브러시(아이론)에 모발을 1바퀴 반(1½) 이내로 감음

018 모발의 아래쪽에 브러시를 놓고 두상 쪽을 향하여 안으로 감아주는 컬의 형태는?

① 아웃컬(겉말음)

② 인컬(안말음)

③ C컬

④ S컬

해설 아웃컬(겉말음) : 모발의 위쪽에 브러시를 놓고 밖으로 향하여 감아줌

정답	009	010	011	012	013	014	015	016
	①	①	④	③	③	③	④	①
	017	018						
	①	②						

12장

베이직 헤어컬러

능력단위의 정의

베이직 헤어컬러란 목적에 따라 선정한 염·탈색제를 모발에 원터치 또는 투터치 등의 도포법을 사용하여 모발의 색을 변화시킬 수 있는 능력이다.

1절 베이직 헤어컬러

1 헤어컬러의 원리

1 색채이론

(1) 색의 정의
빛을 흡수하고 반사하는 결과로 사물의 밝고 어두움이나 색상이 인지되는 물리적인 현상
→ 눈을 통해 감각이 인지됨

(2) 색의 분류
① 무채색(achromatic color) : 흰색-회색계-검정색의 명도 변화만 가짐
② 유채색(chromatic color) : 무채색을 제외한 모든 색

> **참고 물체의 색**
> • 물체에 도달한 빛(가시광선)은 파장이 분해되어 반사, 흡수, 투과의 현상이 발생함
> • 빛이 닿는 물체의 성질에 따라 반사, 흡수, 투과하는 정도가 달라지기 때문에 물체의 형태, 색, 질감이 구분됨
> • 빛이 물체에 닿아 모두 반사되면 물체의 표면은 흰색으로 보이고, 반대로 물체가 모든 빛을 흡수하면 검정색으로 보임

> **참고 색채지각의 3요소**
>
>

(3) 색의 3속성

색상(Hue)	• 빨강, 노랑 등의 명칭으로 구분하는 고유의 특성 • 유채색에만 있는 속성
명도(Value)	• 색의 밝고 어두운 정도 • 검정(0)부터 흰색(10)까지 • 유채색, 무채색 모두 있는 속성
채도(Chroma)	• 색의 맑고 탁한 정도, 색상의 선명함 • 색의 순수한 정도와 강약을 표현 • 채도가 가장 높은 것은 순색

(4) 색상환

① 색을 측정하고 이것을 기호화하여 표준화한 색을 원형으로 배치하나 것
② 유채색의 색 변화를 계통적으로 표시

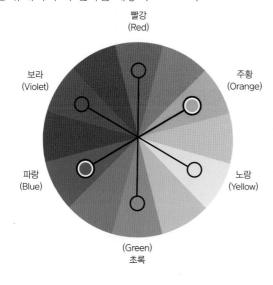

(5) 색의 혼합

1차색	• 색의 혼합으로 만들어지지 않는 순수한 색(색의 3원색) • 빨강(red), 노랑(yellow), 파랑(blue)
2차색	• 1차 색상을 서로 혼합하여 만들어진 색 • 초록(green), 주황(orange), 보라색(violet)
3차색	• 1차색과 2차색을 혼합하여 만들어지는 색상 • 붉은 주황(red orange), 연한 주황(yellow orange), 연두(yellow green), 청록(blue green), 자주(red violet), 청보라(blue violet)

(6) 색의 중화

① 특정 반사 빛을 없애고 갈색 계열로 변화시키는 것

② **보색** : 색상환에서 서로 마주 보고 있는 색상

③ **보색중화**

- 보색을 일정한 비율로 혼합하면 무채색이 됨
- 녹색 모발을 자연갈색으로 바꾸자 할 때 빨간색을 사용
- 선명한 회색 염색을 하기 위해 탈색한 후, 모발에 남아있는 노란색 색소를 보색인 보라색을 이용하여 중화한 후에 회색을 시술

④ **보색대비** : 상대의 색이 더 선명해 보이는 현상

2 모발의 명도

(1) 자연모 레벨

① 멜라닌의 양, 비율, 밀도에 의해 구분되는 모발의 밝기

② 일반적으로 10단계로 구분(15단계 또는 20단계)

(2) 블리치 레벨

① 탈색제 등 화학 제품에 의해 탈색된 모발의 밝기

② 희망염모제의 색상이 어떤 모발 베이스의 밝기에서 표현되는지 판단하는 기준

③ 염모제사마다 차이가 있으나 10~20단계로 구분

레벨	1	2	3	4	5	6	7	8	9	10
염모제명 (로레알사)	흑색	아주 어두운 갈색	어두운 갈색	갈색	밝은 갈색	어두운 황갈색	황갈색	밝은 황갈색	아주 밝은 황갈색	금색
블리치 레벨										
언더컬러 (베이스 색상)										

←—— 적색 ——→ ←—— 주황색 ——→ ←—— 노란색 ——→

3 모발의 탈색

(1) 탈색의 개요
① 모발의 멜라닌 색소를 분해하여 자연 모발의 색을 밝게 하는 것
② 염색 전 자연모발의 명도를 조정하여 밝게 하는 염색의 효과를 도움
③ 이전에 시술한 염모제의 색상만을 제거하는 목적으로도 사용가능(탈염)

(2) 탈색제의 종류
① **파우더 타입** : 짧은 시간과 빠른 속도로 고명도로 탈색, 가장 일반적 사용, 손상도 높음
② **크림 타입** : 고명도로 탈색하기 어려움, 초보자가 사용하기에 적합, 손상이 적음
③ **오일 타입** : 탈색속도가 느림, 자연스러운 변화, 고명도의 탈색은 불가

(3) 탈색제의 주요 성분

1제	• 암모니아(28%) : 모표피의 팽창으로 약제의 침투가 용이 • 과황산암모늄, 과붕산나트륨 : 과산화수소의 분해 및 산소발생 촉진
2제	• 과산화수소

(4) 탈색의 원리

(5) 과산화수소 농도와 산소 발생량
산화제의 농도가 높을수록 탈색 반응이 빠르고 탈색 변화가 큼

과산화수소 농도(%)	산소발생량 (volume)	작용
3%	10Vol.	• 모발의 밝기 변화가 적음 • 손상모, 백모 • 색상을 입히는 염색(토닝), 어두운 색의 염색(톤다운)에 사용
6%	20Vol.	• 기존 모발 밝기보다 1~2단계 밝아짐 • 가장 일반적으로 사용하는 농도 • 밝은 색의 멋내기 염색(톤업), 백모, 탈색에 사용
9%	30Vol.	• 기존 모발 밝기보다 2~3단계 밝아짐 • 강한 탈색력, 피부자극이 높음 • 부분적 염·탈색, 가발에 사용

2 헤어컬러제의 종류

1 원료에 따른 분류

유성 염모제	• 안료를 수지 또는 접착제와 혼합하여 쵸크, 크레용, 스프레이 형태로 만듦 • 색소의 입자가 커서 모표피 층에 착색, 샴푸 후 제거됨
식물성 염모제	• 헤나의 잎처럼 꽃, 껍질, 열매 등이 원료 • 모발 손상이 없고 모발의 두께감이 굵어질 수 있음 • 염색시간이 길며 염모제가 모피질에 축적되어 모발 색이 탁해지고 펌 등의 화학 시술이 어려움
금속성 염모제	• 은, 구리, 납, 니켈, 비스무트 등의 금속 화합물을 유기 약품으로 검은색이나 갈색으로 변색시키는 염모제 • 모발 내 금속 성분이 축적되어 모발 손상
합성 염모제	• 산성염료, 염기성염료, 산화염료를 사용하는 염모제 • 가장 일반적으로 사용

2 염모제의 특성 및 원리

분류	특성	작용원리
일시적 염모제	• 사용 후 샴푸로 즉시 제거가능 • 컬러 스프레이, 컬러 무스, 컬러 마스카라, 새치 커버용 스틱 등	• 입자가 큰 안료(색소)가 모표피 • 표면층에 일시적으로 부착
반영구적 염모제	• 모발 명도의 변화 없이 색상 표현만 가능 • 1제로만 구성 • 4~6주 정도의 색상 유지됨 • 헤어 매니큐어, 코팅, 왁싱, 컬러샴푸 등	• 모표피의 내외층에 염착 • 산성염료(−, 음이온) 분자가 모발의 아미노기(+, 양이온)와 이온결합
영구적 염모제	• 모발의 명도를 변화 • 영구적으로 색상이 유지(6주 이상) • 1제와 2제(산화제)를 혼합하여 사용 • 탈색과 착색이 동시에 일어남	• 1제의 알칼리제 : 모표피를 팽윤 • 1제의 알칼리제 + 2제의 과산화수소 : 산소를 발생 • 발생한 산소 : 멜라닌 색소 분해(탈색), 1제의 산화 염료와 산화 중합 반응(발색)으로 모피질에 착색

3 산화염모제의 주요성분

1제	산화염료 알칼리제 : 모표피 팽윤으로 약제의 침투를 용이하게 함 – 암모니아 계열(휘발성) – 아민 계열(비휘발성)
2제	산화제 : 산소 발생, 멜라닌 색소분해, 염료의 발색 – 과산화수소 – 과붕산나트륨 등

4 산화염모제의 원리

5 산화염모제의 착색과정

① 멜라닌 색소의 탈색　② 산화염료의 발색　③ 발색된 염료가 착색됨

3 헤어컬러 방법

1 염모제의 번호체계
① 숫자로 명도와 색상을 표기
② 제조사별로 색상을 표기하는 숫자가 다름

7.45

자연모 명도. 주 반사 빛, 보조 반사빛

※ / 또는 .는 제조사별 표기 방식이 다른 것

2 염색 시 유의사항
① 패치 테스트
② 탈색 전 두피와 모발의 상태를 관찰 : 두피의 상처나 모발의 다공성이 심할 경우 시술하지 않음
③ 프레 소프트닝(pre softening) : 저항성 모발의 경우 염색하기 전 사전연화를 함
④ 모발의 손상을 최소화하고 색의 유지력을 높이기 위해 전처리 제품을 사용
⑤ 제조사가 권장하는 사용법과 혼합 비율을 따름
⑥ 최대한 모발 위주로 도포하고 두피 보호제를 사용
⑦ 두피, 눈 등이 따갑거나 부어오르고 고객이 불편을 호소할 경우 즉시 중단

패치 테스트 (patch test)	• 염모제에 대한 알레르기 여부를 확인하기 위한 검사 • 사용할 염모제의 1제와 2제를 권장 비율로 혼합 • 팔 안쪽 또는 귀 뒤쪽에 동전 크기로 바른 다음 씻어 내지 않고 48시간까지 피부의 부어오름, 붉어짐, 가려움 등의 이상 반응을 관찰
스트랜드 테스트 (strand test)	• 염모제의 색상선정이 올바른지, 모발에 따른 정확한 염모제의 작용시간을 추정 • 목덜미 안쪽 모발에 진행 • 모발에 따른 사전처리 여부 : 다공성모(리컨디셔닝), 발수성모, 저항성모(사전연화)

3 염모제 도포방법

(1) 붓의 각도에 따른 염모제 도포량 차이

붓의 각도

90°~70°　　40°　　15°~0°

약액이 붓에 묻어 있는 상태 양의 이미지

0도	• 염색이 잘 안 되는 부위 도포할 때 • 많은 양의 염모제 도포 가능	
45도	• 일반적 사용방법 • 적당량의 염모제 도포	
90도	• 모발의 손상 부위나 두피 가까이 도포할 때 • 적은 양의 염모제 도포	

(2) 패션 컬러(멋내기 염색)

모발의 길이, 손상도, 얼룩 정도 등에 따라 도포방법을 선택

원터치		• 모근에서 모발 끝까지 한 번에 도포 • 희망색이 7레벨 이하의 어두운 색이거나 모발 전체를 밝게 할 때 • 산성염모제 도포할 때
투터치	② 10~15분 ① 15~20분 1.5cm²	• 25cm 미만의 모발을 두 번에 나누어 도포 • 모근쪽 모발이 두피 온도의 영향으로 염모제의 반응 속도가 다르므로 얼룩 없는 균일한 컬러를 얻기 위해 사용
쓰리터치	③ 15분 ② 15분 ① 5분 1.5cm² 20cm²	• 25cm 이상의 모발을 세 번에 나누어 도포 • 신생부와 기염부의 명도를 맞추면서 밝게 염색할 때 • 기염부 모발 끝부분의 균일한 컬러 결과를 얻기 위해 사용

(3) 리터치

기염모 모발의 신생모 부분을 염색하여 기염모와 연결하는 것

톤 업	현재의 명도보다 밝은 명도로 염색
톤 다운	현재의 명도보다 어두운 명도로 염색
톤 온 톤(토닝)	현재의 명도는 변화 없이 색상의 변화를 연출

2절 베이직 헤어컬러 마무리

1 헤어컬러 마무리 방법

1 유화(에멀젼, emulsion)

(1) 방법

① 샴푸를 하기 전 헤어라인과 두피에 묻은 염모제를 손가락으로 원을 그리듯이 문지르는 동작
② 동작을 반복하며 빠져나오는 염모제를 모발의 끝 방향으로 쓸어내리며 빼냄
③ 물을 조금씩 묻혀가며 부드럽게 동작하도록 함

(2) 기능

① 두피의 염모제 잔여물을 깨끗이 제거
② 색상을 균일화하고 안정적으로 정돈하여 윤기를 부여
③ 색소의 정착을 촉진하여 색상의 선명도와 유지력을 높임

2 헤어컬러 전용 샴푸와 트리트먼트

① 염모제 잔여물 제거
② 모발의 pH 안정화
③ 헤어컬러의 변색을 방지
④ 선명한 색상 유지
⑤ 염색 시술로 손상된 모발의 단백질 보충
⑥ 모발의 윤기, 정전기 예방

3 헤어컬러 리무버

피부에 묻은 염모제를 지우는 제품(크림형, 액상형, 티슈형)

베이직 헤어컬러 출제예상문제

001 헤어컬러링 기술에서 만족할 만한 색채효과를 얻기 위해서는 색채의 기본적인 원리를 이해하고 이를 응용할 수 있어야 하는데 색의 3속성 중의 명도만을 갖고 있는 무채색에 해당하는 것은?

① 적색　　　　② 황색
③ 청색　　　　④ 백색

해설 흰색–회색계–검정색은 명도의 변화만 있는 무채색이다.

002 헤어컬러링 시 활용되는 색상환에 있어 적색의 보색은?

① 보라색　　　　② 청색
③ 녹색　　　　④ 황색

해설 색상환에서 적색과 녹색, 보라색과 황색(노랑), 파랑과 주황은 서로 보색관계이다.

003 다음 중 무채색에 해당하는 것은?

① 빨강, 회색　　　② 흑색, 노랑
③ 회색, 흑색　　　④ 노랑, 흰색

해설 무채색은 명도의 변화만 있는 색으로 흰색, 회색, 검정색이다.

004 보색에 대한 설명으로 적합하지 않은 것은?

① 색상환에서 서로 마주보고 있는 색이다.
② 보색을 서로 일정한 비율로 섞으면 무채색이 된다.
③ 보색중화의 방법으로 재염색 시 원하지 않는 기존색상을 바꿀 수 있다.
④ 명칭으로 구분하는 색의 특성이다.

해설 색의 3속성 중 색상은 빨강, 노랑 등의 명칭으로 구분하는 색의 특성으로 유채색에만 있다.

005 모발의 구조 중 모발의 탈색이 일어나는 곳은?

① 모피질　　　　② 모표피
③ 모수질　　　　④ 모낭

해설 모피질의 멜라닌 색소를 분해하면 모발이 탈색된다.

006 다음 중 헤어 블리치제 1제의 주요 성분은?

① 과산화수소
② 티오글리콜산
③ 암모니아
④ 파라페닐렌디아민

해설 헤어 블리치제 1제의 알칼리제로는 주로 암모니아가 사용되어 모표피를 팽창시켜 약제의 침투가 용이하게 하고 2제의 과산화수소의 분해 및 산소 발생을 촉진시키는 역할을한다.

007 산화염모제의 1제의 알칼리 성분에 대한 설명으로 옳은 것은?

① 모표피를 팽창시켜 산화염료의 모피질 침투를 돕는다.
② 멜라닌 색소를 분해한다.
③ 과산화수소와 반응하여 수소를 발생한다.
④ 모표피를 단단하게 한다.

해설 알칼리제에 의한 모표피의 팽창으로 산화염료가 모피질로 쉽게 침투한다.

008 염모제에 대한 설명 중 틀린 것은?

① 제1액의 알칼리제는 휘발성 암모니아가 주로 사용된다.
② 염모제 제1액은 제2액 산화제(과산화수소)를 분해하여 발생기 수소를 발생시킨다.
③ 과산화수소는 모발의 색소를 분해하여 탈색한다.
④ 과산화수소는 산화염료를 산화해서 발색시킨다.

해설 염모제의 알칼리 성분이 산화제의 과산화수소와 반응하여 산소를 발생한다.

009 헤어 블리치에 관한 설명으로 틀린 것은?

① 과산화수소는 산화제이고 암모니아수는 알칼리제이다.

② 헤어 블리치는 산화제의 작용으로 두발의 색소를 옅게 한다.

③ 헤어 블리치제는 과산화수소에 암모니아수 소량을 더하여 사용한다.

④ 과산화수소에서 방출된 수소가 멜라닌 색소를 파괴시킨다.

해설 과산화수소가 방출하는 산소가 멜라닌 색소를 분해한다.

010 다음 중 과산화수소(산화제) 6%의 설명으로 맞는 것은?

① 10볼륨　　　　② 20볼륨

③ 30볼륨　　　　④ 40볼륨

해설 산화제 100g의 과산화수소 농도 6%가 방출하는 산소의 양은 20볼륨(Vol.)이다.

011 일반적으로 사용하는 헤어 블리치제의 성분 구성은?

① 6% 과산화수소, 18% 암모니아수

② 6% 과산화수소, 28% 암모니아수

③ 3% 과산화수소, 20% 암모니아수

④ 10% 과산화수소, 18% 암모니아수

해설 헤어 블리치제는 일반적으로 28% 암모니아수의 1제와 6% 과산화수소 2제를 혼합하여 사용한다.

012 다음 중 3% 과산화수소로 표기한 산화제와 동일한 것은?

① 10볼륨　　　　② 20볼륨

③ 30볼륨　　　　④ 40볼륨

해설 3% 과산화수소는 10Vol.의 산소를 발생한다.

013 영구적 염모제에 대한 설명 중 틀린 것은?

① 제1액의 알칼리제로는 휘발성이라는 점에서 암모니아가 사용된다.

② 제2제인 산화제는 모피질 내로 침투하여 수소를 발생시킨다.

③ 제1제 속의 알칼리제가 모표피를 팽윤시켜 모피질 내 인공색소와 과산화수소를 침투시킨다.

④ 모피질 내의 인공색소는 큰 입자의 유색 염료를 형성하여 영구적으로 착색된다.

해설 산화제는 산소를 발생하여 멜라닌 색소를 분해한다.

014 다음 중 일시적 염모제에 해당하지 않는 것은?

① 컬러 스프레이　　　② 컬러 크림

③ 산성 컬러　　　　　④ 컬러 무스

해설 일시적 염모제는 모표피 표면층에 일시적으로 착색하는 것으로 컬러 스프레이, 컬러 무스, 컬러 마스카라, 컬러 파우더 등이 있으며 사용 후 샴푸로 즉시 제거가 가능하다.

정답	001	002	003	004	005	006	007	008
	④	③	③	④	①	③	①	②
	009	010	011	012	013	014		
	④	②	②	①	②	③		

015 영구적 염모제의 특성이 아닌 것은?

① 모발의 명도를 변화

② 영구적으로 색상이 유지(6주 이상)

③ 1제와 산화제를 혼합하여 사용

④ 모발의 명도 변화없이 색상만 표현

해설 반영구적 염모제 : 모발 명도의 변화 없이 색상 표현만 가능

016 컬러링 시술 전 실시하는 패치 테스트에 관한 설명으로 틀린 것은?

① 염색 시술 48시간 전에 실시한다.

② 팔꿈치 안쪽이나 귀 뒤에 실시한다.

③ 테스트 결과 양성반응일 때 염색시술을 한다.

④ 염모제의 알레르기 반응 테스트이다.

해설 양성반응(발진, 가려움, 수포 등)일 때는 염색 시술을 하지 않는다.

017 염색한 모발에 자라나온 신생모를 동일한 색으로 염색하는 것은 무엇인가?

① 패치 테스트

② 헤어 블리치

③ 다이 터치업(리터치)

④ 블리치 터치업

해설 염색 후 새로 자라난 모발에만 하는 염색기법을 다이 터치업(dye touch up, 리터치)이라고 한다.

018 염색 시 사전 연화가 필요한 모발은?

① 염색모   ② 손상모

③ 다공성모   ④ 저항성모

해설 저항성 모발의 경우 염색하기 전 사전연화(프레소프트닝, pre softening)를 한다.

019 염모제를 사용하기 전 색상선정과 염모제의 작용시간을 추정하기 위해 진행하는 테스트는?

① 패치 테스트   ② 스킨 테스트

③ 블라인드 테스트   ④ 스트랜드 테스트

해설 스트랜드 테스트를 하여 염모제의 색상선정이 올바른지, 모발에 따른 정확한 염모제의 작용시간을 추정하고 모발에 따른 사전처리 여부를 판단한다.

020 첩포시험(패치테스트)에 대한 설명 중 틀린 것은?

① 음성반응이 일어나면 염색을 하지 않아야 한다.

② 염모제를 바른 후 씻지 않고 48시간 방치 후 결과를 확인한다.

③ 염모제를 귀 뒷부분, 팔 안쪽 등 여린 피부에 동전 크기로 바른다.

④ 알레르기 반응을 일으키는 체질에 대해 염모제의 반응을 시험해 보기 위한 것이다.

해설 패치테스트는 염모제에 대한 알레르기 여부를 확인하기 위한 검사로 팔 안쪽 또는 귀 뒤쪽에 동전 크기로 염모제를 바른 다음 씻어 내지 않고 48시간까지 방치 후 결과를 확인한다. 피부의 부어오름, 붉어짐, 가려움 등의 양성반응이 일어나면 염색을 하지 않아야 한다.

021 헤어컬러링 시 원하지 않는 색이 나왔거나 모발 염색의 색상이 잘못 나왔을 때 모발색을 중화시켜 없애려고 하는 경우 이용되는 주된 방법은?

① 동일색상의 원리

② 3원색의 원리

③ 보색관계의 원칙

④ 염료침투의 원리

해설 보색을 일정한 비율로 혼합하면 무채색이 되는 원리를 이용한다. 녹색 모발을 자연갈색으로 바꾸자 할 때 빨간색을 사용하면 된다.

022 헤어 블리치 시술상의 주의사항에 해당하지 않는 것은?

① 미용사의 손을 보호하기 위하여 장갑을 반드시 낀다.
② 시술 전 샴푸를 할 경우 브러싱을 하지 않는다.
③ 두피에 질환이 있는 경우 시술하지 않는다.
④ 사후손질로서 헤어 리컨디셔닝은 가급적 피하도록 한다.

해설 헤어 리컨디셔닝을 하여 헤어 블리치 후 손상된 모발이 회복되도록 관리한다.

023 적은 양의 염모제를 도포하기 위해 사용하는 붓의 각도는?

① 45˚
② 90˚
③ 0˚
④ 30˚

해설 90˚의 붓의 각도 : 모발의 손상 부위 나 두피 가까이 도포할 때 적은양의 염모제를 도포할 수 있다.

024 다음 중 투터치 도포방법에 대한 설명으로 적합하지 않은 것은?

① 25cm 미만의 모발을 두 번에 나누어 도포
② 모근에서 모발 끝까지 한 번에 도포
③ 두피에서 약 1.5cm 띄우고 도포한 뒤 15~20분 후 두피 쪽 도포
④ 얼룩 없는 균일한 컬러를 얻기 위해 사용

해설 모근 쪽 모발이 두피 온도의 영향으로 염모제의 반응 속도가 다르므로 투터치 도포한다.

025 다음 중 현재의 명도보다 밝은 명도로 변화하는 리터치 염색 방법은?

① 톤 업
② 톤 다운
③ 톤 온 톤
④ 토닝

해설 • 톤 다운 : 현재의 명도보다 어두운 명도로 염색
• 톤 온 톤(토닝) : 현재의 명도는 변화 없이 색상의 변화를 연출

026 염색 시술 시 모표피의 안정과 색상의 퇴색을 방지하기 위하여 사용하는 것은?

① 산성균형 린스
② 플레인 린스
③ 알칼리 린스
④ 스트랜드 테스트

해설 산성균형 린스는 모표피의 안정과 색상의 퇴색을 방지하고 모발의 알칼리를 중화시켜 준다.

027 염색 후 마무리 하는 방법으로 유화(에멀젼)에 대한 설명으로 바르지 않은 것은?

① 색상의 선명도와 유지력을 높임
② 두피의 염모제 잔여물을 깨끗이 제거
③ 색상을 균일화하고 안정적으로 정돈
④ 샴푸제품을 사용한 후 에멀젼을 함

해설 유화(에멀젼) : 샴푸를 하기 전 헤어라인과 두피에 묻은 염모제를 손가락으로 원을 그리듯이 문지르는 동작을 반복하며 빠져나오는 염모제를 모발의 끝 방향으로 쓸어내리며 빼낸다.

정답	015	016	017	018	019	020	021	022
	④	③	③	④	④	①	③	④
	023	024	025	026	027			
	②	②	①	①	④			

헤어미용 전문제품 사용

헤어미용 전문제품 사용이란 고객의 두피·모발 상태 및 서비스 목적에 따라 제품을 선정하고 홈케어 제품을 고객에게 추천하는 능력이다.

1절 제품 사용

1 헤어전문제품의 종류

1 헤어미용전문제품

헤어미용전문제품은 기능에 따라 화장품 또는 기능성 화장품으로 분류

(1) 화장품의 정의

> "화장품"이란 인체를 청결·미화하여 매력을 더하고 용모를 밝게 변화시키거나 피부·모발의 건강을 유지 또는 증진하기 위하여 인체에 바르고 문지르거나 뿌리는 등 이와 유사한 방법으로 사용되는 물품으로서 인체에 대한 작용이 경미한 것을 말한다. 다만, 「약사법」 제2조제4호의 의약품에 해당하는 물품은 제외한다.
>
> 화장품법 제1장 총칙 제2조(정의) 1항

(2) 기능성화장품의 정의

> "기능성화장품"이란 화장품 중에서 다음 각 목의 어느 하나에 해당되는 것으로서 총리령으로 정하는 화장품을 말한다.
> 가. 피부의 미백에 도움을 주는 제품
> 나. 피부의 주름개선에 도움을 주는 제품
> 다. 피부를 곱게 태워주거나 자외선으로부터 피부를 보호하는 데에 도움을 주는 제품
> **라. 모발의 색상 변화·제거 또는 영양공급에 도움을 주는 제품**
> **마. 피부나 모발의 기능 약화로 인한 건조함, 갈라짐, 빠짐, 각질화 등을 방지하거나 개선하는 데에 도움을 주는 제품**
>
> 화장품법 제1장 총칙 제2조(정의) 2항

(3) 기능성화장품의 범위

> 1. 피부에 멜라닌색소가 침착하는 것을 방지하여 기미·주근깨 등의 생성을 억제함으로써 피부의 미백에 도움을 주는 기능을 가진 화장품
> 2. 피부에 침착된 멜라닌색소의 색을 엷게 하여 피부의 미백에 도움을 주는 기능을 가진 화장품
> 3. 피부에 탄력을 주어 피부의 주름을 완화 또는 개선하는 기능을 가진 화장품
> 4. 강한 햇볕을 방지하여 피부를 곱게 태워주는 기능을 가진 화장품
> 5. 자외선을 차단 또는 산란시켜 자외선으로부터 피부를 보호하는 기능을 가진 화장품
> **6. 모발의 색상을 변화[탈염(脫染)·탈색(脫色)을 포함한다]시키는 기능을 가진 화장품. 다만, 일시적으로 모발의 색상을 변화시키는 제품은 제외한다.**
> 7. 체모를 제거하는 기능을 가진 화장품. 다만, 물리적으로 체모를 제거하는 제품은 제외한다.
> 8. 탈모 증상의 완화에 도움을 주는 화장품. 다만, 코팅 등 물리적으로 모발을 굵게 보이게 하는 제품은 제외한다.
> 9. 여드름성 피부를 완화하는 데 도움을 주는 화장품. 다만, 인체세정용 제품류로 한정한다.
> 10. 피부장벽(피부의 가장 바깥 쪽에 존재하는 각질층의 표피를 말한다)의 기능을 회복하여 가려움 등의 개선에 도움을 주는 화장품
> 11. 튼살로 인한 붉은 선을 엷게 하는 데 도움을 주는 화장품
>
> 화장품법 시행규칙 제2조(기능성화장품의 범위)

2 헤어전문제품의 사용방법

1 세정 및 케어제품

헤어 샴푸	• 두피와 모발을 세정하고 땀, 피지 등 노폐물과 오염물 등을 제거하여 모발과 두피를 건강하게 함 • 세정제와 계면 활성제, 보습제, 점증제, pH 조절제, 향, 자외선 차단제 등의 성분
헤어 트리트먼트	• 모발 단백질, 간충물질과 유사한 성분을 공급하여 손상모발을 회복 및 복구 • 케라틴, 콜라겐, 정제수, 보습제, 세라마이드, 천연오일 등의 성분
헤어 컨디셔너	• 샴푸 후 pH를 조절하여 모발의 등전점을 유지, 정전기 방지, 유분과 보습, 매끄러운 모발 결정리 • 계면활성제, 컨디셔닝제, 점증제, 보습제, 금속 이온 봉쇄제, 착색제, pH조절제 등의 성분

2 헤어스타일링 제품

(1) 헤어 스프레이

① 모근의 볼륨감을 유지, 헤어 디자인 형태를 고정할 때 사용
② 고객의 얼굴을 얼굴 가리개나 손으로 가린 후 분사
③ 모근의 볼륨이나 특정부위의 고정은 10cm 정도 근접한 거리에서 집중 분사
④ 스타일링 마무리 형태의 고정은 고객의 얼굴에서 30~35cm 떨어져 전체적으로 분사
⑤ 드라이어의 미열로 제품을 고정

(2) 헤어 왁스

① 모발 끝의 움직임을 강조
② 제품을 손바닥의 열로 고르게 펴 모발 전체에 가볍게 도포 후 모발 끝을 움켜쥐듯이 '잡았다 놓았다'를 반복
③ 포마드와 젤의 중간 정도의 사용감으로 웨이브나 자연스러운 스타일에 사용
④ 건조된 모발에만 사용, 가는 모발은 부적합
⑤ 크림, 매트, 젤 타입, 스틱, 검, 클레이 타입 등
⑥ 모발을 두피에 밀착 고정하는 경우 스틱 타입의 제품을 사용(앞머리, 쪽머리, 구레나룻, 사이드, 네이프 부분)
⑦ 포마드는 깔끔하고 촉촉한 남성의 헤어스타일에 사용

(3) 헤어 젤

① 스타일 유지와 모발의 고정
② 폴리머 성분은 모발에 막을 만들며 굳어지게 함
③ 과도한 사용 시 하얀 가루가 묻은 것처럼 보이는 플레이킹(flaking) 현상이 발생

(4) 헤어 무스

① 세팅력이 강한 제품, 케어와 광택을 위한 제품
② 수분을 주면 스타일링을 수정할 수 있음
③ 에어로솔과 액화 가스(분사제)로 공기 중에서 거품 형태로 부풀려짐

(5) 헤어 세럼

① 화학적 시술로 손상된 모발, 건조모, 절모 등의 스타일링에 사용
② 가벼운 사용감으로 볼륨감이 필요한 스타일에 사용
③ 긴 머리의 모발 끝을 차분하게 정리
④ 30~40% 정도의 수분이 남아 있는 상태에서 모발의 끝에 도포

(6) 헤어 오일

① 모발의 광택과 유연성을 주고 모발을 보호하는 목적으로 사용
② 묵직하고 차분하게 정돈감을 표현할 때 사용

(7) 헤어 에센스

① 모발의 윤기와 광택을 부여, 빗질을 용이하게 함
② 오일, 크림 타입은 손상모, 건조모, 극손상모에 사용
③ 수용성의 수분타입은 모발의 건조를 방지

웨이브 퍼머넌트	• 컬의 흐름을 강조 • 젤, 크림, 무스 타입의 제품
스트레이트 퍼머넌트	• 차분한 질감의 표현 • 에센스나 오일 타입의 제품
짧은 길이 모발	• 강한 세팅력의 왁스, 젤 타입의 제품
중간 길이 모발	• 로션, 무스 제품
긴 모발	• 에센스, 세럼, 오일 제품
가고 가라앉는 모질	• 스프레이를 사용하여 볼륨을 고정
굵고 뜨는 모발	• 오일, 에센스, 세럼 제품으로 차분하게 정리

3 탈모 방지 제품

① 탈모 증상 완화에 도움을 주는 기능성 화장품
② 모근 영양, 혈행 개선, 보습 등으로 탈모를 방지하고 개선하는 데 도움을 주는 기능

헤어미용 전문제품 사용 출제예상문제

001 다음 중 화장품법 제1장 총칙 제2조의 1항에 의한 화장품의 정의에 해당하지 않는 것은?

① 피부의 주름 개선에 도움을 주는 제품
② 인체를 청결·미화하여 매력을 더하고 용모를 밝게 변화
③ 피부·모발의 건강을 유지 또는 증진
④ 인체에 대한 작용이 경미

해설 "화장품"이란 인체를 청결·미화하여 매력을 더하고 용모를 밝게 변화시키거나 피부·모발의 건강을 유지 또는 증진하기 위하여 인체에 바르고 문지르거나 뿌리는 등 이와 유사한 방법으로 사용되는 물품으로서 인체에 대한 작용이 경미한 것

002 다음 중 화장품법 시행규칙 제2조에 의한 기능성 화장품의 범위에 해당하지 않는 것은?

① 모발의 색상을 변화[탈염(脫染)·탈색(脫色)을 포함한다]시키는 기능을 가진 화장품
② 일시적으로 모발의 색상을 변화시키는 제품
③ 체모를 제거하는 기능을 가진 화장품
④ 탈모 증상의 완화에 도움을 주는 화장품

해설 모발의 색상을 변화[탈염(脫染)·탈색(脫色)을 포함한다]시키는 기능을 가진 화장품. 다만, 일시적으로 모발의 색상을 변화시키는 제품은 제외한다.

003 다음 중 헤어 샴푸의 사용 목적에 해당하지 않는 것은?

① 모발의 청결
② 두피와 모발의 건강유지
③ 두피의 오염물질과 피지제거
④ 손상 모발 내부의 간충물질을 공급

해설 헤어 트리트먼트는 펌제 및 염모제 등 화학적 손상으로 인해 모발 내부의 간충물질이 유실된 손상모에 모발과 유사한 성분으로 배합된 물질을 공급하여 모발에 탄력과 광택을 준다.

004 다음 중 헤어 컨디셔너의 주성분이 아닌 것은?

① 양이온 계면활성제
② 정전기 방지제
③ 음이온 계면활성제
④ pH조절제

해설 음이온 계면활성제는 주로 세정의 목적으로 사용한다.

005 다음 중 모근의 볼륨감을 유지하고 헤어디자인의 형태를 고정할 때 주로 사용하는 헤어스타일링 제품은?

① 헤어 스프레이   ② 헤어 왁스
③ 헤어 세럼   ④ 헤어 오일

해설 헤어 왁스 : 모발 끝의 움직임을 강조, 포마드와 젤의 중간 정도의 사용감으로 웨이브나 자연스러운 스타일에 사용

006 다음 중 굵고 뜨는 모발을 차분하게 정리하는 용도로 사용하기 적합한 헤어스타일링 제품은?

① 헤어 무스   ② 헤어 오일
③ 헤어 왁스   ④ 헤어 스프레이

해설 굵고 뜨는 모발은 오일, 에센스, 세럼 제품으로 차분하게 정리한다.

정답	001	002	003	004	005	006		
	①	②	④	③	①	②		

베이직 업스타일

베이직 업스타일이란 업스타일의 기본기법과 디자인 연출기법으로
업스타일을 완성하는 능력이다.

1절 베이직 업스타일 준비

1 헤어스타일 기초이론

모발의 형태를 만들어 스타일을 마무리 하는 작업을 헤어세팅이라고 함

오리지널 세트(original set, 기초세트)	헤어 파팅, 헤어 셰이핑, 헤어 컬링, 헤어 웨이빙, 롤러 컬링 등
리세트(reset, 정리세트)	브러시 아웃, 콤 아웃

2 헤어 세팅작업

1 헤어 파팅(hair parting)

모발을 나누는 것(가르마)으로 얼굴형, 디자인 등에 따라 다양함

노 파트 (no part)	센터 파트 (center part)	스퀘어 파트 (square part)	렉탱글 파트 (rectangular part)
• 가르마가 없는 상태	• 전두부 헤어라인 중심에서 두정부 방향의 직선	• 양쪽 사이드 파트와 T.P.를 지나는 연장 수평선이 만난 사각형	• 스퀘어 파트의 수평선이 G.P. 방향으로 이동한 직사각형

사이드 파트 (side part)	라운드 사이드 파트 (round side part)	V(트라이앵글) 파트 (triangular part)	카우릭 파트 (cowlick part)

• 전두부와 측두부 경계 • 얼굴형과 모류에 따라 다양한 비율(8:2/7:3/6:4)	• 사이드 파트를 G.P.를 향해 둥글게 굴린 곡선형	• 이마의 양쪽과 T.P.를 연결하는 삼각형 • 업스타일에서 백콤의 효과를 크게 할 때	• 두정부의 가르마를 중심으로 모류의 흐름에 따라 방사상으로 나눔
업 다이애거널 파트 (up diagonal part)	다운 다이애거널 파트 (down diagonal part)	센터백 파트 (center back part)	이어 투 이어 파트 (ear to ear part)
• 사이드 파트 분할선이 뒤쪽을 향해 위로 경사진 형태	• 사이드 파트 분할선이 뒤쪽을 향해 아래로 경사진 형태	• 후두부를 정중선으로 나눔	• E.P.에서 T.P.를 지나 반대편 E.P.까지 연결

2 헤어 셰이핑(hair shaping)
① 모발의 결과 모양을 정리하여 모발의 흐름을 만듦
② 빗질의 방향이 웨이브의 흐름을 결정

빗질의 방향	스트레이트 셰이핑	수직 빗기
	인커브 셰이핑	안쪽으로 돌려빗기
	아웃커브 셰이핑	바깥쪽으로 돌려빗기
각도	업 셰이핑	수평선상으로 빗질된 모발의 라인보다 위쪽으로 올려빗기
	다운 셰이핑	수평선상으로 빗질된 모발의 라인보다 아래쪽으로 내려빗기
귓바퀴 기준	포워드 셰이핑	귓바퀴 방향
	리버스 셰이핑	귓바퀴 반대 방향

3 헤어 컬링(hair curling, 핀컬)

한 묶음의 모발이 고리 모양으로 돌아간 형태로 웨이브, 플러프(모발 끝의 변화와 움직임), 볼륨을 만들기 위한 목적

(1) 컬의 구성

베이스(base)	컬을 만드는 모다발(스트랜드)의 근원
스템(stem)	베이스에서 피벗포인트까지 직선으로 뻗은 부분
루프(loop)	고리(원형)모양의 컬이 형성된 부분
피벗 포인트(pivot point)	컬이 돌아가기(말리기) 시작하는 지점
엔드 오브 컬(end of curl)	모발의 끝

(2) 베이스의 종류(모양)

스퀘어 베이스 (square base)	오블롱 베이스 (oblong base)	트라이앵글 베이스 (triangular base)	아크 베이스 (arc base)	
정사각형 베이스	직사각형 베이스	삼각형 베이스	둥근형 베이스	

(3) 스템(stem)

컬의 방향과 웨이브의 흐름을 결정함, 스템과 두피와의 각도에 의해 볼륨이 형성됨

논 스템(non stem)	• 컬의 루프가 베이스에 안착 • 움직임이 가장 적고 컬이 오래 지속됨
하프 스템(half stem)	• 컬의 루프가 베이스에 반 정도 걸침 • 중간 정도의 움직임
풀 스템(full stem)	• 컬의 루프가 베이스에서 벗어남 • 컬의 형태가 방향성만 제시하고 움직임은 가장 큼

(4) 컬의 종류

스탠드업 컬 (stand up curl)	• 컬의 루프가 두피에 90°로 세워진 컬로 볼륨 형성	
	포워드(forward) 스탠드업	귓바퀴 방향
	리버스(reverse) 스탠드업	귓바퀴 반대 방향

플랫 컬 (flat curl)		• 컬의 루프가 두피에 평평하고 납작하게 누운 컬로 볼륨 없음
	스컬프처(sculpture) 컬	• 모발 끝에서 모근 쪽으로 와인딩하여 모발의 끝이 원의 중심에 위치 • 모발 끝으로 갈수록 웨이브가 작아짐
	핀(pin) 컬 /메이폴(maypole) 컬	• 모근에서 모발 끝 방향으로 와인딩하여 모근이 원의 중심에 위치 • 모발 끝으로 갈수록 웨이브가 커짐
리프트 컬 (lift curl)		• 컬의 루프가 두피에 45˚ 비스듬히 세워진 컬 • 주로 스탠드업 컬과 플랫 컬 사이의 연결을 위해 사용
바렐 컬(barrel curl)		• 모발을 원통형으로 말아서 고정
C 컬 (clockwise wind curl)		• 시계방향으로 돌아가는 컬
CC 컬 (counter clockwise wind curl)		• 시계 반대방향으로 돌아가는 컬

(5) 컬 핀닝
① 완성된 컬을 핀 또는 클립을 사용하여 고정
② 핀 또는 클립 자국이 남지 않도록 주의
③ 루프에 대해 사선(가장 일반적), 수평, 교차방법으로 고정

4 헤어 웨이빙(hair waving)
(1) 웨이브의 명칭

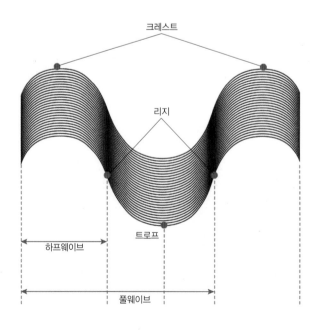

크레스트(crest, 정상)	웨이브에서 가장 높은 곳
리지(ridge, 융기)	정상과 골이 교차하면서 솟은 부분
트로프(trough, 골)	웨이브에서 가장 낮은 부분

(2) 웨이브의 종류

웨이브와 리지의 방향	버티컬(vertical) 웨이브	리지가 수직으로 형성됨
	호리존탈(horizontal) 웨이브	리지가 수평으로 형성됨
	다이애거널(diagonal) 웨이브	리지가 사선으로 형성됨
웨이브의 형태	내로우(narrow) 웨이브	리지 사의의 간격이 좁은 작고 강한 웨이브
	와이드(wide) 웨이브	리지가 뚜렷하고 자연스러운 웨이브
	섀도(shadow) 웨이브	리지가 정확하지 않고 느슨한 웨이브
	프리즈(frizz) 웨이브	전체적으로 느슨하고 모발 끝부분 작은 웨이브

(3) 핑거 웨이브

세팅로션 또는 물을 적신 모발에 빗과 손가락을 사용하여 웨이브를 만드는 것

리지 컬(ridge curl)	• 일반적인 핑거 웨이브
스킵 웨이브(skip wave)	• 핑거 웨이브와 핀컬이 교차된 형태 • 폭이 넓고 부드러운 웨이브 형성
스윙 웨이브(swing wave)	• 큰 움직임을 보이는 웨이브 형태
덜 웨이브(dull wave)	• 리지가 뚜렷하지 않고 느슨한 형태

5 뱅과 엔드 플러프
(1) 뱅(bang)

앞이마에 있는 일종의 앞머리(애교머리)로 장식적, 얼굴형 결점 보정 효과가 있음

웨이브 뱅(wave bang)	• 웨이브를 형성한 뱅으로 모발 끝은 라운드 플러프로 처리
플러프 뱅(fluff bang)	• 일정한 모양을 갖추지 않고 컬을 하나씩 부풀려서 볼륨을 줌 • 부드럽게 연결된 자연스러움
롤 뱅(roll bang)	• 둥근 롤 모양을 형성
프렌치 뱅(french bang)	• 뱅의 모발을 올려 빗고 모발 끝부분은 플러프로 처리
프린지 뱅(fringe bang)	• 가르마 가까이에 작게 만든 뱅

(2) 엔드 플러프(end fluff)

모발 끝부분의 웨이브 모양을 가볍게 너풀거리는 느낌으로 표현

덕 테일 플러프(duck tail fluff)	모발 끝이 가지런히 모아져 위로 구부러진 형태
라운드 플러프(round fluff)	모발 끝이 원형, 반원형을 이루며 구부러진 형태
페이지 보이 플러프(page boy fluff)	모발 끝이 갈고리 모양의 반원으로 구부러진 형태

3 베이직 업스타일

1 헤어세트롤러의 특징

① 원통 모양의 롤러를 사용하여 모발에 자연스러운 웨이브를 만들어 볼륨을 주는 방법
② 베이스의 너비는 헤어 세트롤러 지름의 80% 정도
③ 베이스의 높이는 헤어 세트롤러의 지름과 1:1 정도가 적절함

2 롤러 컬링(roller curling)

원통 모양의 롤러를 사용하여 모발에 자연스러운 웨이브를 만들어 볼륨을 주는 방법

(1) 롤러 컬의 종류

논 스템 롤러컬 (non stem)	하프 스템 롤러컬 (half stem)	롱 스템 롤러컬 (long stem)

논 스템 롤러컬 (non stem)	• 모근의 최대 볼륨 형성 • 컬의 지속성 높음 • 베이스의 중심에서 45˚ 위로 들어 와인딩(120˚)
하프 스템 롤러컬 (half stem)	• 스트랜드를 베이스에 대하여 수직으로 잡아 올려서 와인딩 • 적절한 모근의 볼륨 형성 • 베이스의 중심에서 와인딩(90˚)
롱 스템 롤러컬 (long stem)	• 모근의 볼륨감이 없음 • 베이스의 중심에서 45˚ 내려잡아 와인딩(45˚)

(2) 롤러 컬 와인딩 방법

① 모발 끝을 모으지 않고 사용하는 롤러의 너비만큼 펼쳐서 와인딩 : 모발 끝의 갈라짐을 방지함
② 모발 끝을 모아 잡아 와인딩 : 볼륨을 주거나 방향성을 줄 때 사용

3 헤어세트롤러의 사용방법

(1) 세트롤러의 크기
사용하는 세트롤러의 지름이 클수록 굵은 컬을 만듦

(2) 세트롤러의 베이스 너비와 폭
① 베이스의 너비는 헤어 세트롤러 지름의 80% 정도
② 베이스의 높이는 헤어 세트롤러의 지름과 1:1 정도가 적절

(3) 세트롤러 각도와 볼륨
① 모발을 120° 이상 들어 와인딩
   컬의 볼륨이 크고 자유로운 움직임
② 모발을 90° 이하로 들고 와인딩
   컬의 볼륨이 작고 움직임이 적음

세트롤러 와인딩 기본형

2절 베이직 업스타일 진행

1 업스타일 도구의 종류와 사용법

1 빗과 브러시

돈모브러시	• 평면의 돈모 브러시 • 빗살의 길이가 짧아 표면만 빗질됨 • 매끈하게 보이도록 표면을 정리하는 마무리 브러시 • 백콤 후의 모발의 표면을 정리하기에 용이
꼬리빗	• 모발을 빗거나 섹션을 나누는 등 가장 많이 사용하는 빗 • 촘촘한 빗살로 백콤 작업에 용이
스타일링콤	• 빗살부분은 꼬리빗과 유사한 용도 • 쇠부분은 모발의 흐름을 표현, 완성된 형태를 잡아 세우거나 스타일링제품의 양을 조절하는 용도로 사용

2 핀과 핀셋

U핀		• 모발을 임시로 고정하거나 면과 면을 연결할 때 사용 • 컬의 형태나 망과 토대를 고정할 때 사용 • 실핀이나 대핀보다는 고정력이 약함 • 크기와 고정력에 따라 대, 중, 소, 오니핀으로 나눔
핀	대핀	• 많은 양의 모발을 고정할 때 사용
	실핀	• 가장 일반적으로 많이 사용 • 면을 단단히 고정할 때 사용 • 중실핀, 보비핀이라고도 불림
	스몰핀	• 적은 모량의 섬세한 부분 고정
핀컬핀		• 부분적으로 형태의 흐름을 임시 고정할 때 사용 • 핀 자국이 생기지 않도록 주의
핀셋		• 일반 핀셋의 경우 블로킹용으로 적합 • 유연성 있는 알루미늄 소재로 바닥면을 구부려 라운드 형태로 잡아주는 역할도 함
웨이브 클립		• 웨이브의 리지를 강조할 때 사용

헤어핀(pin)

헤어클립(clip)

웨이브클립

컬링로드(rod)

롤러(roller)

3 여러 가지 도구

고무줄	• 둥근형태의 고무줄 또는 긴 검정 고무줄을 적당한 길이로 잘라서 사용
싱	• 볼륨감을 표현하거나 토대를 만들 때 사용 • 표면을 둘러싼 망을 제거하고 필요한 크기로 덜어내어 형태를 잡아줌 • 도넛, 막대 등 다양한 형태(패드)로 만들어 토대로 활용
망	• 싱으로 만든 패드의 형태를 고정할 때 사용 • 긴 모발을 감싸서 웨이브의 형태를 만들기 쉽게 함 • 짧은 묶은 모발이 빠져나오지 않게 처리

2 모발 상태와 디자인에 따른 업스타일 방법

1 디자인의 3대 요소
① **형태**(Form) : 크기, 볼륨, 방향, 위치 등의 모양
② **질감**(Texture) : 매끈함, 거침, 무거움, 가벼움 등 표면의 느낌
③ **색상**(Color) : 명도, 색상의 표현

2 디자인의 7대 법칙
① **균형**(Balance) : 무게나 형태가 대칭 또는 비대칭으로 표현
② **강조**(Dominance) : 형태, 질감, 색상의 표현으로 특정부분을 부각시켜 표현
③ **반복**(Repetition) : 한 가지의 디자인 요소가 반복되어 율동감 표현
④ **교대**(Alternation) : 두 가지 이상의 디자인 요소의 연속적 반복
⑤ **진행**(Progressing) : 디자인 요소가 점점 늘거나 줄어드는 동적인 표현
⑥ **대조**(Contrast) : 색상, 크기 등이 서로 대조되어 흥미나 긴장감을 형성
⑦ **부조화**(Discord) : 서로 맞지 않고 균형이 무너지게 표현된 창의적이고 새로운 표현

3 업스타일 기초작업
(1) 블로킹
업스타일의 디자인을 구상한 후 계획적인 블로킹 작업을 진행해야 균형감 있는 업스타일을 완성할 수 있음

(2) 백콤

① 모발을 끝에서 두피 방향으로 밀어 넣듯이 빗질하는 방법
② 볼륨, 방향, 면의 연결, 토대, 핀 고정 등의 목적으로 사용
③ 빗이 닿는 방향과 길이, 각도에 따라 모근 백콤, 양감 백콤, 면백콤으로 구분
④ 균일한 백콤이 되도록 손목과 빗에 힘을 적절하게 배분
⑤ 벽돌쌓기 형태의 베이스를 사용하여 모발의 갈라짐을 최소화

모근 백콤		모근 볼륨, 모발의 방향 설정, 토대를 만들 때 사용
양감 백콤		볼륨감 있는 부피를 만들어 형태를 크고 단단하게 만듦
면백콤		백콤한 패널을 말아 롤을 만들거나 모발 간의 물리적 결합이 용이한 질감을 만들 때 사용

(3) 토대

① 업스타일 디자인의 기초인 중심축, 지지대가 되는 부분
② 디자인과 두상의 형태, 모량을 고려하여 토대의 모양, 크기, 위치 등을 결정
③ 일반적으로 묶거나 땋기를 하여 펴서 고정하고, 모량이 적을 경우에는 백콤으로 보충
④ 토대의 위치는 G.P, T.P, B.P 또는 디자인에 따라 다양한 위치에 단단히 고정

크라운	젊고 경쾌한 동적인 연출
네이프	성숙하고 우아한 정적인 연출
프런트	페이스 라인 뒤 2~3cm, 특별한 연출

(4) 묶기

고무밴드 묶기	• 모량이 적고 힘을 많이 받지 않을 때 사용 • 실핀을 사용하여 고정하기 때문에 풀기가 쉬움
끈고무 묶기	• 모량이 많고 단단하게 묶을 때 사용 • 묶은 자리를 스프레이로 고정하고 남은 고무줄을 잘라줌

(5) 핀처리

강한 고정	• 대핀, 실핀 사용 • 모발 흐름에 대하여 직각을 이루도록 하는 기본 고정 방법
임시 고정	• U핀, 핀컬핀(핀셋) • 작업 중 형태를 유지
감추며 정돈	• 실핀, 작은 U핀 • 작업 완성 후 사용된 핀이 보이지 않게 마무리

4 업스타일의 기본 기법

땋기 (braid)	• 세 가닥 위로 땋기 : 가장 일반적인 방법, 세 가닥 중 가운데 가닥 위로 좌우 가닥이 올라가며 땋는 형태 • 세 가닥 위로 끌어 땋기(디스코 땋기) : 가운데 매듭이 안으로 감추어진 형태 • 세 가닥 안으로 끌어 땋기(콘로 땋기) : 가운데 매듭이 밖으로 돌출한 형태 • 세 가닥 이상 땋기, 한쪽만 집어 땋기, 실이나 스카프를 넣고 땋기 등 다양한 기법
꼬기 (twist)	• 밧줄을 꼬듯이 텐션을 주면서 한 가닥, 두 가닥, 세 가닥으로 회전하는 기법 • 한 가닥 꼬기 : 한 가닥의 스트랜드를 오른쪽 또는 왼쪽의 한 방향으로 꼬는 일반적인 방법 • 두 가닥 꼬기, 집어 꼬기, 실이나 스카프를 넣고 꼬기 등
매듭 (knot)	• 사슬처럼 묶어주는 기법 • 두 가닥 매듭 : 두 가닥의 모발을 서로 교차하여 묶기를 반복하는 일반적인 방법
말기 (roll)	• 패널을 크게 감아서 말아 주는 방법 • 수직, 수평, 대각, 곡선 말기
겹치기 (overlap)	• 생선 가시 모양, 피시본(fish bone) • 2개의 스트랜드를 서로 교차하는 기법
고리 (loop)	• 모발을 구부려서 둥글게 감아 루프를 만드는 방법 • 토대의 위치, 루프의 크기나 개수 및 방향 등에 따라 다양하게 활용

001 모발의 형태를 만들고 스타일을 마무리 하는 작업은?

① 헤어퍼머넌트 웨이브

② 헤어 세팅

③ 헤어컬러

④ 헤어 커트

해설 모발의 형태를 만들고 스타일을 마무리 하는 작업을 헤어세팅이라고 한다.

002 다음 중 헤어 세팅의 기초 세트에 해당하지 않는 것은?

① 콤 아웃　　　　② 헤어 파팅

③ 헤어 웨이빙　　④ 헤어 셰이핑

해설 • 오리지널 세트(original set, 기초세트) : 헤어 파팅, 헤어 셰이핑, 헤어 컬링, 헤어웨이빙, 롤러 컬링
• 리세트(reset, 정리세트): 브러시 아웃, 콤 아웃

003 마셀 웨이브 시술에 관한 설명 중 틀린 것은?

① 프롱은 아래쪽, 그루브는 위쪽을 향하도록 잡는다.

② 아이론의 온도는 120~140℃를 유지시킨다.

③ 아이론을 회전시키기 위해서는 반대쪽에 45˚ 각도로 회전시킨다.

④ 아이론의 온도가 균일할 때 웨이브가 일률적으로 완성된다.

해설 마셀 웨이브를 시술할 때 기본 아이론을 잡는 방법은 프롱이 위쪽, 그루브가 아래쪽을 향하게 놓고 그루브 핸들 사이에 엄지와 검지를 끼워 잡는다.

004 모발의 결합 중 수분에 의해 일시적으로 변형되며, 드라이어의 열을 가하면 재결합하여 형태가 만들어지는 결합은?

① s-s 결합　　　② 펩타이드 결합

③ 수소 결합　　　④ 염 결합

해설 블로우 드라이는 모발의 수소 결합의 원리를 이용하여 수분을 증발시켜 변형시킨 모발의 형태를 일시적으로 고정하는 것이다.

005 업스타일에서 백코밍의 효과를 크게 할 때 사용하는 세모난 모양의 파트는?

① 스퀘어 파트　　② 트라이앵귤러 파트

③ 카우릭 파트　　④ 렉탱귤러 파트

해설 삼각형 모양은 트라이앵글 형태의 파트이다.

006 다음 중 클락 와이즈 와인드 컬을 가장 옳게 설명한 것은?

① 모발이 시계 바늘 방향인 오른쪽 방향으로 되어진 컬

② 모발이 두피에 대해 세워진 컬

③ 모발이 두피에 대해 시계 바늘 반대방향으로 되어진 컬

④ 모발이 두피에 대해 평평한 컬

해설 클락 와이즈 와인드 컬(clockwise wind curl)은 모발이 시계방향으로 돌아가는 컬로 C컬이라고도 한다.

007 컬 핀닝 시 주의사항으로 틀린 것은?

① 두발이 젖은 상태이므로 두발에 핀이나 클립 자국이 나지 않도록 주의한다.

② 루프의 형태가 일그러지지 않도록 주의한다.

③ 고정시키는 도구가 루프의 지름보다 지나치게 큰 것은 사용하지 않는다.

④ 컬을 고정시킬 때는 핀이나 클립을 깊숙이 넣어야만 잘 고정된다.

해설 시술된 컬의 형태가 변형되지 않도록 핀이나 클립의 끝부분으로 고정한다.

008 스탠드업 컬에 있어 루프가 귓바퀴 반대 방향으로 말린 컬은?

① 플랫 컬

② 포워드 스탠드업 컬

③ 리버스 스탠드업 컬

④ 스컬프처 컬

해설 스탠드업 컬(stand up curl)은 컬의 루프가 두피에 90˚로 세워진 컬로 포워드 스탠드업 컬은 귓바퀴 방향, 리버스 스탠드업 컬은 귓바퀴 반대 방향으로 말린 형태이다.

009 루프가 귓바퀴를 따라 말리고 두피에 90°로 세워져 있는 컬은?

① 리버스 스탠드업 컬
② 포워드 스탠드업 컬
③ 스컬프처 컬
④ 플랫 컬

해설 포워드 스탠드업 컬은 귓바퀴 방향으로 말린 형태이다.

010 다음 중 컬의 구성요소가 아닌 것은?

① 베이스　　　　② 크레스트
③ 스템　　　　　④ 루프

해설 컬은 베이스, 스템, 루프, 피벗 포인트, 엔드 오브 컬로 구성된다. 웨이브는 크레스트, 리지, 트로프로 구성된다.

011 컬의 움직임이 가장 적고 컬이 오래 지속되는 스템은?

① 논 스템　　　　② 풀 스템
③ 하프 스템　　　④ 업 스템

해설 논 스템은 컬의 루프가 베이스에 안착된 형태로 컬의 움직임이 가장 적고 컬이 오래 지속된다.

012 모발 끝을 모아 잡아 롤러 컬을 와인딩했을 때의 결과는?

① 볼륨이 커지거나 방향성이 생긴다.
② 모발 끝이 갈라지지 않는다.
③ 볼륨이 생기지 않는다.
④ 귓바퀴 방향으로 돌아간다.

해설 볼륨을 주거나 방향성을 줄 때는 모발 끝을 모아 잡아 롤러 컬을 와인딩한다.

013 바렐 컬(barrel curl)에 대한 설명으로 옳은 것은?

① 컬의 루프가 두피에 납작하게 누운 컬
② 모발을 원통형으로 말아서 고정하는 컬
③ 모발을 비틀어 감은 컬
④ 귓바퀴 방향으로 돌아가는 컬

해설 바렐 컬은 모발을 속이 비어있는 원통형의 모양으로 감은 컬이다.

014 다음 중 모발에 볼륨을 주지 않을 때 사용하는 컬은?

① 플랫 컬
② 포워드 스탠드업 컬
③ 리버스 스탠드업 컬
④ 스컬프처 컬

해설 플랫 컬(flat curl)은 컬의 루프가 두피에 평평하고 납작하게 누운 컬로 모발에 볼륨을 주지 않는다.

015 웨이브의 형태에서 가장 높은 정상인 곳의 명칭은?

① 트로프(trough)　　② 리지(ridge)
③ 내로우(narrow)　　④ 크레스트(crest)

해설 웨이브의 정상은 크레스트, 융기점은 리지, 골은 트로프라고 명칭한다.

016 다음 중 웨이브의 리지가 사선으로 형성된 웨이브는?

① 버티컬 웨이브(vertical wave)
② 호리존탈 웨이브(horizontal wave)
③ 와이드 웨이브(wide wave)
④ 다이애거널 웨이브(diagonal wave)

해설 다이애거널 웨이브는 리지의 방향선이 사선으로 이루어진 형태이다.

정답	001	002	003	004	005	006	007	008
	②	①	①	③	②	①	④	③
	009	010	011	012	013	014	015	016
	②	②	①	①	②	①	④	④

017 다음 중 스킵 웨이브의 특징으로 가장 거리가 먼 것은?

① 폭이 넓고 부드러운 웨이브를 만들 때 사용한다.
② 웨이브와 컬이 교차로 반복되는 형태이다.
③ 가는 모발에는 효과가 적다.
④ 퍼머넌트 웨이브가 강한 모발에 사용하면 효과적이다.

해설 스킵 웨이브는 폭이 넓고 부드러운 웨이브를 만드는 방법으로 가는 모발, 곱슬머리가 강한 퍼머넌트 웨이브를 한 모발에는 효과가 없다.

018 다음 중 아이론을 사용하여 만드는 웨이브는?

① 마셀 웨이브(marcel wave)
② 와이드 웨이브(wide wave)
③ 내로우 웨이브(narrow wave)
④ 덜 웨이브(dull wave)

해설 마셀 웨이브는 아이론을 사용하여 모발의 웨이브를 만드는 방법으로 1875년 마셀 그라또우(Marcel Gurateau)가 개발하였다.

019 마셀 웨이브를 사용하여 안말음(in curl)을 시술할 때 아이론을 바르게 사용하는 방법은?

① 그루브는 위쪽, 프롱은 아래방향
② 프롱은 위쪽, 그루브는 아래방향
③ 그루브와 프롱 모두 아래방향
④ 방향은 상관없다.

해설 아이론을 사용하여 인컬 웨이브를 만들 때 아이론의 그루브는 위쪽, 프롱은 아래쪽으로 향하게 잡는다.

020 블로우 드라이 시술 시 윤기있는 질감과 탄력있는 웨이브를 만들기 위해 필요한 것은?

① 나일론 브러시   ② 텐션
③ 모발의 양   ④ 속도

해설 텐션을 주지 않으면 모발의 질감이 거칠고 원하는 결과를 얻을 수 없다.

021 모발의 결합 중 블로우 드라이의 원리에 사용되는 것은?

① 시스틴 결합   ② 수소 결합
③ 펩티드 결합   ④ 이중 결합

해설 블로우 드라이는 모발 내부의 측쇄 결합 중 수소 결합(hydrogen bonds)의 특성을 이용하여 일시적인 모발의 변형을 만들어내는 것이다.

022 블로우 드라이 시술 시 주의사항으로 가장 거리가 먼 것은?

① 모발에 수분이 완전히 없는 상태로 시술한다.
② 슬라이스의 폭은 사용하는 롤 브러시의 지름을 기준으로 한다.
③ 장시간 반복적으로 모발에 열이 전달되지 않도록 한다.
④ 드라이어의 송풍구는 모발에서 약 1cm정도 거리를 유지한다.

해설 약간의 수분이 있어 모발의 수소 결합이 끊어져 있는 상태가 적합하다.

023 앞이마에 있는 일종의 앞머리로 장식적, 얼굴형 결점 보정 효과가 있는 것은?

① 라운드 플러프   ② 스킵 웨이브
③ 엔드 플러프   ④ 뱅

해설 뱅(bang)은 앞이마에 있는 일종의 앞머리로, 장식적 연출을 한 것으로서 얼굴형의 결점을 보정하는 효과가 있다.

024 다음 중 플러프 뱅을 설명한 것은?

① 일정한 모양을 갖추지 않고 컬을 하나씩 부풀려 볼륨을 준 뱅
② 가르마 가까이에 작게 만든 뱅
③ 둥근 롤 모양의 뱅
④ 뱅의 모발을 올려 빗고 모발 끝부분은 플러프로 처리한 뱅

해설 플러프 뱅은 일정한 모양을 갖추지 않고 컬을 하나씩 부풀려서 볼륨을 주는 것으로 컬이 서로 부드럽게 연결되는 자연스러운 효과가 있다.

025 다음 중 약간의 수분이 있는 모발에 와인딩 한 후 건조하는 방식으로 짧은 모발에 사용하기가 편리한 헤어세트 롤러의 종류는?

① 전기 세트롤러

② 고무재질 세트롤러

③ 벨크로 재질 세트롤러

④ 플라스틱 재질 세트롤러

해설 전기 세트롤러 : 모발을 완전히 건조하고 사용, 짧은 시간에 웨이브를 형성

026 헤어 세트롤러의 사용 방법에 대한 설명으로 적절하지 않은 것은?

① 모발 베이스의 너비는 세트롤러 지름의 80% 정도

② 모발을 120° 이상 들어 와인딩하면 컬의 볼륨과 움직임이 적음

③ 세트롤러의 지름이 클수록 굵은 컬을 형성

④ 모발을 90° 이상 들어 와인딩하면 컬의 볼륨과 움직임이 적음

해설 모발을 120° 이상 들어 와인딩 : 컬의 볼륨이 크고 자유로운 움직임

027 업스타일에서 백코밍의 효과를 크게 할 때 사용하는 세모난 모양의 파트는?

① 스퀘어 파트　② 트라이앵귤러 파트

③ 카우릭 파트　④ 렉탱귤러 파트

해설 삼각형 모양은 트라이앵글 형태의 파트이다.

028 다음 중 모발을 임시로 고정하거나 면과 면을 연결할 때 주로 사용하는 업스타일 도구는?

① U핀　② 대핀

③ 핀컬핀　④ 웨이브 클립

해설 웨이브 클립 : 웨이브의 리지를 강조할 때 사용

029 다음 중 모발을 끝에서 두피 방향으로 밀어 넣듯이 빗질하는 방법으로 볼륨, 토대, 핀 고정 등의 목적으로 사용하는 업스타일 기초 작업은?

① 묶기　② 블로킹

③ 토대　④ 백콤

해설 토대 : 업스타일 디자인의 기초인 중심축, 지지대가 되는 부분

030 롤러 컬에 와인딩할 때 두발 끝을 모아서 롤러에 말면 끝맺음 세트 시 어떻게 되는가?

① 볼륨이 커진다.

② 볼륨이 작아진다.

③ 두발 끝이 갈라진다.

④ 두발 끝이 갈라지지 않는다.

해설 특정한 부위에 볼륨을 주거나 방향성을 주고자 할 때 두발 끝을 모아서 롤러에 만다.

031 다음 중 내로우 웨이브의 정의로 가장 적합한 것은?

① 리지가 수직으로 되어 있는 웨이브이다.

② 폭이 큰 자연스러운 웨이브이다.

③ 리지가 수평으로 되어있는 웨이브이다.

④ 리지와 리지 사이가 좁은 곱슬한 웨이브이다.

해설 내로우 웨이브는 웨이브의 폭이 좁고 작은 것을 말한다.

032 다음 중 밧줄을 꼬듯이 텐션을 주면서 회전하는 업스타일 기본 기법은?

① 땋기　② 매듭

③ 겹치기　④ 꼬기

해설 ・매듭 : 사슬처럼 묶어주는 기법
・겹치기 : 2개의 스트랜드를 서로 교차하는 기법

정답	017	018	019	020	021	022	023	024
	④	①	①	②	②	①	④	①
	025	026	027	028	029	030	031	032
	③	②	②	①	④	①	④	④

15장

가발 헤어 스타일 연출

능력단위의 정의

가발 헤어스타일 연출이란 두상 전체 또는 일부에 가발을 착장하거나 연결하여 모발 길이, 모량, 모발색 등에 변화를 주는 능력이다.

1절 가발 헤어스타일

1 가발의 종류와 특성

1 가발의 종류

(1) 전체 가발(위그, wig)

① 두상 전체(90% 이상)를 덮는 가발

② 질병, 유전적 요인, 무대분장, 지위상징 등의 목적으로 착용

③ 새로운 스타일로 빠른 변화 가능

(2) 부분 가발(헤어피스, hairpiece)

① 부분적으로 사용하는 가발

② 다양한 종류가 있으며 상황과 목적에 따른 연출이 가능

폴

케스케이드

위글렛

웨프트

스위치

폴 (fall)	• 두상의 후두부(크라운, 백, 네이프)를 감싸는 형태 • 짧은 머리를 긴 머리로 변화시킬 때 사용
케스케이드 (cascade)	• 긴 장방형 베이스에 긴 머리가 부착된 형태 • 길고 풍성한 스타일 연출에 사용
위글렛 (wiglet)	• 둥글고 납작한 베이스에 짧은 모발이 부착된 형태(6인치 이하) • 풍성한 볼륨 스타일 연출에 사용(톱, 크라운)
웨프트 (weft)	• 핑거웨이브 연습에 사용 • 여러 가닥의 모발을 재봉으로 박음질함
스위치 (switch)	• 1~3가닥의 긴 모발을 모아 고정한 형태로 땋거나 뭉쳐 묶어 • 업스타일에 사용
투페 (toupee)	• 남성 두상의 톱부분(작은 탈모, 적은 모량)을 가리는 부분 가발
시뇽 (chignon)	• 고리 모양의 길고 풍성한 부분가발

2 가발의 소재

인모 (人毛)	• 사람의 자연 모발로 모양이나 질감이 자연스러움 • 화학시술이 가능
인조모 (화학 섬유)	• 나일론, 아크릴 섬유 등의 합성섬유 • 가격이 저렴하고 스타일 유지력이 좋음 • 열기구의 사용과 화학시술처리 불가(고열사의 경우 열기구 사용은 가능)
동물모	• 말, 염소, 앙고라, 양 등의 털 • 디스플레이 마네킹, 뮤지컬 등의 헤어스타일에 사용
합성모	• 인모, 인조모 등을 합성한 것 • 인모의 비율이 높을수록 가격이 높음

3 가발의 구성

스킨	• 모발을 심는 기본 틀로 맞춤가발의 기초가 되는 주요 부분 • 견, 면, 화학섬유 등을 사용 • 머리 형태에 잘 맞아야 함
망	• 스킨과 같은 용도로 사용 • 암환자, 패션용 전체 가발의 제작 또는 전체 가발의 착용 전 모발을 정리할 때 사용

4 가발의 제작

네팅 (netting)	손뜨기	손으로 모발을 심음, 자연스러운 연출, 고비용
	기계뜨기	기계로 모발을 심음, 손뜨기보다 부자연스럽고 정교하지 못함

5 가발 치수재기

머리길이 / 이마의 폭 / 머리높이 / 네이프의 폭

2 가발의 손질과 사용법

1 가발 부착법

클립 고정	• 가발 둘레에 부착된 클립으로 고정 • 가장 일반적인 방법
테이프 고정	• 가발 둘레의 테이프로 탈모 부위에 고정 • 접착력이 약해질 수 있으나 본인의 모발과의 밀착력이 우수함
특수 접착	• 탈모 부위에 특수 접착제를 사용 • 접착력이 우수하여 수영 등의 운동이 가능
결속식 고정	• 가발과 모발을 서로 엮어서 고정 • 고정된 모발이 탈모를 유발할 수 있음

2 가발의 세정

인모	• 가발 전체를 물에 담그지 않음 • 모발을 가볍게 브러싱 • 미온수에 샴푸제를 풀고 가발둘레와 망을 세정 • 모발이 엉키지 않도록 가볍게 흔들거나 손가락으로 내려 빗으며 세정(문지르거나 비비지 않음) • 컨디셔너도 물에 풀어 사용하고 볼에 물을 받아 헹굼 • 타월로 눌러 물기를 제거한 후 자연건조나 드라이어(냉풍, 저온풍)
인조모	• 인모의 세정 방법과 동일, 열에 의한 변형을 방지하기 위해 찬물을 사용 • 타월로 눌러 물기를 제거한 후 자연 건조

2절 헤어 익스텐션

1 헤어 익스텐션 방법 및 관리

1 헤어 익스텐션의 종류

모발에 가모(헤어피스)를 직접 연결하여 연출하는 헤어디자인

붙임머리	• 모발에 헤어피스를 부착하여 길이를 연장 • 링, 팁, 클립, 실, 고무실 등의 다양한 접착재료
특수머리	• 모발에 헤어피스를 연결해서 땋거나 꼬는 등의 기법으로 두피에 밀착한 스타일 • 트위스트 : 모발을 비틀어 밧줄의 꼬임과 유사한 형태 • 드레드 : 가모를 연장하여 로프처럼 엉켜있는 모발로 연출된 형태, 드레드락, 드레드스 핀락 등의 다양한 형태 • 콘로 : 두상에 밀착하여 세가닥 안으로 집어땋기 등의 기법을 사용하여 옥수수의 줄 모 양으로 연출한 스타일 • 브레이즈 : 세가닥 땋기를 기본으로 모발을 가늘고 길게 늘어뜨려 연출한 스타일

| 드레드 | 콘로 | 브레이즈 |

2 헤어 익스텐션의 관리

붙임머리	• 주 2~3회 샴푸 • 샴푸 전 브러싱으로 모발의 엉킴 제거 • 두피를 가볍게 마사지하듯이 샴푸 • 미온수로 가볍게 세정하고 헤어피스 부분에 충분한 트리트먼트 • 타월 드라이 후 차가운 바람이나 약바람으로 건조
특수머리	• 손가락으로 파트 사이의 두피에 직접 샴푸를 도포하며 샴푸 • 거품을 낸 샴푸로 모발에 도포하고 헹굼 • 타월 드라이 후 차가운 바람이나 약바람으로 두피 중심으로 충분히 건조

001 두상의 특정한 부분에 볼륨을 주기 원할 때 사용되는 헤어피스(hairpiece)는?

① 위글렛(wiglet)　　② 스위치(switch)

③ 폴(fall)　　④ 위그(wig)

해설 위글렛은 두상의 일부분에 특별한 효과를 주기 위해 사용하는 부분가발이다.

002 위그 치수 측정 시 이마의 헤어라인에서 정중선을 따라 네이프의 움푹 들어간 지점까지는?

① 머리길이　　② 머리둘레

③ 이마 폭　　④ 머리높이

해설 • 머리둘레 : 이마의 헤어라인 중심점에서 네이프의 움푹 들어간 지점을 지나 처음지점으로 돌아오는 둘레의 길이
• 이마 폭 : 양측 이마에서 헤어라인을 따라 연결한 길이
• 머리높이 : 한쪽 귀 위의 1cm 지점에서 두정부를 통과하여 다른 쪽 귀 위 1cm 지점까지의 거리

003 다음 중 위그나 헤어피스를 손질할 때 알맞은 설명은?

① 빗으로 손질한 후 물기는 그대로 둔다.

② 스트랜드와 파운데이션에 컨디셔너를 바른다.

③ 빗살이 좋은 것을 사용하여 컨디셔너를 두발에 골고루 바른다.

④ 스트랜드만 컨디셔너를 바르고 파운데이션에는 바르지 않는다.

해설 샴푸 후 컨디셔너는 모발(스트랜드)에만 도포한다.

004 짧은 머리를 롱헤어로 쉽게 변화시킬 때 사용할 수 있는 헤어피스는?

① 위글렛　　② 웨프트

③ 폴　　④ 스위치

해설 폴은 전체 가발의 형태로 짧은 머리를 긴 머리로 변화시킬 때 사용한다.

005 헤어스타일의 다양한 변화를 위해 사용되는 헤어피스가 아닌 것은?

① 폴(fall)

② 위그릿(wiglet)

③ 웨프트(waft)

④ 위그(wig)

해설 위그는 두상 전체를 덮어쓰는 가발의 형태이다.

006 인모 가발 세정법으로 틀린 것은?

① 리퀴드 드라이 샴푸를 한다.

② 미온수를 사용한다.

③ 브러싱을 하면서 세정한다.

④ 물속에 충분히 담근다.

해설 가발 전체를 물에 담그면 파운데이션에 심어진 모발의 지지력이 약해진다.

007 가발 손질법 중 틀린 것은?

① 스프레이가 없으면 엘레빗을 사용하여 컨디셔너를 골고루 바른다.

② 두발이 빠지지 않도록 차분하게 모근 쪽에서 두발 끝 쪽으로 서서히 빗질을 해 나간다.

③ 두발에만 컨디셔너를 바르고 파운데이션에는 바르지 않는다.

④ 열을 가하면 두발의 결이 변형되거나 윤기가 없어지기 쉽다.

해설 두발이 빠지지 않도록 두발 끝에서 모근 쪽을 향해 서서히 빗질한다.

008 다음 중 모발에 헤어피스를 부착하여 길이를 연장하는 헤어 익스텐션의 종류는?

① 붙임머리　　② 콘로

③ 땋기　　④ 위그

해설 헤어 익스텐션은 모발에 가모(헤어피스)를 직접 연결하여 연출하는 헤어디자인이다.

정답	001	002	003	004	005	006	007	008
	①	①	④	③	④	④	②	①

16장

공중위생관리

1절 공중보건

1 공중보건 기초

1 공중보건학의 정의

공중보건학이란 조직화된 지역사회의 노력을 통해 질병을 예방하고, 수명을 연장시키며, 신체적, 정신적 건강 및 효율을 증진시키는 기술과학

(1) 공중보건학의 목적

① 감염병에 대한 예방에 관한 연구(질병예방)

② 지역주민의 수명연장에 관한 연구(수명연장)

③ 신체적, 정신적 효율 증진에 관한 연구(건강증진)

> **참고**
>
> 공중보건학은 질병 치료보다 전 국민의 예방보건 사업에 중점을 두는 학문이다.
> 공중보건의 목적을 달성하기 위한 접근 방법은 개인이나 일부 전문가의 노력에 의해 되는 것이 아니라 조직화된 지역사회 전체의 노력으로 달성될 수 있다.

(2) 공중보건의 대상 및 단위

① 대상 : 지역사회 전체 주민 또는 국민

② 최소단위 : 지역사회

(3) 공중보건의 3대 요소

① 감염병 예방

② 수명연장

③ 건강과 능률의 향상

(4) 공중보건의 방법

환경위생, 감염병 관리, 개인위생

(5) 공중보건의 3대 사업

보건교육, 보건행정(보건의료 서비스), 보건관계법(보건의료 법규)

(6) 건강의 정의(세계보건기구 헌장)

단순히 질병이 없고 허약하지 않은 상태만이 아니라 "신체적, 정신적, 사회적 안녕이 완전한 상태"를 의미

(7) 세계보건기구(WHO)에서 규정하는 3대 건강 수준 지표

조사망률, 평균수명, 비례사망지수

조사망률(보통사망률)	인구 1,000명당 1년간의 전체 사망자 수
평균수명	출생 시 평균여명(어떤 시기를 기점으로 그 후 생존할 수 있는 평균연수)
비례사망지수	연간 총 사망자수에 대한 50세 이상의 사망자 수 비례사망지수 $= \dfrac{\text{50세 이상 사망수}}{\text{총 사망수}} \times 100$

(8) 국가 간이나 지역사회 간의 보건 수준을 평가하는 3대 지표

영아사망률, 비례사망지수, 평균수명

영아사망률	• 한 지역이나 국가의 대표적인 보건 수준 평가기준의 지표 • 가장 예민한 시기이므로 영아사망률은 지역사회의 보건 수준을 가장 잘 나타냄 • 출생 후 1년 이내에 사망한 영아수를 해당 연도의 총 출생아수로 나눈 비율(1,000분비) 영아사망률 $= \dfrac{\text{연간 영아사망수}}{\text{연간 출생아수}} \times 1,000$

2 공중보건학의 관리 범위

질병관리	역학, 감염병 및 비감염병관리, 기생충관리
가족 및 노인보건	인구보건, 가족보건, 모자보건, 노인보건
환경보건	환경위생, 대기환경, 수질환경, 산업환경, 주거환경
식품보건	식품위생
보건관리	보건행정, 보건교육, 보건통계, 보건영양, 사회보장제도, 정신보건, 학교보건

2 질병관리

1 역학

(1) 역학의 정의

집단 현상으로 발생하는 질병의 발생과 분포를 파악하고, 원인을 규명하여 예방대책을 수립하는 과학 또는 학문

(2) 역학의 목적

① 질병의 발생원인을 규명
② 집단을 대상으로 유행병의 감시 역할을 하고 예방대책을 모색
③ 지역사회의 질병 규모 파악
④ 질병의 예후 파악
⑤ 질병관리방법의 효과에 대한 평가
⑥ 질병의 자연사에 관한 연구
⑦ 공중보건 정책 개발을 위한 기초 자료 제공

2 검역

(1) 검역의 정의

외국 질병의 국내 침입방지를 위한 감염병의 예방대책으로, 감염병 유행지역의 입국자에 대하여 감염병 감염이 의심되는 사람을 강제 격리하는 것

(2) 검역의 목적

외국 질병의 국내 침입을 방지하여 국민의 건강을 유지·보호하는 것

(3) 검역의 대상

감염병 유행지역에서 입국하는 사람이나 동물 또는 식물 등

3 감염병 및 비감염병 관리

(1) 질병

신체의 구조적, 기능적 장애로서 숙주, 병인, 환경 요인의 부조화로 발생

(2) 질병 발생의 3대 요소

① 병인 : 병원균을 인간에게 직접 가져오는 원인(질병 발생의 직접적인 원인)

생물학적 병인	세균, 곰팡이, 기생충, 바이러스 등
물리적 병인	열, 햇빛, 온도, 방사능 등
화학적 병인	농약, 화학약품 등
정신적 병인	강박신경증, 스트레스, 노이로제, 히스테리 등

② **숙주** : 숙주의 감수성, 인간 숙주의 요소

생물학적 요인	선천적 요인	성별, 연령, 인종, 유전 등
	후천적 요인	영양상태, 질병, 면역 등
사회적 요인 정신적 요인	경제적 요인	직업, 거주환경, 작업환경 등
	생활양식	흡연, 음주, 운동 등

③ **환경** : 병인과 숙주를 제외한 모든 요인(기상, 계절, 매개물, 사회 환경, 경제적 수준 등)

물리적 요인	기상, 계절, 지진 등
생물학적 요인	쥐, 모기, 파리 등

(3) 감염병의 정의
환자를 통해 새로운 환자를 만들 수 있는 질병을 의미

> **참고**
>
> 감염성 질환은 병원체의 감염으로 발병되는 것을 의미한다.
> "감염병"이란 제1급 감염병, 제2급 감염병, 제3급 감염병, 제4급 감염병, 기생충감
> 염병, 세계보건기구 감시대상 감염병, 생물테러감염병, 성매개감염병, 인수(人獸)공
> 통감염병 및 의료관련감염병을 말한다(감염병의 예방 및 관리에 관한 법률).

(4) 감염병 관리대책
① 외래감염병 관리
  - 검역감염병 및 감시기간 확인
  - 격리기간 : 감염병 환자 완치까지 격리, 병원체 감염의심자는 병원체를 배출하지 않을 때까지
    격리
② 병원소 관리 : 동물은 제거하고 사람은 격리시킴
③ 전파과정 단절 : 환경위생 관리
④ 감염병 집중 관리 : 법정 감염병 지정

(5) 법정 감염병의 종류(감염병의 예방 및 관리에 관한 법률 2024.7.24. 시행)

급(종)	감염병 내용 및 명칭	신고주기	격리 수준
제1급 감염병	생물테러감염병 또는 치명률이 높거나 집단 발생의 우려가 커서 발생 또는 유행 즉시 신고하여야 하고, 음압격리와 같은 높은 수준의 격리가 필요한 감염병 에볼라바이러스병, 마버그열, 라싸열, 크리미안콩고출혈열, 남아메리카출혈열, 리프트밸리열, 두창, 페스트, 탄저, 보툴리눔독소증, 야토병, 신종감염병증후군, 중증급성호흡기증후군(SARS), 중동호흡기증후군(MERS), 동물인플루엔자 인체감염증, 신종인플루엔자, 디프테리아	발생 즉시 신고	음압 격리 필요
제2급 감염병	전파가능성을 고려하여 발생 또는 유행 시 24시간 이내에 신고하여야 하고, 격리가 필요한 감염병 결핵, 수두, 홍역, 콜레라, 장티푸스, 파라티푸스, 세균성이질, 장출혈성대장균감염증, A형간염, 백일해, 유행성이하선염, 풍진, 폴리오, 수막구균 감염증, b형헤모필루스인플루엔자, 폐렴구균 감염증, 한센병, 성홍열, 반코마이신내성황색포도알균(VRSA) 감염증, 카바페넴내성장내세균속균종(CRE) 감염증, E형간염	24시간 이내 신고	격리 필요
제3급 감염병	그 발생을 계속 감시할 필요가 있어 발생 또는 유행 시 24시간 이내에 신고하여야 하는 감염병 파상풍, B형간염, 일본뇌염, C형간염, 말라리아, 레지오넬라증, 비브리오패혈증, 발진티푸스, 발진열, 쯔쯔가무시증, 렙토스피라증, 브루셀라증, 공수병, 신증후군출혈열, 후천성면역결핍증(AIDS), 크로이츠펠트-야콥병(CJD) 및 변종크로이츠펠트-야콥병(vCJD), 황열, 뎅기열, 큐열, 웨스트나일열, 라임병, 진드기매개뇌염, 유비저, 치쿤구니야열, 중증열성혈소판감소증후군(SFTS), 지카바이러스 감염증, 매독, 엠폭스	24시간 이내 신고	지속적 감시 필요
제4급 감염병	제1급 감염병부터 제3급 감염병까지의 감염병 외에 유행 여부를 조사하기 위하여 표본감시 활동이 필요한 감염병 인플루엔자, 회충증, 편충증, 요충증, 간흡충증, 폐흡충증, 장흡충증, 수족구병, 임질, 클라미디아감염증, 연성하감, 성기단순포진, 첨규콘딜롬, 반코마이신내성장알균(VRE) 감염증, 메티실린내성황색포도알균(MRSA) 감염증, 다제내성녹농균(MRPA) 감염증, 다제내성아시네토박터바우마니균(MRAB) 감염증, 장관감염증, 급성호흡기감염증, 해외유입기생충감염증, 엔테로바이러스감염증, 사람유두종바이러스 감염증, 코로나바이러스감염증-19	7일 이내 신고	표본 감시

(6) 감염병의 신고 및 보고

감염병의 신고	의사, 치과의사, 한의사는 다음의 경우 소속 의료기관의 장에게 보고하여야 하고, 의료기관에 소속되지 않은 의사, 치과의사, 한의사는 관할 보건소장에게 신고해야 한다. • 감염병 환자 등을 진단하거나 그 시체를 검안한 경우 • 예방접종 후 이상반응자를 진단하거나 그 시체를 검안한 경우 • 감염병 환자가 제1급~제3급 감염병으로 사망한 경우 • 감염병 환자로 의심되는 사람이 감염병 병원체 검사를 거부하는 경우
보건소장의 보고	• 보건소장 → 관할 특별자치도지사 또는 시장·군수·구청장 → 질병관리청장 및 시·도지사 • 제1급 감염병의 발생, 사망, 병원체 검사 결과의 보고 : 신고를 받은 후 즉시 • 제2급, 제3급 감염병의 발생, 사망, 병원체 검사 결과의 보고 : 신고를 받은 후 24시간 이내 • 제4급 감염병의 발생, 사망, 병원체 검사 결과의 보고 : 신고를 받은 후 7일 이내 • 예방접종 후 이상반응의 보고 : 신고를 받은 후 즉시

> **참고**
> 제1급 감염병은 전염속도가 빠르므로 즉시 환자의 격리가 필요하다.

(7) 감염병의 3대 요인

감염원	병원체를 전파시키는 근원	환자 보균자, 감염 동물, 오염 식품, 오염수 등
감염 경로	병원체가 운반될 수 있는 과정	공기 전파, 접촉 감염, 동물 매개 전파, 개달물 전파
감수성 숙주	침입한 병원체에 대항할 수 없는 상태	숙주의 감수성이 높으면 감염병 유행 숙주의 감수성이 낮으면 감염병 소멸(면역)

(8) 감염병 발생 과정

병원체
↓
병원소
↓
병원소로부터 병원체의 탈출
↓
병원체의 전파
↓
새로운 숙주로의 침입
↓
숙주의 감수성(감염)

① **병원체** : 숙주에 침입하여 질병을 일으키는 미생물

세균	호흡기계	결핵, 한센병(나병), 파상풍, 디프테리아, 백일해, 폐렴, 성홍열 등
	소화기계	장티푸스, 콜레라, 파라티푸스, 세균성 이질 등
	피부점막계	페스트, 파상풍, 매독, 임질 등
바이러스	호흡기계	홍역, 유행성 이하선염, 인플루엔자, 두창 등
	소화기계	폴리오, 유행성 간염, 소아마비, 브루셀라증 등
	피부점막계	후천성면역결핍증(AIDS), 일본뇌염, 공수병, 트라코마, 황열 등
리케차	발진티푸스, 발진열, 양충병(쯔쯔가무시), 로키산홍반열 등	
진균	무좀, 칸디다증, 백선 등	
클라미디아	비임균성 요도염, 자궁경부염, 트라코마 감염 등	
곰팡이	캔디디아시스, 스포로티코시스 등	
기생충	원충류, 선충류, 조충류, 흡충류 등	

> **참고** **병원체의 크기**
>
> 바이러스 〈 리케차 〈 세균 〈 진균, 사상균

② **병인(병원소)** : 병원체가 증식하면서 생존을 계속하여 다른 숙주에 전파시킬 수 있는 상태로 저장되는 일종의 전염원

인간 병원소	감염자	• 균이 침입된 사람
	현성 감염자	• 균이 병을 일으켜 증상이 나타난 사람
	불현성 감염자	• 균이 증식하고 있으나 아무런 증상이 나타나지 않는 사람
	건강 보균자 (불현성 보균자)	• 병원체를 보유하고 있으나 증상이 없고 병원체를 체외로 배출하는 보균자 • 감염병 관리가 가장 어려움(색출과 격리가 어려움)
	잠복기 보균자 (발병 전 보균자)	• 감염병 질환의 잠복기간에 병원체를 배출하는 보균자 • 호흡기계 감염병
	병후 보균자 (만성회복기 보균자)	• 감염병이 치료되었으나 병원체를 지속적으로 배출하는 보균자 • 소화기계 감염병

동물 병원소	소	탄저병, 결핵, 파상열 등
	돼지	탄저병, 구제역, 파상열, 일본뇌염, 살모넬라증 등
	쥐	페스트, 발진열, 살모넬라증, 유행성 출혈열, 렙토스피라증, 쯔쯔가무시병 등
	고양이	살모넬라증, 톡소플라스마증 등
	개	광견병(공수병), 톡소플라스마증 등
	닭, 오리	조류 인플루엔자 바이러스의 감염원
	토끼	야토증

> **참고 인수공통 병원소**
> • 동물이 병원소가 되면서 인간에게도 감염을 일으키는 감염병
> • 쥐(페스트, 살모넬라), 돼지(일본뇌염), 개(광견병), 산토끼(야토병), 소(결핵)

③ 병원소로부터 병원체의 탈출

구분	탈출 경로	질병
호흡기계 탈출	기침, 재채기, 침, 가래 등으로 탈출	디프테리아, 결핵, 홍역, 백일해, 천연두, 유행성 이하선염, 인플루엔자, 폐렴 등
소화기계 탈출	분변, 구토물 등으로 탈출	장티푸스, 콜레라, 폴리오, 세균성 이질, 파라티푸스, 유행성 간염, 파상열 등
비뇨생식기계 탈출	소변, 성기 분비물 등으로 탈출	매독, 임질, 연성하감 등
경피 탈출	피부병, 피부의 상처, 농양 등으로 탈출	나병(한센병)
기계적 탈출	이, 벼룩, 모기 등 흡혈성 곤충, 주사기 등으로 탈출	말라리아, 발진열, 황열 등

④ 병원체의 전파

직접 전파	호흡기계	• 재채기 등의 오염된 공기로 전파되는 비말 감염 • 홍역, 결핵, 폐렴, 인플루엔자, 성홍열, 백일해, 유행성 이하선염 등
	혈액, 성매개	• 혈액이나 신체 접촉을 통한 성병으로 전파되는 감염 • 후천성면역결핍증(AIDS), B형간염, 매독, 임질 등

절지동물 매개 전파 (간접 전파)	모기	• 일본뇌염, 말라리아, 댕기열, 황열, 사상충 등
	파리	• 장티푸스, 이질, 콜레라, 파라티푸스, 결핵, 디프테리아 등
	바퀴벌레	• 장티푸스, 이질, 콜레라, 소아마비 등
	벼룩	• 발진열, 페스트 등
	이	• 발진티푸스, 재귀열 등
	진드기	• 양충병(쯔쯔가무시), 유행성 출혈열, 재귀열, 발진열 등
무생물 매개 전파 (간접 전파)	비말 감염	• 눈, 호흡기 등으로 전파 • 디프테리아, 성홍열, 인플루엔자, 결핵, 백일해 등
	수인성 감염 (수질, 식품)	• 인수(사람, 가축)의 분변으로 오염되어 전파 • 쥐 등으로 병에 걸린 동물에 의해 오염된 식품으로 전파 • 단시일 이내에 환자에게 폭발적으로 일어나며 치명률이 낮음 • 세균성이질, 콜레라, 장티푸스, 파라티푸스, 폴리오, 장출혈성 대장균 등
	진애 감염	• 비말핵이 먼지와 섞여 공기를 통해 전파 • 결핵, 디프테리아, 폐렴, 유행성 감기 등
	토양 감염	• 오염된 토양에 의해 피부와 상처 등으로 감염 • 파상풍, 가스괴저병 등
	개달물 감염	• 수건, 의류, 서적, 인쇄물 등의 개달물에 의해 감염 • 결핵, 트라코마, 두창, 비탈저, 디프테리아 등

⑤ 숙주로 침입

호흡기계 침임	• 비말 감염(기침, 재채기)
소화기계 침입	• 경구 감염(구강)
비뇨생식계 침입	• 성기 감염
경피 침입	• 피부 감염
기계적 침입	• 유행성 A형 간염은 수혈을 통하여 침입

⑥ 숙주의 감염(면역과 감수성)

숙주의 감수성	숙주의 저항성인 면역성과 관련
감수성 지수	• 높으면 면역성이 떨어짐 • 낮으면 면역성이 높아짐 • 홍역과 두창(95%) 〉 백일해(60~80%) 〉 성홍열(40%) 〉 디프테리아(10%) 〉 폴리오(0.1%)

(9) 면역

① 면역의 종류

선천적 면역			출생할 때부터 자연적으로 가지는 면역
후천적 면역	능동면역	자연능동면역	감염병에 감염된 후 형성되는 면역
		인공능동면역	예방접종으로 형성되는 면역
	수동면역	자연수동면역	모체의 태반이나 수유를 통해 형성되는 면역
		인공수동면역	인공제제를 접종하여 형성되는 면역

② 능동면역의 종류

자연능동면역		영구면역	홍역, 백일해, 장티푸스, 콜레라, 페스트 등
		일시면역	디프테리아, 폐렴, 세균성이질, 인플루엔자 등
인공능동면역	예방접종 구분	생균백신	결핵, 홍역, 폴리오(경구) 등
		사균백신	장티푸스, 콜레라, 백일해, 폴리오(경피), 일본뇌염 등
		순화독소	파상풍, 디프테리아 등

> **참고 주요 감염병의 접종 시기**
>
> | 결핵 | • 생후 1개월 이내 | B형 간염 | • 모체가 HBsAg 양성인 경우 : 생후 12시간 이내
• 모체가 HBsAg 음성인 경우 : 생후 1~2개월 |
> |---|---|---|---|
> | 디프테리아
백일해
파상풍 | • 1차 : 생후 2개월
• 2차 : 생후 4개월
• 3차 : 생후 6개월 | 폴리오 | • 1차 : 생후 2개월
• 2차 : 생후 4개월
• 3차 : 생후 6개월 |
> | 홍역
유행성 이하선염
풍진 | • 1차 : 생후 12~15개월
• 2차 : 만 4~6세 | 폐렴구균 | • 1차 : 생후 2개월
• 2차 : 생후 4개월
• 3차 : 생후 6개월 |
> | 일본뇌염 | • 생후 12~23개월 | 수두 | • 생후 12~15개월 |

4 기생충 관리

(1) 기생충

스스로 자생력이 없어 생물체에 붙어서 영양을 섭취하고 생명을 유지하며 이득을 보는 생물체를 기생충이라고 하고 손해를 보는 생물체를 숙주라고 함

(2) 기생충 관리

① 기생충 질환을 일으키는 발생 원인을 제거
② 개인 위생관리를 철저히 하고 비위생적인 환경을 개선

(3) 기생충 구분

선충류	회충	• 원인 : 토양, 물, 채소로 인해 감염 • 전파 : 소장에 기생 • 증상 : 복통, 구토, 장염 • 예방 : 철저한 분변 관리, 파리의 구제, 정기 검사 및 구충
	요충	• 원인 : 물, 채소, 소아감염, 집단감염(의복, 침구류 등으로 전파) • 전파 : 맹장에 기생하다가 성숙함에 따라 대장·직장으로 이동하여 기생 • 증상 : 습진, 피부염, 소화장애, 신경증상, 항문의 가려움증 • 예방 : 개인 위생관리, 채소를 익혀서 섭취, 의복, 침구류 등 소독
	구충 (십이지장충)	• 원인 : 토양, 채소, 물, 경구 감염, 경피 감염(두비나구충, 아메리카구충) • 전파 : 구충이 소장 상부에 기생 • 증상 : 피부염, 채독증, 빈혈, 이명증 • 예방 : 채소를 익혀서 섭취, 분뇨와 토양의 위생관리
	사상충증	• 원인 : 말레이사상충에 감염된 모기 • 전파 : 임파 조직에 기생 • 증상 : 근육통, 두통, 고열, 림프관염, 상피증 • 예방 : 야간 외출 삼가, 모기 기피제 및 모기장 사용
	선모충증	• 원인 : 날고기 섭취로 인한 감염 • 전파 : 선모충이 근육, 간, 소장에 기생 • 증상 : 근육통, 두통, 발열 • 예방 : 육류(-37℃ 이하) 냉동 보관, 익혀서 섭취
조충류	유구조충 (갈고리촌충)	• 원인 : 돼지고기의 생식으로 인한 감염 • 전파 : 유구낭충이 소장에 기생하여 성충 • 증상 : 복통, 설사, 만성소화기 장애, 신경증상, 식욕부진 • 예방 : 돼지고기 생식 자제
	무구조충 (민촌충)	• 원인 : 소고기의 생식으로 인한 감염 • 전파 : 무구낭충이 소장에 기생하여 성충 • 증상 : 복통, 설사 • 예방 : 소고기 생식 자제
	긴촌충 (광절열두조충)	• 원인 : 제1숙주(물벼룩), 제2숙주(연어, 송어)의 생식으로 인한 감염 • 전파 : 유충이 소장에 기생하여 성충 • 증상 : 복통, 설사, 빈혈 • 예방 : 민물고기 생식 자제

흡충류	간흡충 (간디스토마)	• 원인 : 제1숙주(우렁이), 제2숙주(잉어, 참붕어, 피라미)의 생식으로 인한 감염 • 전파 : 유충이 간의 담도에 기생하여 성충 • 증상 : 소화불량, 설사, 담관염 • 예방 : 민물고기 생식 자제
	폐흡충 (폐디스토마)	• 원인 : 제1숙주(다슬기), 제2숙주(가재, 게)의 생식으로 인한 감염 • 전파 : 유충이 폐에 기생하여 성충 • 증상 : 기침, 객담, 객혈 • 예방 : 가재, 게 생식 자제
	요코가와흡충	• 원인 : 제1숙주(다슬기), 제2숙주(은어, 숭어)의 생식으로 인한 감염 • 전파 : 유충이 소장에 기생하여 성충 • 증상 : 설사, 장염 • 예방 : 은어, 숭어 생식 자제

3 가족 및 노인보건

1 인구보건
(1) 인구
① **인구 조사** : 일정기간 동안 일정한 지역에서 생존하는 인간의 집단 인구동태(출생, 사망, 인구 이동), 인구증가(자연증가, 사회증가) 조사
② **인구 정책** : 인구를 어느 특정 시점에서 출생, 사망, 인구이동 등 현실적인 상태와 이상적 상태의 격차를 조절하여 국가가 원하는 상태로 조절하는 것
③ **인구 문제** : 인구의 구성과 인구 수, 지역적 분포 등 인구 현상에 있는 모든 변화에 의하여 발생

> **참고** 인구증가
>
> 국가나 지역사회의 인구증감은 자연증가와 사회증가의 합을 의미하지만 세계 인구
> 증감은 출생과 사망의 자연증가에 의해서 결정된다.
> 자연증가 = 출생인구 − 사망인구
> 사회증가 = 전입인구 − 전출인구

(2) 인구 구성형태(인구 모형)
① **인구 구성** : 성별, 연령별, 인종별, 직업별, 사회 계층별, 교육 수준별 등으로 표시
② **인구 모형** : 특정 시점의 연령별 인구 구성을 한눈에 볼 수 있는 그래프

③ 인구 모형의 종류

피라미드형		인구증가형 후진국형	• 출생률 증가, 사망률 감소 • 14세 이하 인구가 65세 이상 인구의 2배 이상인 형태
종형		인구정지형 이상적인 형	• 출생률과 사망률이 낮은 형 • 14세 이하 인구가 65세 이상 인구의 2배 정도인 형태
항아리형 (방추형)		인구감퇴형 선진국형	• 출생률이 사망률보다 낮은 형 • 14세 이하 인구가 65세 이상 인구의 2배 이하인 형태
별형		인구유입형 도시형	• 생산연령 인구 증가 • 생산인구가 전체 인구의 50% 이상인 경우
표주박형		인구감소형 농촌형	• 생산연령 인구 감소 • 생산인구가 전체 인구의 50% 미만인 경우

2 가족보건

(1) 가족계획
① 의미 : 우생학적으로 우수하고 건강한 자녀 출산을 위한 출산 계획
② 내용 : 초산연령 조절, 출산횟수 조절, 출산간격 조절, 출산기간 조절

(2) 영·유아 보건을 위한 가족계획
모성의 연령, 건강상태, 유전인자 등 신생아 및 영아사망률과 관계

(3) 모성 및 영·유아 외의 가족계획
여성의 사회생활을 고려하여 가정 경제 및 조건에 적합한 자녀수를 출산

(4) 조출생률
$$조출생률 = \frac{연간\ 출생아\ 수}{그\ 해의\ 인구} \times 1,000$$
① 인구 1,000명에 대한 연간 출생아 수
② 가족계획 사업의 효과 판정상 유력한 지표

3 모자보건

모성 및 영·유아의 생명과 건강을 보호하고 건전한 자녀의 출산과 양육을 도모하여 국민보건 향상에 기여하는 것(12~44세 이하의 임산부 및 6세 이하의 영·유아를 대상)

(1) 모자보건 지표
영아사망률, 주산기사망률, 모성사망률

(2) 영·유아보건
① 태아 및 신생아, 영·유아를 대상
② 우리나라 영·유아 사망의 3대 원인 : 폐렴, 장티푸스, 위병

(3) 모성보건 3대 사업 목표
산전관리, 산욕관리, 분만관리

(4) 임산부의 주요 질병과 이상
① 임신중독증 : 부종, 단백뇨, 고혈압
② 자궁 외 임신 : 임균성, 결핵성 난관염, 인공유산 후의 염증 등의 원인
③ 이상출혈 : 임신 전·후반기와 산욕기의 출혈
④ 산욕열 및 감염 : 산욕기(출산 6~8주 사이) 감염에 의한 심한 발열 현상으로 고열과 오한이 생기는 증세

> **참고**
> 풍진은 임신 초기에 감염이 되어 백내장아, 농아 출산의 원인이 되는 질환이다.

(5) 모유수유

① 수유 전 산모의 손을 씻어 감염을 예방

② 모유에는 림프구, 대식세포 등의 백혈구가 들어 있어 각종 감염으로부터 장을 보호하고 설사를 예방하는 데 큰 효과

③ 초유는 영양가가 높고 면역체가 있으므로 아기에게 반드시 먹이도록 함

4 성인보건(성인병 관리)

① 성인과 노인에게 많이 발생

② 식습관, 운동습관, 흡연, 음주 등의 생활습관

③ 성인병의 종류 : 고혈압, 당뇨병, 비만, 동맥경화증, 협심증, 심근경색증, 뇌졸중, 퇴행성관절염, 폐질환, 간질환 등

④ 성인병의 특징 : 비전염성, 만성퇴행성, 비가역성

5 노인보건

(1) 노인보건의 목적

노인의 질환을 예방 및 조기 발견하고, 적절한 치료·요양으로 노후의 보건 복지 증진에 기여한다.

(2) 노인보건의 대상

65세 이상의 노인(보건복지법)

(3) 노인보건의 필요성

① 고령화 사회 진입, 노인질환 급증, 국민 총 의료비 증가 등의 이유로 노인보건 필요

② 의료비, 소득 감소 등의 경제적인 문제, 소외의 문제 등 노인문제 해결방안 모색 요구

③ 의료지원, 사회복지, 사회활동 등의 지원 및 문제 해결방안 모색 요구

④ 노령화의 4대 문제 : 빈곤문제, 건강문제, 무위문제(역할 상실), 고독 및 소외문제

⑤ 보건 교육 방법 : 개별접촉을 통한 교육

> **참고** 고령화사회, 고령사회, 초고령사회
> • 고령화사회 : 65세 이상의 인구가 전체 인구의 7% 이상인 사회
> • 고령사회 : 65세 이상의 인구가 전체 인구의 14% 이상인 사회
> • 초고령사회 : 65세 이상의 인구가 전체 인구의 20% 이상인 사회

6 정신보건

(1) 정신보건

정신 질환의 예방 및 치료를 통하여 국민 정신건강을 유지 및 발전시키려고 하는 것이다.

(2) 정신보건 활동

① 환자의 조기 발견

② 환자의 입원과 치료

③ 환자의 퇴원 후 후속치료

④ 환자의 처우 개선
⑤ 환자 가족에 대한 사회지원
⑥ 환자의 완치 후 사회 복귀

4 환경보건

1 환경보건

(1) 목적(환경보건법)

환경오염과 유해화학물질 등이 국민건강 및 생태계에 미치는 영향 및 피해를 조사·규명 및 감시하여 국민건강에 대한 위협을 예방하고, 이를 줄이기 위한 대책을 마련함으로써 국민건강과 생태계의 건전성을 보호·유지할 수 있도록 함을 목적으로 함

> **참고** 인류 생존 위협 대표 3요소
>
> 인구, 환경오염, 빈곤

(2) 환경보건의 범위

자연적 환경	우리 생활에 필요한 물리적 환경	• 공기 : 기온, 기습, 기류, 기압, 매연, 가스 등 • 물 : 강수, 수량, 수질관리, 수질오염, 지표수, 지하수 등 • 토지 : 지온, 지균, 쓰레기 처리 등 • 소리 : 소음 등
사회적 환경	우리 생활에 직·간접으로 영향을 주는 환경	• 정치, 경제, 종교, 인구, 교통, 교육, 예술 등
인위적 환경	외부의 자극으로부터 인간을 보호하는 환경	• 의복, 식생활, 주택, 위생시설 등
생물학적 환경	동·식물, 미생물, 설치류, 위생해충 등이 갖는 환경	• 구충구서 : 곤충, 해충(파리, 모기) 등

(3) 기후

① 기후의 3대 요소 : 기온, 기습, 기류
② 4대 온열인자 : 기온, 기습, 기류, 복사열

> **참고** 인간이 활동하기에 좋은 온도와 습도
>
> 온도 : 18℃, 습도 : 40~70%

> **참고** 불쾌지수
>
> • 기온과 기습을 이용하여 사람이 느끼는 불쾌감의 정도를 수치로 나타낸 것
> • 불쾌지수가 70~75인 경우 약 10%, 75~80인 경우 약 50%, 80 이상인 경우 대부분의 사람이 불쾌감을 느낌

2 대기환경

(1) 대기(공기)

지구를 둘러싸고 있는 대기를 구성하는 기체로, 지구상 생물 존재에 꼭 필요한 역할을 하는 요소

(2) 대기의 성분

질소(N_2) 78%, 산소(O_2) 21%, 이산화탄소(CO_2) 0.03%

(3) 대기와 건강

산소 (O_2)	• 공기 중의 약 21% 차지 • 저산소증 : 산소 농도가 10% 이하일 경우 호흡곤란 증상, 7% 이하일 경우 질식
이산화탄소 (CO_2)	• 공기 중의 약 0.03% 차지 • 실내공기 오염의 지표 • 지구의 온난화 현상의 주된 원인 • 무색, 무취, 비독성 가스 기체 • 실내 이산화탄소의 최대 허용량(상한량)은 0.1%(1,000ppm) • 7%에서는 호흡곤란, 10% 이상일 경우 사망 • 실내에 이산화탄소 증가 시 온도와 습도가 증가하여 무더우며 군집독 발생
일산화탄소 (CO)	• 탄소의 불완전연소로 생성되는 무색, 무취의 기체로서, 혈중 헤모글로빈의 친화성이 산소에 비해 약 300배 정도로 높아 중독 시 신경이상증세를 나타냄 • 산소와 헤모글로빈의 결합을 방해하여 세포와 신체조직에서 산소 부족현상을 나타냄 • 중독 증상 : 정신장애, 신경장애, 질식현상
질소 (N_2)	• 비독성 가스이며 고압에서는 마취 현상이 나타남 • 고기압 환경이나 강압 시에는 모세혈관에 혈전이 나타남(감압병) • 잠함병(잠수병) : 혈액 속의 질소가 기포를 발생하게 하여 모세혈관에 혈전현상을 일으키는 것

참고 **잠함병**

• 고압의 환경에서 낮은 압력하로 갑자기 환경이 바뀔 때 체내에서 발생하는 공기 방울이 신체에 미치는 생리적 영향
• 압력조절이 되지 않은 비행기의 조종사, 잠수부, 탄광 근로자 등이 잠함병에 걸리기 쉬움

---

(4) 대기오염

대기 중 고유의 자연 성질을 바꿀 수 있는 화학적, 물리적, 생리학적 요인으로 인한 오염

① 오염의 지표

실내공기 오염의 지표	이산화탄소(CO_2)
대기오염의 지표	아황산가스(SO_2)
오존층 파괴의 대표 가스	염화불화탄소(CFC)

참고	이산화황과 염화불화탄소
이산화황 (SO_2)	• 아황산가스, 아황산무수물이라고도 함 • 황과 산소의 화합물로서 황이 연소할 때 발생하는 무색의 기체 • 최대 허용량(상한량)은 0.05ppm • 독성이 강하여 공기 속에 0.003% 이상이 되면 식물이 죽음 • 금속을 부속, 자극이 강해 기관지, 만성염증, 심폐질환, 합병증을 일으킬 수 있음 • 대기오염, 도시공해 요인으로 자동차 배기가스, 중유연소, 공장매연 등에서 다량 배출
염화불화탄소 (CFC)	• 프레온 가스라고 하며 오존층 파괴의 대표 가스 • 냉장고나 에어컨 등의 냉매, 스프레이의 분사체에서 발생 • 오존이 존재하는 성층권까지 도달하면 오존층 파괴

② 대기오염 물질

1차 오염물질	황산화물	• 석탄이나 석유 속에 포함되어 있어 연소할 때 산화되어 발생 • 만성기관지염과 산성비 등 유발
	질소산화물	• 광화학반응에 의해 2차 오염물질 발생
	일산화탄소	• 물체의 불완전연소 시 주로 발생
	기타	• 이산화탄소, 탄화수소, 불화수소, 알데히드 등
2차 오염물질	스모그	• 런던 스모그, 로스엔젤레스 스모그로 구분
	오존(O_3)	• 광화학 옥시던트를 발생 • 지상 25~30km에 있는 오존층은 자외선 대부분을 흡수 • 가슴통증, 기침, 매스꺼움, 기관지염, 심장질환, 폐렴 증세 일으킴
	질산과산화 아세틸	• 강한 산화력과 눈에 대한 자극성이 있음

③ 대기오염현상

기온역전	상부 기온이 하부 기온보다 높아지면서 공기의 수직 확산이 일어나지 않으므로 대기가 안정되지만 오염도는 심하게 나타나는 현상
열섬현상	도심 속의 온도가 대기오염 또는 인공열 등으로 인해 주변지역보다 높게 나타나는 현상
온실효과	복사열이 지구로부터 빠져나가지 못하게 막아 지구가 더워지는 현상
산성비	pH 5.6 이하의 비, 고농도의 황산이나 질산이 포함되어 사람과 자연환경에 악영향을 줌

참고	군집독

일정한 공간의 실내에 수용범위를 초과한 많은 사람이 있는 경우 이산화탄소 농도 증가, 기온상승, 습도증가, 연소가스 등으로 인해 불쾌감, 두통, 권태, 현기증, 구토, 식욕부진 등의 현상을 일으키는 것

④ 대기환경기준

구분	기준	측정방법
아황산가스 (SO$_2$)	• 연간 평균치 : 0.02ppm 이하 • 24시간 평균치 : 0.05ppm 이하 • 1시간 평균치 : 0.15ppm 이하	자외선 형광법
일산화탄소 (CO)	• 8시간 평균치 : 9ppm 이하 • 1시간 평균치 : 25ppm 이하	비분산적외선 분석법
이산화질소 (NO$_2$)	• 연간 평균치 : 0.03ppm 이하 • 24시간 평균치 : 0.06ppm 이하 • 1시간 평균치 : 0.10ppm 이하	화학 발광법
미세먼지	• 연간 평균치 : 50μg/m^3 이하 • 24시간 평균치 : 100μg/m^3 이하	베타선 흡수법

(5) 공기의 자정작용

① **희석작용** : 공기 자체의 희석작용

② **살균작용** : 자외선에 의한 살균작용

③ **탄소 동화작용** : 식물의 탄소 동화작용에 의한 이산화탄소, 산소 교환 작용

④ **산화작용** : 산소, 오존, 과산화수소 등에 의한 산화작용

⑤ **세정작용** : 비나 눈에 의한 용해성 가스, 분진 등의 세정작용

3 수질환경

(1) 물의 경도

① 경도는 물속에 함유되어 있는 경도 유발물질에 의해 나타나는 물의 세기

② 물 1L 중 1mg의 탄산칼슘이 들어 있을 때를 경도 1도라고 함

③ 경수(센물) : 경도 10 이상의 물로서 지하수가 대표적이며 칼슘, 마그네슘이 많이 포함되어 거품이 잘 일어나지 않고 뻣뻣하여 세탁, 목욕용으로는 부적합

④ 연수(단물) : 경도 10 이하의 물로서 수돗물이 대표적이며 세탁, 생활용수, 보일러 등에 사용

⑤ 수돗물이 경도가 높으면 소독제와 불활성 효과, 즉 침전 상태가 될 수 있으므로 주의

> 참고
> • 일시경수 : 물을 끓일 때 경도가 저하되어 연화되는 물(탄산염, 중탄산염 등)
> • 영구경수 : 물을 끓일 때 경도의 변화가 없는 물(황산염, 질산염, 염화염 등)

(2) 정수법

① 수질검사 : 물리적·화학적 검사, 현장조사, 세균학적 검사, 생물학적 검사

② 수질 자정작용 : 희석작용, 침전작용, 일광 내 자외선에 의한 살균작용, 산화작용, 생물의 식균작용 등

③ 인공정수과정 : 침전 → 여과 → 소독 → 배수 → 급수

④ 완속사 여과는 보통침전법을 사용하고 급속사 여과는 약물침전법을 사용

(3) 음용수 소독법

① 자비소독 : 물을 끓여서 소독 ② 염소소독 : 상수도 소독 방법
③ 자외선 : 일광 소독 ④ 오존 : 오존 소독

(4) 상수처리과정

① 취수 : 수원지에서 물을 끌어옴
② 도수 : 취수한 물을 정수장까지 끌어옴
③ 침사 : 모래를 가라앉히는 것

> **참고 상수 및 수도전에서의 적정 유리 잔류 염소량**
>
> 평상시 : 0.2ppm 이상 / 비상시 : 0.4ppm 이상

(5) 하수와 보건

공장 폐수, 분뇨 등을 처리하지 않고 방류해서 발생하는 여러 가지 문제를 예방하고 대책을 마련하는 것이다.

① 하수오염의 측정

용존산소량 (DO)	• 물속에 용해되어 있는 유리산소량(단위 ppm) • 5ppm 이상 • DO가 낮으면 오염도가 높음 • 물의 온도가 낮을수록, 압력이 높을수록 많이 존재
생물학적 산소요구량 (BOD)	• 유기물이 세균에 의해 산화·분해될 때 소비되는 산소량(단위 ppm) • 5ppm 이하 • BOD가 높으면 오염도가 높음 • 하수 및 공공수역 수질오염의 지표
화학적 산소요구량 (COD)	• 물속의 유기물을 무기물로 산화시킬 때 필요로 하는 산소량(단위 ppm) • COD가 높으면 오염도가 높음 • 하수, 공장 폐수의 오염도를 측정하는 지표
부유물질 (SS)	• 물속에 부유하고 있는 미생물, 모래 등의 물에 용해되지 않는 물질 • 쓰레기 등이 떠 있지 않아야 함
수소이온농도 (pH)	• 산성, 중성, 알칼리성을 나타내는 척도 • pH 5.5~8.5(pH 7 미만은 산성, pH 7 초과는 알칼리성)
대장균군	• 100mL당 대장균 수

- 상수(음용수)의 수질오염 분석 시 대표적인 생물학적 지표 : 대장균
- 하수의 오염도를 나타내는 수질오염지표 : BOD(생물학적 산소요구량)
- 공장 폐수의 오염도를 측정하는 지표 : COD(화학적 산소요구량)

② 하수처리 과정

예비처리(1차)	부유물질의 제거와 침전	
본처리(2차)	혐기성 처리	• 산소가 없는 상태에서 혐기성균의 작용에 의해 유기물을 분해하는 방법 • 부패작용으로 악취가 발생하여 소규모 분뇨 처리에 주로 사용 • 부패조법, 임호프조법
	호기성 처리	• 활성오니법은 산소를 공급하여 호기성균을 촉진 • 하수 내 유기물을 산화시키는 호기성 분해법으로 가장 많이 이용 • 살수여과법, 산화지법, 활성오니법
오니처리	육상투기법, 해양투기법, 퇴비법, 소각법, 사상 건조법 등	

(6) 오물처리

① 폐기물 : 소각법, 매립법, 퇴비법 등
② 분뇨 처리 : 해양투기법, 정화조이용법, 비료화법, 화학제 처리법 등
③ 쓰레기 처리 : 소각법, 매립법, 비료화법, 사료법 등
④ 소각법 : 일반폐기물 처리방법 중 가장 위생적인 방법

(7) 수질오염 물질

유기물질	BOD, COD 수치 높음, DO 수치 낮음
화학적 유해물질	수은, 납, 알칼리, 농약, 카드뮴, 시안, 산 등
병원균	장티푸스, 세균성 이질, 콜레라, 감염성 간염, 살모넬라
부영양화 물질	N-P계 물질, 적조·녹조 현상
현탁 고형물	난분해성 물질, 경성세제, PCB, DDT

(8) 수질오염 피해

수은 중독	• 치은괴사, 구내염, 혈성구토 등을 일으키는 미나마타병 • 산업폐수에 오염된 어패류 섭취로 발생
카드뮴 중독	• 세포에 만성 섬유 증식, 신경기능 장애, 폐기종, 당뇨병 등을 일으키는 이타이이타이병 • 폐광석을 통해 카드뮴이 유출되어 강으로 흘러들어가 식수나 농업용수로 사용하여 발생
납 중독	• 빈혈, 신경마비, 뇌 중독 증상
PCB 중독	• PCB를 사용한 제품을 소각할 때 대기 중으로 확산되어 들어갔다가 빗물 등에 섞여서 토양, 하천 등으로 흘러 발생

(9) 수질오염 방지대책
① 하수도 정비촉진, 산업폐수 처리, 수세식 변소의 시설관리를 개선
② 불법투기 금지 조치, 해수오염 방지 대책 마련 및 공장 폐수 오염실태 파악 후 대책

4 주거환경
(1) 주택 4대 조건

건강성	한적하고 교통이 편리하고 공해를 발생시키는 공장이 없는 환경
안전성	남향 또는 동남향, 서남향의 지형이 채광에 적절
기능성	지질은 건조하고 침투성이 있는 오물의 매립지가 아니어야 함
쾌적성	지하수위가 1.5~3m 정도로 배수가 잘 되는 곳, 실내·외 온도 차이 5~7℃

> **참고** 적정 실내온도와 습도
> • 적정 실내온도 : 18±2℃
> • 적정 실내습도 : 40~70%
> • 적정 실내외 온도차 : 5~7℃

(2) 자연조명(채광)의 조건
① 하루 최소 4시간 이상의 일조량
② 창의 면적 : 방바닥 면적의 1/7~1/5 정도
③ 창의 입사각 : 28° 이상
④ 창의 개각 : 4~5° 이상
⑤ 주광률 : 1% 이상

(3) 인공조명의 조건
① 취급이 간단해야 함
② 유해가스가 발생되지 않아야 함
③ 눈이 부시지 않고 깜박거림이나 흔들림 없이 조도가 균등해야 함

④ 열의 발생이 적고 폭발이나 발화의 위험이 없어야 함

⑤ 조명의 색은 주광색에 가까운 것이 좋음

전체조명	전체적으로 밝게 하는 조명	강당, 가정
부분조명	부분적으로 밝게 하는 조명	스탠드
직접조명	조명 효율이 크고 경제적이나 불쾌감을 줄 수 있음	서치라이트
간접조명	눈의 보호를 위해 가장 좋은 조명	형광등

> **참고**
>
> • 미용실 조명 : 75Lux 이상
> • 부적당한 조명에 의한 건강장애 : 가성근시, 안정피로, 안구진탕증, 전광성안염, 백내장

(4) 소음피해 조건

① 불쾌감, 불안증, 교감신경의 작용으로 인한 생리적 장애

② 소음의 크기, 주파수, 폭로기간에 따라 다름

③ 청력장애, 수면방해, 맥박 수 및 호흡 수 증가, 대화 방해 및 작업능률의 저하

5 산업보건

(1) 산업보건의 정의

산업 현장의 산업종사자에 대한 육체적 · 정신적 · 사회적 안녕을 최고도로 증진 · 유지시키며, 질병 예방과 유해물질로 인한 건강훼손을 방지하는 것

(2) 산업보건의 과제

① 질병과 사고 예방

② 작업 능률과 생산성 확보 · 유지

③ 작업 조건이나 작업장 환경 개선

④ 유해물질로 인한 건강 훼손 방지

(3) 산업피로의 개념

정신적 · 육체적 · 신경적 노동의 부하로 인해 충분한 휴식을 가졌는데도 회복되지 않는 피로

(4) 산업피로의 대표적 증상

체온 변화, 호흡기 변화, 순환기계 변화

(5) 산업피로의 대책

① 작업방법의 합리화

② 개인차를 고려한 작업량 할당

③ 적절한 휴식

④ 효율적인 에너지 소모

6 산업재해

(1) 산업재해의 개념

노동 과정에서 작업환경 또는 작업행동 등 업무상의 사유로 발생하는 노동자의 신체적·정신적 피해를 말한다.

(2) 산업재해 발생 원인

① 인적 요인 : 관리상·생리적·심리적 원인
② 환경적 요인 : 시설 및 공구 불량, 재료 및 취급물의 부족, 작업장 환경 불량, 휴식시간 부족 등

(3) 산업재해지표

① 건수율(발생률) : 산업체 근로자 1,000명당 재해 발생 건수
② 도수율(빈도율) : 연근로시간 100만 시간당 재해 발생 건수
③ 강도율 : 근로시간 1,000시간당 발생한 근로손실일수

(4) 산업재해의 예방 대책

① 유해물질이 발생하는 것을 방지, 안전하고 건강한 작업환경 조성
② 산업종사자의 작업 시간 등이 적정한지 조사한 후 시정 개선
③ 산업종사자 채용 시 신체검사 및 정기건강검사를 실시
④ 유해업무 시에는 반드시 보호구를 사용하여 위험 노출 막음
⑤ 임신 중인 여자와 18세 미만인 자는 도덕상 또는 보건상 유해하거나 위험한 산업현장에 고용할 수 없음
⑥ 15~18세까지는 보호연령으로 작업시간 및 작업환경 제한

(5) 산업종사자의 질병

발생 요인	직업병	종사자
고열·고온	열경련증, 열허탈증, 열사병, 열쇠약증, 열중증 등	제철소, 용광로 작업자
이상저온	전신 저체온, 동상, 참호족, 침수족 등	냉동고 취급자
이상기압	감압병, 잠함병, 잠수병 등	해녀, 잠수부
방사선	조혈기능 장애, 백혈병, 생식기능 장애, 정신장애, 탈모, 피부건조, 수명단축, 백내장 등	방사선 취급자
진동	레이노드병	진동 작업자
분진	진폐증, 규폐증	광부(탄광), 석공(암석, 채석 연마자)
조명	안구진탕증, 근시, 안정피로	불량조명 사용자
소음	난청	항공정비사

- 피부소양감 및 사지관절통
- 만성 두통, 어지럼증, 난청
- 극심한 피로감 및 무기력감, 저림 또는 무감각증, 피부 질환
- 뇌내혈액순환 및 호흡기 장애

5 식품위생과 영양

1 식품위생

식품의 생육, 생산, 제조에서부터 최종적으로 사람에게 섭취할 때까지에 이르는 모든 단계에서 식품의 안정성, 건강성 및 건전성을 확보하기 위한 모든 수단

(1) 식품위생 관리

안전성(가장 중요한 요소), 건강성(영양소의 적절한 함유), 건전성(식품의 신선도)

(2) 식품위생 검사

① 식품에 의한 위해를 방지·예방하고 안전성을 확보하기 위해 행하는 검사
② 생물학적 검사, 화학적 검사, 물리학적 검사, 독성검사, 관능검사, 식기구·용기 및 포장의 검사

(3) 식품의 변질

변질	고유의 성질이 변하는 것
산패	지질의 변패, 미생물 이외에 산소, 햇볕, 금속물질 등에 의해 산화되어 악취가 나고 변색
부패	단백질이 혐기성 상태에서 미생물에 의해 분해되어 악취가 나고 유해한 물질을 생성
변패	단백질 외의 탄수화물, 지질의 성분이 변질
발효	탄수화물이나 단백질이 미생물에 의해 분해되어 더 좋은 상태로 발현
후란	호기성 세균이 단백질 식품에 작용하여 변질

(4) 식품 보존방법

물리적	건조법, 냉동법, 냉장법, 가열법, 밀봉법, 통조림법, 자외선 및 방사선 조사법
화학적	절임법(염장, 당장, 산장), 보존료 첨가법, 훈증법, 훈연법, 생물학적 처리법

2 식중독

(1) 식중독의 정의

① 식품 섭취 후 인체에 유해한 미생물 또는 유독 물질에 의하여 발생한 것으로 판단되는 감염성 질환 또는 독소형 질환
② 내·외적 환경 영향, 병원성 미생물 등으로 변질된 식품을 섭취하였을 때 일어나는 식중독은 곰팡이독, 자연독, 화학성, 세균성 식중독 등으로 분류함
③ 25~37℃에서 가장 잘 증식

(2) 식중독의 분류

세균성 식중독	감염형 식중독	살모넬라, 장염비브리오, 병원성 대장균 등
	독소형 식중독	포도상구균, 보툴리누스균, 웰치균 등
	기타	장구균, 알레르기성 식중독, 노로 바이러스 등
자연독 식중독	식물성 식중독	버섯독, 감자 중독, 맥각균 중독, 곰팡이류 중독 등
	동물성 식중독	복어 식중독, 조개류 식중독 등
곰팡이독 식중독		황변미독, 아플라톡신, 루브라톡신 등
화학물질 식중독		불량 첨가물, 유독물질, 유해금속물질 등

(3) 세균성 식중독

① 식품 섭취로만 발병하며, 다량의 균이 발생
② 소화기계 감염병에 비해 잠복기가 짧고 면역이 형성되지 않음
③ 연쇄 전파에 의한 2차 감염이 낮음

감염형	살모넬라	• 원인 : 오염된 육류, 알, 두부, 유제품(잠복기 12~48시간) • 증상 : 발열증상, 두통, 설사, 복통, 구토 • 예방 : 도축장 위생, 식육류 안전보관, 식품의 가열
	장염비브리오	• 원인 : 오염된 어패류, 생선류 등(잠복기 8~20시간) • 증상 : 급성위장염, 복통, 설사, 구토, 혈변 • 예방 : 생어패류 생식금지, 조리기구 위생관리
	병원성 대장균	• 원인 : 오염된 음식물 섭취(잠복기 2~8일) • 증상 : 두통, 구토, 설사, 복통 • 예방 : 식수, 분변에 의한 음식물 오염 예방
독소형	포도상구균	• 원인 : 화농성 질환, 엔테로톡신 분비로 발생(잠복기 1~6시간) • 증상 : 급성위장염, 구토, 복통, 설사, 타액 분비 증가 • 예방 : 화농성 질환자의 식품취급 금지
	보툴리누스균	• 원인 : 혐기성 상태의 신경독소(뉴로톡신) 분비로 발생(잠복기 12~36시간) • 증상 : 호흡곤란, 소화기계 증상, 신경계 증상 • 예방 : 혐기성 상태의 위생적 보관, 가공, 가열처리 • 식중독 중 치명률이 가장 높음
	웰치균	• 원인 : 엔테로톡신 분비로 발생(잠복기 10~12시간) • 증상 : 구토, 설사, 위장계 증상 • 예방 : 육류의 위생, 가열

(4) 자연독 식중독

구분	독성 물질	원인 식품	증상
식물성	솔라닌	감자	구토, 복통, 설사, 발열, 언어장애 등
	무스카린	버섯	위장병 중독, 콜레라형 중독, 신경장애형 중독 등
	에르고톡신	맥각류	위궤양 증상과 신경계 증상 등
	시큐톡신	독미나리	구토, 현기증, 경련, 신경중추마비, 호흡곤란 등
	아미그달린	청매	마비증상 등
동물성	테트로도톡신	복어	사지마비, 언어장애, 운동장애, 구토, 의식불명 등
	삭시톡신	섭조개, 대합	신체마비, 호흡곤란 등
	베네루핀	모시조개, 굴	출혈반점, 혈변, 혼수상태 등

(5) 곰팡이독 식중독
① 원인이 되는 아플라톡신은 황변미와 같은 곡류에서 주로 발생
② 간암을 일으키는 등 강력한 독성

(6) 화학물질 식중독

식품첨가물	착색제, 방향제, 표백제, 산화방지제, 발색제, 소포제
유해금속물	납, 아연, 구리, 비소, 수은, 카드뮴
농약	채소, 과일, 곡류의 표면 잔류로 인한 식중독
용기	공업용 색소를 사용한 합성수지, 비위생적인 포장지

6 보건행정

1 보건행정의 정의
(1) 보건행정의 정의
공중보건의 목적(수명연장, 질병예방, 건강증진)을 달성하기 위해 공공의 책임하에 수행하는 행정 활동

(2) 보건행정의 특징
공공성, 사회성, 교육성, 과학성, 기술성, 봉사성, 보장성 등

(3) 보건행정의 범위(세계보건기구 정의)

① 보건자료(보건관련 기록의 보존)

② 대중에 대한 보건교육

③ 환경위생

④ 감염병 관리

⑤ 모자보건

⑥ 의료 및 보건간호

(4) 보건행정의 요건

법적 근거 마련, 건전한 행정 조직과 인사, 사회의 합리적인 전망과 계획 등

(5) 보건행정의 기획과정

전제 → 예측 → 목표 설정 → 행동계획의 전제 → 체계분석

(6) 사회보장제도

사회보험	소득보장 : 산재보험, 연금보험, 고용보험
	의료보험 : 건강보험, 산재보험
공공부조	소득보장 : 국민기초생활보장
	의료보험 : 의료급여
사회복지서비스	아동 복지, 노인 복지, 장애인 복지, 가정 복지

> **참고 의료보호**
>
> 자력으로 의료문제를 해결할 수 없는 생활무능력자 및 저소득층을 대상으로 공적으로 의료를 보장하는 제도

(7) 보건소

시·군·구에 두는 보건행정의 최일선 조직으로 국민건강 증진 및 예방 등에 관한 사항을 실시하는 지방 공중보건조직의 중요한 역할을 하는 기관

2 세계보건기구(WHO)의 주요기능

① 국제 검역대책과 진단, 검사 등의 기준 확립

② 국제적인 보건사업의 지휘·조정

③ 보건문제 기술지원 및 자문활동

④ 회원국에 대한 보건 관계 자료 공급

2절 소독

1 소독의 정의 및 분류

1 소독

(1) 소독의 정의 : 병원성 미생물의 생활력을 파괴하여 죽이거나 또는 제거하여 감염력을 없애는 것

(2) 소독 효과 : 멸균 〉살균 〉소독 〉방부 〉청결

(3) 소독에 영향을 주는 인자 : 온도, 수분, 시간, 농도, 자외선

(4) 소독의 분류

멸균	병원성·비병원성 미생물 및 포자를 포함한 모든 균을 사멸시킨 무균 상태
살균	생활력을 가지고 있는 미생물을 여러 가지 물리·화학적 작용에 의해 급속하게 죽이는 것 (내열성 포자는 잔존)
소독	병원성 미생물의 생활력을 파괴하여 죽이거나 또는 제거하여 감염력을 없애는 것 (단, 포자는 제거되지 않음)
방부	병원성 미생물의 발육과 그 작용을 제거하거나 정지시켜 음식물의 부패나 발효를 방지하는 것
희석	용품이나 기구 등을 일차적으로 청결하게 세척하는 것

> **참고 아포**
>
> 미생물의 증식을 억제하는 영양의 고갈과 건조 등의 불리한 환경 속에서 생존하기 위하여 생성하는 것

2 소독제 및 소독작용

(1) 소독에 영향을 미치는 요인

온도, 수분, 시간

(2) 소독제의 구비조건

① 효과가 빠르고, 살균 소요시간이 짧을 것
② 독성이 적으면서 사용자에게도 자극성이 없을 것
③ 경제적이고 사용방법이 용이할 것
④ 부식성과 표백성이 없을 것
⑤ 용해성이 높고, 안정성이 있을 것
⑥ 살균력이 강하고 높은 석탄산계수를 가질 것
⑦ 소독 범위가 넓고, 냄새가 없고, 탈취력이 있을 것

272

⑧ 원액 혹은 희석된 상태에서 화학적으로 안정할 것
⑨ 환경오염을 유발하지 않을 것

(3) 소독약의 사용 및 보존상의 주의점

① 소독 대상물에 적당한 소독약과 소독방법을 선정
② 병원 미생물의 종류와 소독의 목적, 소독법, 시간을 고려하여 선택
③ 희석시킨 소독약은 장기간 보관하지 않음
④ 일반적으로 소독약은 밀폐된 상태로 직사광선을 피하고 통풍이 잘 되는 곳에 보관
⑤ 염소제는 일광과 열에 의해 분해되지 않도록 냉암소에 보관
⑥ 승홍이나 석탄산 같은 약품은 인체에 유해하므로 특별히 주의하여 취급

(4) 소독 기전(소독 메커니즘)의 종류

산화작용	과산화수소, 염소, 오존, 차아염소산에 의한 소독
균체의 단백질 응고작용	석탄산, 알코올, 크레졸, 승홍, 생석회, 포르말린에 의한 소독
균체의 효소 불활성화 작용	석탄산, 알코올, 역성비누, 중금속염에 의한 소독
균체의 가수분해 작용	강산, 강알칼리, 생석회에 의한 소독
균체의 삼투성 변화 작용	석탄산, 역성비누, 중금속염에 의한 소독

참고 소독약의 농도 표시 방법

- 퍼센트(%) : 용액 100g(mL) 속에 포함된 용질의 양을 표시한 수치

$$농도(\%) = \frac{용질량}{용액량(용매+용질)} \times 100$$

- 피피엠(ppm) : 용액 1,000,000g(mL) 속에 포함된 용질의 양을 표시한 수치

$$농도(ppm) = \frac{용질량}{용액량(용매+용질)} \times 1,000,000$$

참고 소독 관련 용어정리

- 용매 : 용질에 녹이는 물질
- 용질 : 용액 속에 녹아 있는 물질
- 용액 : 두 가지 이상의 물질이 혼합된 액체

참고 소독약 농도 맞추는 방법

- 소독약이 고체일 때 : 소독약 1g을 물 100mL에 녹이면 1% 수용액이 된다.
- 소독약이 액체일 때 : 소독약 3mL에 물 97mL를 넣어 전체를 100mL로 만들면 3% 소독약이 된다.

2 미생물 총론

1 미생물

(1) 미생물의 정의 : 육안으로 보이지 않는 0.1mm 이하의 미세한 생물체를 총칭하는 것

(2) 미생물 증식의 조건 : 온도, 습도(수분), 산소, 수소이온농도, 영양분

온도	• 미생물의 증식과 사멸에 있어 중요한 요소 • 28~38℃에서 가장 활발히 증식	
습도(수분)	• 미생물은 약 80~90%가 수분, 습도가 높은 환경에서 서식 • 미생물의 생육에 필요한 수분양은 40% 이상이며, 40% 미만이 되면 증식이 억제됨	
산소	호기성 세균	• 산소가 있는 곳에서 증식하는 균 • 디프테리아균, 결핵균, 백일해, 녹농균 등
	혐기성 세균	• 산소가 없는 곳에서 증식하는 균 • 보툴리누스균, 파상풍균, 가스괴저균 등
	통성혐기성 세균	• 산소의 유·무에 관계없이 증식하나 산소가 있으면 증식을 더 잘하는 균 • 살모넬라균, 대장균, 장티푸스균, 포도상구균 등
수소이온농도(pH)	• 세균 증식에 가장 적합한 최적 수소이온농도 : pH 6~8(중성)	
영양분	• 미생물의 생장을 위해 탄소원, 질소원, 무기염류 등의 영양이 공급되어야 함	

> **참고** 미생물 증식의 3대 조건
>
> 온도, 수분, 영양분

2 미생물의 분류 및 특성

(1) 병원성 미생물

① 인체에 침입하여 질병의 원인이 되는 미생물

② 박테리아(세균), 바이러스, 리케차, 진균, 사상균, 원충류, 클라미디아 등

(2) 비병원성 미생물

① 미생물의 70%로 병원균이 침입하여도 인체에 해를 주지 않는 미생물

② 유산균, 발효균, 효모균, 곰팡이균 등

3 병원성 미생물

1 미생물의 크기
곰팡이 〉효모 〉세균 〉리케차 〉바이러스

2 미생물의 특성
① 적당한 환경과 조건이 만들어지면 분열과 증식을 하게 된다.
② 미생물 발육의 필요조건 : 영양소, 수분, 온도, 산소, 수소이온농도, 광선 등

3 미생물의 분류

바이러스	• 병원체 중 살아있는 세포 속에서만 생존하고, 생체 내에서만 증식이 가능 • 핵산 DNA와 RNA 중 하나를 유전체로 가지고 있음 • 병원체 중에서 가장 작음(전자현미경으로 관찰) • 감염력이 높아 다른 사람을 쉽게 감염시킴 • 항생제 등 약물의 감수성이 없어 예방접종 및 감염원 접촉을 피하는 것이 최선의 예방방법 • 질병 : 후천성면역결핍증후군(AIDS), 간염, 홍역, 천연두, 인플루엔자, 광견병, 폴리오, 일본뇌염, 풍진 등		
세균 (박테리아)	• 미세한 단세포 원핵생물로 대부분은 동식물의 생체와 사체 또는 유기물에 기생하고 주로 분열로 번식 • 부패, 식중독, 감염병 등의 원인이며 인간에게 질병을 유발 • 체내에 감염되면 빠른 속도로 퍼짐 • 공기, 물, 음식 등으로 전염될 가능성이 높기 때문에 위험 • 불리한 환경 속에서 생존하기 위하여 세균은 아포를 생성 • 질병 : 콜레라, 장티푸스, 디프테리아, 결핵, 나병, 백일해, 탄저, 페스트 등		
	구균	포도상구균	손가락 등의 화농성 질환의 병원균, 식중독의 원인균
		연쇄상구균	편도선염, 인후염의 원인균
	간균		긴 막대기 모양, 탄저병, 파상풍, 결핵, 디프테리아의 원인균
	나선균		S 또는 나선 모양, 매독, 재귀열의 원인균
진균 (사상균)	• 버섯, 효모, 곰팡이로 분류 • 비병원성으로 인체에 유익한 균도 있음 • 질병 : 무좀, 피부질환, 칸디다증 등		
리케차	• 세균과 바이러스의 중간 크기(약 0.3μm)로 생세포에서만 증식하는 병원성 미생물 • 곤충을 매개로 하여 인체에 침입하고 질환을 일으킴 • 벼룩, 진드기, 이 등의 절지동물과 공생 • 질병 : 유행성 발진티푸스, 발진열, 로키산홍반열, 양충병(쯔쯔가무시병), 선열 등		

원충류 (원생동물)	• 사람, 동물에 기생하며 사람에게 감염성을 나타내는 병원성 미생물 • 하나의 세포로 구성된 현미경적 크기의 동물이며 하나의 개체로서 생활 • 질병 : 말라리아, 아메바성 이질, 톡소플라스마증, 질트리코모나스증 등
클라미디아	• 트라코마 결막 감염 병원체를 대표로 하는 편성 기생충인 병원성 미생물 • 세포 액포 안에서 증식하고 세포질에 들어가지 않음 • 질병 : 트라코마, 자궁경부염, 비임균성 요도염 등

4 병원성 미생물의 전염 경로

직접 접촉 경로	매독, 임질
간접 접촉 경로	장티푸스, 디프테리아
비말 접촉 경로	결핵, 디프테리아, 백일해, 성홍열
진애 접촉 경로	결핵, 디프테리아, 두창, 성홍열
경구 감염	콜레라, 이질, 폴리오, 장티푸스, 파라티푸스
경피 감염	광견병, 뇌염, 파상풍, 십이지장충
수인성 감염	장티푸스, 파라티푸스, 콜레라, 이질

4 소독방법

1 소독법의 분류

물리적 소독법	가열 멸균법	건열 멸균법	화염 멸균법, 소각법, 건열 멸균법
		습열 멸균법	자비 소독법, 증기 멸균법, 간헐 멸균법, 고온증기 멸균법, 고온단시간 살균법, 초고온 살균법, 저온 살균법
	무가열 멸균법	일광소독법, 자외선 살균법, 방사선 살균법, 초음파 멸균법	
	기타	여과 멸균법	

화학적 소독법	방향족 화합물	석탄산, 크레졸, 역성비누
	지방족 화합물	에탄올, 포르말린
	수은 화합물	승홍, 머큐로크롬
	할로겐 유도체	염소, 표백분, 요오드
	산화제	과산화수소, 과망간산칼륨, 오존
	기타	에틸렌옥사이드, 생석회

2 물리적 소독법
열이나 수분, 자외선, 여과 등의 물리적인 방법을 이용하는 소독법

(1) 건열 멸균법

건열 멸균법	• 건열 멸균기에서 170℃에서 1~2시간 가열하고 멸균 후 서서히 냉각시킴 • 대상물 : 유리기구, 도자기, 주사침, 바셀린, 분말 제품
화염 멸균법	• 물체 표면의 미생물을 불꽃에서 20초 이상 가열 • 대상물 : 금속기구, 유리기구, 도자기 등 내열성이 강한 재질
소각법	• 병원체를 불꽃으로 태우는 방법 • 감염병 환자의 배설물 등을 처리하는 가장 적합한 방법 • 이·미용업소에서 손님으로부터 나온 객담이 묻은 휴지 등을 소독하는 방법 • 대상물 : 오염된 휴지, 환자복, 환자의 객담, 일반폐기물

(2) 습열 멸균법

자비 소독법	• 100℃의 끓는 물에 소독할 물건을 완전히 잠기게 하여 20~30분 가열하는 방법 • 탄산나트륨 1~2% 첨가 시 살균력 상승과 금속의 손상 방지 • 이·미용업소에서 수건 소독에 가장 많이 사용되는 물리적 소독 • 아포형성균, B형 간염 바이러스에는 부적합 • 자비소독 시 살균력을 높이기 위해 탄산나트륨, 붕산, 크레졸액 등의 보조제를 사용 • 대상물 : 수건, 의류, 금속성 기구(철제 도구), 도자기 • 부적합 제품 : 고무, 가죽, 플라스틱 제품
고압증기 멸균법	• 121℃ 정도의 고온 수증기를 고압 기본 15파운드(LBs)로 20분 가열하는 방법 • 20파운드(LBs) : 126℃에서 15분간 가열 • 10파운드(LBs) : 115℃에서 30분간 가열 • 미생물과 아포의 완전 멸균으로 가장 빠르고 효과적인 방법 • 대상물 : 의료기구, 금속기구, 거즈, 아포, 의류, 고무, 약액 등 멸균에 이용 • 부적합 제품 : 가죽 제품, 바셀린, 분말 제품 등
증기 멸균법	• 100℃ 증기 속에서 30분간 병원균을 멸균시키는 방법 • 대상물 : 도자기, 의류, 식기, 행주

간헐 멸균법	• 100℃ 유통증기 속에서 30~60분간 멸균시킨 다음 20℃ 이상의 실온에서 24시간 방치하는 방법을 3회 반복하는 멸균법 • 아포를 형성하는 미생물 멸균 시 사용 • 대상물 : 도자기, 금속류, 아포
초고온 순간 살균법	• 130~150℃에서 1~3초간 가열 후 급냉동시킴 • 대상물 : 유제품
고온단시간 살균법	• 70~75℃에서 15초 가열 후 급냉동시킴 • 대상물 : 유제품
저온 살균법	• 62~63℃에서 30분간 살균처리 • 파스퇴르가 발명 • 대상물 : 유제품

(3) 무가열 멸균법

일광 소독법	• 태양광선 중의 자외선을 이용하여 20분 이상 조사하는 방법 • 대상물 : 수건, 의류
자외선 살균법	• 소독 물품이 자외선에 직접 노출될 수 있도록 해야 함 • 자외선은 260~280nm에서 살균력이 가장 강함 • 대상물 : 철제 도구
초음파 멸균법	• 초음파 파장으로 미생물을 파괴하여 멸균 • 대상물 : 액체, 손 소독
방사선 멸균법	• 방사선을 투과하여 미생물을 멸균 • 방사선원을 이용하여 미생물 세포 내의 DNA 또는 RNA에 작용하여 단시간에 살균작용을 하며, 완전 포장된 물품으로 가열이 불가능한 제품에 멸균 가능 • 대상물 : 포장된 물품

(4) 기타

여과 멸균법	• 열이나 화학약품을 사용하지 않고 여과기를 이용하여 세균을 제거하는 방법 • 혈청이나 약제, 백신 등 열에 불안정한 액체의 멸균에 주로 이용 • 대상물 : 당, 혈청, 약제, 백신 등

3 화학적 소독법

미용업소에서 기구 및 도구, 제품 등을 소독할 때 사용되는 화학적 소독제 종류

(1) 방향족 화합물

석탄산 (페놀)	• 3% 농도의 석탄산에 97%의 물을 혼합하여 사용 • 소독제의 살균력 지표(석탄산의 계수가 높을수록 살균력이 강함) • 승홍수 1,000배의 살균력 • 어떤 소독제의 석탄산계수가 2라는 것은 살균력이 석탄산의 2배라는 의미 • 단백질 변성 작용, 소금(염화나트륨) 첨가 시 소독력이 높아짐 • 조직에 독성이 있어서 인체에는 잘 사용되지 않음 • 대상물 : 고무제품, 의류, 가구, 의료 용기, 넓은 지역의 방역용 소독 • 부적합 제품 : 피부점막, 금속류, 아포(포자), 바이러스
크레졸	• 페놀화합물로 3%의 수용액을 주로 사용(손 소독 시 1~2%) • 석탄산에 비해 2배의 소독력을 가짐 • 손, 오물, 배설물 등의 소독 및 이·미용실의 실내소독용으로 사용 • 단백질 변성 작용, 물에 잘 녹지 않음, 강한 냄새가 단점 • 대상물 : 아포, 바닥, 배설물
역성비누	• 0.01~0.1% 농도의 수용액 사용 • 양이온 계면활성제의 일종으로, 세정력은 약하지만 소독력이 강함 • 무자극, 무독성, 물에 잘 녹고 흔들면 거품이 남 • 대상물 : 손, 식기

참고 살균력 평가(석탄산계수)

석탄산의 안정된 살균력을 표준으로 하여, 몇 배의 살균력을 갖는가를 나타내는 계수이다. 살균력의 상대적 표시법이며, 살균 농도 지수와 병행하여 살균 특성을 나타내는 값이다.

$$석탄산계수 = \frac{소독약의\ 희석배수}{석탄산의\ 희석배수}$$

(2) 지방족 화합물

에탄올	• 70%의 에탄올이 살균력이 가장 강력함 • 단백질 변성 작용, 사용법이 간단하고 독성이 적음 • 대상물 : 손, 발, 피부, 유리, 철제 도구 • 부적합 제품 : 고무, 플라스틱, 아포
포르말린	• 포름알데히드 36% 수용액으로 약물소독제 중 유일한 가스 소독제 • 단백질 변성 작용, 수증기를 동시에 혼합하여 사용 • 대상물 : 무균실, 병실 등의 소독 및 금속, 고무, 플라스틱 제품 소독 • 부적합 제품 : 배설물, 객담

(3) 수은 화합물

승홍수	• 0.1~0.5% 농도의 수용액을 사용 • 단백질 변성 작용, 물에 잘 녹지 않고 살균력과 독성이 매우 강함 • 소금(식염) 첨가 시 용액이 중성으로 변하고 자극성이 완화됨 • 액의 온도가 높을수록 살균력이 강함 • 무색, 무취, 인체에 유해하므로 착색을 하여 보관, 취급주의 • 피부 점막에 자극성이 강하고, 상처가 있는 피부에는 적합하지 않음 • 대상물 : 손 및 피부 소독 • 부적합 제품 : 금속류, 상처, 음료수
머큐로크롬	• 농도 : 2% • 대상물 : 점막, 피부상처 소독

(4) 할로겐 유도체

염소 (액체염소)	• 살균력과 소독력이 강하며, 상수 또는 하수의 소독에 주로 이용 • 음용수 소독에 사용 시 잔류염소가 0.1~0.2ppm이 되게 해야 함 • 산화작용, 조작이 간단하나 냄새가 있고 자극성과 부식성이 강함 • 세균, 바이러스에도 작용 • 대상물 : 음용수, 상수도, 하수도, 아포
요오드	• 물에 녹지 않기 때문에 알코올 용액 혹은 요오드화칼륨과의 혼합용액으로 사용 • 염소제와 같이 살균력이 강하나 짙은 농도에서도 피부 점막에 대한 부작용은 약함 • 대상물 : 수지(手指), 기구

(5) 산화제

과산화수소	• 3% 과산화수소 수용액 사용 • 피부 상처 부위나 구내염, 인두염 및 구강세척제 등에 사용 • 살균, 탈취 및 표백효과가 있으며, 산화작용으로 미생물을 살균 • 세균, 바이러스, 결핵균, 진균, 아포에 모두 효과 • 대상물 : 구강, 피부 상처
오존	• 반응성이 풍부하고 산화작용이 강함 • 습도가 높은 공기보다 건조한 공기에서 안정적임 • 대상물 : 물

(6) 기타

생석회	• 가스분해 작용, 저렴한 비용으로 넓은 장소에 주로 사용 • 대상물 : 화장실, 분변, 하수도, 쓰레기통
훈증 소독법	• 포르말린 등의 약품을 사용하는 가스, 증기 소독법 • 대상물 : 해충, 선박 • 부적합 제품 : 분말이나 모래, 부식되기 쉬운 재질
E.O가스 멸균법 (에틸렌옥사이드)	• 가열에 변질되기 쉬운 물품을 50~60℃의 저온에서 아포까지 멸균 • 멸균 후 장기 보관이 가능하나 멸균 시간이 길고 비용이 고가임 • 대상물 : 고무, 플라스틱, 아포

참고 대상물에 따른 소독 방법

화장실, 하수구, 오물	석탄산, 크레졸, 포르말린수, 생석회
배설물, 토사물, 분비물	소각법, 석탄산, 크레졸수, 생석회
수지 소독	석탄산, 크레졸수, 승홍, 역성비누
고무제품, 피혁제품	석탄산, 크레졸, 포르말린수
의복, 침구류	증기소독, 자비소독, 일광소독, 자외선, 석탄산, 크레졸
병실	석탄산, 크레졸, 포르말린수

참고 실내소독의 살균력

포르말린 〉 크레졸 〉 석탄산

5 분야별 위생·소독

1 미용실 실내 환경 위생·소독

작업장	• 환기장치를 설치하여 청정하고 신선한 공기가 순환되도록 한다. • 적당한 조명을 유지한다. • 작업장 시설물에 먼지, 머리카락, 화학약품이 묻은 채 방치되지 않도록 관리한다. • 에어컨 제습기의 필터를 주기적으로 청소 및 소독한다. • 청소가 용이하고 미끄럽지 않은 바닥 재질로 시공한다.
입구, 카운터 및 대기실	• 입구 및 카운터 주변, 고객 대기실을 항상 청결하게 유지·관리한다. • 진열장 및 옷장을 청결하게 관리한다.
샴푸실 및 화장실	• 샴푸대, 거울, 선반 등을 청결하게 유지·관리한다. • 샴푸대 주변의 물기로 인해 미끄러지지 않도록 유지·관리한다.

2 도구 및 기기 위생·소독

(1) 이·미용기구의 소독 기준 및 방법(공중위생관리법 시행규칙)

자외선 소독	1cm^{2}당 85μW 이상의 자외선을 20분 이상 쬐어준다.
건열멸균 소독	섭씨 100℃ 이상의 건조한 열에 20분 이상 쬐어준다.
증기 소독	섭씨 100℃ 이상의 습한 열에 20분 이상 쬐어준다.
열탕 소독	섭씨 100℃ 이상의 물속에 10분 이상 끓여준다.
석탄산수 소독	석탄산수(석탄산 3%, 물 97%의 수용액)에 10분 이상 담가둔다.
크레졸 소독	크레졸수(크레졸 3%, 물 97%의 수용액)에 10분 이상 담가둔다.
에탄올 소독	에탄올 수용액(에탄올 70% 수용액)에 10분 이상 담가 두거나, 에탄올 수용액을 머금은 면 또는 거즈로 기구의 표면을 닦아준다.

(2) 이·미용업소 대상 도구 및 기기별 소독

가위	70% 알코올을 적신 솜으로 닦아서 소독한다.
헤어 클리퍼	
면도기	면도칼은 1회용으로 사용한다.
각종 빗류	미온수에 역성비누를 풀어 세척 후 자외선 소독기에 넣어서 소독 및 보관한다.

3 이·미용업 종사자 및 고객의 위생관리

(1) 질병 감염의 유형

① 이·미용 종사자가 고객에게 상처를 주어 감염
② 이·미용 종사자 본인의 출혈에 의한 감염
③ 각종 미용 시술 도구를 통한 감염
④ 이·미용업소를 출입하는 사람으로 인해 홍역, 간염, 바이러스, 독감의 전파

(2) 예방 방법

① 작업환경의 청결한 위생관리로 병원균을 사전에 차단 관리
② 시술 전후 손 소독을 실시하고 복장을 청결하게 유지
③ 시술 도구 및 기구의 멸균 소독
④ 시술 유니폼과 출퇴근 복장을 구별하여 각종 오염 및 질병 전파 가능성 차단

1 목적 및 정의

1 공중위생관리법의 목적

공중이 이용하는 영업의 위생관리 등에 관한 사항을 규정함으로써 위생 수준을 향상시켜 국민의 건강증진에 기여함을 목적으로 함

2 공중위생영업의 정의

① 다수인을 대상으로 위생관리서비스를 제공하는 영업
② 미용업, 이용업, 숙박업, 세탁업, 목욕장업, 건물위생관리업

미용업	손님의 얼굴, 머리, 피부 및 손톱·발톱 등을 손질하여 손님의 외모를 아름답게 꾸미는 영업
이용업	손님의 머리카락 또는 수염을 깎거나 다듬는 등의 방법으로 손님의 용모를 단정하게 하는 영업
숙박업	손님이 잠을 자고 머물 수 있도록 시설 및 설비 등의 서비스를 제공하는 영업
세탁업	의류, 기타 섬유제품이나 피혁제품 등을 세탁하는 영업
목욕장업	손님이 목욕할 수 있도록 시설 및 설비 등의 서비스를 제공하는 영업
건물위생관리업	공중이 이용하는 건축물·시설물 등의 청결 유지와 실내 공기정화를 위한 청소 등을 대행하는 영업

3 미용업의 세분화

미용업(일반)	파마, 머리카락 자르기, 머리카락 모양내기, 머리피부손질, 머리카락 염색, 머리감기, 의료기기나 의약품을 사용하지 아니하는 눈썹 손질을 하는 영업
미용업(피부)	의료기기나 의약품을 사용하지 아니하는 피부상태분석, 피부관리, 제모, 눈썹 손질을 하는 영업
미용업(손톱, 발톱)	손톱과 발톱을 손질·화장하는 영업
미용업(화장, 분장)	얼굴 등 신체의 화장, 분장 및 의료기기나 의약품을 사용하지 않는 눈썹 손질을 하는 영업
미용업(종합)	미용업(일반, 피부, 네일, 메이크업) 업무를 모두 하는 영업

2 영업의 신고 및 폐업

1 영업신고(주체 : 시장·군수·구청장)

① 공중위생영업을 하려면 보건복지부령이 정하는 시설 및 설비를 갖추고 시장·군수·구청장에게 신고하여야 함

영업 신고 시 구비서류	• 영업신고서 • 영업시설 및 설비개요서 • 교육수료증(미리 교육을 받은 경우)

② 신고서를 제출받은 시장·군수·구청장이 확인해야 하는 서류 : 건축물대장, 토지이용계획확인서, 면허증
③ 신고를 받은 시장·군수·구청장은 즉시 영업신고증을 교부하고, 신고관리대장을 작성·관리해야 함
④ 신고를 받은 시장·군수·구청장은 해당 영업소의 시설 및 설비에 대한 확인이 필요할 경우 영업신고증을 교부한 후 30일 이내에 확인해야 함

2 변경신고(주체 : 시장·군수·구청장)

① 공중위생영업자는 보건복지부령이 정하는 중요사항을 변경하고자 하는 때에도 시장·군수·구청장에게 신고하여야 함

보건복지부령이 정하는 중요사항	• 영업소의 명칭 또는 상호 • 영업소의 주소 • 신고한 영업장 면적의 3분의 1 이상의 증감 • 대표자의 성명 또는 생년월일 • 업종 간 변경

② 영업신고사항 변경신고서에 다음의 서류를 첨부하여 시장·군수·구청장에게 제출하여야 함

변경신고 시 제출서류	• 영업신고증 • 변경사항을 증명하는 서류

③ 변경신고서를 제출받은 시장·군수·구청장이 확인해야 하는 서류 : 건축물대장, 토지이용계획확인서, 면허증
④ 신고를 받은 시장·군수·구청장은 영업신고증을 고쳐 쓰거나 재교부하여야 함
⑤ 영업소의 소재지 변경, 미용업 업종 간 변경인 경우의 확인 기간 : 영업소의 시설 및 설비 등의 변경신고를 받은 날부터 30일 이내

3 폐업신고

영업자는 영업을 폐업한 날부터 20일 이내에 시장·군수·구청장에게 신고하여야 함

4 영업의 승계

(1) 영업의 승계

① 공중위생영업자가 그 공중위생영업을 양도하거나 사망한 때 또는 법인의 합병이 있는 때에는 그 양수인·상속인 또는 합병 후 존속하는 법인이나 합병에 의하여 설립되는 법인은 그 공중위생영업 자의 지위를 승계

② 이·미용업의 경우에는 규정에 의한 면허를 소지한 자에 한하여 공중위생영업자의 지위를 승계

③ 민사집행법에 의한 경매, 채무자 회생 및 파산에 관한 법률에 의한 환가나 국세징수법·관세법 또는 지방세기본법에 의한 압류재산의 매각, 그 밖에 이에 준하는 절차에 따라 공중위생영업 관련시설 및 설비의 전부를 인수하는 자는 이 법에 의한 그 공중위생영업자의 지위를 승계

④ 공중위생영업자의 지위를 승계한 자는 1월 이내에 보건복지부령이 정하는 바에 따라 시장·군수·구청장에게 신고

(2) 영업자의 지위 승계(승계 가능한 사람)

① 양수인 : 미용업을 양도할 때

② 상속인 : 미용인 영업자가 사망한 경우

③ 법인 : 합병 후 존속하는 법인이나 신설되는 법인

④ 경매, 환가, 압류재산의 매각 그 밖에 이에 준하는 절차에 따라 미용업 영업 관련 시설 및 설비의 전부를 인수한 자

(3) 승계의 제한 및 신고

① 제한 : 이용업, 미용업의 경우 면허를 소지한 자에 한하여 승계 가능

② 신고 : 미용업자의 지위를 승계한 자는 1개월 이내에 시장·군수·구청장에게 신고

3 영업자 준수사항

1 위생관리의 의무

공중위생영업자는 그 이용자에게 건강상 위해요인이 발생되지 않도록 영업 관련 시설 및 설비를 위생적이고 안전하게 관리하여야 함

2 미용업 영업자가 준수하여야 하는 위생관리기준(보건복지부령)

① 점 빼기, 귓불 뚫기, 쌍꺼풀 수술, 문신, 박피술 그 밖에 이와 유사한 의료 행위를 하지 말 것

② 피부미용을 위하여 약사법에 따른 의약품 또는 의료기기법에 따른 의료기기를 사용하지 말 것

③ 미용기구 중 소독을 한 기구와 소독을 하지 않은 기구는 각각 다른 용기에 넣어 보관할 것

④ 1회용 면도날은 손님 1인에 한하여 사용할 것

⑤ 영업장 안의 조명도는 75럭스 이상이 되도록 유지할 것

⑥ 영업소 내부에 미용업 신고증 및 개설자의 면허증 원본을 게시할 것

⑦ 영업소 내부에 최종지급요금표를 게시 또는 부착할 것

⑧ 영업장 면적이 66제곱미터 이상인 영업소의 경우 영업소 외부에도 손님이 보기 쉬운 곳에 최종지급 요금표를 게시 또는 부착할 것(이 경우 최종지급요금표에는 일부 항목(5개 이상)을 표시할 수 있음)

⑨ 3가지 이상의 미용서비스를 제공하는 경우에는 개별 미용서비스의 최종지급가격 및 전체 미용서 비스의 총액에 관한 내역서를 이용자에게 미리 제공할 것(이 경우 미용업자는 해당 내역서 사본을 1개월간 보관하여야 함)

> **참고** 이·미용업 영업소 내에 게시해야 할 사항
>
> 영업신고증, 개설자의 면허증 원본, 최종지급요금표(이·미용 요금표)

3 미용업 시설 및 설비기준

① 미용기구는 소독을 한 기구와 소독을 하지 아니한 기구를 구분하여 보관할 수 있는 용기를 비치하 여야 함

② 소독기, 자외선 살균기 등 미용기구를 소독하는 장비를 갖추어야 함

> **참고** 일반기준
>
> 공중위생영업장은 독립된 장소이거나 공중위생영업 외의 용도로 사용하는 시설 및 설비와 분리 또는 구획되어야 함

4 이·미용기구의 소독기준 및 방법(보건복지부장관 고시)

물리적	자외선소독	$1cm^2$당 85μW 이상의 자외선을 20분 이상 쬐어준다.
	건열멸균소독	섭씨 100℃ 이상의 건조한 열에 20분 이상 쬐어준다.
	증기소독	섭씨 100℃ 이상의 습한 열에 20분 이상 쬐어준다.
	열탕소독	섭씨 100℃ 이상의 물속에 10분 이상 끓여준다.
화학적	석탄산수소독	석탄산수(석탄산 3%, 물 97%의 수용액)에 10분 이상 담가둔다.
	크레졸소독	크레졸수(크레졸 3%, 물 97%의 수용액)에 10분 이상 담가둔다.
	에탄올소독	에탄올 수용액 70%에 10분 이상 담가두거나 에탄올 수용액을 머금은 면 이나 거즈에 적셔서 기구의 표면을 닦아준다.

4 이·미용사의 면허

1 면허

이·미용사가 되고자 하는 자는 보건복지부령이 정하는 바에 의하여 시장·군수·구청장의 면허를 받아야 함

면허 발급 대상자	• 전문대학 또는 이와 같은 수준 이상의 학력이 있다고 교육부장관이 인정하는 학교에서 이용 또는 미용에 관한 학과를 졸업한 자 • 학점 인정 등에 관한 법률에 따라 대학 또는 전문대학을 졸업한 자와 같은 수준 이상의 학력이 있는 것으로 인정되어 이용 또는 미용에 관한 학위를 취득한 자 • 고등학교 또는 이와 같은 수준의 학력이 있다고 교육부장관이 인정하는 학교에서 이용 또는 미용에 관한 학과를 졸업한 자 • 초·중등교육법령에 따른 특성화고등학교, 고등기술학교나 고등학교 또는 고등기술학교에 준하는 각종 학교에서 1년 이상 이용 또는 미용에 관한 소정의 과정을 이수한 자 • 국가기술자격법에 의한 이용사 또는 미용사의 자격을 취득한 자

2 면허 결격 사유

① 피성년후견인(금치산자)
② 정신질환자(단, 전문의가 미용사로서 적합하다고 인정하는 경우 제외)
③ 공중의 위생에 영향을 미칠 수 있는 감염병 환자로서 보건복지부령이 정하는 자(결핵환자, 간질병자)
④ 마약, 기타 대통령령으로 정하는 약물 중독자
⑤ 면허가 취소된 후 1년이 경과되지 아니한 자

3 면허증 대여 금지

면허증을 발급받은 사람은 다른 사람에게 그 면허증을 빌려주어서는 안 되고, 누구든지 그 면허증을 빌려서는 안 됨(면허증 대여 행위를 알선해서도 안 됨)

4 면허 신청 절차(주체 : 시장·군수·구청장)

(1) 서류 제출

면허 신청서에 다음의 서류를 첨부하여 시장·군수·구청장에게 제출한다.

구분	필요 서류
전문대학 또는 이와 같은 수준 이상의 학력이 있다고 교육부장관이 인정하는 학교에서 이용 또는 미용에 관한 학과를 졸업한 자	졸업증명서 또는 학위증명서 1부
학점 인정 등에 관한 법률에 따라 대학 또는 전문대학을 졸업한 자와 같은 수준 이상의 학력이 있는 것으로 인정되어 이용 또는 미용에 관한 학위를 취득한 자	
고등학교 또는 이와 같은 수준의 학력이 있다고 교육부장관이 인정하는 학교에서 이용 또는 미용에 관한 학과를 졸업한 자	
초·중등교육법령에 따른 특성화고등학교, 고등기술학교나 고등학교 또는 고등기술학교에 준하는 각종 학교에서 1년 이상 이용 또는 미용에 관한 소정의 과정을 이수한 자	이수증명서 1부

- 정신질환자가 아님을 증명하는 최근 6개월 이내의 의사 또는 전문의의 진단서 1부
- 감염병 환자 또는 약물 중독자가 아님을 증명하는 최근 6개월 이내 의사의 진단서 1부
- 사진 1장 또는 전자적 파일 형태의 사진(신청 전 6개월 이내에 모자 등을 쓰지 않고 촬영한 천연색 상반식 정면사진으로 가로 3.5센티미터, 세로 4.5센티미터의 사진)

(2) 서류확인

행정정보의 공동이용을 통하여 다음의 서류를 확인(신청인이 확인에 동의하지 않는 경우 해당 서류를 첨부)

① 학점은행제 학위증명(해당인만)

② 국가기술자격취득사항 확인서(해당인만)

(3) 면허증교부

신청 내용이 요건에 적합하다고 인정되는 경우 면허증을 교부하고, 면허등록관리대장을 작성·관리해야 한다.

5 면허의 정지 및 취소(주체 : 시장·군수·구청장)

시장·군수·구청장은 미용사 면허를 취소하거나 6개월 이내의 기간을 정하여 면허를 정지할 수 있다. 규정에 의한 면허취소·정지 처분의 세부적인 기준은 그 처분의 사유와 위반의 정도 등을 감안하여 보건복지부령으로 정한다.

면허정지	• 다른 사람에게 면허를 대여한 때 (1차 위반 : 정지 3개월 / 2차 위반 : 정지 6개월)
면허취소	• 면허 결격 사유자(피성년후견인, 정신질환자, 약물 중독자 등) • 국가기술자격법에 따라 자격이 취소된 때 • 이중으로 면허를 취득한 때(나중에 발급받은 면허) • 다른 사람에게 면허를 대여한 때(3차 위반 시) • 면허정지 처분을 받고 정지 기간에 업무를 수행할 때

6 **면허증의 재발급**(주체 : 시장·군수·구청장)

① 면허증의 재발급 신청 : 면허증의 기재사항에 변경이 있을 때, 면허증을 잃어버린 경우, 헐어서 못 쓰게 된 경우

면허증의 재발급 신청 요건	• 면허증의 기재사항 변경 시(성명 및 주민등록번호의 변경) • 면허증 분실 시 • 면허증 훼손 시

② 제출서류 : 신청서, 면허증 원본(기재 사항이 변경되었거나 훼손되어 못쓰게 된 때), 사진 1장 또는 전자적 파일 형태의 사진

7 **면허증의 반납**(주체 : 시장·군수·구청장)

① 면허취소 또는 정지 명령을 받은 자는 지체 없이 시장·군수·구청장에게 면허증을 반납

② 면허정지에 의해 반납된 면허증은 그 면허정지기간 동안 관할 시장·군수·구청장이 보관

5 이·미용사의 업무

1 **이·미용사의 업무 범위**(보건복지부령)

이·미용업을 개설하거나 그 업무에 종사하려면 반드시 면허를 받아야 함

(단, 이·미용사의 감독을 받아 미용 업무의 보조를 행하는 경우에는 종사할 수 있음)

2 **이·미용업의 장소 제한**(보건복지부령)

이·미용사의 업무는 영업소 외의 장소에서 행할 수 없음

(단, 보건복지부령이 정하는 특별한 사유가 있는 경우에는 행할 수 있음)

보건복지부령이 정하는 특별한 사유	• 질병·고령·장애나 그 밖의 사유로 영업소에 나올 수 없는 자에 대하여 이용 또는 미용을 하는 경우 • 혼례나 그 밖의 의식에 참여하는 자에 대하여 그 의식 직전에 이용 또는 미용을 하는 경우 • 사회복지시설에서 봉사활동으로 이용 또는 미용을 하는 경우 • 방송 등의 촬영에 참여하는 사람에 대하여 그 촬영 직전에 이용 또는 미용을 하는 경우 • 위의 경우 외에 특별한 사정이 있다고 시장·군수·구청장이 인정하는 경우

6 행정지도 감독

1 보고 및 출입·검사(주체 : 시·도지사 또는 시장·군수·구청장)
시·도지사 또는 시장·군수·구청장은 공중위생 관리상 필요하다고 인정하는 때
① 공중위생영업자에 필요한 보고를 하게 함
② 소속 공무원으로 하여금 영업소, 사무소 등에 출입하여 영업자의 위생관리 의무 이행 등에 대하여 검사하게 함
③ 필요에 따라 공중위생영업장부나 서류를 열람하게 할 수 있음
④ 관계공무원은 그 권한을 표시하는 증표를 지녀야 하며, 관계인에게 이를 내보여야 함

> **참고** 위생관리 의무 이행검사 권한을 행할 수 있는 자
>
> 특별시, 광역시 또는 시·군·구 소속 공무원

2 영업의 제한(주체 : 시·도지사)
시·도지사는 공익상 또는 선량한 풍속을 유지하기 위하여 필요하다고 인정하는 때에는 영업자 및 종사원에 대하여 영업시간 및 영업행위에 관한 제한을 할 수 있음

3 위생지도 및 개선명령(주체 : 시·도지사 또는 시장·군수·구청장)
(1) 개선명령
시·도지사 또는 시장·군수·구청장은 영업자, 소유자에게 즉시 또는 일정한 기간을 정하여 그 개선을 명할 수 있음
① 공중위생영업의 종류별 시설 및 설비기준을 위반한 공중위생영업자
② 위생관리의무 등을 위반한 공중위생영업자

(2) 개선기간
공중위생영업자에게 개선명령 시 위반사항의 개선에 소요되는 기간 등을 고려하여 즉시 또는 6개월의 범위 내에서 기간을 정하여 명하여야 함(연장을 신청한 경우 6개월의 범위 내에서 개선기간을 연장할 수 있음)

4 영업소의 폐쇄(주체 : 시장·군수·구청장)
(1) 영업의 정지 및 폐쇄
시장·군수·구청장은 공중위생영업자가 아래의 사항을 위반했을 때 6개월 이내의 기간을 정하여 영업의 정지 또는 일부 시설의 사용중지를 명하거나 영업소 폐쇄 등을 명할 수 있음(보건복지부령에 따라 세부적 기준을 정함)
① 영업신고를 하지 않거나 시설과 설비 기준을 위반한 경우
② 중요 사항의 변경 신고를 하지 않은 경우
③ 지위승계 신고를 하지 않은 경우

④ 위생관리 의무 등을 지키지 않은 경우

⑤ 불법카메라나 기계장치를 설치한 경우

⑥ 영업소 외의 장소에서 이용 또는 미용 업무를 한 경우

⑦ 필요 보고를 하지 않거나 거짓으로 보고한 경우 또는 관계 공무원의 출입 검사, 서류 열람을 거부·방해·기피한 경우

⑧ 개선명령을 이행하지 않은 경우

⑨ 풍속 규제 법률, 성매매 알선 행위 처벌에 관한 법률, 청소년보호법, 의료법을 위반한 경우

(2) 영업소 폐쇄를 명하는 경우

① 영업신고를 하지 않은 경우

② 영업정지처분을 받고도 그 영업정지 기간에 영업을 한 경우

③ 공중위생영업자가 정당한 사유 없이 6개월 이상 계속 휴업하는 경우

④ 공중위생영업자가 관할 세무서장에게 폐업신고를 하거나 관할 세무서장이 사업자 등록을 말소한 경우

⑤ 공중위생영업자가 영업을 하지 아니하기 위하여 영업시설의 전부를 철거한 경우

(3) 영업소 폐쇄를 위한 조치

공중위생영업자가 영업소 폐쇄명령을 받고도 계속하여 영업을 하는 때에는 관계공무원으로 하여금 해당 영업소를 폐쇄하기 위한 조치를 하게 할 수 있음

영업소 폐쇄를 위한 조치	• 해당 영업소의 간판 및 영업표지물을 제거 • 해당 영업소가 위법한 영업소임을 알리는 게시물 등의 부착 • 영업을 위하여 필수 불가결한 기구 또는 시설물을 사용할 수 없게 하는 봉인

(4) 시장·군수·구청장이 영업소 폐쇄 봉인을 해제할 수 있는 조건

① 봉인을 한 후 봉인을 계속할 필요가 없다고 인정되는 때

② 영업자 또는 그 대리인이 당해 영업소를 폐쇄할 것을 약속한 때

③ 정당한 사유를 들어 봉인의 해제를 요청할 때

④ 해당 영업소가 위법한 영업소임을 알리는 게시물 등의 제거를 요청하는 경우

5 행정제재처분 효과의 승계

영업자가 그 영업을 양도하거나 사망한 때 또는 법인의 합병이 있는 때에는 다음과 같다.

① 종전의 영업자에 대한 행정제재처분의 효과는 그 처분기간이 만료된 날부터 1년간 양수인, 상속인 또는 합병 후 존속하는 법인에 승계

② 종전의 영업자에 대하여 진행 중인 행정제재처분 절차를 양수인, 상속인 또는 합병 후 존속하는 법인에 대하여 속행

6 같은 종류의 영업금지

위반 법률과 대상	같은 종류의 영업금지
성매매처벌법 등을 위반하여 폐쇄명령을 받은 자	2년
성매매처벌법 등 외의 법을 위반하여 폐쇄명령을 받은 자	1년
성매매처벌법 등을 위반하여 폐쇄명령을 받은 영업장소	1년
성매매처벌법 등 외의 법을 위반하여 폐쇄명령을 받은 영업장소	6개월

> **참고 성매매처벌법 등**
>
> 성매매알선 등 행위의 처벌에 관한 법률, 아동·청소년의 성보호에 관한 법률, 풍속 영업의 규제에 관한 법률, 청소년 보호법

7 청문(주체 : 보건복지부장관 또는 시장·군수·구청장)

시장·군수·구청장은 신고사항의 직권 말소, 이·미용사의 면허취소 및 면허정지, 일부 시설의 사용 중지 및 영업소 폐쇄명령 등의 처분을 하고자 하는 때에 청문을 실시할 수 있음

영업소 폐쇄를 위한청문 조치	• 이·미용사의 면허취소, 면허정지 • 공중위생 영업의 정지 • 일부 시설의 사용 중지 • 영업소 폐쇄명령

7 업소 위생등급

1 위생서비스 수준평가

(1) 평가 목적(주체 : 시·도지사)

공중위생영업소의 위생관리수준을 향상시키기 위해 위생서비스 평가계획을 수립하여 시장·군수·구 청장에게 통보

(2) 평가 방법(주체 : 시장·군수·구청장)

① 평가계획에 따라 관할지역별 세부평가 계획을 수립
② 평가의 전문성을 높이기 위해 필요한 경우에는 관련 전문기관 및 단체가 위생서비스 평가를 실시 하게 할 수 있음

(3) 평가 주기

2년마다 실시

(4) 위생관리등급의 구분(보건복지부령)

녹색 등급	최우수업소
황색 등급	우수업소
백색 등급	일반관리 대상 업소

(5) 위생관리등급의 공표(주체 : 시장·군수·구청장)

① 시장·군수·구청장은 위생서비스 평가 결과에 따른 위생관리등급을 해당 공중위생영업자에게 통보하고 이를 공표하여야 한다.

② 공중위생영업자는 시장·군수·구청장으로부터 통보받은 위생관리등급의 표지를 영업소의 명칭과 함께 영업소의 출입구에 부착할 수 있다.

③ 시·도지사 또는 시장·군수·구청장은 위생서비스평가의 결과 위생서비스의 수준이 우수하다고 인정되는 영업소에 대하여 포상을 실시할 수 있다.

④ 시·도지사 또는 시장·군수·구청장은 위생등급별로 영업소에 대한 위생 감시를 실시해야 한다.

⑤ 영업소에 대한 출입·검사와 위생 감시의 실시 주기 및 횟수 등 위생관리 등급별 위생 감시 기준은 보건복지부령으로 정한다.

2 공중위생감시원

① 공중위생감시원의 자격, 임명, 업무범위 : 대통령령

② 공중위생영업의 신고, 승계, 위생관리 의무, 업무범위, 폐쇄 등 관계공무원의 업무를 하기 위해 공중위생감시원을 두는 곳 : 특별시·광역시·도·시·군·구

공중위생감시원 자격 및 임명	• 위생사 또는 환경기사 2급 이상의 자격증이 있는 사람 • 고등교육법에 의한 대학에서 화학, 화공학, 환경공학 또는 위생학 분야를 전공하고 졸업한 사람 또는 이와 같은 수준 이상의 학력이 있다고 인정되는 사람 • 외국에서 위생사 또는 환경기사의 면허를 받은 사람 • 1년 이상 공중위생 행정에 종사한 경력이 있는 사람 • 기타 공중위생 행정에 종사하는 사람 중 공중위생 감시에 관한 교육훈련을 2주 이상 받은 사람(공중위생 행정에 종사하는 기간 동안)
공중위생감시원 업무 범위	• 시설 및 설비 확인 • 공중위생영업 관련 시설 및 설비의 위생상태 확인, 검사, 공중위생업자의 위생관리 의무 및 영업자 준수사항 이행 여부의 확인 • 위생지도 및 개선명령 이행 여부의 확인 • 공중위생영업소의 영업의 정지, 일부 시설의 사용중지 또는 영업소 폐쇄명령 이행 여부의 확인 • 위생교육 이행 여부의 확인

3 **명예공중위생감시원**(주체 : 시·도지사)

① 명예공중위생감시원의 자격 및 위촉방법, 업무범위 등에 관하여 필요한 사항 : 대통령령

② 명예공중위생감시원의 운영에 관하여 필요한 사항 : 시·도지사

③ 공중위생의 관리를 위한 지도·계몽 등을 행하게 하기 위하여 명예공중위생감시원을 둘 수 있음 : 시·도지사

④ 활동지원을 위하여 예산의 범위 안에서 시·도지사가 정하는 바에 따라 수당 등을 지급 : 시·도지사

명예공중위생 감시원 자격	• 공중위생에 대한 지식과 관심이 있는 자 • 소비자 단체, 공중위생 관련 협회, 단체의 소속 직원 중에서 당해 단체 등의 장이 추천한 자
명예공중위생 감시원 업무 범위	• 공중위생감시원이 행하는 검사대상물의 수거 지원 • 법령 위반행위에 대한 신고 및 자료 제공 • 공중위생에 관한 홍보, 계몽 등 공중위생관리 업무와 관련하여 시·도지사가 따로 정하여 부여하는 업무

4 **공중위생 영업자 단체의 설립**

영업자는 공중위생과 국민보건의 향상을 기하고 그 영업의 건전한 발전을 도모하기 위하여 영업의 종류별로 전국적인 조직을 가지는 영업자 단체를 설립할 수 있다.

8 위생교육

1 **영업자 위생교육**

(1) 위생교육 대상자

① 공중위생영업자(미용업, 이용업, 숙박업, 세탁업, 목욕장업, 건물위생관리업)

② 공중위생업을 승계한 자

③ 영업하고자 시설 및 설비를 갖추고 신고하고자 하는 자(개설하기 전에 미리 받아야 함)

④ 영업에 직접 종사하지 않거나 두 개 이상의 장소에서 영업을 하는 자는 종업원 중 영업장별로 공중위생에 관한 책임자를 지정하고 그 책임자로 하여금 위생교육을 받게 하여야 함

(2) 위생교육 시간 및 시기

① 공중위생영업자는 매년 위생교육을 받아야 함

② 위생교육시간은 3시간으로 함

③ 영업 신고를 하려면 영업 게시 전 미리 위생교육을 받아야 함

　　(이·미용업 종사자는 위생교육의 대상자가 아님)

> **참고** **영업개시 후 6개월 이내에 위생교육을 받을 수 있는 경우**
> • 천재지변, 본인의 질병 또는 사고, 업무상 국외출장 등의 사유로 교육을 받을 수 없는 경우
> • 교육을 실시하는 단체의 사정 등으로 미리 교육을 받기 불가능한 경우

(3) 위생교육 내용

① 공중위생관리법 및 관련법규
② 소양교육(친절 및 청결에 관한 사항 포함)
③ 기술교육
④ 기타 공중위생에 관하여 필요한 내용

(4) 위생교육의 면제

위생교육을 받은 자가 위생교육을 받은 날부터 2년 이내에 위생교육을 받은 업종과 같은 업종의 영업을 하려는 경우에는 해당 영업에 대한 위생교육을 받은 것으로 봄

> **참고** 위생교육 실시 단체
>
> • 위생교육을 실시하는 단체는 보건복지부장관이 고시한다.
> • 위생교육 수료자에게 교육교재를 편찬하여 교육대상자에게 제공한다.
> • 위생교육 실시 단체장은 위생교육을 수료한 자에게 수료증을 교부한다.
> • 위생교육 실시 단체장은 교육실시 결과를 교육 후 1개월 이내에 시장·군수·구청장에게 통보한다.
> • 위생교육 실시 단체장은 수료증 교부대장 등 교육에 관한 기록을 2년 이상 보관·관리한다.

2 위임 및 위탁(주체 : 보건복지부장관)

(1) 권한 위임

보건복지부장관은 공중위생관리법에 의한 권한의 일부를 대통령령이 정하는 바에 의하여 시·도지사 또는 시장·군수·구청장에게 위임할 수 있음

(2) 업무 위탁

보건복지부장관은 대통령령이 정하는 바에 의하여 관계 전문기관에 그 업무의 일부를 위탁할 수 있음

> **참고** 주체별 주요업무

주체	업무
시·도지사	• 영업시간 및 영업행위 제한 • 위생서비스 평가계획 수립
시장·군수·구청장	• 영업신고, 변경신고, 폐업신고 및 영업신고증 교부 • 면허 신청·취소 및 면허증 교부, 반납, 폐쇄명령 • 청문 • 위생서비스 평가 • 위생등급관리 공표 • 과태료 및 과징금 부과·징수
보건복지부장관	• 업무 위탁
보건복지부령	• 미용사의 업무 범위 • 위생 기준 및 소독 기준 • 위생서비스 수준의 평가주기와 방법, 위생관리등급
대통령령	• 공중위생감시원의 자격·임명·업무 범위

9 벌칙

1 벌칙(징역 또는 벌금)

1년 이하의 징역 또는 1천만 원 이하의 벌금	• 영업의 신고를 하지 아니하고 공중위생영업을 한 자 • 영업정지 명령 또는 일부 시설의 사용중지 명령을 받고도 그 기간 중에 영업을 하거나 그 시설을 사용한 사람 • 영업소 폐쇄명령을 받고도 계속해서 영업을 한 사람
6월 이하의 징역 또는 500만 원 이하의 벌금	• 보건복지부령이 정하는 중요한 사항을 변경하고도 변경신고를 하지 않은 사람 • 공중위생영업자의 지위를 승계한 자로서 신고(1개월 이내)를 하지 않은 사람 • 건전한 영업질서를 위하여 공중위생영업자가 준수하여야 할 사항을 준수하지 않은 사람
300만 원 이하의 벌금	• 다른 사람에게 이·미용사의 면허증을 빌려주거나 빌린 사람 • 이·미용사의 면허증을 빌려주거나 빌리는 것을 알선한 사람 • 면허의 취소 또는 정지 중에 이·미용업을 한 사람 • 면허를 받지 않고 이·미용업을 개설하거나 그 업무에 종사한 사람

2 양벌 규정

법인의 대표자나 법인 또는 개인의 대리인, 사용인, 그 밖의 종업원이 그 법인 또는 개인의 업무에 관하여 벌칙의 위반행위를 하면 그 행위자를 벌하는 외에 그 법인 또는 개인에게도 해당 조문의 벌금형을 부과함(단, 법인 또는 개인이 그 위반 행위를 방지하기 위해 주의와 감독을 한 경우에는 예외)

3 과태료

(1) 과태료 처분

300만 원 이하	• 공중위생법상 필요한 보고를 하지 아니하거나 관계공무원의 출입, 검사, 기타 조치를 거부·방해 또는 기피한 자 • 이·미용 시설 및 설비의 개선명령을 위반한 자
200만 원 이하	• 이·미용업소의 위생관리 의무를 지키지 아니한 자 • 영업소 외의 장소에서 이·미용업무를 행한 자 • 위생교육을 받지 아니한 자

(2) 과태료의 부과기준

① 과태료는 대통령령으로 정하는 바에 따라 보건복지부장관 또는 시장·군수·구청장이 부과
② 위반행위의 정도 및 위반횟수, 위반행위의 동기와 그 결과 등을 고려하여 1/2의 범위에서 가중 또는 경감할 수 있음

4 **과징금**(주체 : 시장·군수·구청장)

(1) 과징금 처분

① 영업정지가 이용자에게 심한 불편을 주거나 그 밖의 공익을 해할 우려가 있는 경우에는 영업정지 처분에 갈음하여 1억 원 이하의 과징금을 부과할 수 있음

② 과징금을 부과하는 위반행위의 종별, 정도 등에 따른 과징금의 금액 등에 관하여 필요한 사항은 대통령령으로 정함

③ 시장·군수·구청장은 과징금을 납부하여야 할 자가 기간 내에 납부하지 아니한 경우에는 과징금 부과처분을 취소하고 영업정지 처분을 하거나 지방행정제재 부과금의 징수 등에 관한 법률에 따라 징수함

④ 시장·군수·구청장이 부과·징수한 과징금은 당해 시·군·구에 귀속

⑤ 시장·군수·구청장은 과징금의 징수를 위하여 필요한 경우에는 납세자의 인적사항, 사용목적, 과징금 부과기준이 되는 매출금액을 기재한 문서로 관할 세무관서의 장에게 과세정보의 제공을 요청할 수 있음

(2) 과징금의 부과 및 납부

① 시장·군수·구청장은 과징금을 부과하고자 할 때에는 그 위반행위의 종별과 해당 과징금의 금액 등을 명시하여 이를 납부할 것을 서면으로 통지하여야 함

② 통지를 받은 날부터 20일 이내에 납부(단, 천재지변, 그 밖에 부득이한 사유로 인하여 그 기간 내에 납부할 수 없을 때에는 그 사유가 없어진 날부터 7일 이내에 납부)

③ 영수증을 납부자에게 교부

④ 과징금을 수납할 때에는 그 사실을 시장·군수·구청장에게 통보

⑤ 과징금의 징수·절차는 보건복지부령으로 정함

> **참고** **과징금 산정기준**
> • 영업정지 1개월은 30일을 기준으로 함
> • 위반행위의 종별에 따른 과징금의 금액은 영업정지 기간에 영업정지 1일당 과징금의 금액을 곱하여 얻은 금액(단, 과징금 산정금액이 1억 원을 넘는 경우에는 1억 원으로 함)
> • 1일당 과징금의 금액은 위반행위를 한 공중위생영업자의 연간 총매출액을 기준으로 산출
> • 연간 총매출액은 처분일이 속한 연도의 전년도 1년간 총 매출금액을 기준
> • 신규사업·휴업 등으로 1년간 총 매출금액을 산출할 수 없을 경우 분기별, 월별, 일별 매출금액을 기준으로 산출 또는 조정

5 행정처분 개별기준

(1) 면허에 관한 규정 위반

위반 사항	행정처분 기준			
	1차 위반	2차 위반	3차 위반	4차 위반
미용사 자격이 취소된 경우	면허취소	–	–	–
미용사 자격 정지 처분을 받은 경우	면허정지	국가기술자격법에 의한 자격 정지 처분 기간에 한함		
면허 결격자의 결격 사유에 해당	면허취소	–	–	–
이중으로 면허 취득	면허취소	–	–	–
면허증을 다른 사람에게 대여한 경우	면허정지 3월	면허정지 6월	면허취소	–
면허정지 처분을 받고 그 정지 기간 중 업무를 행한 경우	면허취소	–	–	–

(2) 법 또는 명령 위반

위반 사항	행정처분 기준			
	1차 위반	2차 위반	3차 위반	4차 위반
영업신고를 하지 않은 경우	영업장 폐쇄명령	–	–	–
시설 및 설비기준을 위반한 경우	개선명령	영업정지 15일	영업정지 1월	영업장 폐쇄명령
신고를 하지 않고 영업소의 명칭, 상호, 미용업 업종간 변경을 하였거나 영업장 면적의 1/3 이상을 변경한 경우	경고 또는 개선 명령	영업정지 15일	영업정지 1월	영업장 폐쇄명령
신고를 하지 않고 영업소의 소재지를 변경한 경우	영업정지 1월	영업정지 2월	영업장 폐쇄명령	–
영업자의 지위를 승계한 후 1월 이내에 신고하지 않은 경우	경고	영업정지 10일	영업정지 1월	영업장 폐쇄명령
소독한 기구와 소독하지 않은 기구를 각각 다른 용기에 넣어 보관하지 않거나 1회용 면도날을 2인 이상의 손님에게 사용한 경우	경고	영업정지 5일	영업정지 10일	영업장 폐쇄명령
피부미용을 위하여 의약품, 의료기기를 사용한 경우	영업정지 2월	영업정지 3월	영업장 폐쇄명령	–

위반 사항	행정처분 기준			
	1차 위반	2차 위반	3차 위반	4차 위반
점 빼기, 귓불 뚫기, 쌍꺼풀 수술, 문신, 박피술 그 밖에 이와 유사한 의료 행위를 한 경우	영업정지 2월	영업정지 3월	영업장 폐쇄명령	–
미용업 신고증, 면허증 원본을 게시하지 않거나 업소 내 조명도를 준수하지 않은 경우	경고 또는 개선 명령	영업정지 5일	영업정지 10일	영업장 폐쇄명령
개별 미용서비스의 최종지급가격 및 전체 미용서비스의 총액에 관한 내역서를 이용자에게 미리 제공하지 않은 경우	경고	영업정지 5일	영업정지 10일	영업정지 1월
불법카메라나 기계장치를 설치한 경우	영업정지 1월	영업정지 2월	영업장 폐쇄명령	–
영업소 외의 장소에서 미용 업무를 한 경우	영업정지 1월	영업정지 2월	영업장 폐쇄명령	–
필요한 보고를 하지 않거나 거짓으로 보고한 경우 또는 관계공무원의 출입, 검사 또는 공중위생영업 장부 또는 서류의 열람을 거부, 방해하거나 기피한 경우	영업정지 10일	영업정지 20일	영업정지 1월	영업장 폐쇄명령
시·도지사 또는 시장·군수·구청장의 개선명령을 이행하지 않은 경우	경고	영업정지 10일	영업정지 1월	영업장 폐쇄명령
영업정지 처분을 받고 그 영업정지 기간 중 영업을 한 경우	영업장 폐쇄명령	–	–	–
공중위생영업자가 정당한 사유 없이 6개월 이상 계속 휴업하는 경우	영업장 폐쇄명령	–	–	–
공중위생영업자가 관할 세무서장에게 폐업신고를 하거나 관할 세무서장이 사업자 등록을 말소한 경우	영업장 폐쇄명령	–	–	–

(3) 성매매처벌법, 풍속영업규제법, 청소년보호법, 청소년성보호법, 의료법 위반

위반 사항	행정처분 기준			
	1차 위반	2차 위반	3차 위반	4차 위반
손님에게 성매매알선 등 행위 또는 음란 행위를 하게 하거나 이를 알선 또는 제공한 영업소	영업정지 3월	영업장 폐쇄명령	–	–
손님에게 성매매알선 등 행위 또는 음란 행위를 하게 하거나 이를 알선 또는 제공한 미용사	면허정지 3월	면허취소	–	–
손님에게 도박, 그 밖의 사행 행위를 하게 한 경우	영업정지 1월	영업정지 2월	영업장 폐쇄명령	–
음란한 물건을 관람·열람하게 하거나 진열 또는 보관한 경우	경고	영업정지 15일	영업정지 1월	영업장 폐쇄명령
무자격 안마사로 하여금 안마사의 업무에 관한 행위를 하게 한 경우	영업정지 1월	영업정지 2월	영업장 폐쇄명령	–

001 다음 중 공중보건의 내용과 거리가 먼 것은?

① 수명연장
② 질병예방
③ 성인병 치료
④ 신체적·정신적 건강 및 효율 증진

> 해설 공중보건학은 질병예방, 수명연장, 신체적·정신적 건강 및 효율을 증진시키는 기술이며 과학이다. 질병의 치료와는 거리가 멀다.

002 다음 중 공중보건의 3대 요소에 속하지 않는 것은?

① 감염병 치료
② 수명연장
③ 건강과 능률의 향상
④ 감염병 예방

> 해설 공중보건의 3대 요소 : 감염병 예방, 수명연장, 건강과 능률의 향상
> 감염병 치료는 공중보건의 요소에 해당되지 않는다.

003 다음 중 공중보건에 대한 설명으로 틀린 것은?

① 지역사회 전체 주민을 대상으로 한다.
② 목적은 질병예방, 수명연장, 신체적·정신적 건강증진이다.
③ 목적 달성의 접근 방법은 개인이나 일부 전문가의 노력에 의해 달성할 수 있다.
④ 방법에는 환경위생, 감염병 관리, 개인위생 등이 있다.

> 해설 공중보건의 목적 달성을 위한 접근 방법은 개인이나 일부 전문가의 노력에 의한 것이 아니라 조직화된 지역사회 전체의 노력으로 달성될 수 있다.

004 다음 중 공중보건에 대한 설명으로 적절한 것은?

① 예방의학을 대상으로 한다.
② 사회의학을 대상으로 한다.
③ 공중보건의 대상은 개인이다.
④ 집단 또는 지역사회를 대상으로 한다.

> 해설 공중보건의 대상은 개인이 아니라 지역사회 전체 주민 또는 국민이다.

005 공중보건사업의 개념상 그 관련성이 가장 적은 내용은?

① 가족계획 및 모자보건사업
② 검역 및 예방접종사업
③ 결핵 및 성병관리사업
④ 선천이상자 및 암환자의 치료

> 해설 공중보건사업의 목적은 질병 치료에 있지 않고 질병의 예방에 있다.

006 다음 중 공중보건의 연구범위에서 제외되는 것은?

① 환경위생 향상
② 개인위생에 관한 보건교육
③ 질병의 치료방법 개발
④ 질병의 조기발견

> 해설 질병의 치료방법 개발은 공중보건의 연구범위에 해당되지 않는다.

007 세계보건기구(WHO)에서 규정한 건강의 정의를 가장 적절하게 표현한 것은?

① 육체적으로 완전히 양호한 상태
② 정신적으로 완전히 양호한 상태
③ 질병이 없고 허약하지 않은 상태
④ 육체적, 정신적, 사회적 안녕이 완전한 상태

> 해설 WHO에서는 건강이란 단순히 질병이 없고 허약하지 않은 상태만이 아니라 "신체적, 정신적, 사회적 안녕이 완전한 상태"라고 규정한다.

008 한 국가나 지역사회 간의 보건 수준을 비교하는데 사용되는 대표적인 3대 지표는?

① 평균수명, 모성사망률, 비례사망지수
② 영아사망률, 비례사망지수, 평균수명
③ 유아사망률, 사인별 사망률, 영아사망률
④ 영아사망률, 사인별 사망률, 평균수명

> 해설 국가 간이나 지역사회 간의 보건 수준을 평가하는 3대 지표는 영아사망률, 비례사망지수, 평균수명이다.

정답	001	002	003	004	005	006	007	008
	③	①	③	④	④	③	④	②

009 한 지역이나 국가의 공중보건 수준을 평가하는 기초자료로 가장 신뢰성 있게 인정되고 있는 것은?

① 영아사망률　　② 성인사망률
③ 사인별 사망률　④ 모성사망률

해설　영아사망률(0세아의 사망률)은 한 국가의 건강 수준을 나타내는 대표적인 지표로 활용된다.

010 가족계획 사업의 효과 판정상 가장 유력한 지표는?

① 인구증가율　　② 조출생률
③ 남녀출생비　　④ 평균여명년수

해설　조출생률 : 한 국가의 출생수준을 표시하는 지표로서, 1년간의 총 출생아수를 당해연도의 총인구로 나눈 수치를 1,000분비로 나타낸 것

011 한 나라의 건강 수준을 다른 국가들과 비교할 수 있는 지표로 세계보건기구가 제시한 내용은?

① 인구증가율, 평균수명, 비례사망지수
② 평균수명, 비례사망지수, 조사망률
③ 평균수명, 조사망률, 국민소득
④ 의료시설, 평균수명, 주거상태

해설　세계보건기구(WHO)에서 규정하는 3대 건강 수준 지표 : 평균수명, 비례사망지수, 조사망률(보통사망률)

012 WHO의 3대 건강 수준 지표가 아닌 것은?

① 평균수명　　　② 조사망률
③ 비례사망지수　④ 사인별 사망률

해설　세계보건기구(WHO) 3대 건강 수준 지표 : 조사망률(보통사망률), 평균수명, 비례사망지수

013 감염병 유행지역에서 입국하는 사람이나 동물 또는 식물 등을 대상으로 실시하며 외국 질병의 국내 침입방지를 위한 수단으로 쓰이는 것은?

① 검역　　　　② 격리
③ 박멸　　　　④ 병원소 제거

해설　검역이란 외국 질병의 국내 침입방지를 위한 감염병의 예방대책으로, 감염병 유행지역의 입국자에 대하여 감염병 감염이 의심되는 사람을 강제 격리하는 것이다.

014 다음 중 질병 발생의 세 가지 요인으로 연결된 것은?

① 숙주 – 병인 – 환경
② 숙주 – 병인 – 유전
③ 숙주 – 병인 – 병소
④ 숙주 – 병인 – 저항력

해설　질병은 신체의 구조적, 기능적 장애로서 숙주, 병인, 환경 요인의 부조화로 발생한다.

015 외래 감염병의 예방대책으로 가장 효과적인 방법은?

① 예방접종　　　② 환경개선
③ 검역　　　　　④ 격리

해설　검역은 외래 감염병의 예방대책으로 가장 효과적인 방법이다.

016 질병 발생의 요인 중 숙주적 요인에 해당되지 않는 것은?

① 선천적 요인　　② 연령
③ 생리적 방어기전　④ 경제적 수준

해설　경제적 수준, 기상, 계절, 매개물, 사회 환경 등은 환경적 요인에 해당된다.

017 다음 중 바이러스에 대한 일반적인 설명으로 옳은 것은?

① 항생제에 감수성이 있다.
② 광학 현미경으로 관찰이 가능하다.
③ 핵산 DNA와 RNA 둘 다 가지고 있다.
④ 바이러스는 살아있는 세포 내에서만 증식 가능하다.

해설　• 바이러스는 세균보다 크기가 훨씬 작아 보통의 광학 현미경으로는 볼 수 없다.
　　　• 바이러스는 DNA나 RNA 중 한 종류의 핵산을 가지고 있어, 이를 기준으로 DNA 바이러스와 RNA 바이러스로 구분하기도 한다.
　　　• 바이러스는 반드시 살아 있는 세포 내에서 기생할 때에만 증식할 수 있는 특징을 가진다.

018 색출이 어려운 대상으로 감염병 관리상 중요하게 취급해야 할 대상자는?

① 건강 보균자   ② 잠복기 보균자

③ 회복기 보균자   ④ 병후 보균자

해설 건강 보균자 : 색출이 어려운 대상으로 감염병 관리상 중요하게 취급해야 할 대상자

019 다음 중 인공능동면역의 특성을 가장 잘 설명한 것은?

① 항독소 등 인공제제를 접종하여 형성되는 면역

② 생균백신, 사균백신 및 순화독소의 접종으로 형성되는 면역

③ 모체로부터 태반이나 수유를 통해 형성되는 면역

④ 각종 감염병 감염 후 형성되는 면역

해설 • 인공수동면역 : 항독소 등 인공제제를 접종하여 형성되는 면역

• 인공능동면역 : 예방접종으로 형성되는 면역으로, 생균백신, 사균백신 및 순화독소의 접종으로 형성

• 자연수동면역 : 모체로부터 태반이나 수유를 통해 형성되는 면역

• 자연능동면역 : 각종 감염병 감염 후 형성되는 면역

020 다음 중 인공능동면역의 방법에 해당하지 않는 것은?

① 생균백신 접종   ② 글로불린 접종

③ 사균백신 접종   ④ 순화독소 접종

해설 • 생균백신 : 결핵, 홍역, 폴리오, 두창, 탄저, 광견병, 황열 등

• 사균백신 : 장티푸스, 콜레라, 백일해, 파라티푸스, 일본뇌염 등

• 순화독소 : 파상풍, 디프테리아 등

021 다음 중 건강 보균자를 설명한 것으로 가장 적절한 것은?

① 감염병에서 이환되어 앓고 있는 자

② 병원체를 보유하고 있으나 증상이 없으며 체외로 이를 배출하고 있는 자

③ 감염병에 걸렸다가 완전히 치유된 자

④ 감염병에 걸렸지만 자각증상이 없는 자

해설 • 건강 보균자 : 병원체를 보유하고 있으나 증상이 없고 병원체를 체외로 배출하는 보균자로서 보건관리가 가장 어려움

• 잠복기 보균자 : 감염병 질환의 잠복기간에 병원체를 배출하는 보균자

• 병후 보균자 : 감염병이 치료되었으나 병원체를 지속적으로 배출하는 보균자

022 장티푸스, 결핵, 파상풍 등의 예방접종은 어떤 면역인가?

① 인공능동면역   ② 인공수동면역

③ 자연능동면역   ④ 자연수동면역

해설 예방접종을 통해 형성되는 면역은 인공능동면역이다.

023 예방접종에 있어서 디피티(DPT)와 무관한 질병은?

① 디프테리아   ② 파상풍

③ 결핵   ④ 백일해

해설 DPT : 디프테리아, 백일해, 파상풍

024 다음 중 콜레라에 관한 설명으로 잘못된 것은?

① 검역질병으로 검역기간은 120시간을 초과할 수 없다.

② 수인성 감염병으로 경구 전염된다.

③ 제2급 법정감염병이다.

④ 예방접종은 생균백신(vaccine)을 사용한다.

해설 콜레라 예방접종은 사균백신을 사용한다.

정답	009	010	011	012	013	014	015	016
	①	②	②	④	①	①	③	④
	017	018	019	020	021	022	023	024
	④	①	②	②	②	①	③	④

025 감염병예방법 중 제1급 감염병에 속하는 것은?

① 한센병   ② 폴리오

③ 일본뇌염   ④ 페스트

해설 제1급 감염병 : 에볼라바이러스병, 마버그열, 라싸열, 크리미안콩고출혈열, 남아메리카출혈열, 리프트밸리열, 두창, 페스트, 탄저, 보툴리눔독소증, 야토병, 신종감염병증후군, 중증급성호흡기증후군(SARS), 중동호흡기증후군(MERS), 동물인플루엔자 인체감염증, 신종인플루엔자, 디프테리아

026 감염병예방법 중 제2급 감염병이 아닌 것은?

① 말라리아   ② 결핵

③ 백일해   ④ 장티푸스

해설 제2급 감염병 : 결핵, 수두, 홍역, 콜레라, 장티푸스, 파라티푸스, 세균성이질, 장출혈성대장균감염증, A형간염, 백일해, 유행성이하선염, 풍진, 폴리오, 수막구균 감염증, b형헤모필루스인플루엔자, 폐렴구균 감염증, 한센병, 성홍열, 반코마이신내성황색포도알균(VRSA) 감염증, 카바페넴내성장내세균속균종(CRE) 감염증, E형간염

027 감염병예방법 중 제3급 감염병이 아닌 것은?

① 파상풍   ② 콜레라

③ B형간염   ④ 말라리아

해설 제3급 감염병 : 파상풍, B형간염, 일본뇌염, C형간염, 말라리아, 레지오넬라증, 비브리오패혈증, 발진티푸스, 발진열, 쯔쯔가무시증, 렙토스피라증, 브루셀라증, 공수병, 신증후군출혈열, 후천성면역결핍증(AIDS), 크로이츠펠트-야콥병(CJD) 및 변종크로이츠펠트-야콥병(vCJD), 황열, 뎅기열, 큐열, 웨스트나일열, 라임병, 진드기매개뇌염, 유비저, 치쿤구니아열, 중증열성혈소판감소증후군(SFTS), 지카바이러스 감염증

028 감염병 발생 시 일반인이 취하여야 할 사항으로 적절하지 않은 것은?

① 환자를 문병하고 위로한다.

② 예방접종을 받도록 한다.

③ 주위환경을 청결히 하고 개인위생에 힘쓴다.

④ 필요한 경우 환자를 격리시킨다.

해설 감염병 발생 시 일반인이 환자를 문병하고 위로하는 것은 적절하지 않다.

029 제1급 감염병에 대해 잘못 설명한 것은?

① 전염속도가 빨라 환자의 격리가 즉시 필요하다.

② 페스트, 에볼라바이러스병, 신종인플루엔자가 속한다.

③ 환자의 수를 매월 1회 이상 관할 보건소장을 거쳐 보고한다.

④ 환자 발생 즉시 환자 또는 시체 소재지를 보건소장을 거쳐 보고한다.

해설 제1급 감염병은 생물테러감염병 또는 치명률이 높거나 집단 발생의 우려가 커서 발생 또는 유행 즉시 신고하여야 하고, 음압격리와 같은 높은 수준의 격리가 필요하다.

030 다음 중 병원체가 바이러스인 것은?

① 홍역   ② 발진열

③ 발진티푸스   ④ 쯔쯔가무시병

해설 바이러스 : 홍역, 폴리오, 유행성 이하선염, 일본뇌염, 광견병, 후천성 면역결핍증, 유행성 간염 등

031 수인성으로 전염되는 질병으로 엮어진 것은?

① 장티푸스-파라티푸스-간흡충증-세균성 이질

② 콜레라-파라티푸스-세균성이질-폐흡충증

③ 장티푸스-파라티푸스-콜레라-세균성 이질

④ 장티푸스-파라티푸스-콜레라-간흡충증

해설 수인성 감염병
- 인수(사람, 가축)의 분변으로 오염되어 전파
- 쥐 등의 병에 걸린 동물에 의해 오염된 식품으로 전파
- 단시일 이내에 환자에게 폭발적으로 일어나며 치명률이 낮음
- 세균성 이질, 콜레라, 장티푸스, 파라티푸스, 폴리오, 장출혈성 대장균 등

032 다음 중 인수공통감염병이 아닌 것은?

① 나병   ② 일본뇌염

③ 광견병   ④ 야토병

해설 인수공통감염병 : 쥐(페스트, 살모넬라), 돼지(일본뇌염), 개(광견병), 산토끼(야토병), 소(결핵)

033 다음 중 인수공통감염병에 해당되는 것은?

① 홍역 　　　　　　② 한센병
③ 풍진 　　　　　　④ 조류인플루엔자

해설 인수공통감염병
- 동물이 병원소가 되면서 인간에게도 감염을 일으키는 감염병
- 쥐(페스트, 살모넬라), 돼지(일본뇌염), 개(광견병), 산토끼(야토병), 소(결핵), 닭, 오리(조류인플루엔자)

034 다음 중 감염병을 옮기는 매개곤충과 질병의 관계가 올바른 것은?

① 재귀열 – 이
② 말라리아 – 진드기
③ 일본뇌염 – 파리
④ 발진티푸스 – 모기

해설 말라리아, 일본뇌염 – 모기
재귀열, 발진티푸스 – 이

035 페스트, 살모넬라증 등을 전염시킬 가능성이 가장 큰 동물은?

① 쥐 　　　　　　② 말
③ 소 　　　　　　④ 개

해설 쥐에 의해 감염되는 감염병 : 페스트, 발진열, 살모넬라증, 유행성 출혈열, 렙토스피라증, 쯔쯔가무시병 등

036 다음 중 파리가 옮기지 않는 병은?

① 장티푸스 　　　　② 이질
③ 콜레라 　　　　　④ 신증후군출혈열

해설 신증후군출혈열은 진드기에 의해 전염된다.

037 다음 중 모기가 매개하는 감염병이 아닌 것은?

① 말라리아 　　　　② 뇌염
③ 사상충 　　　　　④ 발진열

해설 발진열은 벼룩에 의해 전염된다.

038 다음 중 바퀴벌레가 주로 전파할 수 있는 병원균의 질병이 아닌 것은?

① 재귀열 　　　　　② 이질
③ 콜레라 　　　　　④ 장티푸스

해설 재귀열은 이에 의해 전염된다.

039 기생충 중 집단감염이 잘 되기 쉬우며 예방법으로 식사 전 손 씻기, 인체항문 주위의 청결유지 등을 필요로 하는 것에 해당되는 기생충은?

① 회충 　　　　　　② 십이지장충
③ 요충 　　　　　　④ 촌충

해설 요충
- 원인 : 물, 채소, 소아감염, 집단감염(의복, 침구류 등으로 전파)
- 전파 : 맹장에 기생하다가 성숙함에 따라 대장·직장으로 이동하여 기생
- 증상 : 습진, 피부염, 소화장애, 신경증상, 항문의 가려움증
- 예방 : 개인 위생관리, 채소를 익혀서 섭취, 의복, 침구류 등 소독

040 오염된 주사기, 면도날 등으로 인해 전파되는 만성 감염병은?

① B형간염 　　　　② 트라코마
③ 파라티푸스 　　　④ 렙토스피라증

해설 B형간염 바이러스는 환자의 혈액, 타액, 성접촉, 면도날 등으로 감염될 수 있다.

041 이·미용실에서 사용하는 수건을 통해 감염될 수 있는 질병은?

① 트라코마 　　　　② 장티푸스
③ 페스트 　　　　　④ 풍진

해설 트라코마 : 이·미용실에서 사용하는 수건을 통해 감염될 수 있는 질병

정답	025	026	027	028	029	030	031	032
	④	①	②	①	③	①	③	①
	033	034	035	036	037	038	039	040
	④	①	①	④	④	①	③	①
	041							
	①							

042 결핵 관리상 효율적인 방법과 가장 거리가 먼 것은?

① 환자의 조기발견
② 집회장소의 철저한 소독
③ 환자의 등록치료
④ 예방접종의 철저

해설 결핵은 결핵 환자의 기침 등을 통해 감염되므로 집회장소의 철저한 소독만으로 예방하기는 힘들다.

043 다음 중 모기를 매개곤충으로 하여 일으키는 질병이 아닌 것은?

① 말라리아   ② 사상충
③ 일본뇌염   ④ 발진티푸스

해설 발진티푸스는 이에 의해 전염된다.

044 출생 후 아기에게 가장 먼저 실시하게 되는 예방접종은?

① 결핵   ② 폴리오
③ 홍역   ④ 파상풍

해설 출생 후 아기에게 가장 먼저 실시하게 되는 예방접종은 결핵이다.

045 임신초기에 이환되면 태아에게 치명적인 영향을 주어 선천성 기형아를 낳을 수 있는 질환은 무엇인가?

① 성홍열   ② 풍진
③ 홍역   ④ 디프테리아

해설 풍진은 임신 초기에 감염이 되어 백내장아, 농아 출산의 원인이 되는 질환이다.

046 다음 중 매개곤충이 전파하는 감염병과 연결이 옳지 않은 것은?

① 진드기 – 유행성 출혈열
② 모기 – 일본뇌염
③ 파리 – 사상충
④ 벼룩 – 페스트

해설 파리 : 장티푸스, 이질, 콜레라, 파라티푸스, 결핵, 디프테리아 등

047 토양이 병원소가 될 수 있는 질환은?

① 디프테리아   ② 콜레라
③ 간염   ④ 파상풍

해설 파상풍 : 토양이 병원소가 될 수 있는 질환

048 들쥐의 똥, 오줌 등에 의해 논이나 들에서 상처를 통해 경피 감염될 수 있는 감염병은?

① 유행성 출혈열   ② 이질
③ 렙토스피라증   ④ 파상풍

해설 렙토스피라증 : 들쥐의 똥, 오줌 등에 의해 논이나 들에서 상처를 통해 경피 감염될 수 있는 감염병

049 다음 중 기생충과 전파 매개체의 연결이 옳은 것은?

① 무구조충 – 돼지고기
② 간디스토마 – 바다회
③ 폐디스토마 – 가재
④ 광절열두조충 – 쇠고기

해설
• 유구조충(갈고리촌충) : 돼지고기의 생식으로 인한 감염
• 무구조충(민촌충) : 소고기의 생식으로 인한 감염
• 간흡충(간디스토마) : 제1숙주(우렁이), 제2숙주(잉어, 참붕어, 피라미)의 생식으로 인한 감염
• 폐흡충(폐디스토마) : 제1숙주(다슬기), 제2숙주(가재, 게)의 생식으로 인한 감염
• 긴촌충(광절열두조충) : 제1숙주(물벼룩), 제2숙주(연어, 송어)의 생식으로 인한 감염

050 특히 돼지고기를 생식하는 지역주민에게 많이 나타나며 성충 감염보다는 충란 섭취로 뇌, 안구, 근육, 장벽, 심장, 폐 등에 낭충증 감염을 많이 유발시키는 것은?

① 유구조충증   ② 무구조충증
③ 광절열두조충증   ④ 폐흡충증

해설 ② 무구조충증 : 소고기의 생식으로 인한 감염
③ 광절열두조충증 : 제1숙주(물벼룩), 제2숙주(연어, 송어)의 생식으로 인한 감염
④ 폐흡충증 : 제1숙주(다슬기), 제2숙주(가재, 게)의 생식으로 인한 감염

051 다음 중 기생충과 중간 숙주와의 연결이 잘못된 것은?

① 무구조충 – 소
② 폐흡충 – 가재, 게
③ 간흡충 – 민물고기
④ 유구조충 – 물벼룩

해설 유구조충 : 돼지고기

052 민물 가재를 날것으로 먹었을 때 감염되기 쉬운 기생충 질환은?

① 회충　　　　② 편충
③ 간디스토마　④ 폐디스토마

해설 폐흡충증(폐디스토마)은 제1숙주(다슬기), 제2숙주(가재, 게)의 생식으로 인한 감염이다.

053 해충구제의 가장 근본적인 방법은 무엇인가?

① 발생원인 제거　② 유충구제
③ 방충망 설치　　④ 성충구제

해설 해충구제의 가장 근본적인 방법은 발생원인을 제거하는 것이다.

054 간흡충증(간디스토마)의 제1중간숙주는?

① 다슬기　　　② 우렁이
③ 피라미　　　④ 게

해설 간흡충증(간디스토마)은 제1숙주(우렁이), 제2숙주(잉어, 참붕어, 피라미)의 생식으로 인한 감염이다.

055 생활습관과 관계될 수 있는 질병과의 연결이 틀린 것은?

① 담수어 생식 – 간디스토마
② 가재 생식 – 무구조충
③ 여름철 야숙 – 일본뇌염
④ 경조사 등 행사음식 – 식중독

해설 무구조충은 소고기의 생식으로 인한 감염이다.

056 장티푸스에 대한 설명으로 옳은 것은?

① 식물매개 감염병이다.
② 우리나라에서는 제1급 법정감염병이다.
③ 대장점막에 궤양성 병변을 일으킨다.
④ 일종의 열병으로 경구침입 감염병이다.

해설 장티푸스는 살모넬라균에 오염된 음식이나 물을 섭취했을 때 감염되는 감염병으로, 고열증상을 일으킨다. 우리나라에서는 제2급 법정감염병이다.

057 인구 구성의 기본형 중 생산연령 인구가 많이 유입되는 도시 지역의 인구 구성을 나타내는 것은?

① 피라미드형　　② 별형
③ 항아리형　　　④ 종형

해설 • 피라미드형(인구증가형, 후진국형) : 출생률이 사망률보다 높은 형
　　• 별형(인구유입형, 도시형) : 생산연령 인구의 전입이 늘어나는 형
　　• 항아리형(인구감소형, 선진국형) : 출생률보다 사망률이 높은 형
　　• 종형(인구정지형, 이상적인 형태) : 출생률과 사망률이 같은 형

058 정신보건에 대한 설명 중 잘못된 것은?

① 모든 정신질환자는 인간으로서의 존엄·가치 및 최적의 치료와 보호를 받을 권리를 보장받는다.
② 모든 정신질환자는 부당한 차별대우를 받지 않는다.
③ 미성년자인 정신질환자에 대해서는 특별히 치료, 보호 및 필요한 교육을 받을 권리가 보장되어야 한다.
④ 입원 중인 정신질환자는 타인에게 해를 줄 수 있으므로 타인과의 의견교환이 필요에 따라 제한되어야 한다.

해설 정신보건은 정신 질환의 예방 및 치료를 통하여 국민 정신건강을 유지 및 발전시키려고 하는 것이다.

정답	042	043	044	045	046	047	048	049
	②	④	①	②	③	④	③	③
	050	051	052	053	054	055	056	057
	①	④	④	①	②	②	④	②
	058							
	④							

059 출생률보다 사망률이 낮으며 14세 이하의 인구가 65세 이상의 인구의 2배를 초과하는 인구 구성형은?

① 피라미드형 　　　② 종형
③ 항아리형 　　　　④ 별형

해설 • 피라미드형(인구증가형, 후진국형) : 출생률이 사망률보다 높은 형
• 종형(인구정지형, 이상적인 형태) : 출생률과 사망률이 같은 형
• 항아리형(인구감소형, 선진국형) : 출생률보다 사망률이 높은 형
• 별형(인구유입형, 도시형) : 생산연령 인구의 전입이 늘어나는 형

060 인구 구성 중 14세 이하가 65세 이상 인구의 2배 정도이며 출생률과 사망률이 모두 낮은 형은?

① 피라미드형 　　　② 종형
③ 항아리형 　　　　④ 별형

해설 • 피라미드형(인구증가형, 후진국형) : 출생률이 사망률보다 높은 형
• 종형(인구정지형, 이상적인 형태) : 출생률과 사망률이 같은 형
• 항아리형(인구감소형, 선진국형) : 출생률보다 사망률이 높은 형
• 별형(인구유입형, 도시형) : 생산연령인구의 전입이 늘어나는 형

061 지역사회에서 노인층 인구에 가장 적절한 보건교육 방법은?

① 신문 　　　　　　② 집단교육
③ 개별접촉 　　　　④ 강연회

해설 노인보건 교육 방법 : 개별접촉을 통한 교육

062 임신 초기에 감염이 되어 백내장아, 농아 출산의 원인이 되는 질환은?

① 심장질환 　　　　② 뇌질환
③ 풍진 　　　　　　④ 당뇨병

해설 풍진은 임신 초기에 감염이 되어 백내장아, 농아 출산의 원인이 되는 질환이다.

063 다음 중 가족계획에 포함되는 것은?

| ㄱ. 결혼연령 제한　　ㄴ. 초산연령 조절 |
| ㄷ. 인공임신중절　　ㄹ. 출산횟수 조절 |

① ㄱ, ㄴ, ㄷ 　　　　② ㄱ, ㄷ
③ ㄴ, ㄹ 　　　　　　④ ㄱ, ㄴ, ㄷ, ㄹ

해설 가족계획은 출산의 시기 및 간격을 조절하고, 출생 자녀수도 제한하고 불임증 환자를 진단 및 치료하는 것이다.

064 다음 중 기후의 3대 요소는?

① 기온, 복사량, 기류
② 기온, 기습, 기류
③ 기온, 기압, 복사량
④ 기류, 기압, 일조량

해설 기후의 3대 요소 : 기온, 기습, 기류
기후의 4대 요소 : 기온, 기습, 기류, 복사열

065 다음 중 일반적으로 활동하기 가장 적합한 실내의 적정 온도는?

① 15±2℃ 　　　　　② 18±2℃
③ 22±2℃ 　　　　　④ 24±2℃

해설 적정 기온 : 18±2℃(쾌적 온도 18℃), 실·내외 온도차 5~7℃

066 다음 중 특별한 장치를 설치하지 아니한 일반적인 경우에 실내의 자연적인 환기에 가장 큰 비중을 차지하는 요소는?

① 실내외 공기 중 CO_2 함량의 차이
② 실내외 공기의 습도 차이
③ 실내외 공기의 기온 차이 및 기류
④ 실내외 공기의 불쾌지수 차이

해설 자연적인 환기에 가장 큰 비중을 차지하는 요소는 실내외 공기의 기온 차이 및 기류이다.

067 일반적으로 이·미용업소의 실내 쾌적 습도 범위로 가장 알맞은 것은?

① 10~20% 　　　　② 20~40%
③ 40~70% 　　　　④ 70~90%

해설 적정 기습 : 40~70%(쾌적 습도 60%)

068 실·내외의 온도차는 몇 도가 가장 적합한가?

① 1~3℃   ② 5~7℃
③ 8~12℃   ④ 12℃ 이상

해설 실·내외의 온도차는 5~7℃가 적당하다.

069 불쾌지수를 산출하는 데 고려해야 할 요소들은?

① 기류와 복사열   ② 기온과 기습
③ 기압과 복사열   ④ 기온과 기압

해설 불쾌지수는 기온과 기습을 이용하여 사람이 느끼는 불쾌감의 정도를 수치로 나타낸 것이다.

070 실내에 다수인이 밀집한 상태에서 실내공기의 변화는?

① 기온 상승 – 습도 증가 – 이산화탄소 감소
② 기온 하강 – 습도 증가 – 이산화탄소 감소
③ 기온 상승 – 습도 증가 – 이산화탄소 증가
④ 기온 상승 – 습도 감소 – 이산화탄소 증가

해설 다수인이 실내에 밀집해 있으면 기온, 습도, 이산화탄소가 모두 증가한다.

071 군집독(群集毒)의 원인을 가장 잘 설명한 것은?

① O_2의 부족
② 공기의 물리·화학적 제조성의 악화
③ CO_2의 증가
④ 고온다습한 환경

해설 군집독 : 일정한 공간의 실내에 수용범위를 초과한 많은 사람이 있는 경우 이산화탄소 농도 증가, 기온상승, 습도증가, 연소가스 등으로 인해 불쾌감, 두통, 권태, 현기증, 구토, 식욕부진 등의 현상을 일으키는 것

072 물체의 불완전연소 시 많이 발생하며, 혈중 헤모글로빈의 친화성이 산소에 비해 약 300배 정도로 높아 중독 시 신경이상증세를 나타내는 성분은?

① 아황산가스   ② 일산화탄소
③ 질소   ④ 이산화탄소

해설 일산화탄소는 산소와 헤모글로빈의 결합을 방해하여 세포와 신체조직에서 산소 부족현상을 나타내며, 정신장애, 신경장애, 질식현상 등의 중독증상이 나타난다.

073 다음 중 지구의 온난화 현상(global warming)의 원인이 되는 주된 가스는?

① NO   ② CO_2
③ Ne   ④ CO

해설 이산화탄소(CO_2)
• 공기 중의 약 0.03% 차지
• 실내공기 오염의 지표
• 지구의 온난화 현상의 원인
• 실내에 이산화탄소 증가 시 온도와 습도가 증가하여 무더우며 군집독 발생

074 대기오염의 주원인 물질 중 하나로 석탄이나 석유 속에 포함되어 있어 연소할 때 산화되어 발생되며 만성기관지염과 산성비 등을 유발시키는 것은?

① 일산화탄소   ② 질소산화물
③ 황산화물   ④ 부유분진

해설 대기오염의 1차 오염물질로는 황산화물, 질소산화물, 일산화탄소 등이 있는데, 만성기관지염과 산성비를 유발하는 물질은 황산화물이다.

075 공기의 자정작용과 관련이 가장 먼 것은?

① 이산화탄소와 일산화탄소의 교환작용
② 자외선의 살균작용
③ 강우, 강설에 의한 세정작용
④ 기온역전작용

해설 공기의 자정작용
• 희석작용 : 공기 자체의 희석작용
• 살균작용 : 자외선에 의한 살균작용
• 탄소 동화작용 : 식물의 탄소 동화작용에 의한 이산화탄소, 산소 교환 작용
• 산화작용 : 산소, 오존, 과산화수소 등에 의한 산화작용
• 세정작용 : 비나 눈에 의한 용해성 가스, 분진 등의 세정작용

정답	059	060	061	062	063	064	065	066
	①	②	③	③	③	②	②	②
	067	068	069	070	071	072	073	074
	③	②	②	③	②	②	②	③
	075							
	④							

076 다음 중 일산화탄소가 인체에 미치는 영향이 아닌 것은?

① 신경 기능 장애를 일으킨다.

② 세포 내에서 산소와 Hb의 결합을 방해한다.

③ 혈액 속에 기포를 형성한다.

④ 세포 및 각 조직에서 O_2 부족 현상을 일으킨다.

해설 일산화탄소는 탄소의 불완전연소로 생성되는 무색, 무취의 기체로, 산소와 헤모글로빈의 결합을 방해하여 세포와 신체조직에서 산소 부족현상을 일으켜 정신장애, 신경장애, 질식현상을 보인다.

077 일반적으로 공기 중 이산화탄소는 약 몇 %를 차지하고 있는가?

① 0.03%   ② 0.3%

③ 3%   ④ 13%

해설 이산화탄소는 공기 중의 약 0.03%를 차지하고 무색, 무취, 비독성 가스 기체로서, 실내공기 오염의 지표로 사용된다.

078 일산화탄소(CO)의 환경기준은 8시간 기준으로 얼마인가?

① 9ppm   ② 1ppm

③ 0.03ppm   ④ 25ppm

해설 일산화탄소의 환경기준 : 8시간 평균치 9ppm 이하 / 1시간 평균치 25ppm 이하

079 연탄가스 중 인체에 중독현상을 일으키는 주된 물질은?

① 일산화탄소   ② 이산화탄소

③ 탄산가스   ④ 메탄가스

해설 연탄이 탈 때 발생하는 유독가스로 중독현상을 일으키는 주된 물질은 일산화탄소이다.

080 대기오염물질 중 그 종류가 다른 하나는?

① 황산화물   ② 질소산화물

③ 일산화탄소   ④ 오존

해설 • 황산화물, 질소산화물, 일산화탄소 : 대기오염의 1차 오염물질
• 오존 : 대기오염의 2차 오염물질

081 다음 중 수질오염의 지표로서 물에 녹아있는 유리산소를 의미하는 것은?

① 용존산소(DO)

② 생물학적 산소요구량(BOD)

③ 화학적 산소요구량(COD)

④ 수소이온농도(pH)

해설 용존산소량(DO) : 물속에 용해되어 있는 유리산소량

082 환경오염지표와 관련해서 연결이 바르게 된 것은?

① 수소이온농도 – 음료수오염지표

② 대장균 – 하천오염지표

③ 용존산소 – 대기오염지표

④ 생물학적 산소요구량 – 수질오염지표

해설 수질오염지표 : 용존산소량(DO), 생물화학적 산소요구량(BOD), 화학적 산소요구량(COD)
음용수 오염지표 : 대장균 수

083 수질오염의 지표로 사용하는 "생물학적 산소요구량"을 나타내는 용어는?

① DO   ② BOD

③ COD   ④ pH

해설 BOD : 생물학적 산소요구량

084 다음 중 하수의 일반적인 오염지표로 주로 이용하는 것은?

① db   ② BOD

③ COD   ④ 대장균

해설 COD(화학적 산소요구량) : 하수, 공장 폐수의 오염도를 측정하는 지표

085 하수 처리법 중 호기성 처리법에 속하지 않는 것은?

① 활성오니법   ② 살수여과법

③ 산화지법   ④ 부패조법

해설 호기성 처리법
• 활성오니법은 산소를 공급하여 호기성균을 촉진
• 하수 내 유기물을 산화시키는 호기성 분해법으로 가장 많이 이용
• 살수여과법, 산화지법, 활성오니법

086 평상시 상수의 수도전에서의 적정한 유리 잔류 염소량은?

① 0.02ppm 이상   ② 0.55ppm 이상

③ 0.2ppm 이상   ④ 0.5ppm 이상

해설   상수 및 수도전에서의 적정 유리 잔류 염소량
평상시 : 0.2ppm 이상 / 비상시 : 0.4ppm 이상

087 다음 중 하수에서 용존산소(DO)가 아주 낮다는 의미에 적합한 것은?

① 수생식물이 잘 자랄 수 있는 물의 환경이다.

② 물고기가 잘 살 수 있는 물의 환경이다.

③ 물의 오염도가 높다는 의미이다.

④ 하수의 BOD가 낮은 것과 같은 의미이다.

해설   용존산소(DO)가 낮으면 물의 오염도가 높고, 용존산소(DO)가 높으면 오염도가 낮다는 것을 의미한다.

088 하수도의 복개로 가장 문제가 되는 것은?

① 대장균의 증가   ② 일산화탄소의 증가

③ 이끼류의 번식   ④ 메탄가스의 발생

해설   하수도가 복개되면 상류에서 유입된 생활하수 등의 영양물질이 부패되면서 메탄가스를 발생한다.

089 도시 하수처리에 사용되는 활성오니법의 설명으로 가장 옳은 것은?

① 상수도부터 하수까지 연결되어 정화시키는 법

② 대도시 하수만 분리하여 처리하는 방법

③ 하수 내 유기물을 산화시키는 호기성 분해법

④ 쓰레기를 하수에서 걸러내는 법

해설   활성오니법은 산소를 공급하여 호기성균을 촉진하는 방법으로, 하수 내 유기물을 산화시키는 호기성 분해법으로 가장 많이 이용된다.

090 다음 중 수질오염 방지대책으로 묶인 것은?

> ㄱ. 대기의 오염실태 파악
> ㄴ. 산업폐수의 처리시설 개선
> ㄷ. 어류 먹이용 부패시설 확대
> ㄹ. 공장폐수 오염실태 파악

① ㄱ, ㄴ, ㄷ   ② ㄱ, ㄷ

③ ㄴ, ㄹ   ④ ㄱ, ㄴ, ㄷ, ㄹ

해설   수질오염 방지대책
• 하수도 정비촉진, 산업폐수 처리, 수세식 변소의 시설관리를 개선
• 불법투기 금지 조치, 해수오염 방지 대책 마련 및 공장폐수 오염실태 파악 후 대책

091 예비처리 → 본처리 → 오니처리 순서로 진행되는 것은?

① 하수처리   ② 쓰레기처리

③ 상수도처리   ④ 지하수처리

해설   하수처리 과정 : 예비처리 → 본처리 → 오니처리

092 일반적인 음용수로서 적합한 잔류 염소(유리 잔류 염소)의 기준은?

① 250mg/L 이하   ② 4mg/L 이하

③ 2mg/L 이하   ④ 0.1mg/L 이하

해설   일반적인 음용수로서 적합한 잔류 염소(유리 잔류 염소)의 기준 : 4mg/L 이하

093 다음 중 음용수의 일반적인 오염지표로 삼는 것은?

① 탁도   ② 일반세균수

③ 대장균수   ④ 경도

해설   대장균 : 상수의 수질오염분석 시 대표적인 생물학적 지표, 음용수의 일반적인 오염지표

정답	076	077	078	079	080	081	082	083
	③	①	①	①	④	①	④	②
	084	**085**	**086**	**087**	**088**	**089**	**090**	**091**
	③	④	③	③	④	③	③	①
	092	**093**						
	②	③						

094 다음 중 상수 수질오염의 대표적 지표로 사용하는 것은?

① 이질균   ② 일반세균

③ 플랑크톤   ④ 대장균

해설 대장균 : 상수의 수질오염 분석 시 대표적인 생물학적 지표, 음용수의 일반적인 오염지표

095 주택의 자연조명을 위한 이상적인 주택의 방향과 창의 면적은?

① 남향, 바닥 면적의 1/7~1/5

② 남향, 바닥 면적의 1/5~1/2

③ 동향, 바닥 면적의 1/10~1/7

④ 동향, 바닥 면적의 1/5~1/2

해설 주택의 자연조명을 위한 이상적인 조건 : 남향, 방 바닥 면적의 1/7~1/5 정도

096 실내조명에서 조명효율이 천장의 색깔에 가장 크게 좌우되며, 눈의 보호를 위해 가장 좋은 조명은?

① 직접조명   ② 반직접 조명

③ 반간접 조명   ④ 간접조명

해설 간접조명은 천장이나 벽에서 반사되어 나오는 빛을 이용하는 조명으로, 눈부심이 적어 눈의 보호를 위해 가장 좋은 조명이다.

097 수은중독의 증세와 관련 없는 것은?

① 치은괴사   ② 호흡장애

③ 구내염   ④ 혈성구토

해설 수은중독의 증상으로는 두통, 구토, 설사, 피로감, 치은괴사, 구내염, 혈성구토 등이다.

098 소음에 의한 건강장애와 관련된 요인에 대한 설명으로 가장 옳은 것은?

① 소음의 크기, 주파수, 방향에 따라 다르다.

② 소음의 크기, 주파수, 내용에 따라 다르다.

③ 소음의 크기, 주파수, 폭로기간에 따라 다르다.

④ 소음의 크기, 주파수, 발생지에 따라 다르다.

해설 소음에 관한 건강장애는 소음의 크기가 클수록, 주파수가 높을수록, 폭로기간이 길수록 심하게 나타난다.

099 다음 중 잠함병의 직접적인 원인은?

① 혈중 CO_2 농도 증가

② 체액 및 혈액 속의 질소 기포 증가

③ 혈중 O_2 농도 증가

④ 혈중 CO 농도 증가

해설 잠함병 : 고기압 상태에서 작업하는 잠수부들에게 흔히 나타나는 증상이며, 잠수병이라고도 한다. 체액 및 혈액 속 질소 기포의 증가가 원인이며 예방법으로는 감압의 적절한 조절이 중요하다.

100 고기압 상태에서 올 수 있는 인체 장애는?

① 안구진탕증   ② 잠함병

③ 레이노드씨병   ④ 섬유증식증

해설 잠함병은 고압의 환경에서 낮은 압력하로 갑자기 환경이 바뀔 때 체내에서 발생하는 공기방울이 신체에 미치는 생리적 영향이다.

101 직업병과 관련 직업종사자가 바르게 연결된 것은?

① 잠수병 – 수영선수

② 열사병 – 비만자

③ 고산병 – 항공기조종사

④ 백내장 – 인쇄공

해설 ① 잠수병 – 잠수부
② 열사병 – 제련공, 초자공
④ 백내장 – 용접공

102 다음 중 산업재해 발생의 3대 인적 요인이 아닌 것은?

① 예산부족   ② 관리결함

③ 생리적 결함   ④ 작업상의 결함

해설 산업재해 발생 원인
• 인적 요인 : 관리상·생리적·심리적 원인
• 환경적 요인 : 시설 및 공구 불량, 재료 및 취급물의 부족, 작업장 환경 불량, 휴식시간 부족

103 직업병과 관련 직업이 옳게 연결된 것은?

① 근시안 – 식자공

② 규폐증 – 용접공

③ 열사병 – 채석공

④ 잠함병 – 방사선기사

해설 ② 규폐증 : 채석공, 채광부
③ 열사병 : 제련공, 초자공
④ 잠함병 : 잠수부

104 다음 중 산업재해의 지표로 주로 사용되는 것을 전부 고른 것은?

ㄱ. 도수율	ㄴ. 발생률
ㄷ. 강도율	ㄹ. 사망률

① ㄱ, ㄴ, ㄷ   ② ㄱ, ㄷ

③ ㄴ, ㄹ   ④ ㄱ, ㄴ, ㄷ, ㄹ

해설 도수율(빈도율) : 연근로시간 100만 시간당 재해 발생 건수
발생률(건수율) : 산업체 근로자 1,000명당 재해 발생 건수
강도율 : 근로시간 1,000시간당 발생한 근로손실 일수

105 다음 중 산업재해 방지 대책과 무관한 내용은?

① 생산성 향상   ② 안전관리

③ 정확한 관찰과 대책   ④ 정확한 사례조사

해설 생산성 향상은 산업재해 방지 대책과 관계가 없다.

106 산업피로의 대표적인 증상은?

① 체온 변화 – 호흡기 변화 – 순환기계 변화

② 체온 변화 – 호흡기 변화 – 근수축력 변화

③ 체온 변화 – 호흡기 변화 – 기억력 변화

④ 체온 변화 – 호흡기 변화 – 사회적 행동 변화

해설 산업피로의 대표적 증상 : 체온 변화, 호흡기 변화, 순환기계 변화

107 산업보건에서 작업조건의 합리화를 위한 노력으로 옳은 것은?

① 작업강도를 강화시켜 단시간에 끝낸다.

② 작업속도를 최대한 빠르게 한다.

③ 운반방법을 가능한 범위에서 개선한다.

④ 근무시간은 가능하면 전일제로 한다.

해설 산업보건에서 작업조건의 합리화를 위한 노력으로 가장 옳은 것은 운반방법을 가능한 범위에서 개선하는 것이다.

108 산업피로의 대책으로 가장 거리가 먼 것은?

① 작업 과정 중 적절한 휴식시간을 배분한다.

② 에너지 소모를 효율적으로 한다.

③ 개인차를 고려하여 작업량을 할당한다.

④ 휴직과 부서 이동을 권고한다.

해설 휴직과 부서 이동은 산업피로의 근본적인 대책이 되지 못한다.

109 불량조명에 의해 발생하는 직업병은?

① 규폐증   ② 피부염

③ 안정피로   ④ 열중증

해설 불량조명에 의해 발생하는 직업병은 안정피로, 근시, 안구진탕증이 있다.

110 식품을 통한 식중독 중 독소형 식중독은?

① 포도상구균 식중독

② 살모넬라균에 의한 식중독

③ 장염 비브리오 식중독

④ 병원성 대장균 식중독

해설 독소형 식중독 : 포도상구균, 보툴리누스균, 웰치균
감염형 식중독 : 살모넬라, 장염 비브리오, 병원성 대장균

111 식중독에 대한 설명으로 옳은 것은?

① 음식 섭취 후 장시간 뒤에 증상이 나타난다.

② 근육통 호소가 가장 빈번하다.

③ 병원성 미생물에 오염된 식품 섭취 후 발병한다.

④ 독성을 나타내는 화학물질과는 무관하다.

해설 식중독은 식품 섭취 후 인체에 유해한 미생물 또는 유독 물질에 의하여 발생한 것으로 판단되는 감염성 질환 또는 독소형 질환이다. 일반적으로 음식물 섭취 후 72시간 이내에 구토, 설사, 복통 등의 증상이 나타난다.

정답	094	095	096	097	098	099	100	101
	④	①	④	②	③	②	②	③
	102	103	104	105	106	107	108	109
	①	①	①	①	①	③	④	③
	110	111						
	①	③						

112 세균성 식중독이 소화기계 감염병과 다른 점은?

① 균량이나 독소량이 소량이다.

② 대체적으로 잠복기가 길다.

③ 연쇄전파에 의한 2차 감염이 드물다.

④ 원인 식품 섭취와 무관하게 일어난다.

해설 세균성 식중독의 특징
- 2차 감염률이 낮다.
- 수인성 전파는 드물다.
- 잠복기가 아주 짧다.
- 다량의 균이 발생한다.
- 면역성이 없다.

113 다음 중 세균성 식중독의 특성이 아닌 것은?

① 2차 감염률이 낮다.

② 잠복기가 길다.

③ 다량의 균이 발생한다.

④ 수인성 전파는 드물다.

해설 세균성 식중독은 잠복기가 짧다.

114 다음 중 식중독 세균이 가장 잘 증식할 수 있는 온도 범위는?

① 0~10℃　　　② 10~20℃

③ 18~22℃　　　④ 25~37℃

해설 식중독 세균이 가장 잘 증식할 수 있는 온도 범위 : 25~37℃

115 주로 여름철에 발병하며 어패류 등의 생식이 원인이 되어 복통, 설사 등 급성위장염 증상을 나타내는 식중독은?

① 포도상구균 식중독

② 병원성 대장균 식중독

③ 장염 비브리오 식중독

④ 보툴리누스균 식중독

해설 장염 비브리오 식중독의 특징
- 원인 : 오염된 어패류, 생선류 등(잠복기 8~20시간)
- 증상 : 급성위장염, 복통, 설사, 구토, 혈변
- 예방 : 생어패류 생식금지, 조리기구 위생관리

116 자연독에 의한 식중독 중에 테트로도톡신과 연관이 있는 것은?

① 땅콩　　　② 복어

③ 옥수수　　　④ 버섯

해설 복어 : 테트로도톡신

117 식물성 독소 중 감자싹에 함유되어 있는 독소는?

① 솔라닌　　　② 무스카린

③ 테트로도톡신　　　④ 아미그달린

해설 ② 무스카린 : 버섯
③ 테트로도톡신 : 복어
④ 아미그달린 : 청매

118 식중독의 분류가 맞게 연결된 것은?

① 세균성 – 자연독 – 화학물질 – 수인성

② 세균성 – 자연독 – 화학물질 – 곰팡이독

③ 세균성 – 자연독 – 화학물질 – 수술전후 감염

④ 세균성 – 외상성 – 화학물질 – 곰팡이독

해설 세균성 – 자연독 – 화학물질 – 곰팡이독

119 다음 식중독 중 치명률이 가장 높은 것은?

① 살모넬라증

② 포도상구균중독

③ 연쇄상구균중독

④ 보툴리누스균중독

해설 보툴리누스균중독은 보툴리누스 독소를 생산하는 것을 섭취할 때 발생하는 식중독으로 호흡중추마비, 순환장애에 의해 사망할 수도 있다.

120 시·군·구에 두는 보건행정의 최일선 조직으로 국민건강 증진 및 예방 등에 관한 사항을 실시하는 기관은?

① 복지관　　　② 보건소

③ 병·의원　　　④ 시·군·구청

해설 보건소 : 시·군·구에 두는 보건행정의 최일선 조직으로 국민건강 증진 및 예방 등에 관한 사항을 실시하는 지방 공중보건조직의 중요한 역할을 하는 기관

121 보건행정의 정의에 포함되는 내용과 가장 거리가 먼 것은?

① 국민의 수명연장 　② 질병예방
③ 공적인 행정 활동 　④ 수질 및 대기보전

해설 보건행정이란 공중보건의 목적(수명연장, 질병예방, 건강증진)을 달성하기 위해 공공의 책임하에 수행하는 행정 활동이다.

122 보건행정의 목적달성을 위한 기본요건이 아닌 것은?

① 법적 근거의 마련
② 건전한 행정조직과 인사
③ 강력한 소수의 지지와 참여
④ 사회의 합리적인 전망과 계획

해설 강력한 소수의 지지와 참여는 보건행정의 목적달성과 관계가 없다.

123 공중보건학의 범위 중 보건관리 분야에 속하지 않는 사업은?

① 보건통계 　② 사회보장제도
③ 보건행정 　④ 산업보건

해설 공중보건학의 범위
• 질병관리 : 역학, 감염병 및 비감염병관리, 기생충관리
• 가족 및 노인보건 : 인구보건, 가족보건, 모자보건, 노인보건
• 환경보건 : 환경위생, 대기환경, 수질환경, 산업환경, 주거환경
• 식품보건 :식품위생
• 보건관리 : 보건행정, 보건교육, 보건통계, 보건영양, 사회보장제도, 정신보건, 학교보건

124 세계보건기구에서 정의하는 보건행정의 범위에 속하지 않는 것은?

① 산업발전 　② 모자보건
③ 환경위생 　④ 감염병 관리

해설 보건행정의 범위(세계보건기구 정의)
• 보건자료(보건관련 기록의 보존)
• 대중에 대한 보건교육
• 환경위생
• 감염병 관리
• 모자보건
• 의료 및 보건간호

125 우리나라 보건행정의 말단 행정기관으로 국민건강증진 및 감염병 예방관리 사업 등을 하는 기관명은?

① 의원 　② 보건소
③ 종합병원 　④ 보건기관

해설 보건소 : 시·군·구에 두는 보건행정의 최일선 조직으로 국민건강 증진 및 예방 등에 관한 사항을 실시하는 지방 공중보건조직의 중요한 역할을 하는 기관

126 보건행정에 대한 설명으로 가장 올바른 것은?

① 공중보건의 목적을 달성하기 위해 공공의 책임하에 수행하는 행정 활동
② 개인보건의 목적을 달성하기 위해 공공의 책임하에 수행하는 행정 활동
③ 국가 간의 질병 교류를 막기 위해 공공의 책임 하에 수행하는 행정 활동
④ 공중보건의 목적을 달성하기 위해 개인의 책임하에 수행하는 행정 활동

해설 보건행정은 공중보건의 목적(수명연장, 질병예방, 건강증진)을 달성하기 위해 공공의 책임하에 수행하는 행정 활동이다.

127 다음 중 소독의 정의를 가장 잘 표현한 것은?

① 오염된 병원성 미생물을 깨끗이 씻어내는 작업
② 모든 미생물을 열과 약품으로 완전히 사멸시키거나 제거하는 것
③ 병원성 미생물의 생활력을 파괴하여 죽이거나 또는 제거하여 감염력을 없애는 것
④ 미생물의 발육과 생활 작용을 제지 또는 정지시켜 부패 또는 발효를 방지할 수 있는 것

해설 소독 : 병원균을 파괴하여 감염력 또는 증식력을 없애는 작업
멸균 : 모든 미생물을 사멸 또는 제거하는 것
살균 : 병원성 미생물을 물리·화학적 작용으로 급속하게 제거하는 작업
방부 : 음식물의 부패나 발효를 방지하는 작업

정답	112	113	114	115	116	117	118	119
	③	②	④	③	②	①	②	④
	120	121	122	123	124	125	126	127
	②	④	③	④	①	②	①	③

128 소독에 대한 설명으로 가장 옳은 것은?

① 감염의 위험성을 제거하는 비교적 약한 살균 작용이다.

② 세균의 포자까지 사멸한다.

③ 아포형성균을 사멸한다.

④ 모든 균을 사멸한다.

해설 소독은 병원미생물의 생활력을 파괴하여 죽이거나 또는 제거하여 감염력을 없애는 비교적 약한 살균작용으로 모든 균을 사멸하지는 못한다.

129 미생물을 대상으로 한 작용이 강한 것부터 순서대로 옳게 배열된 것은?

① 멸균 〉 소독 〉 살균 〉 청결 〉 방부

② 멸균 〉 살균 〉 소독 〉 방부 〉 청결

③ 살균 〉 멸균 〉 소독 〉 방부 〉 청결

④ 소독 〉 살균 〉 멸균 〉 청결 〉 방부

해설 소독 효과 : 멸균 〉 살균 〉 소독 〉 방부 〉 청결

130 다음 중 멸균의 의미로 가장 적합한 표현은?

① 병원성 균의 증식억제

② 병원성 균의 사멸

③ 아포를 포함한 모든 균의 사멸

④ 모든 세균의 독성만 파괴

해설 멸균 : 병원성·비병원성 미생물 및 포자를 포함한 모든 균을 사멸시킨 무균 상태

131 비교적 약한 살균력을 작용시켜 병원 미생물의 생활력을 파괴하여 감염의 위험성을 없애는 조작은?

① 소독　　　　　② 고압증기멸균

③ 방부처리　　　④ 냉각처리

해설 소독 : 비교적 약한 살균력을 작용시켜 병원 미생물의 생활력을 파괴하여 감염의 위험성을 없애는 조작

132 병원성 또는 비병원성 미생물 및 아포를 가진 것을 전부 사멸 또는 제거하는 것을 무엇이라 하는가?

① 소독　　　　　② 멸균

③ 방부　　　　　④ 정균

해설 멸균 : 병원성 또는 비병원성 미생물 및 아포를 가진 것을 전부 사멸 또는 제거하는 것

133 이상적인 소독제의 구비조건과 거리가 먼 것은?

① 생물학적 작용을 충분히 발휘할 수 있어야 한다.

② 빨리 효과를 내고 살균 소요시간이 짧을수록 좋다.

③ 독성이 적으면서 사용자에게도 자극성이 없어야 한다.

④ 원액 혹은 희석된 상태에서 화학적으로는 불안정된 것이라야 한다.

해설 소독약의 필요조건 : 살균력이 강하고 높은 석탄산계수를 가질 것, 효과가 빠르고, 살균 소요시간이 짧을 것, 독성이 낮으면서 사용자에게도 자극성이 없을 것, 저렴하고 구입이 용이할 것, 경제적이고 사용방법이 용이할 것, 소독 범위가 넓고, 냄새가 없고, 탈취력이 있을 것, 부식성과 표백성이 없을 것, 용해성이 높고, 안정성이 있을 것, 환경오염을 유발하지 않을 것

134 소독에 대한 정의로 가장 적합한 것은?

① 병원 미생물의 성장을 억제하거나 파괴하여 감염의 위험성을 없애는 것이다.

② 소독은 무균상태를 말한다.

③ 소독은 포자를 가진 것 전부를 사멸하는 것을 말한다.

④ 소독은 병원 미생물의 발육과 그 작용을 제지 및 정지시키며 특히 부패 및 발효를 방지시키는 것이다.

해설 소독 : 병원 미생물의 성장을 억제하거나 파괴하여 감염의 위험성을 없애는 것, 비교적 약한 살균력을 작용시켜 병원 미생물의 생활력을 파괴하여 감염의 위험성을 없애는 조작

135 소독약의 보존에 대한 설명 중 부적합한 것은?

① 직사일광을 받지 않도록 한다.

② 냉암소에 둔다.

③ 사용하다 남은 소독약은 재사용을 위해 밀폐시켜 보관한다.

④ 식품과 혼동하기 쉬운 용기나 장소에 보관하지 않도록 한다.

해설 소독약은 시간이 지나면 변질의 우려가 있기 때문에 사용하다 남은 소독약은 재사용을 하지 않는다.

136 화학적 약제를 사용하여 소독 시 소독약품의 구비조건으로 옳지 않은 것은?

① 용해성이 낮아야 한다.
② 살균력이 강해야 한다.
③ 부식성, 표백성이 없어야 한다.
④ 경제적이고 사용방법이 간편해야 한다.

해설 소독약품은 용해성이 높아야 한다.

137 소독약에 대한 설명 중 적합하지 않은 것은?

① 소독시간이 적당한 것
② 소독 대상물을 손상시키지 않는 소독약을 선택할 것
③ 인체에 무해하며 취급이 간편할 것
④ 소독약은 항상 청결하고 밝은 장소에 보관할 것

해설 소독약은 밀폐시켜 햇빛이 들지 않는 냉암소에 보관해야 한다.

138 소독약품으로서 갖추어야 할 구비조건이 아닌 것은?

① 안전성이 높을 것　② 독성이 낮을 것
③ 부식성이 강할 것　④ 용해성이 높을 것

해설 소독약품은 부식성이 없어야 한다.

139 소독액의 농도표시법에 있어서 소독액 1,000,000mL 중에 포함되어 있는 소독약의 양을 나타낸 단위는?

① 밀리그램(mg)　　② 피피엠(ppm)
③ 퍼밀리(‰)　　　④ 퍼센트(%)

해설 피피엠(ppm) : 용액량 1,000,000mL(1,000L) 중에 포함되어 있는 소독액의 양

140 소독제의 구비조건과 거리가 먼 것은?

① 희석된 상태에서 화학적으로 안정되어야 한다.
② 독성이 적고 사용자에게 자극이 없어야 한다.
③ 부식성과 표백성이 없어야 한다.
④ 원액 혹은 희석된 상태에서 화학적으로는 불안정된 것이어야 한다.

해설 소독제는 원액 혹은 희석된 상태에서 화학적으로는 안정된 것이어야 한다.

141 소독약의 사용과 보존상의 주의사항 중 틀린 것은?

① 소독약액은 사전에 많이 제조해 둔 뒤 필요량만큼씩 사용한다.
② 약품을 냉암소에 보관함과 동시에 라벨이 오염되지 않도록 다른 것과 구분해 둔다.
③ 소독물체에 적당한 소독약이나 소독방법을 선정한다.
④ 병원 미생물의 종류, 저항성에 따라 그 방법, 시간을 고려한다.

해설 소독약은 시간이 지나면 변질의 우려가 있으므로 희석 즉시 사용하고 남은 소독약은 보관하지 않는다.

142 소독약의 구비조건에 해당되지 않는 것은?

① 장시간에 걸쳐 소독의 효과가 서서히 나타나야 한다.
② 소독대상물에 손상을 입혀서는 안 된다.
③ 인체 및 가축에 해가 없어야 한다.
④ 방법이 간단하고 비용이 적게 들어야 한다.

해설 효과가 빠르고, 살균 소요시간이 짧아야 한다.

143 알코올 소독의 미생물 세포에 대한 주된 작용기전은?

① 할로겐 복합물 형성
② 단백질 변성
③ 효소의 완전 파괴
④ 균체의 완전 용해

해설 알코올 소독의 미생물 세포에 대한 주된 작용기전은 단백질 변성이다.

144 살균작용 기전으로 산화작용을 주로 이용하는 소독제는?

① 오존　　　　　② 석탄산
③ 알코올　　　　④ 머큐로크롬

해설 산화작용 : 과산화수소, 오존, 염소 및 그 유도체, 과망간산칼륨

정답	128	129	130	131	132	133	134	135
	①	②	③	①	②	④	①	③
	136	137	138	139	140	141	142	143
	①	④	③	②	④	①	①	②
	144							
	①							

145 단백질 응고작용과 관계가 없는 것은?

① 포르말린 ② 알코올

③ 과산화수소 ④ 석탄산

해설 과산화수소 : 산화작용

146 석탄산, 알코올, 포르말린 등의 소독제가 가지는 소독의 주된 원리는?

① 균체 원형질 중의 탄수화물 변성

② 균체 원형질 중의 지방 변성

③ 균체 원형질 중의 단백질 변성

④ 균체 원형질 중의 수분 변성

해설 산화 작용 : 과산화수소, 염소, 오존, 차아염소산에 의한 소독

균체의 단백질 응고 작용 : 석탄산, 알코올, 크레졸, 승홍, 생석회, 포르말린에 의한 소독

균체의 효소 불활성화 작용 : 석탄산, 알코올, 역성비누, 중금속염에 의한 소독

균체의 가수분해 작용 : 강산, 강알칼리, 생석회에 의한 소독

147 석탄산의 소독작용과 관계가 가장 먼 것은?

① 균체 단백질 응고작용

② 균체 효소의 불활성화 작용

③ 균체의 삼투압 변화작용

④ 균체의 가수분해작용

해설 균체의 가수분해작용 : 강산, 강알칼리, 생석회에 의한 소독

148 미생물의 종류 중 가장 크기가 작은 것은?

① 곰팡이 ② 효모

③ 세균 ④ 바이러스

해설 미생물의 크기 : 곰팡이 〉효모 〉세균 〉리케차 〉바이러스

149 일반적으로 미생물 증식의 3대 요인이 아닌 것은?

① 영양소 ② 수분

③ 온도 ④ 광선

해설 미생물 증식의 3대 요인 : 영양소, 수분, 온도

150 미생물의 종류에 해당하지 않는 것은?

① 벼룩 ② 효모

③ 곰팡이 ④ 세균

해설 병원성 미생물 : 박테리아(세균), 바이러스, 리케차, 진균, 사상균, 원충류, 클라미디아 등

비병원성 미생물 : 유산균, 발효균, 효모균, 곰팡이균 등

151 다음 중 세균 증식에 가장 적합한 최적 수소이온 농도는?

① pH 3.5~4.5 ② pH 6~8

③ pH 8.5~9.5 ④ pH 10~11

해설 세균 증식에 가장 적합한 최적 수소이온농도 : pH 6~8(중성)

152 다음 (　) 안에 알맞은 것은?

> 미생물이란 일반적으로 육안으로 보이지 않는 (　)mm 이하의 미세한 생물체이다.

① 0.01 ② 0.1

③ 1 ④ 10

해설 미생물이란 일반적으로 육안으로 보이지 않는 0.1mm 이하의 미세한 생물체이다.

153 일반적인 미생물의 번식에 가장 중요한 요소로만 나열된 것은?

① 온도, 적외선, pH

② 온도, 습도, 자외선

③ 온도, 습도, 영양분

④ 온도, 습도, 시간

해설 미생물의 증식과 사멸에 있어 가장 중요한 요소는 온도이며, 그의 습도(수분), 영양분, 산소, 수소이온농도, 삼투압 등의 요소들이 있다.

154 다음 중 산소가 없는 곳에서 증식하는 균은?

① 파상풍균 ② 백일해균

③ 결핵균 ④ 대장균

해설 호기성 세균 : 산소가 필요한 세균으로, 디프테리아균, 결핵균, 백일해, 녹농균 등이 있다.

혐기성 세균 : 산소가 필요하지 않는 세균으로, 보툴리누스균, 파상풍균, 가스괴저균 등이 있다.

통성혐기성 세균 : 산소가 있는 곳과 없는 곳에서도 생육이 가능한 세균으로, 살모넬라균, 대장균, 장티푸스균, 포도상구균 등이 있다.

155 다음 중 병원성 미생물이 아닌 것은?

① 세균　　　　　② 바이러스
③ 리케차　　　　④ 효모균

해설 병원성 미생물의 종류 : 박테리아(세균), 바이러스, 리케차, 진균, 사상균, 원충류, 클라미디아

156 병원성 미생물이 일반적으로 증식이 가장 잘 되는 pH의 범위는?

① pH 3.5~4.5　　② pH 4.5~5.5
③ pH 5.5~6.5　　④ pH 6.5~7.5

해설 병원성 미생물이 일반적으로 증식이 가장 잘 되는 pH : pH 6.5~7.5

157 다음의 병원성 세균 중 공기의 건조에 견디는 힘이 가장 강한 것은?

① 장티푸스균　　② 콜레라균
③ 페스트균　　　④ 결핵균

해설 호흡기에 주로 전염되는 결핵균은 폐를 감염시키며, 결핵을 일으킨다. 결핵균은 지방성분이 많은 세포벽에 들러싸여 있어 보호막 역할을 하므로 건조한 공기 중에서도 살아남는다.

158 세균이 영양부족, 건조, 열 등의 증식 환경이 부적당한 경우 균의 저항력을 키우기 위해 형성하게 되는 형태는?

① 섬모　　　　　② 세포벽
③ 아포　　　　　④ 핵

해설 세균은 증식 환경이 적당하지 않을 경우 아포를 형성함으로써 강한 내성을 지니게 된다.

159 다음 중 여드름을 짜는 기계를 소독하지 않고 사용했을 때 감염 위험이 가장 큰 질환은?

① 결핵　　　　　② 장티푸스
③ 이질　　　　　④ 후천성면역결핍증

해설 후천성면역결핍증(AIDS)은 환자의 혈액이나 체액을 통해 감염될 수 있다.

160 손가락 등의 화농성 질환의 병원균이며 식중독의 원인균으로 될 수 있는 것은?

① 살모넬라균　　② 포도상구균
③ 바이러스　　　④ 곰팡이 독소

해설 포도상구균은 식중독, 피부의 화농, 중이염 등 화농성 질환을 일으키는 원인균이다.

161 다음 중 산소가 있어야만 잘 성장할 수 있는 균은?

① 호기성균　　　② 혐기성균
③ 통성혐기성균　④ 호혐기성균

해설 호기성균 : 산소가 필요한 세균으로, 디프테리아균, 결핵균, 백일해, 녹농균 등이 있다.

162 산소가 없는 곳에서만 증식을 하는 균은?

① 파상풍균　　　② 결핵균
③ 디프테리아균　④ 백일해균

해설 혐기성 세균 : 산소가 필요하지 않는 세균으로, 보툴리누스균, 파상풍균, 가스괴저균 등이 있다.

163 이·미용업소에서 공기 중 비말전염으로 가장 쉽게 옮겨질 수 있는 감염병은?

① 대장균　　　　② 뇌염
③ 장티푸스　　　④ 인플루엔자

해설 인플루엔자는 비말을 통한 호흡기 감염병으로 오한, 근육통, 두통, 기침이 동반된다.

164 균(菌)의 내성에 대해 가장 잘 설명한 것은?

① 균이 약에 대하여 저항성이 있는 것
② 균이 다른 균에 대하여 저항성이 있는 것
③ 인체가 약에 대하여 저항성을 가진 것
④ 약이 균에 대하여 유효한 것

해설 세균이 약제에 대하여 저항성이 강한 균주로 변했을 경우 그 세균은 내성을 가졌다고 한다.

정답	145	146	147	148	149	150	151	152
	③	③	④	④	④	①	②	②
	153	154	155	156	157	158	159	160
	③	①	④	④	④	③	④	②
	161	162	163	164				
	①	①	④	①				

165 다음 중 물리적 소독법에 해당하는 것은?

① 크레졸 소독　　② 건열 소독

③ 석탄산 소독　　④ 승홍 소독

해설 물리적 소독법 : 열이나 수분, 자외선, 여과 등의 물리적인 방법을 이용하는 소독법

166 화학적 소독 방법이라 할 수 없는 것은?

① 포르말린　　② 석탄산

③ 크레졸 비누액　　④ 고압증기

해설 화학적 소독법 : 화학적 소독제로 소독하는 방법으로, 석탄산, 승홍수, 에탄올, 포르말린, 크레졸, 역성비누, 과산화수소, 염소, 오존, 생석회, 훈증 소독법, E.O가스 멸균법 등이 있다.

167 다음 중 물리적 소독법으로 사용하는 것이 아닌 것은?

① 알코올　　② 초음파

③ 일광　　④ 자외선

해설 알코올은 화학적 소독 방법에 해당된다.

168 다음 중 화학적 소독법에 해당되는 것은?

① 알코올 소독법　　② 자비 소독법

③ 고압증기 멸균법　　④ 간헐 멸균법

해설 알코올 소독법은 화학적 소독법에 해당된다.

169 다음 중 습열 멸균법이 아닌 것은?

① 화염 멸균법　　② 자비 소독법

③ 간헐 멸균법　　④ 증기 멸균법

해설 습열 멸균법 : 자비 소독법, 증기 멸균법, 간헐 멸균법, 고온증기 멸균법, 저압 살균법, 초고온 살균법

170 다음 중 할로겐계에 속하지 않는 것은?

① 표백분　　② 석탄산

③ 요오드액　　④ 차아염소산나트륨

해설 할로겐계 살균제 : 차아염소산칼슘, 차아염소산나트륨, 차아염소산리튬, 이산화염소, 표백분, 요오드액 등

171 다음 중 결핵환자의 객담 소독 시 가장 적당한 것은?

① 매몰법　　② 크레졸 소독

③ 알코올 소독　　④ 소각법

해설 소각법 : 병원체를 불꽃으로 태우는 방법으로, 감염병 환자의 배설물이나 객담 등을 처리하는 가장 적합한 방법이다.

172 다음 중 일반적으로 자비 소독법으로 사멸되지 않는 것은?

① 아포형성균　　② 콜레라균

③ 임균　　④ 포도상구균

해설 자비 소독은 아포형성균, B형간염 바이러스에는 적합하지 않다.

173 자비 소독에 가장 적합한 소독 대상물은?

① 유리 제품　　② 셀룰로이드 제품

③ 가죽 제품　　④ 고무 제품

해설 자비 소독법 : 유리 제품, 수건, 의류, 금속성 기구, 도자기 등의 소독에는 적합하나, 고무, 가죽, 플라스틱 제품 등의 소독에는 적합하지 않다.

174 다음 중 아포를 포함한 모든 미생물을 완전히 멸균시킬 수 있는 것으로써 가장 좋은 것은?

① 자외선 멸균법　　② 고압증기 멸균법

③ 자비 멸균법　　④ 유통증기 멸균법

해설 고압증기 멸균법은 아포를 포함한 모든 미생물을 완전히 멸균시킬 수 있는 방법이다.

175 소독약의 살균력 지표로 가장 많이 이용되는 것은?

① 알코올

② 크레졸

③ 석탄산

④ 포름알데히드

해설 석탄산(페놀)은 소독제의 살균력을 비교할 때 기준이 되는 소독약이다.

176 다음 중 자비 소독 시 살균력 상승과 금속의 상함을 방지하기 위해서 첨가하는 물질(약품)로 알맞은 것은?

① 승홍수   ② 알코올
③ 염화칼슘   ④ 탄산나트륨

해설 자비 소독 시 살균력을 높이기 위해 탄산나트륨, 붕산, 크레졸액 등의 보조제를 사용한다.

177 자비 소독법 설명 중 틀린 것은?

① 아포형성균에는 부적당하다.
② 물에 탄산나트륨 1~2%를 넣으면 살균력이 강해진다.
③ 금속기구 소독 시 날이 무디어 질 수 있다.
④ 물리적 소독법에서 가장 효과적이다.

해설 소독법 중 완전 멸균으로 가장 빠르고 효과적인 방법은 고압증기 멸균법이다.

178 다음 중 열에 대한 저항력이 커서 자비 소독법으로 사멸되지 않는 균은?

① 콜레라균   ② 결핵균
③ 살모넬라균   ④ B형 간염 바이러스

해설 B형 간염 바이러스의 예방을 위해서는 고압증기 멸균법을 이용한 소독이 효과적이다.

179 고압증기 멸균법에 대한 설명으로 옳지 않은 것은?

① 멸균방법이 쉽다.
② 멸균시간이 길다.
③ 소독비용이 비교적 저렴하다.
④ 금속재료 등 높은 습도에 견딜 수 있는 물품만 소독할 수 있다.

해설 고압증기 멸균법은 미생물과 아포의 완전 멸균으로 가장 빠르고 효과적인 방법이다.

180 고압증기 멸균법의 단점은?

① 멸균비용이 많이 든다.
② 많은 멸균 물품을 한꺼번에 처리할 수 없다.
③ 멸균물품에 잔류독성이 있다.
④ 수증기가 통과함으로써 용해되는 물질은 멸균할 수 없다.

해설 고압증기 멸균법은 멸균비용이 적게 들고 많은 멸균 물품을 한꺼번에 처리할 수 있어 경제적인 소독 방법이고, 멸균물품에 잔류독성이 없다.

181 고압증기 멸균법의 대상물로 가장 부적당한 것은?

① 의료기구   ② 의류
③ 고무제품   ④ 음용수

해설 음용수는 고압증기 멸균법으로 적합하지 않다.

182 무균실에서 사용되는 기구의 가장 적합한 소독법은?

① 고압증기 멸균법   ② 자외선 소독법
③ 자비 소독법   ④ 소각 소독법

해설 고압증기 멸균법 : 의료기구, 무균실 기구, 유리기구, 금속기구, 의류, 고무제품, 아포, 약액 등 멸균에 이용

183 혈청이나 당 등과 같이 열에 불안정한 액체의 멸균에 주로 이용되는 방법은?

① 습열 멸균법   ② 간헐 멸균법
③ 여과 멸균법   ④ 초음파 멸균법

해설 여과 멸균법 : 열이나 화학약품을 사용하지 않고 여과기를 이용하여 세균을 제거하는 방법으로, 당, 혈청, 약제, 백신 등에 이용된다.

184 다음 중 물리적 소독방법이 아닌 것은?

① 방사선 멸균법
② 건열 소독
③ 고압증기 멸균법
④ 생석회 소독

해설 생석회 소독은 화학적 소독법이다.

185 고압증기 멸균법에 있어 20파운드(Lbs) 126.5℃의 상태에서는 몇 분간 처리하는 것이 가장 적당한가?

① 5분   ② 15분
③ 30분   ④ 60분

해설 고압증기 멸균법 : 100℃ 이상 고압에서 기본 15파운드로 20분 가열하는 방법
20파운드 : 126℃에서 15분간 가열
10파운드 : 115℃에서 30분간 가열

정답	165	166	167	168	169	170	171	172
	②	④	①	①	①	②	④	①
	173	174	175	176	177	178	179	180
	①	②	③	④	④	④	②	④
	181	182	183	184	185			
	④	①	③	④	②			

186 유리 제품의 소독방법으로 가장 적당한 것은?

① 끓는 물에 넣고 10분간 가열한다.
② 건열 멸균기에 넣고 소독한다.
③ 끓는 물에 넣고 5분간 가열한다.
④ 찬물에 넣고 75℃까지만 가열한다.

해설 건열 멸균법 : 건열 멸균기에서 170℃에서 1~2
시간 가열하고 멸균 후 서서히 냉각시키는 방법으
로, 유리, 도자기, 주사침, 바셀린, 분말 제품 등의
소독에 적합하다.

187 다음 중 자외선 살균에 대한 설명으로 가장 적절한 것은?

① 투과력이 강해서 매우 효과적인 살균법이다.
② 직접 쪼여져 노출된 부위만 소독된다.
③ 짧은 시간에 충분히 소독된다.
④ 액체의 표면을 통과하지 못하고 반사된다.

해설 자외선에 의한 살균은 표면적인 소독 효과를 얻기
위한 방법이다.

188 일광 소독에서 살균작용을 하는 인자는?

① 적외선
② 자외선
③ X-선
④ 가시광선

해설 일광 소독법은 태양광선 중 자외선을 이용하는 방
법으로, 결핵균, 페스트균, 장티푸스균 등의 사멸
에 이용된다.

189 자외선의 파장 중 가장 강한 범위는?

① 200~220nm
② 260~280nm
③ 300~320nm
④ 360~380nm

해설 자외선의 파장 중 260~280nm에서 살균력이 가
장 강하다.

190 석탄산계수에 대한 설명으로 틀린 것은?

① 살균력의 지표이다.
② 소독약의 희석배수이다.
③ 살균력을 비교할 때 사용된다.
④ 석탄산계수가 높을수록 살균력이 약하다.

해설 석탄산계수가 높을수록 살균력이 강하다.

191 어떤 소독약의 석탄산계수가 2.0이라는 것은 무엇을 의미하는가?

① 석탄산의 살균력이 2이다.
② 살균력이 석탄산의 2배이다.
③ 살균력이 석탄산의 2%이다.
④ 살균력이 석탄산의 120%이다.

해설 어떤 소독약의 석탄산계수가 2.0이라는 것은 살균
력이 석탄산의 2배라는 것을 의미한다.

192 석탄산의 설명으로 가장 거리가 먼 것은?

① 저온일수록 소독효과가 크다.
② 살균력이 안정하다.
③ 유기물에 약화되지 않는다.
④ 취기와 독성이 강하다.

해설 석탄산은 고온일수록 소독효과가 크다.

193 다음 중 석탄산 소독의 장점은?

① 안정성이 높고 화학변화가 적다.
② 바이러스에 대한 효과가 크다.
③ 피부 및 점막에 자극이 없다.
④ 살균력이 크레졸 비누액보다 높다.

해설 ② 바이러스나 아포(포자)에 대한 효과가 없다.
③ 조직에 독성이 있어서 인체에는 잘 사용되지
않는다.
④ 크레졸 비누액은 석탄산에 비해 2배의 소독력
을 가진다.

194 다음 중 소독제로서 승홍수의 장점인 것은?

① 금속의 부식성이 강하다.
② 냄새가 없다.
③ 피부점막에 자극성이 강하다.
④ 유기물에 대한 완전한 소독이 어렵다.

해설 승홍수 : 무색, 무취, 인체에 유해하며, 물에 잘 녹
지 않고 살균력과 독성이 매우 강함

195 승홍에 관한 설명으로 틀린 것은?

① 액 온도가 높을수록 살균력이 강하다.
② 금속 부식성이 있다.
③ 0.1% 수용액을 사용한다.
④ 상처 소독에 적당한 소독약이다.

해설 상처 소독에는 주로 과산화수소가 사용된다.

196 승홍에 소금을 섞었을 때 일어나는 현상은?

① 용액이 중성으로 되고 자극성이 완화된다.
② 용액의 기능을 2배 이상 증대시킨다.
③ 세균의 독성을 중화시킨다.
④ 소독 대상물의 손상을 막는다.

해설 승홍에 소금(식염) 첨가 시 용액이 중성으로 변화하고 자극성이 완화된다.

197 역성비누액에 대한 설명으로 틀린 것은?

① 냄새가 거의 없고 자극이 적다.
② 소독력과 함께 세정력이 강하다.
③ 수지, 기구, 식기 소독에 적당하다.
④ 물에 잘 녹고 흔들면 거품이 난다.

해설 역성비누액은 세정력은 약하지만 소독력이 강하다.

198 살균력과 침투성은 약하지만 자극이 없고 발포작용에 의해 구강이나 피부 상처 소독에 사용되는 소독제는?

① 과산화수소   ② 크레졸수
③ 승홍수   ④ 메칠알코올

해설 과산화수소는 피부 상처부위나 구내염 소독 시에 가장 적당하다.

199 다음 중 소독방법과 소독대상이 바르게 연결된 것은?

① 화염 멸균법 – 의류나 타월
② 자비 소독법 – 아마인유
③ 고압증기 멸균법 – 예리한 칼날
④ 건열 멸균법 – 바세린(vaseline) 및 파우더

해설 ① 화염 멸균법 : 내열성이 강한 재질, 금속기구, 유리기구, 도자기 등
② 자비 소독법 : 수건, 의류, 금속성 기구, 도자기 등
③ 고압증기 멸균법 : 의료기구, 의류, 금속기구, 고무제품, 아포, 약액 등

200 포르말린 소독법의 올바른 설명은?

① 온도가 낮을수록 소독력이 강하다.
② 온도가 높을수록 소독력이 강하다.
③ 온도가 높고 낮음에 관계없다.
④ 포르말린은 가스 상으로는 작용하지 않는다.

해설 포르말린은 가스 소독제로서 온도가 높을수록 소독력이 강하다.

201 다음 중 크레졸의 설명으로 틀린 것은?

① 3%의 수용액을 주로 사용한다.
② 석탄산에 비해 2배의 소독력이 있다.
③ 손, 오물 등의 소독에 사용된다.
④ 물에 잘 녹는다.

해설 크레졸은 물에 잘 녹지 않는다.

202 다음 중 화학적 소독법에 가장 많은 영향을 주는 것은?

① 순수성   ② 융점
③ 빙점   ④ 농도

해설 화학적 소독법에 가장 많은 영향을 주는 것은 농도이다.

203 하수도 주위에 흔히 사용되는 소독제는?

① 생석회
② 포르말린
③ 역성비누
④ 과망간산칼륨

해설 생석회 : 화장실, 분변, 하수도, 쓰레기통 등의 소독에 사용되며, 저렴한 비용으로 넓은 장소의 소독에 주로 사용된다.

정답	186	187	188	189	190	191	192	193
	②	②	②	②	④	②	①	①
	194	195	196	197	198	199	200	201
	②	④	①	②	①	④	②	④
	202	203						
	④	①						

204 염소 소독의 장점이 아닌 것은?

① 소독력이 강하다.

② 조작이 간편하다.

③ 냄새가 없다.

④ 잔류효과가 크다.

> 해설 염소 소독 : 살균력과 소독력이 강하며, 상수 또는 하수의 소독에 주로 이용된다. 조작이 간단하나 냄새가 있고 자극성과 부식성이 강하다.

205 다음 중 에탄올에 의한 소독 대상물로서 가장 적합한 것은?

① 유리 제품　　　　② 셀룰로이드 제품

③ 고무 제품　　　　④ 플라스틱 제품

> 해설 에탄올은 손, 발, 피부, 유리 제품, 철제 도구 등의 소독에 적합하다.

206 손, 소독에 이용되는 알코올의 농도로 가장 적당한 것은?

① 3%　　　　　　② 30%

③ 50%　　　　　④ 70%

> 해설 손, 소독에 이용되는 알코올의 농도는 70%이다.

207 에틸렌 옥사이드(Ethylene Oxide : E.O)가스 멸균법에 대한 설명 중 틀린 것은?

① 고압증기 멸균법에 비해 장기보존이 가능하다.

② 50~60℃의 저온에서 멸균된다.

③ 고압증기 멸균법에 비해 저렴하다.

④ 가열에 변질되기 쉬운 것들이 멸균대상이 된다.

> 해설 에틸렌 옥사이드가스 멸균법은 멸균 후 장기 보관이 가능하나 멸균시간이 길고 비용이 고가이다.

208 살균력은 강하지만 자극성과 부식성이 강해서 상수 또는 하수의 소독에 주로 이용되는 것은?

① 알코올　　　　　② 질산은

③ 승홍　　　　　　④ 염소

> 해설 염소는 살균력은 강하지만 자극성과 부식성이 강해서 상·하수의 소독에 주로 이용된다.

209 무수알코올(100%)을 사용해서 70%의 알코올 1,800mL를 만드는 방법으로 옳은 것은?

① 무수알코올 700mL에 물 1100mL를 가한다.

② 무수알코올 70mL에 물 1730mL를 가한다.

③ 무수알코올 1260mL에 물 540mL를 가한다.

④ 무수알코올 126mL에 물 1674mL를 가한다.

> 해설 1,800mL의 70%는 1,260mL이므로 무수알코올 1,260mL에 물 540mL를 첨가해서 만든다.
> 1,800mL×0.7=1,260mL
> 1,800mL−1,260mL=540mL

210 다음 중 3% 크레졸 비누액 1,000mL를 만드는 방법으로 옳은 것은?(단, 크레졸 원액의 농도는 100%이다)

① 크레졸 원액 300mL에 물 700mL를 가한다.

② 크레졸 원액 30mL에 물 970mL를 가한다.

③ 크레졸 원액 3mL에 물 997mL를 가한다.

④ 크레졸 원액 3mL에 물 1,000mL를 가한다.

> 해설 1,000mL의 3%는 1,000×0.03=30mL이므로 크레졸 원액 30mL에 물 970mL를 가하면 된다.

211 100%의 알코올을 사용해서 70%의 알코올 400mL를 만드는 방법으로 옳은 것은?

① 물 70mL와 100% 알코올 330mL 혼합

② 물 100mL와 100% 알코올 300mL 혼합

③ 물 120mL와 100% 알코올 280mL 혼합

④ 물 330mL와 100% 알코올 70mL 혼합

> 해설 전체 희석 알코올(400mL)에서 알코올(용질)이 70%이므로 물(용매)은 나머지 30%가 된다.
> 알코올 : 400mL×0.7=280mL
> 물 : 400mL×0.3=120mL

212 70%의 희석 알코올 2L를 만들려면 무수알코올 (알코올원액) 몇 mL가 필요한가?

① 700mL　　　　　② 1,400mL

③ 1,600mL　　　　④ 1,800mL

> 해설 $농도(\%) = \dfrac{용질량(소독량)}{용액량(물+소독약)} \times 100(\%)$
>
> $70 = \dfrac{a}{2,000mL} \times 100(\%)$
>
> $a = 1,400mL \ (1L = 1,000mL)$

213 소독약이 고체인 경우 1% 수용액이란?

① 소독약 0.1g을 물 100mL에 녹인 것
② 소독약 1g을 물 100mL에 녹인 것
③ 소독약 10g을 물 100mL에 녹인 것
④ 소독약 10g을 물 990mL에 녹인 것

해설 소독약이 고체인 경우, 1% 수용액이란 소독약 1g을 물 100mL에 녹인 것이다.

214 소독약 10mL를 용액(물) 40mL에 혼합시키면 몇 %의 수용액이 되는가?

① 2%   ② 10%
③ 20%   ④ 50%

해설 농도(%) = $\dfrac{\text{용질량(소독량)}}{\text{용액량(물+소독약)}}$ × 100(%)

$\dfrac{10}{10+40}$ × 100(%) = 20%

215 순도 100% 소독약 원액 2mL에 증류수 98mL를 혼합하여 100mL의 소독약을 만들었다면 이 소독약의 농도는?

① 2%   ② 3%
③ 5%   ④ 98%

해설 농도(%) = $\dfrac{\text{용질량(소독량)}}{\text{용액량(물+소독약)}}$ × 100(%)

= $\dfrac{2}{100}$ × 100(%) = 2%

216 미용용품이나 기구 등을 일차적으로 청결하게 세척하는 것은 다음의 소독방법 중 어디에 해당되는가?

① 여과(filtration)
② 정균(microbiostasis)
③ 희석(dilution)
④ 방부(antiseptic)

해설 미용용품이나 기구 등을 일차적으로 청결하게 세척하는 것을 희석이라고 한다.

217 다음 중 이·미용실에서 사용하는 수건을 철저하게 소독하지 않았을 때 주로 발생할 수 있는 감염병은?

① 장티푸스   ② 트라코마
③ 페스트   ④ 일본뇌염

해설 트라코마는 환자의 분비물 접촉, 환자가 사용하던 타월 등을 통해 전파되므로 손과 얼굴을 자주 씻고 오염된 손으로 눈을 만지지 않아야 한다.

218 이·미용업소에서 시술과정을 통하여 전염될 수 있는 가능성이 가장 큰 질병 2가지는?

① 뇌염, 소아마비   ② 피부병, 발진티푸스
③ 결핵, 트라코마   ④ 결핵, 장티푸스

해설 결핵 : 호흡기를 통해 감염
     트라코마 : 수건이나 세면기를 통해 감염

219 다음 중 이·미용업소에서 종업원이 손을 소독할 때 가장 보편적으로 사용하는 것은?

① 승홍수   ② 과산화수소
③ 역성비누   ④ 석탄수

해설 역성비누는 이·미용업소에서 종업원이 손을 소독할 때 가장 보편적으로 사용하며, 병원용 소독제로 주로 사용된다.

220 이·미용업소에서 사용하는 가위 등의 금속 제품 소독에 적합하지 않은 것은?

① 에탄올   ② 승홍수
③ 석탄산수   ④ 역성비누액

해설 승홍수는 가위 등의 금속 제품 소독에는 적합하지 않다.

정답	204	205	206	207	208	209	210	211
	③	①	④	③	④	③	②	③
	212	213	214	215	216	217	218	219
	②	②	③	①	③	②	③	③
	220							
	②							

221 AIDS나 B형 간염 등과 같은 질환의 전파를 예방하기 위한 이·미용기구의 가장 좋은 소독방법은?

① 고압증기 멸균기
② 자외선 소독기
③ 음이온 계면활성제
④ 알코올

해설 고압증기 멸균기를 이용한 소독법은 미생물과 아포의 완전 멸균으로 가장 빠르고 효과적인 방법이다.

222 고무장갑이나 플라스틱의 소독에 가장 적합한 것은?

① E.O 가스 살균법
② 고압증기 멸균법
③ 자비 소독법
④ 오존 멸균법

해설 E.O 가스 살균법은 가열에 변질되기 쉬운 물품을 50~60℃의 저온에서 아포까지 멸균하는 방법으로, 고무, 플라스틱 등의 소독에 적합하다.

223 이·미용업소에서 공기 중 비말감염으로 가장 쉽게 옮겨질 수 있는 감염병은?

① 인플루엔자　　② 대장균
③ 뇌염　　　　　④ 장티푸스

해설 인플루엔자는 환자의 비말을 통해 전염되는 감염병으로, 오한, 근육통, 두통, 기침 등이 발생한다.

224 이·미용업소에서 사용하는 수건의 소독 방법으로 가장 적합한 것은?

① 포르말린 소독
② 석탄산 소독
③ 건열 소독
④ 증기 또는 자비 소독

해설 이·미용업소에서 사용하는 수건의 소독 방법으로 가장 적합한 것은 증기 또는 자비 소독이다.

225 이·미용실의 기구(가위, 레이저 등) 소독으로 가장 적당한 약품은?

① 70~80% 알코올
② 100~200배 희석 역성비누
③ 5% 크레졸 비누액
④ 50% 페놀액

해설 가위, 레이저 등 이·미용실의 기구를 소독하는 데 가장 적당한 약품은 70~80% 알코올이다.

226 다음 중 이·미용업소 기구 소독 시 가장 완전한 방법은?

① 고압증기 멸균　　② 건열 멸균
③ 자비 소독　　　　④ 일광 소독

해설 고압증기 멸균법은 미생물과 아포의 완전 멸균으로 가장 빠르고 효과적인 방법이다.

227 다음 중 이·미용업소의 실내 소독에 가장 적당한 것은?

① 에탄올　　　　　② 크레졸 소독
③ 포르말린　　　　④ 포비돈요오드액

해설 크레졸의 소독 효과는 석탄수의 2배이며 피부자극이 적다. 화장실 소독 시 3% 용액을 사용한다.

228 상처나 피부 소독에 가장 적당한 것은?

① 크레졸비누액
② 포르말린수
③ 과산화수소수
④ 차아염소산나트륨

해설 과산화수소수는 상처나 피부 소독에 가장 적당하다.

229 결핵환자가 사용한 침구류 및 의류의 가장 간편한 소독 방법은?

① 일광 소독　　　　② 자비 소독
③ 석탄산 소독　　　④ 크레졸 소독

해설 결핵환자가 사용한 침구류 및 의류의 가장 간편한 소독 방법은 일광 소독이다.

230 살균력과 침투성은 약하지만 자극이 없고 발포작용에 의해 구강이나 상처소독에 주로 사용되는 소독제는?

① 페놀　　　　　　② 염소
③ 과산화수소수　　④ 알코올

해설 살균력과 침투성은 약하지만 자극이 없고 발포작용에 의해 구강이나 상처소독에 주로 사용되는 소독제는 과산화수소수이다.

231 다음 중 플라스틱 브러시의 소독방법으로 가장 알맞은 것은?

① 0.5%의 역성비누에 1분 정도 담근 후 물로 씻는다.
② 100℃의 끓는 물에 20분 정도 자비 소독을 행한다.
③ 세척 후 자외선 소독기를 사용한다.
④ 고압증기 멸균기를 이용한다.

해설 플라스틱 브러시의 경우 세척 후 자외선 소독기를 사용하는 것이 가장 좋다.

232 이·미용업소에서 간염의 전염을 방지하려면 다음 중 어느 기구를 가장 철저히 소독하여야 하는가?

① 수건　　　　　　② 머리빗
③ 면도칼　　　　　④ 조발용 가위

해설 면도칼은 B형 간염의 전염을 방지하기 위해 철저히 소독해야 한다.

233 다음 중 유리 제품의 소독방법으로 가장 적당한 것은?

① 끓는 물에 넣고 10분간 가열한다.
② 건열 멸균기에 넣고 소독한다.
③ 끓는 물에 넣고 5분간 가열한다.
④ 찬물에 넣고 75℃까지만 가열한다.

해설 건열 멸균법은 유리기구, 금속기구, 자기제품, 주사기, 분말 등의 멸균에 이용된다.

234 다음 중 이·미용업소에서 손님에게서 나온 객담이 묻은 휴지 등을 소독하는 방법으로 가장 적합한 것은?

① 소각 소독법　　　② 자비 소독법
③ 고압증기 멸균법　④ 저온 소독법

해설 이·미용업소에서 손님에게서 나온 객담이 묻은 휴지 등을 소독하는 방법으로는 소각 소독법이 적합하다.

235 이·미용업소에서 사용하는 수건의 소독 방법으로 적합하지 않은 것은?

① 건열 소독　　　　② 자비 소독
③ 역성비누 소독　　④ 증기 소독

해설 건열소독은 유리기구, 금속기구, 자기제품 등에 사용된다.

236 다음 중 공중위생영업에 해당하지 않는 것은?

① 세탁업　　　　　　② 미용업
③ 보건업　　　　　　④ 목욕장업

해설 공중위생영업에는 미용업, 이용업, 숙박업, 세탁업, 목욕장업, 건물위생관리업이 있다.

237 다음 중 공중위생관리법의 궁극적인 목적은?

① 공중위생영업 종사자의 위생 및 건강관리
② 공중위생영업소의 위생 관리
③ 위생 수준을 향상시켜 국민의 건강증진에 기여
④ 공중위생영업의 위상 향상

해설 공중위생관리법은 공중이 이용하는 영업과 시설의 위생관리 등에 관한 사항을 규정하며, 위생 수준을 향상시켜 국민의 건강증진에 기여함을 목적으로 한다.

정답	221	222	223	224	225	226	227	228
	①	①	①	④	①	①	②	③
	229	230	231	232	233	234	235	236
	①	③	③	③	②	①	①	③
	237							
	③							

238 다음 중 이용업 및 미용업은 어디에 속하는가?

① 공중위생영업
② 위생관련영업
③ 위생처리업
④ 건물위생관리업

해설 공중위생영업이란 다수인을 대상으로 위생관리서비스를 제공하는 영업을 말하며, 미용업, 이용업, 숙박업, 세탁업, 목욕장업, 건물위생관리업이 있다.

239 다음 중 공중위생관리법상 미용업의 정의로 가장 올바른 것은?

① 손님의 얼굴 등에 손질을 하여 손님의 용모를 아름답고 단정하게 하는 영업
② 손님의 머리를 손질하여 손님의 용모를 아름답고 단정하게 하는 영업
③ 손님의 머리카락을 다듬거나 하는 방법으로 손님의 용모를 단정하게 하는 영업
④ 손님의 얼굴·머리·피부 등을 손질하여 손님의 외모를 아름답게 꾸미는 영업

해설 공중위생관리법상 미용업의 정의 : 손님의 얼굴, 머리, 피부 및 손톱·발톱 등을 손질하여 손님의 외모를 아름답게 꾸미는 영업

240 "공중위생영업자는 그 이용자에게 건강상 (   )이 발생하지 아니하도록 영업관련 시설 및 설비를 안전하게 관리해야 한다." (   ) 안에 들어갈 단어는?

① 질병
② 사망
③ 위해요인
④ 감염병

해설 공중위생영업자는 그 이용자에게 건강상 위해요인이 발생하지 아니하도록 영업 관련 시설 및 설비를 안전하게 관리해야 한다.

241 공중위생관리법의 목적으로 가장 알맞은 것은?

① 국민의 건강한 생활 확보
② 국민의 건강증진에 기여
③ 국민의 삶의 질 향상
④ 국민체력 향상을 도모

해설 공위생관리법은 공중이 이용하는 영업과 시설의 위생관리 등에 관한 사항을 규정하며 위생 수준을 향상시켜 국민의 건강증진에 기여함을 목적으로 한다.

242 다음 중 공중위생관리법에서 정의하는 공중위생영업을 가장 잘 설명한 것은?

① 공중에게 위생적으로 관리하는 영업
② 다수인을 대상으로 위생관리서비스를 제공하는 영업
③ 다수인에게 공중위생을 준수하여 시행하는 영업
④ 공중위생서비스를 전달하는 영업

해설 공중위생영업이란 다수인을 대상으로 위생관리서비스를 제공하는 영업을 말한다.

243 다음 중 공중위생영업을 하고자 할 때 필요한 것은?

① 허가
② 신고
③ 통보
④ 인가

해설 공중위생영업을 하려면 보건복지부령이 정하는 시설과 설비를 갖추고 시장·군수·구청장에게 신고하여야 한다.

244 다음 중 공중위생영업의 신고를 위하여 제출하는 서류에 해당하지 않는 것은?

① 영업시설 및 설비개요서
② 교육수료증
③ 영업신고서
④ 이·미용사 자격증

해설 영업신고 시 구비서류 : 영업신고서, 영업시설 및 설비개요서, 교육수료증(미리 교육을 받은 경우에만 해당)

245 이·미용업의 신고에 대한 설명으로 옳은 것은?

① 이·미용사 면허를 받은 사람만 신고할 수 있다.
② 일반인 누구나 신고할 수 있다.
③ 1년 이상의 이·미용업무 실무경력자가 신고할 수 있다.
④ 미용사 자격증을 소지하여야 신고할 수 있다.

해설 이·미용업의 신고는 이·미용사 면허를 받은 사람만 할 수 있다.

246 다음 중 이·미용업을 개설할 수 있는 경우는?

① 이·미용사 면허를 받은 자

② 이·미용사의 감독을 받아 이·미용을 행하는 자

③ 이·미용사의 자문을 받아서 이·미용을 행하는 자

④ 건물위생관리업 허가를 받은 자로서 이·미용에 관심이 있는 자

해설 이·미용사 면허를 받은 자만이 이·미용업을 개설할 수 있다.

247 공중위생영업자가 중요사항을 변경하고자 할 때 시장·군수·구청장에게 어떤 절차를 취해야 하는가?

① 통보   ② 통고

③ 신고   ④ 허가

해설 공중위생영업자가 중요사항을 변경하고자 할 때 시장·군수·구청장에게 신고하여야 한다.

248 이·미용 영업자의 지위를 승계한 자는 며칠 이내에 관할기관에 신고를 하여야 하는가?

① 15일   ② 즉시

③ 1개월 이내   ④ 1주일

해설 공중위생영업자의 지위를 승계한 자는 1개월 이내에 시장·군수·구청장에게 신고해야 한다.

249 이·미용업의 상속으로 인한 영업자 지위승계 시 구비서류가 아닌 것은?

① 영업자 지위승계 신고서

② 가족관계증명서

③ 양도계약서 사본

④ 상속인임을 증명할 수 있는 서류

해설 양도·양수를 증명할 수 있는 서류 사본은 영업 양도의 경우 필요한 서류이다.

250 공중위생관리법상 이·미용업자의 변경신고 사항에 해당되지 않는 것은?

① 영업소의 명칭 또는 상호 변경

② 영업소의 소재지 변경

③ 영업정지 명령 이행

④ 대표자의 성명 또는 생년월일

해설 변경신고 사항 : 영업소의 명칭 또는 상호 변경, 영업소의 소재지 변경, 신고한 영업장 면적의 3분의 1 이상 증감 시, 대표자의 성명 또는 생년월일 변경, 업종 간 변경

251 이·미용업을 승계할 수 있는 경우가 아닌 것은?(단, 면허를 소지한 자에 한함)

① 이·미용업을 양수한 경우

② 이·미용업 영업자의 사망에 의한 상속의 경우

③ 공중위생관리법에 의한 영업장 폐쇄명령을 받은 경우

④ 이·미용업 영업자의 파산에 의해 시설 및 설비의 전부를 인수한 경우

해설 이·미용업 승계 경우 : 양수인(미용업을 양도할 때), 상속인(미용인 영업자가 사망한 경우), 법인(합병 후 존속하는 법인이나 신설되는 법인), 경매, 환가, 압류재산의 매각 그 밖에 이에 준하는 절차에 따라 미용업 영업 관련 시설 및 설비의 전부를 인수한 자

252 공중위생관리법상에서 규정하고 있는 이·미용 영업자의 준수사항이 아닌 것은?

① 소독을 한 기구와 소독을 하지 아니한 기구는 각각 다른 용기에 넣어 보관하여야 한다.

② 손님의 피부에 닿는 수건은 악취가 나지 않아야 한다.

③ 이·미용 요금표를 업소 내에 게시하여야 한다.

④ 이·미용업 신고증, 개설자의 면허증 원본 등은 업소 내에 게시하여야 한다.

해설 공중위생관리법상 이·미용영업자의 준수사항에 수건의 악취에 대한 내용은 없다.

253 이·미용업자가 준수하여야 하는 위생관리기준에 대한 설명으로 옳지 않은 것은?

① 소독한 기구와 하지 아니한 기구는 각각 다른 용기에 넣어 보관하여야 한다.

② 영업장 내의 조명도는 75럭스 이상 유지되도록 하여야 한다.

③ 신고증과 함께 면허증 사본을 게시하여야 한다.

④ 1회용 면도날은 손님 1인에 한하여 사용하여야 한다.

해설 영업소 내부에 개설자의 미용사 면허증 원본과 미용업 신고증을 게시해야 한다.

정답	238	239	240	241	242	243	244	245
	①	④	③	②	②	②	④	①
	246	247	248	249	250	251	252	253
	①	③	③	③	③	③	②	③

254 이·미용업소에서의 면도기 사용에 대한 설명으로 가장 옳은 것은?

① 1회용 면도날만을 손님 1인에 한하여 사용
② 정비용 면도기를 소독 후 계속 사용
③ 정비용 면도기를 손님 1인에 한하여 사용
④ 매 손님마다 소독한 정비용 면도기 교체 사용

해설 미용업 영업자의 준수사항에서 면도기는 1회용 면도날만을 손님 1인에 한하여 사용할 것으로 되어 있다.

255 이·미용업소 내에 반드시 게시하여야 할 사항으로 옳은 것은?

① 요금표 및 준수 사항만 게시하면 된다.
② 이·미용업 신고증만 게시하면 된다.
③ 이·미용업 신고증 및 면허증 사본, 요금표를 게시하면 된다.
④ 이·미용업 신고증 및 면허증 원본, 요금표를 게시하여야 한다.

해설 이·미용업소 내에 이·미용업 신고증 및 면허증 원본, 요금표를 게시하여야 한다.

256 이·미용업소의 조명 시설 조명도는 얼마 이상이어야 하는가?

① 50럭스 ② 75럭스
③ 100럭스 ④ 125럭스

해설 이·미용업소 영업장 내부의 조명도는 75럭스 이상이 되도록 유지하여야 한다.

257 이·미용업소에 반드시 게시하여야 할 것은?

① 이·미용 요금표
② 미용업소 종사자 인적사항 표
③ 면허증 사본
④ 준수사항 및 주의사항

해설 이·미용업 영업소 내에 게시해야 할 사항 : 영업신고증, 개설자의 면허증 원본, 최종지급요금표(이·미용 요금표)

258 이·미용업을 하는 영업소의 시설과 설비기준에 적합하지 않은 것은?

① 탈의실, 욕실, 욕조 및 샤워기를 설치하여야 한다.
② 소독기, 자외선 살균기 등 기구를 소독하는 장비를 갖춘다.
③ 미용기구는 소독을 한 기구와 소독을 하지 않은 기구를 구분하여 보관할 수 있는 용기를 비치한다.
④ 작업장소, 응접장소, 상담실 등을 분리하기 위해 칸막이를 설치할 수 있다.

해설 탈의실, 욕실, 욕조 등은 목욕장업의 시설기준에 해당된다.

259 다음 중 미용업자가 갖추어야 할 시설 및 설비, 위생관리기준에 관련된 사항이 아닌 것은?

① 이·미용사 및 보조원이 착용해야 하는 깨끗한 위생복
② 소독기, 자외선 살균기 등 미용기구 소독장비
③ 면도기는 1회용 면도날만을 손님 1인에 한하여 사용할 것
④ 영업장 안의 조명도는 75럭스 이상이 되도록 유지

해설 위생관리 기준에 위생복에 관한 기준은 없다.

260 다음 이·미용기구의 소독기준 중 잘못된 것은?

① 열탕소독은 100℃ 이상의 물속에 10분 이상 끓여준다.
② 자외선소독은 1cm²당 85㎼ 이상의 자외선을 20분 이상 쬐어 준다.
③ 건열멸균소독은 100℃ 이상의 건조한 열에 20분 이상 쬐어준다.
④ 증기소독은 100℃ 이상의 습한 열에 10분 이상 쬐어준다.

해설 증기소독은 100℃ 이상의 습한 열에 20분 이상 쬐어준다.

261 공중위생영업자가 준수하여야 할 위생관리기준은 다음 중 어느 것으로 정하고 있는가?

① 대통령령 ② 국무총리령
③ 고용노동부령 ④ 보건복지부령

해설 공중위생영업자가 준수하여야 할 위생관리기준은 보건복지부령으로 정한다.

262 이·미용기구의 소독기준 및 방법을 정한 것은?

① 대통령령　　　② 보건복지부령

③ 환경부령　　　④ 보건소령

해설 이·미용기구의 소독기준 및 방법은 보건복지부령으로 정한다.

263 이·미용사가 되고자 하는 자는 누구의 면허를 받아야 하는가?

① 보건복지부장관

② 시·도지사

③ 시장·군수·구청장

④ 대통령

해설 이·미용사가 되고자 하는 자는 보건복지부령이 정하는 바에 의하여 시장·군수·구청장의 면허를 받아야 한다.

264 이·미용사 면허증을 분실하였을 때 누구에게 재발급 신청을 하여야 하는가?

① 시장·군수·구청장

② 시·도지사

③ 보건복지부장관

④ 협회장

해설 이·미용사 면허증을 분실하였을 때 시장·군수·구청장에게 재발급 신청한다.

265 다음 중 이·미용사의 면허를 받을 수 있는 자는?

① 피성년후견인　　　② 약물 중독자

③ 정신질환자　　　④ 당뇨환자

해설 면허 결격 사유 : 피성년후견인(금치산자), 정신질환자(전문의가 미용사로서 적합하다고 인정하는 경우 제외), 공중위생에 영향을 미칠 수 있는 감염병 환자(결핵환자, 간질병자), 약물 중독자, 면허가 취소된 후 1년이 경과되지 아니한 자

266 다음 중 이·미용사 면허를 받을 수 없는 환자에 속하는 질병은?

① 비전염성 결핵

② 간질병자

③ 비전염성 피부질환

④ A형간염

해설 공중위생에 영향을 미칠 수 있는 감염병 환자로서 보건복지부령이 정하는 자 : 결핵환자, 간질병자

267 다음 중 이·미용사 면허를 받을 수 없는 자는?

① 전문대학에서 이·미용관련 학과를 졸업한 자

② 고등기술학교에서 1년 이상 이·미용에 관한 소정의 과정을 이수한 자

③ 국가기술자격법에 의한 이·미용사 자격을 취득한 자

④ 외국에서 이용 또는 미용의 기술자격을 취득한 자

해설 면허 발급 대상자 : 인정받는 교육기관에서 이·미용에 관한 학과를 졸업한 자, 학위를 취득한 자, 1년 이상 소정의 과정을 이수한 자, 국가기술자격법에 의한 자격을 취득한 자

268 이·미용사의 면허를 받을 수 없는 자는?

① 고등학교 또는 이와 동등의 학력이 있다고 교육부장관이 인정하는 학교에서 이용 또는 미용에 관한 학과를 졸업한 자

② 초·중등교육법령에 따른 특성화고등학교, 고등기술학교나 고등학교 또는 고등기술학교에 준하는 각종 학교에서 6개월 이상 이용 또는 미용에 관한 소정의 과정을 이수한 자

③ 국가기술자격법에 의한 이용사 또는 미용사의 자격을 취득한 자

④ 전문대학 또는 이와 동등 이상의 학력이 있다고 교육부장관이 인정하는 학교에서 이용 또는 미용에 관한 학과를 졸업한 자

해설 초·중등교육법령에 따른 특성화고등학교, 고등기술학교나 고등학교 또는 고등기술학교에 준하는 각종 학교에서 1년 이상 이용 또는 미용에 관한 소정의 과정을 이수한 자

269 미용사 면허증의 재발급 사유가 아닌 것은?

① 성명 또는 주민등록번호 등 면허증의 기재사항에 변경이 있을 때

② 영업장소의 상호 및 소재지가 변경될 때

③ 면허증을 분실했을 때

④ 면허증이 헐어 못쓰게 된 때

해설 면허증 재발급 신청 : 기재사항에 변경이 있을 때, 면허증 분실 또는 훼손

정답	254	255	256	257	258	259	260	261
	①	④	②	①	①	①	④	④
	262	**263**	**264**	**265**	**266**	**267**	**268**	**269**
	②	③	①	④	④	④	②	②

270 이·미용사가 간질병자에 해당하는 경우의 조치로 옳은 것은?

① 이환기간 동안 휴식하도록 한다.
② 3개월 이내의 기간을 정하여 면허정지 한다.
③ 6개월 이내의 기간을 정하여 면허정지 한다.
④ 면허를 취소한다.

해설 이·미용사가 간질병자에 해당하는 경우는 면허를 취소한다.

271 이·미용사 면허증을 재발급 신청할 수 없는 경우는?

① 면허증을 분실했을 때
② 면허증 기재사항의 변경이 있는 때
③ 면허증이 못쓰게 된 때
④ 면허증이 더러운 때

해설 면허증 재발급 신청 : 기재사항에 변경이 있을 때, 면허증 분실 또는 훼손

272 면허정지 명령을 받은 자는 그 면허증을 누구에게 제출해야 하는가?

① 보건복지부장관
② 시·도지사
③ 시장·군수·구청장
④ 이·미용 협회장

해설 면허정지 명령을 받은 자는 그 면허증을 시장·군수·구청장에게 제출해야 한다.

273 다음 중 이용사 또는 미용사의 업무 범위에 관해 필요한 사항을 정한 것은?

① 대통령령
② 국무총리령
③ 고용노동부령
④ 보건복지부령

해설 이·미용사의 업무 범위에 관해 필요한 사항은 보건복지부령으로 정한다.

274 이용사 또는 미용사의 업무 등에 대한 설명 중 맞는 것은?

① 이용사 또는 미용사의 업무 범위는 보건복지부령으로 정하고 있다.
② 이용 또는 미용의 업무는 영업소 이외 장소에서도 보편적으로 행할 수 있다.
③ 미용사의 업무 범위는 파마, 아이론, 면도, 머리피부 손질, 피부미용 등이 포함된다.
④ 이용사 또는 미용사의 면허를 받은 자가 아닌 경우, 일정기간의 수련과정을 마쳐야만 이용 또는 미용업무에 종사할 수 있다.

해설 ② 이·미용사의 업무는 영업소 외의 장소에서 행할 수 없다.
③ 아이론, 면도는 이용사의 업무 범위이다.
④ 이·미용업을 개설하거나 그 업무에 종사하려면 반드시 면허를 받아야 한다(업무보조는 예외).

275 영업소 외의 장소에서 이·미용업무를 행할 수 있는 경우가 아닌 것은?

① 야외에서 단체로 이·미용을 하는 경우
② 질병으로 영업소에 나올 수 없는 경우
③ 사회복지시설에서 봉사활동으로 이·미용을 행하는 경우
④ 결혼식 등의 의식 직전의 경우

해설 영업소 외의 장소에서 이·미용 업무를 행할 수 있는 경우
 • 질병이나 기타의 사유로 인하여 영업소에 나올 수 없는 자의 경우
 • 혼례, 기타 의식에 참여하는 자의 경우
 • 사회복지시설에서 봉사활동의 목적으로 업무를 하는 경우
 • 방송 등의 촬영에 참여하는 사람에 대하여 그 촬영 직전에 하는 경우
 • 특별한 사정이 있다고 시장·군수·구청장이 인정하는 경우

276 다음 중 신고된 영업소 이외의 장소에서 이·미용 영업을 할 수 있는 곳은?

① 생산 공장
② 일반 가정
③ 일반 사무실
④ 거동이 불가한 환자 처소

해설 질병이나 기타의 사유로 인하여 영업소에 나올 수 없는 자의 경우 신고된 영업소 이외의 장소에서 이·미용 영업을 할 수 있다.

277 보건복지부령이 정하는 특별한 사유가 있을 시 영업소 외의 장소에서 이·미용업무를 행할 수 있다. 그 사유에 해당하지 않는 것은?

① 기관에서 특별히 요구하여 단체로 이·미용을 하는 경우

② 질병으로 인하여 영업소에 나올 수 없는 자에 대하여 이·미용을 하는 경우

③ 혼례에 참여하는 자에 대하여 그 의식 직전에 이·미용을 하는 경우

④ 시장·군수·구청장이 특별한 사정이 있다고 인정한 경우

해설 기관에서 특별히 요구하여 단체로 이·미용을 하는 경우에도 영업소 외의 장소에서 이·미용업무를 행할 수 없다.

278 영업소 외에서의 이용 및 미용업무를 할 수 없는 경우는?

① 관할 소재 동지역 내에서 주민에게 이·미용을 하는 경우

② 질병, 기타의 사유로 인하여 영업소에 나올 수 없는 자에 대하여 이·미용을 하는 경우

③ 혼례나 기타 의식에 참여하는 자에 대하여 그 의식 직전에 이·미용을 하는 경우

④ 특별한 사정이 있다고 인정하여 시장·군수·구청장이 인정하는 경우

해설 영업소 외의 장소에서 이·미용 업무를 행할 수 있는 경우
• 질병이나 기타의 사유로 인하여 영업소에 나올 수 없는 자의 경우
• 혼례, 기타 의식에 참여하는 자의 경우
• 사회복지시설에서 봉사활동의 목적으로 업무를 하는 경우
• 방송 등의 촬영에 참여하는 사람에 대하여 그 촬영 직전에 하는 경우
• 특별한 사정이 있다고 시장·군수·구청장이 인정하는 경우

279 공중위생영업자가 위생관리 의무사항을 위반한 때의 당국의 조치사항으로 옳은 것은?

① 영업정지   ② 자격정지

③ 업무정지   ④ 개선명령

해설 시·도지사 또는 시장·군수·구청장은 공중위생영업의 종류별 시설 및 설비기준을 위반한 공중위생영업자, 위생관리 의무 등을 위반한 공중위생영업자에게 기간을 정하여 그 개선을 명할 수 있다.

280 이·미용 영업소 폐쇄의 행정처분을 받고도 계속하여 영업을 할 때에는 당해 영업소에 대하여 어떤 조치를 할 수 있는가?

① 폐쇄 행정처분 내용을 재통보한다.

② 언제든지 폐쇄 여부를 확인만 한다.

③ 해당 영업소 출입문을 폐쇄하고 벌금을 부과한다.

④ 해당 영업소가 위법한 영업소임을 알리는 게시물을 부착한다.

해설 영업소 폐쇄를 위한 조치 : 해당 영업소의 간판 및 영업표지물을 제거, 해당 영업소가 위법한 영업소임을 알리는 게시물 등의 부착, 영업을 위하여 필수불가결한 기구 또는 시설물을 사용할 수 없게 하는 봉인

281 영업소 폐쇄명령을 받고도 계속 이·미용의 영업을 한 자에 대하여 법적조치로 행할 수 없는 것은?

① 위법행위를 한 업소임을 알리는 게시물 부착

② 영업소 내 기구 또는 시설물 봉인

③ 영업소 간판 제거

④ 영업소 출입문 봉쇄

해설 영업소 출입문을 봉쇄할 수는 없다.

282 영업허가 취소 또는 영업장 폐쇄명령을 받고도 계속하여 이·미용 영업을 하는 경우에 시장·군수·구청장이 취할 수 있는 조치가 아닌 것은?

① 해당 영업소의 간판, 기타 영업표지물의 제거 및 삭제

② 해당 영업소가 위법한 것임을 알리는 게시물 등의 부착

③ 영업을 위하여 필수불가결한 기구 또는 시설물 봉인

④ 해당 영업소의 업주에 대한 손해배상청구

해설 해당 영업소의 업주에 대한 손해배상청구는 시장·군수·구청장이 취할 수 있는 조치가 아니다.

정답	270	271	272	273	274	275	276	277
	④	④	③	④	①	①	④	①
	278	279	280	281	282			
	①	④	④	④	④			

283 영업소 폐쇄명령을 받은 이·미용영업소가 계속하여 영업을 하는 때의 당국의 조치내용 중 옳은 것은?

① 해당 영업소의 간판 기타 영업표지물 제거
② 해당 영업소의 강제 폐쇄집행
③ 해당 영업소의 출입자 통제
④ 해당 영업소의 금지구역 설정

해설 영업소 폐쇄를 위한 조치 : 해당 영업소의 간판 및 영업표지물을 제거, 해당 영업소가 위법한 영업소임을 알리는 게시물 등의 부착, 영업을 위하여 필수불가결한 기구 또는 시설물을 사용할 수 없게 하는 봉인

284 위법한 공중위생영업소에 대한 폐쇄조치를 관계 공무원으로 하여금 취하게 할 수 있는 자는?

① 보건복지부장관
② 행정안전부장관
③ 시·도지사
④ 시장·군수·구청장

해설 시장·군수·구청장은 공중위생영업자가 법에서 정하는 사항을 위반했을 때 6개월 이내의 기간을 정하여 영업의 정지 또는 일부 시설의 사용중지를 명하거나 영업소 폐쇄 등을 명할 수 있다.

285 공중위생영업소의 위생관리 수준을 향상시키기 위하여 위생서비스 평가계획을 수립하여야 하는 자는?

① 보건복지부장관
② 행정안전부장관
③ 시·도지사
④ 시장·군수·구청장

해설 공중위생영업소의 위생관리 수준을 향상시키기 위하여 위생 서비스 평가계획을 수립하여야 하는 자는 시·도지사이다.

286 이용 또는 미용의 영업자에게 공중위생에 관하여 필요한 보고 및 출입·검사 등을 할 수 있게 하는 자가 아닌 것은?

① 보건복지부장관　　② 구청장
③ 시·도지사　　　　④ 시장

해설 특별시장, 광역시장, 도지사 또는 시장·군수·구청장은 공중위생관리상 필요하다고 인정하는 때 보고 및 출입·검사 등을 할 수 있다.

287 이·미용업에 있어 청문을 실시하여야 하는 경우가 아닌 것은?

① 면허취소 처분을 하고자 하는 경우
② 면허정지 처분을 하고자 하는 경우
③ 일부 시설의 사용중지 처분을 하고자 하는 경우
④ 위생교육을 받지 아니하여 1차 위반한 경우

해설 청문 실시 사유 : 신고사항의 직권 말소, 이·미용사의 면허취소 및 면허정지, 영업정지명령, 일부 시설의 사용중지명령, 영업소 폐쇄명령

288 다음 중 청문을 실시하는 사항이 아닌 것은?

① 공중위생영업의 정지처분을 하고자 하는 경우
② 정신질환자 또는 간질병자에 해당되어 면허를 취소하고자 하는 경우
③ 공중위생영업의 일부시설의 사용중지 및 영업소 폐쇄처분을 하고자 하는 경우
④ 공중위생영업의 폐쇄처분 후 그 기간이 끝난 경우

해설 청문 실시 사유 : 신고사항의 직권 말소, 이·미용사의 면허취소 및 면허정지, 영업정지명령, 일부 시설의 사용중지명령, 영업소 폐쇄명령

289 "공중위생영업의 정지 또는 일부 시설의 사용중지 등의 처분을 하고자 하는 때에는 (　　)을(를) 실시하여야 한다." 괄호 속에 들어갈 알맞은 내용은?

① 열람
② 공중위생감사
③ 청문
④ 위생서비스 수준의 평가

해설 공중위생영업의 정지 또는 일부 시설의 사용중지 등의 처분을 하고자 하는 때에는 청문을 실시하여야 한다.

290 다음 중 미용사의 청문을 실시하는 경우가 아닌 것은?

① 영업의 정지
② 일부 시설의 사용중지
③ 영업소 폐쇄명령
④ 위생등급 결과 이의

해설 위생등급 결과 이의는 청문을 실시하는 경우가 아니다.

291 위생서비스 평가의 결과에 따른 위생관리등급은 누구에게 통보하고 이를 공표하여야 하는가?

① 해당 공중위생영업자
② 시장·군수·구청장
③ 시·도지사
④ 보건소장

해설 시장·군수·구청장은 위생서비스 평가 결과에 따른 위생관리등급을 해당 공중위생영업자에게 통보하고 이를 공표하여야 한다.

292 위생서비스 평가의 전문성을 높이기 위하여 필요하다고 인정하는 경우에 관련 전문기관 및 단체로 하여금 위생서비스 평가를 실시하게 할 수 있는 자는?

① 대통령
② 보건복지부장관
③ 시장·군수·구청장
④ 시·도지사

해설 시장·군수·구청장은 위생서비스 평가의 전문성을 높이기 위하여 필요하다고 인정하는 경우에 관련 전문기관 및 단체로 하여금 위생서비스 평가를 실시하게 할 수 있다.

293 공중위생영업소의 위생서비스 수준의 평가는 몇 년마다 실시하는가?

① 4년　　　　② 2년
③ 6년　　　　④ 5년

해설 공중위생영업소의 위생서비스평가는 2년에 한 번씩 실시한다.

294 공중위생서비스 평가를 위탁받을 수 있는 기관은?

① 보건소
② 동사무소
③ 소비자단체
④ 관련 전문기관 및 단체

해설 시장·군수·구청장은 위생서비스 평가의 전문성을 높이기 위하여 필요하다고 인정하는 경우에 관련 전문기관 및 단체로 하여금 위생서비스 평가를 실시하게 할 수 있다.

295 다음의 위생서비스 수준의 평가에 대한 설명 중 맞는 것은?

① 평가의 전문성을 높이기 위해 관련 전문기관 및 단체로 하여금 평가를 실시하게 할 수 있다.
② 평가주기는 3년마다 실시한다.
③ 평가주기와 방법, 위생관리등급은 대통령령으로 정한다.
④ 위생관리등급은 2개 등급으로 나뉜다.

해설 • 공중위생영업소의 위생서비스 평가는 2년에 한 번씩 실시한다.
• 위생서비스 평가 주기, 방법, 위생관리등급은 보건복지부령으로 정한다.
• 위생관리등급은 녹색, 황색, 백색의 3개 등급으로 구분한다.

296 공중위생영업소 위생관리 등급의 구분에 있어 최우수업소에 내려지는 등급은 다음 중 어느 것인가?

① 백색 등급　　　② 황색 등급
③ 녹색 등급　　　④ 청색 등급

해설 녹색 등급 - 최우수업소
　　황색 등급 - 우수업소
　　백색 등급 - 일반관리 대상 업소

297 공중위생감시원에 관한 설명으로 틀린 것은?

① 특별시·광역시·도 및 시·군·구에 둔다.
② 위생사 또는 환경기사 2급 이상의 자격증이 있는 소속 공무원 중에서 임명한다.
③ 자격, 임명, 업무범위, 기타 필요한 사항은 보건복지부령으로 정한다.
④ 위생지도 및 개선명령 이행 여부의 확인 등 업무가 있다.

해설 자격, 임명, 업무범위, 기타 필요한 사항은 대통령령으로 정한다.

정답	283	284	285	286	287	288	289	290
	①	④	③	①	④	④	③	④
	291	292	293	294	295	296	297	
	①	③	②	④	①	③	③	

298 공중위생감시원의 업무범위에 해당하는 것은?

① 위생서비스 수준의 평가계획 수립

② 공중위생영업자와 소비자 간의 분쟁조정

③ 공중위생영업소의 위생관리 상태의 확인

④ 위생서비스 수준의 평가에 따른 포상실시

해설 공중위생감시원의 업무 범위
- 시설 및 설비 확인
- 공중위생영업 관련 시설 및 설비의 위생상태 확인, 검사, 공중위업자의 위생관리 의무 및 영업자 준수사항 이행 여부의 확인
- 위생지도 및 개선명령 이행 여부의 확인
- 영업의 정지, 일부 시설의 사용중지 또는 영업소 폐쇄명령 이행 여부의 확인
- 위생교육 이행 여부의 확인

299 공중위생감시원의 자격에 해당되지 않는 것은?

① 위생사 자격증이 있는 자

② 대학에서 미용학을 전공하고 졸업한 자

③ 외국에서 환경기사의 면허를 받은 자

④ 1년 이상 공중위생 행정에 종사한 경력이 있는 자

해설 공중위생감시원의 자격
- 위생사 또는 환경기사 2급 이상의 자격증이 있는 사람
- 대학에서 화학, 화공학, 환경공학 또는 위생학 분야를 전공하고 졸업한 사람 또는 이와 같은 수준 이상의 학력이 있다고 인정되는 사람
- 외국에서 위생사 또는 환경기사의 면허를 받은 사람
- 1년 이상 공중위생 행정에 종사한 경력이 있는 사람
- 기타 공중위생 행정에 종사하는 사람 중 교육훈련을 2주 이상 받은 사람

300 공중위생의 관리를 위한 지도, 계몽 등을 행하게 하기 위하여 둘 수 있는 것은?

① 명예공중위생감시원

② 공중위생조사원

③ 공중위생평가단체

④ 공중위생평가교육원

해설 시·도지사는 공중위생의 관리를 위한 지도, 계몽 등을 행하게 하기 위하여 명예공중위생감시원을 둘 수 있다.

301 다음 중 공중위생감시원의 직무사항이 아닌 것은?

① 시설 및 설비의 확인에 관한 사항

② 영업자의 준수사항 이행 여부에 관한 사항

③ 위생지도 및 개선명령 이행 여부에 관한 사항

④ 세금납부의 적정 여부에 관한 사항

해설 세금납부의 적정 여부에 관한 사항은 공중위생감시원의 업무 범위가 아니다.

302 공중위생 영업자가 준수하여야 할 위생관리 기준은 다음 중 어느 것으로 정하고 있는가?

① 고용노동부령   ② 국무총리령

③ 보건복지부령   ④ 대통령령

해설 공중위생 영업자가 준수하여야 할 위생관리 기준은 보건복지부령으로 정한다.

303 영업소 출입 검사 관련 공무원이 영업자에게 제시해야 하는 것은?

① 주민등록증

② 위생검사 통지서

③ 위생감시 공무원증

④ 위생검사 기록부

해설 영업소 출입 검사 관련 공무원은 영업자에게 위생감시 공무원증을 제시해야 한다.

304 위생서비스수준평가의 결과에 따른 위생관리등급별로 영업소에 대한 위생 감시를 실시할 때의 기준이 아닌 것은?

① 위생교육 실시 횟수

② 영업소에 대한 출입·검사

③ 위생 감시의 실시 주기

④ 위생 감시의 실시횟수

해설 위생 감시의 기준
- 영업소에 대한 출입·검사
- 위생 감시의 실시 주기
- 위생 감시의 실시횟수

305 공중위생영업소를 개설하고자 하는 자는 원칙적으로 언제까지 위생교육을 받아야 하는가?

① 개설하기 전
② 개설 후 3개월 내
③ 개설 후 6개월 내
④ 개설 후 1년 내

해설 공중위생영업소를 개설하고자 하는 자는 원칙적으로 개설하기 전 위생교육을 받아야 한다.

306 보건복지부령이 정하는 위생교육을 반드시 받아야 하는 자에 해당되지 않는 것은?

① 공중위생영업자
② 공중위생영업의 신고를 하고자 하는 자
③ 공중위생영업소에 종사하는 자
④ 공중위생영업을 승계한 자

해설 이·미용업 종사자는 위생교육의 대상자가 아니다.

307 위생교육 대상자가 아닌 것은?

① 공중위생영업의 신고를 하고자 하는 자
② 공중위생영업을 승계한 자
③ 공중위생영업자
④ 면허증 취득 예정자

해설 위생교육 대상자
• 공중위생영업자(미용업, 이용업, 숙박업, 세탁업, 목욕장업, 건물위생관리업)
• 공중위생업을 승계한 자
• 영업하고자 시설 및 설비를 갖추고 신고하고자 하는 자(개설하기 전에 미리 받아야 함)
• 영업에 직접 종사하지 않거나 두 개 이상의 장소에서 영업을 하는 자는 종업원 중 영업장별로 공중위생에 관한 책임자를 지정하고 그 책임자로 하여금 위생교육을 받게 하여야 함

308 이·미용업의 개설자는 연간 몇 시간의 위생교육을 받아야 하는가?

① 3시간
② 6시간
③ 8시간
④ 10시간

해설 이·미용업의 개설자는 매년 3시간의 위생교육을 받아야 한다.

309 이·미용업의 업주가 받아야 하는 위생교육 기간은 몇 시간인가?

① 매년 3시간
② 분기별 3시간
③ 매년 6시간
④ 분기별 6시간

해설 이·미용업의 개설자는 매년 3시간의 위생교육을 받아야 한다.

310 이·미용업 종사자로 위생교육을 받아야 하는 자는?

① 공중위생영업에 종사자로 처음 시작하는 자
② 공중위생영업에 6개월 이상 종사자
③ 공중위생영업에 2년 이상 종사자
④ 공중위생영업을 승계한 자

해설 이·미용업 종사자는 위생교육 대상자가 아니나 공중위생영업을 승계한 자는 위생교육을 받아야 한다.

311 위생교육에 관한 기록을 보관해야 하는 기간은?

① 6개월 이상
② 1년 이상
③ 2년 이상
④ 3년 이상

해설 위생교육 실시 단체장은 수료증 교부대장 등 교육에 관한 기록을 2년 이상 보관·관리한다.

312 위생교육에 대한 내용 중 틀린 것은?

① 공중위생영업자는 매년 위생교육을 받아야 한다.
② 위생교육 시간은 3시간으로 한다.
③ 위생교육에 관한 기록을 1년 이상 보관·관리하여야 한다.
④ 위생교육을 받지 아니한 자는 200만 원 이하의 과태료에 처한다.

해설 위생교육에 관한 기록을 2년 이상 보관·관리하여야 한다.

정답	298	299	300	301	302	303	304	305
	③	②	①	④	③	③	①	①
	306	307	308	309	310	311	312	
	③	④	①	①	④	③	③	

313 부득이한 사유가 없는 한 공중위생영업소를 개설할 자는 언제 위생교육을 받아야 하는가?

① 영업개시 후 2월 이내
② 영업개시 후 1월 이내
③ 영업개시 전
④ 영업개시 후 3월 이내

해설 부득이한 사유가 없는 한 공중위생영업소를 개설할 자는 영업개시 전 위생교육을 받아야 한다.

314 공중위생관리법상의 위생교육에 대한 설명 중 옳은 것은?

① 위생교육 대상자는 이·미용업 영업자이다.
② 위생교육 대상자는 이·미용사이다.
③ 위생교육 시간은 매년 8시간이다.
④ 위생교육은 공중위생관리법 위반자에 한하여 받는다.

해설 위생교육 대상자는 이·미용업 영업자이며, 위생교육 시간은 매년 3시간이다.

315 이·미용사의 면허증을 다른 사람에게 대여한 경우 1차 위반 시의 행정처분 기준은?

① 영업정지 3월
② 영업정지 2월
③ 면허정지 3월
④ 면허정지 2월

해설 면허증을 다른 사람에게 대여한 때 행정처분 기준 : 1차 위반 면허정지 3월, 2차 위반 면허정지 6월, 3차 위반 면허취소

316 미용업자가 점 빼기, 귓불 뚫기, 쌍꺼풀 수술, 문신, 박피술 기타 이와 유사한 의료행위를 하여 1차 위반했을 때의 행정처분은 다음 중 어느 것인가?

① 면허취소
② 경고
③ 영업장 폐쇄명령
④ 영업정지 2월

해설 점 빼기, 귓불 뚫기, 쌍꺼풀 수술, 문신, 박피술 그 밖에 이와 유사한 의료 행위를 한 경우 행정처분 : 1차 위반 영업정지 2월, 2차 위반 영업정지 3월, 3차 위반 영업장 폐쇄명령

317 1회용 면도날을 2인 이상의 손님에게 사용한 때에 대한 1차 위반 시 행정처분 기준은?

① 시정명령
② 경고
③ 영업정지 5일
④ 영업정지 10일

해설 1회용 면도날을 2인 이상의 손님에게 사용한 때 행정처분 : 1차 위반 경고, 2차 위반 : 영업정지 5일, 3차 위반 영업정지 10일, 4차 위반 : 영업장 폐쇄명령

318 영업신고를 하지 아니하고 영업소의 소재를 변경한 때의 3차 위반 행정처분 기준은?

① 영업장 폐쇄명령
② 면허정지
③ 경고
④ 면허취소

해설 영업신고를 하지 아니하고 영업소의 소재를 변경한 때 행정처분 : 1차 위반 영업정지 1월, 2차 위반 영업정지 2월, 3차 위반 영업장 폐쇄명령

319 다음 위법사항 중 가장 무거운 벌칙을 과할 수 있는 것은?

① 신고를 하지 않고 영업한 사람
② 변경신고를 하지 아니하고 영업한 사람
③ 면허정지 중에 업무를 행한 사람
④ 공중위생영업자가 준수하여야 할 사항을 준수하지 않은 사람

해설 ① 신고를 하지 않고 영업한 사람 – 1년 이하의 징역 또는 1천만 원 이하의 벌금
② 변경신고를 하지 아니하고 영업한 사람 – 6개월 이하의 징역 또는 500만 원 이하의 벌금
③ 면허정지 중에 업무를 행한 사람 – 300만 원 이하의 벌금
④ 공중위생영업자가 준수하여야 할 사항을 준수하지 않은 사람 – 6개월 이하의 징역 또는 500만 원 이하의 벌금

320 신고를 하지 아니하고 영업소의 명칭 및 상호를 변경한 때의 1차 위반 시 행정처분 기준은?

① 경고 또는 개선명령
② 영업정지 5일
③ 영업정지 10일
④ 영업정지 15일

해설 신고를 하지 않고 영업소의 명칭 및 상호를 변경한 때의 행정처분 : 1차 위반 경고 또는 개선명령, 2차 위반 영업정지 15일, 3차 위반 영업정지 1월, 4차 위반 영업장 폐쇄명령

321 미용사가 손님에게 도박을 하게 했을 때 2차 위반 시 적절한 행정처분 기준은?

① 영업정지 15일 ② 영업정지 1월
③ 영업정지 2월 ④ 영업장 폐쇄명령

해설 미용사가 손님에게 도박을 하게 했을 때 행정처분
: 1차 위반 영업정지 1월, 2차 위반 영업정지 2월,
3차 위반 영업장 폐쇄명령

322 미용업소에서 음란행위를 알선 또는 제공 시 영업소에 대한 1차 위반 행정처분 기준은?

① 경고 ② 영업정지 1월
③ 영업정지 3월 ④ 영업장 폐쇄명령

해설 미용업소에서 음란행위를 알선 또는 제공 시 행정처분
• 영업소 : 1차 위반 영업정지 3월, 2차 위반 영업장 폐쇄명령
• 미용사(업주) : 1차 위반 면허정지 3월, 2차 위반 면허취소

323 미용업 영업소에서 영업정지 처분을 받고 그 영업정지 중 영업을 한 때에 대한 1차 위반 시 행정처분 기준은?

① 영업정지 1월 ② 영업정지 3월
③ 영업장 폐쇄명령 ④ 면허취소

해설 영업정지 처분을 받고 그 영업정지 기간 중 영업을 한 때의 1차 위반 : 영업장 폐쇄명령

324 이·미용사가 면허정지 처분을 받고 업무정지 기간 중 업무를 행한 때 1차 위반 시 행정처분 기준은?

① 면허정지 3월 ② 면허정지 6월
③ 면허취소 ④ 영업장 폐쇄

해설 이·미용사가 면허정지 처분을 받고 업무정지 기간 중 업무를 행한 때 1차 위반 시 행정처분 기준
: 면허취소

325 1차 위반 시의 행정처분이 면허취소가 아닌 것은?

① 국가기술자격법에 의하여 이·미용사 자격이 취소된 때
② 공중의 위생에 영향을 미칠 수 있는 전염병 환자로서 보건복지부령이 정하는 자
③ 면허정지 처분을 받고 그 정지 기간 중 업무를 행한 때
④ 국가기술자격법에 의하여 미용사 자격정지 처분을 받을 때

해설 1차 위반 시 면허취소가 되는 경우
• 미용사 자격이 취소된 때
• 결격사유에 해당하는 때
• 이중으로 면허를 취득한 때
• 면허정지 처분을 받고 그 정지 기간 중 업무를 행한 때

326 이용 또는 미용의 면허가 취소된 후 계속하여 업무를 행한 사람에게 처해지는 벌칙은 다음 중 어느 것인가?

① 6월 이하의 징역 또는 500만 원 이하의 벌금
② 1년 이하의 징역 또는 1천만 원 이하의 벌금
③ 300만 원 이하의 벌금
④ 200만 원 이하의 과태료

해설 이용 또는 미용의 면허가 취소된 후 계속하여 업무를 행한 사람 : 300만 원 이하의 벌금

327 이용사 또는 미용사의 면허를 받지 아니한 사람이 이·미용 영업업무를 행하였을 때의 벌칙사항은?

① 6월 이하의 징역 또는 500만 원 이하의 벌금
② 300만 원 이하의 벌금
③ 500만 원 이하의 벌금
④ 400만 원 이하의 벌금

해설 300만 원 이하의 벌금
• 다른 사람에게 이·미용사의 면허증을 빌려주거나 빌린 사람
• 이·미용사의 면허증을 빌려주거나 빌리는 것을 알선한 사람
• 면허의 취소 또는 정지 중에 이·미용업을 한 사람
• 면허를 받지 않고 이·미용업을 개설하거나 그 업무에 종사한 사람

정답	313	314	315	316	317	318	319	320
	③	①	③	④	②	①	①	①
	321	322	323	324	325	326	327	
	③	③	③	③	④	③	②	

328 이·미용영업소가 영업정지명령을 받고도 계속하여 영업을 한 때의 벌칙사항은?

① 1년 이하의 징역 또는 1천만 원 이하의 벌금

② 3년 이하의 징역 또는 1천만 원 이하의 벌금

③ 2년 이하의 징역 또는 5백만 원 이하의 벌금

④ 1년 이하의 징역 또는 3백만 원 이하의 벌금

해설 1년 이하의 징역 또는 1천만 원 이하의 벌금
- 영업의 신고를 하지 아니한 사람
- 영업정지명령 또는 일부 시설의 사용중지명령을 받고도 그 기간 중에 영업을 하거나 그 시설을 사용한 사람
- 영업소 폐쇄명령을 받고도 계속해서 영업을 한 사람

329 건전한 영업질서를 위하여 공중위생영업자가 준수하여야 할 사항을 준수하지 아니한 자에 대한 벌칙 기준은?

① 1년 이하의 징역 또는 1천만 원 이하의 벌금

② 6월 이하의 징역 또는 5백만 원 이하의 벌금

③ 3월 이하의 징역 또는 3백만 원 이하의 벌금

④ 300만 원의 과태료

해설 6월 이하의 징역 또는 500만 원 이하의 벌금
- 보건복지부령이 정하는 중요한 사항을 변경하고도 변경신고를 하지 않은 사람
- 공중위생영업자의 지위를 승계한 자로서 신고 (1개월 이내)를 하지 않은 사람
- 건전한 영업질서를 위하여 공중위생영업자가 준수하여야 할 사항을 준수하지 않은 사람

330 영업소의 폐쇄명령을 받고도 영업을 하였을 시에 대한 벌칙기준은?

① 2년 이하의 징역 또는 3천만 원 이하의 벌금

② 1년 이하의 징역 또는 1천만 원 이하의 벌금

③ 200만 원 이하의 벌금

④ 100만 원 이하의 벌금

해설 1년 이하의 징역 또는 1천만 원 이하의 벌금
- 영업의 신고를 하지 아니한 사람
- 영업정지명령 또는 일부 시설의 사용중지명령을 받고도 그 기간 중에 영업을 하거나 그 시설을 사용한 사람
- 영업소 폐쇄명령을 받고도 계속해서 영업을 한 사람

331 다음 내용 중 공중위생관리법상 시장·군수·구청장이 청문을 실시하도록 명시된 경우가 아닌 것은?

① 공중위생영업의 정지를 할 경우

② 이·미용사 면허의 취소 및 정지를 할 경우

③ 영업소 폐쇄명령을 하고자 할 경우

④ 법령에 위반하여 과태료를 부과할 경우

해설 시장·군수·구청장은 신고사항의 직권 말소, 이·미용사의 면허취소 및 면허정지, 일부 시설의 사용중지 및 영업소 폐쇄명령 등의 처분을 하고자 하는 때에 청문을 실시할 수 있다.

332 다음 보기 중 감염병 예방법 중 제1급 감염병인 것은?

① 신종인플레엔자

② 말라리아

③ B형간염

④ 세균성 이질

해설 제2급: 세균성 이질, 제3급: 말라리아, B형간염

333 다음 중 환경위생사업의 해당하지 않는 것은?

① 상수위생사업

② 해충구제사업

③ 감염병 예방사업

④ 화수, 분뇨위생사업

해설 감염병 예방사업은 질병관리 사업에 해당된다.

334 다음 중 식수의 수질기준 중 대장균에 대한 기준으로 알맞은 것은?

① 100cc 중에 검출되지 않을 것

② 50cc 중에 검출되지 않을 것

③ 10cc 중에 10% 이하일 것

④ 50cc 중에 10% 이하일 것

해설 먹는 물의 수질 기준은 대장균균이 100cc 중에 검출되지 않아야 한다.

335 다음 중 신종감염병 발생 주요 원인이라고 볼 수 없는 것은?

① 기후 온난화

② 인구의 자연증가

③ 생활권의 세계화

④ 해외여행 및 해외취업증가

해설 인구의 자연증가는 신종감염병 발생 주요 원인이라고 볼 수 없다.

336 관계공무원의 출입·검사 기타 조치를 거부·방해 또는 기피했을 때의 과태료 부과기준은?

① 300만 원 이하

② 200만 원 이하

③ 100만 원 이하

④ 50만 원 이하

해설 관계공무원의 출입·검사 기타 조치를 거부·방해 또는 기피했을 때 : 300만 원 이하 과태료

337 공중위생영업자가 공중위생관리법상 필요한 보고를 당국에 하지 않았을 때의 법적 조치는?

① 100만 원 이하 과태료

② 300만 원 이하 과태료

③ 200만 원 이하 과태료

④ 100만 원 이하 벌금

해설 300만 원 이하 과태료
- 공중위생법상 필요한 보고를 하지 아니하거나 관계공무원의 출입, 검사, 기타 조치를 거부, 방해 또는 기피한 자
- 이·미용 시설 및 설비의 개선명령을 위반한 자

338 이용사 또는 미용사의 면허증을 영업소 안에 게시하여야 하는 의무를 지키지 아니한 자에 대한 법적 조치는?

① 100만 원 이하 벌금

② 100만 원 이하 과태료

③ 200만 원 이하 과태료

④ 200만 원 이하 벌금

해설 200만 원 이하 과태료
- 미용업소의 위생관리 의무를 지키지 아니한 자
- 영업소 외의 장소에서 이·미용업무를 행한 자
- 위생교육을 받지 아니한 자

정답	328	329	330	331	332	333	334	335
	①	②	②	④	①	③	①	②
	336	337	338					
	①	②	③					

17장

실전
모의고사

글자
크기

화면
배치

전체 문제 수 : 60
안 푼 문제 수 :

1 미용술을 행할 때 제일 먼저 해야 하는 것은?

① 전체적인 조화로움을 검토하는 일

② 구체적으로 표현하는 과정

③ 작업계획의 수립과 구상

④ 소재 특징의 관찰 및 분석

2 두부의 라인 중 이어 포인트(E.P)에서 네이프 사이드 포인트(N.S.P)까지 연결한 선의 명칭은?

① 정중선 　　　　　　② 측두선

③ 목옆선 　　　　　　④ 측중선

3 고려시대의 미용을 잘 표현한 것은?

① 가체를 사용하였으며 머리형으로 신분과 지위를 나타냈다.

② 슬슬전대모빗, 자개장식빗, 대모빗 등을 사용하였다.

③ 머리다발을 중간에 틀어 상홍색의 갑사로 만든 댕기로 묶어 쪽진 머리와 비슷한 모양을 하였다.

④ 밑화장은 참기름을 바르고 볼에는 연지, 이마에는 곤지를 찍었다.

4 고대 중국 미용술에 관한 설명 중 틀린 것은?

① 기원전 2,200년경 하나라 시대에 분이 사용되었다.

② 눈썹 모양은 십미도라고 하여 열 종류의 대체로 진하고 넓은 눈썹을 그렸다.

③ 액황은 입술에 바르고 홍장은 이마에 발랐다.

④ 입술화장은 희종, 소종(서기 874~890년) 때에는 붉은 것을 바른 것을 미인이라 평가했다.

답안 표기란

5 ① ② ③ ④
6 ① ② ③ ④
7 ① ② ③ ④
8 ① ② ③ ④
9 ① ② ③ ④

5 브러시의 종류에 따른 사용목적이 틀린 것은?

① 덴멘 브러시는 열에 강하여 모발에 텐션과 볼륨감을 주는 데 사용한다.

② 롤 브러시는 롤의 크기가 다양하고 웨이브를 만들기에 적합하다.

③ 스켈톤 브러시는 여성 헤어스타일이나 긴 머리 헤어스타일 정돈에 주로 사용된다.

④ S형 브러시는 바람머리 같은 방향성을 살린 헤어스타일 정돈에 적합하다.

6 커트용 가위 선택 시의 유의사항 중 옳은 것은?

① 일반적으로 협신에서 날끝으로 갈수록 만곡도가 큰 것이 좋다.

② 양날의 견고함이 동일한 것이 좋다.

③ 일반적으로 도금된 것은 강철의 질이 좋다.

④ 잠금 나사는 느슨한 것이 좋다.

7 논스트리핑 샴푸제의 특징은?

① pH가 낮은 산성이며 두발을 자극하지 않는다.

② 징크피리치온이 함유되어 비듬치료에 효과적이다.

③ 알칼리성 샴푸제로 pH가 7.5~8.5이다.

④ 지루성 피부형에 적합하며 유분함량이 적고 탈지력이 강하다.

8 두발이 지나치게 건조해 있을 때나 두발의 염색에 실패했을 때의 가장 적합한 샴푸 방법은?

① 플레인 샴푸   ② 에그 샴푸

③ 약산성 샴푸   ④ 토닉 샴푸

9 헤어커트 시 사전 유의사항이 아닌 것은?

① 두발의 성장방향과 카우릭(cowlick)의 성장방향을 살핀다.

② 두부의 골격구조와 형태를 살핀다.

③ 유행스타일을 멋지게 적용하면 손님은 모두 좋아하므로 미리 손님에게 물어 볼 필요가 없다.

④ 두발의 질(質)과 끝이 갈라진 열모의 양을 살핀다.

10 헤어커트 스타일에서 일반적으로 가장 가벼운 느낌을 주는 것은?

① 레이어 커트 　　　② 원랭스 커트
③ 그라데이션 커트 　④ 보브 커트

11 원하는 디자인보다 1~2cm 길게 커트하는 경우는?

① 프레 커트 할 때
② 틴닝 커트 할 때
③ 블런트 커트 할 때
④ 트리밍 커트 할 때

12 퍼머넌트 웨이브(permanent wave) 시술 시 두발에 대한 제1액의 작용 정도를 판단하여 정확한 프로세싱 타임을 결정하고 웨이브의 형성 정도를 조사하는 것은?

① 패치 테스트 　　② 스트랜드 테스트
③ 테스트 컬 　　　④ 컬러 테스트

13 콜드 퍼머넌트 웨이브(cold permanent wave) 제1액의 주성분은?

① 과산화수소 　　② 취소산나트륨
③ 티오글리콜산 　④ 과붕산나트륨

14 퍼머넌트 웨이브 시술 결과 컬이 강하게 형성된 원인과 거리가 먼 것은?

① 모발의 길이에 비해 너무 가는 로드를 사용한 경우
② 프로세싱 시간이 긴 경우
③ 강한 약액을 선정한 경우
④ 고무 밴드가 강하게 걸린 경우

15 다음 중 손으로 모발을 잡지 않고 빗을 위로 이동시키면서 빗에 끼여 있는 모발을 가위로 커트하는 기법은?

① 싱글링 　　② 틴닝
③ 트리밍 　　④ 슬라이싱

16 매직스트레이트 헤어펌을 할 때 플랫 아이론을 사용하여 결을 매끄럽고 윤기있게 만드는 작업은 무엇인가?

① C컬　　　　　　　　② 연화

③ 프레스　　　　　　　④ 약제도포

17 블로우 드라이 시술 결과에 영향을 주는 주요 요인이 아닌 것은?

① 수분　　　　　　　　② 텐션

③ 모발의 길이　　　　　④ 패널의 크기

18 다음 중 정상 두피에 사용하는 트리트먼트는?

① 플레인 스캘프 트리트먼트

② 드라이 스캘프 트리트먼트

③ 오일리 스캘프 트리트먼트

④ 댄드러프 스캘프 트리트먼트

19 다음 중 염색 시술 시 모표피의 안정과 염색의 퇴색을 방지하기 위해 가장 적합한 것은?

① 샴푸(shampoo)

② 플레인 린스(plain rinse)

③ 알칼리 린스(akali rinse)

④ 산성균형 린스(acid balanced rinse)

20 유기합성 염모제에 대한 설명 중 틀린 것은?

① 유기합성 염모제 제품은 알칼리성의 제1액과 산화제인 제2액으로 나누어진다.

② 제1액은 산화염료가 암모니아수에 녹아있다.

③ 제1액의 용액은 산성을 띠고 있다.

④ 제2액은 과산화수소로서 멜라닌색소의 파괴와 산화염료를 산화시켜 발색시킨다.

21 공중보건학의 목적과 거리가 가장 먼 것은?

① 질병치료　　　　　　② 수명연장

③ 신체적, 정신적 건강증진　④ 질병예방

22 공기의 자정작용과 관련이 가장 먼 것은?

① 이산화탄소와 일산화탄소의 교환작용

② 자외선의 살균작용

③ 강우, 강설에 의한 세정작용

④ 기온역전작용

22 ① ② ③ ④
23 ① ② ③ ④
24 ① ② ③ ④
25 ① ② ③ ④
26 ① ② ③ ④
27 ① ② ③ ④

23 다음 중 하수에서 용존산소(DO)가 아주 낮다는 의미는?

① 수생식물이 잘 자랄 수 있는 물의 환경이다.

② 물고기가 잘 살 수 있는 물의 환경이다.

③ 물의 오염도가 높다는 의미이다.

④ 하수의 BOD가 낮은 것과 같은 의미이다.

24 식품을 통한 식중독 중 독소형 식중독은?

① 포도상구균 식중독

② 살모넬라균에 의한 식중독

③ 장염비브리오 식중독

④ 병원성 대장균 식중독

25 감염병예방법상 제1급에 해당되는 법정감염병은?

① 신종인플루엔자   ② 홍역

③ 말라리아   ④ 콜레라

26 장티푸스, 결핵, 파상풍 등의 예방접종은 어떤 면역인가?

① 인공능동면역   ② 인공수동면역

③ 자연능동면역   ④ 자연수동면역

27 다음 중 콜레라에 관한 설명으로 잘못된 것은?

① 검역질병으로 검역기간은 120시간을 초과할 수 없다.

② 수인성 감염병으로 경구 감염된다.

③ 제2급 법정감염병이다.

④ 예방접종은 생균백신(vaccine)을 사용한다.

28 다음 중 제1급감염병에 대해 잘못 설명된 것은?

① 전염속도가 빨라 환자의 격리가 즉시 필요하다.

② 페스트, 디프테리아, 신종감염병증후군이 속한다.

③ 환자의 수를 매월 1회 이상 관할 보건소장을 거쳐 보고한다.

④ 환자 발생 즉시 환자 또는 시체 소재지를 보건소장을 거쳐 보고한다.

29 다음 중 잠함병의 직접적인 원인은?

① 혈중 CO_2 농도 증가

② 체액 및 혈액 속의 질소 기포 증가

③ 혈중 O_2 농도 증가

④ 혈중 CO 농도 증가

30 일명 도시형, 유입형이라고도 하며 생산층 인구가 전체 인구의 50% 이상이 되는 인구 구성의 유형은?

① 별형(star form)

② 항아리형(pot form)

③ 농촌형(guitar form)

④ 종형(bell form)

31 이상적인 소독제의 구비조건과 거리가 먼 것은?

① 생물학적 작용을 충분히 발휘할 수 있어야 한다.

② 빨리 효과를 내고 살균 소요시간이 짧을수록 좋다.

③ 독성이 적으면서 사용자에게도 자극성이 없어야 한다.

④ 원액 혹은 희석된 상태에서 화학적으로는 불안정된 것이라야 한다.

32 객담 등의 배설물 소독을 위한 크레졸 비누액의 가장 적합한 농도는?

① 0.1%　　　　　② 1%

③ 3%　　　　　　④ 10%

답안 표기란

28 ① ② ③ ④
29 ① ② ③ ④
30 ① ② ③ ④
31 ① ② ③ ④
32 ① ② ③ ④

답안 표기란

33 ① ② ③ ④
34 ① ② ③ ④
35 ① ② ③ ④
36 ① ② ③ ④
37 ① ② ③ ④
38 ① ② ③ ④

33 건열 멸균법에 대한 설명 중 틀린 것은?

① 드라이 오븐(dry oven)을 사용한다.

② 유리 제품이나 주사기 등에 적합하다.

③ 젖은 손으로 조작하지 않는다.

④ 110~130℃에서 1시간 내에 실시한다.

34 미생물의 종류에 해당하지 않는 것은?

① 벼룩   ② 효모

③ 곰팡이   ④ 세균

35 고압증기 멸균법을 실시할 때 온도, 압력, 소요시간으로 가장 알맞은 것은?

① 71℃에 10lbs 30분간 소독

② 105℃에 15lbs 30분간 소독

③ 121℃에 15lbs 20분간 소독

④ 211℃에 10lbs 10분간 소독

36 일반적으로 미생물 증식의 3대 요인이 아닌 것은?

① 영양소   ② 수분

③ 온도   ④ 광선

37 미용 용품이나 기구 등을 일차적으로 청결하게 세척하는 것은 다음의 소독방법 중 어디에 해당되는가?

① 여과(filtration)   ② 정균(microbiostasis)

③ 희석(dilution)   ④ 방부(antiseptic)

38 소독의 정의에 대한 설명 중 가장 올바른 것은?

① 모든 미생물을 열이나 약품으로 사멸하는 것

② 병원성 미생물을 사멸하거나 또는 제거하여 감염력을 잃게 하는 것

③ 병원성 미생물에 의한 부패 방지를 하는 것

④ 병원성 미생물에 의한 발효 방지를 하는 것

답안 표기란

39 ① ② ③ ④
40 ① ② ③ ④
41 ① ② ③ ④
42 ① ② ③ ④
43 ① ② ③ ④
44 ① ② ③ ④
45 ① ② ③ ④

39 석탄산, 알코올, 포르말린 등의 소독제가 가지는 소독의 주된 원리는?

① 균체원형질 중의 탄수화물 변성
② 균체원형질 중의 지방질 변성
③ 균체원형질 중의 단백질 변성
④ 균체원형질 중의 수분 변성

40 자비 소독 시 금속제품이 녹스는 것을 방지하기 위하여 첨가하는 물질이 아닌 것은?

① 2% 붕소　　　　　　　② 2% 탄산나트륨
③ 5% 알코올　　　　　　④ 2~3% 크레졸 비누액

41 콜라겐과 엘라스틴이 주성분으로 이루어진 피부조직은?

① 표피상층　　　　　　　② 표피하층
③ 진피조직　　　　　　　④ 피하조직

42 피부의 피지막은 보통 상태에서 어떤 유화상태로 존재하는가?

① W/S 유화　　　　　　　② S/W 유화
③ W/O 유화　　　　　　　④ O/W 유화

43 기미를 악화시키는 주요한 원인이 아닌 것은?

① 경구피임약의 복용　　　② 임신
③ 자외선 차단　　　　　　④ 내분비 이상

44 지용성 비타민으로서 간유, 버터, 달걀, 우유 등에 많이 함유되어 있으며, 결핍하게 되면 건성피부가 되고 각질층이 두터워지며 피부가 세균 감염을 일으키기 쉽고, 과용하면 탈모가 생기는 비타민은?

① 비타민 A　　　　　　　② 비타민 B_1
③ 비타민 B_2　　　　　　④ 비타민 C

45 다음 중 자외선이 인체에 미치는 부정적인 영향은?

① 비타민 D 형성 반응　　② 살균 효과
③ 홍반 반응　　　　　　　④ 강장 효과

46 피부질환의 증상에 대한 설명 중 맞는 것은?

① 수족구염 : 홍반성 결절이 하지부 부분에 여러 개 나타나며 손으로 누르면 통증을 느낀다.

② 무좀 : 홍반에서부터 시작되며 수 시간 후에는 구진이 발생된다.

③ 여드름 : 구강 내 병변으로 동그란 홍반에 둘러싸여 작은 수포가 나타난다.

④ 지루피부염 : 기름기가 있는 인설(비듬)이 특징이며 호전과 악화를 되풀이 하고 약간의 가려움증을 동반한다.

46 ① ② ③ ④
47 ① ② ③ ④
48 ① ② ③ ④
49 ① ② ③ ④
50 ① ② ③ ④
51 ① ② ③ ④

47 다음 중 가장 강한 살균작용을 하는 광선은?

① 자외선 ② 적외선

③ 가시광선 ④ 원적외선

48 아로마 오일을 피부에 효과적으로 침투하기 위해 사용하는 식물성 오일은?

① 에센셜 오일 ② 캐리어 오일

③ 트랜스 오일 ④ 미네랄 오일

49 다음 중 기능성 화장품의 종류와 그 범위에 대한 설명으로 틀린 것은?

① 주름 개선 제품 : 피부 탄력 강화와 표피의 신진대사를 촉진시킨다.

② 미백 제품 : 피부 색소침착을 방지하고 멜라닌 생성 및 산화를 방지한다.

③ 자외선 차단 제품 : 자외선을 차단 및 산란시켜 피부를 보호한다.

④ 보습 제품 : 피부에 유수분을 공급하여 피부 탄력을 강화한다.

50 다음 중 화장품의 4대 요건에 해당되지 않는 것은?

① 안전성 ② 안정성

③ 사용성 ④ 보호성

51 다음 중 이·미용사의 면허를 받을 수 없는 자는?

① 전문대학의 이·미용에 관한 학과를 졸업한 자

② 교육부장관이 인정하는 고등기술학교에서 1년 이상 이·미용에 관한 소정의 과정을 이수한 자

③ 국가기술자격법에 의한 이·미용사의 자격을 취득한 차

④ 외국의 유명 이·미용학원에서 2년 이상 기술을 습득한 자

52 위생관리등급 공표사항으로 틀린 것은?

① 시장·군수·구청장은 위생서비스 평가결과에 따른 위생 관리등급을 공중위생영업자에게 통보하고 공표한다.

② 공중위생영업자는 통보받은 위생관리등급의 표지를 영업소 출입구에 부착할 수 있다.

③ 시장·군수·구청장은 위생서비스 결과에 따른 위생관리등급 우수업소에는 위생감시를 면제할 수 있다.

④ 시장·군수·구청장은 위생서비스평가의 결과에 따른 위생관리등급별로 영업소에 대한 위생감시를 실시하여야 한다.

53 보건복지부령이 정하는 특별한 사유가 있을 시 영업소 외의 장소에서 이·미용업무를 행할 수 있다. 그 사유에 해당하지 않는 것은?

① 기관에서 특별히 요구하여 단체로 이·미용을 하는 경우

② 질병으로 인하여 영업소에 나올 수 없는 자에 대하여 이·미용을 하는 경우

③ 혼례에 참여하는 자에 대하여 그 의식 직전에 이·미용을 하는 경우

④ 시장·군수·구청장이 특별한 사정이 있다고 인정한 경우

54 이·미용사 면허증의 재발급 사유가 아닌 것은?

① 성명 또는 주민등록번호 등 면허증의 기재사항에 변경이 있을 때

② 영업소의 상호 및 소재지가 변경될 때

③ 면허증을 분실했을 때

④ 면허증이 헐어 못쓰게 된 때

55 다음 중 공중위생감시원의 직무가 아닌 것은?

① 시설 및 설비의 확인에 관한 사항

② 영업자의 준수사항 이행 여부에 관한 사항

③ 위생지도 및 개선명령 이행 여부에 관한 사항

④ 세금납부의 적정 여부에 관한 사항

답안 표기란	
56	① ② ③ ④
57	① ② ③ ④
58	① ② ③ ④
59	① ② ③ ④
60	① ② ③ ④

56 이·미용업에 있어 청문을 실시하여야 하는 경우가 아닌 것은?

① 면허취소 처분을 하고자 하는 경우

② 면허정지 처분을 하고자 하는 경우

③ 일부 시설의 사용중지 처분을 하고자 하는 경우

④ 위생교육을 받지 아니하여 1차 위반한 경우

57 이·미용사의 면허증을 다른 사람에게 대여한 경우의 1차 위반 행정처분 기준은?

① 업무정지 1월 ② 영업정지 2월

③ 면허정지 3월 ④ 면허취소

58 이·미용 영업소 안에 면허증 원본을 게시하지 않은 경우 1차 행정처분 기준은?

① 개선명령 또는 경고 ② 영업정지 5일

③ 영업정지 10일 ④ 영업정지 15일

59 이·미용사의 면허를 받지 아니한 자가 이·미용 업무에 종사하였을 때 이에 대한 벌칙기준은?

① 3년 이하의 징역 또는 1천만 원 이하의 벌금

② 1년 이하의 징역 또는 1천만 원 이하의 벌금

③ 300만 원 이하의 벌금

④ 200만 원 이하의 벌금

60 영업소의 폐쇄명령을 받고도 계속하여 영업을 하는 때에 영업소를 폐쇄하기 위해 관계공무원이 행할 수 있는 조치가 아닌 것은?

① 영업소의 간판 기타 영업표지물의 제거

② 위법한 영업소임을 알리는 게시물 등의 부착

③ 영업을 위하여 필수 불가결한 기구 또는 시설물을 사용할 수 없게 하는 봉인

④ 출입문의 봉쇄

미용사 일반 필기 실전모의고사 **①** 정답 및 해설

정답

1	④	2	③	3	③	4	③	5	③	6	②	7	①	8	②	9	③	10	①
11	①	12	③	13	③	14	④	15	①	16	③	17	③	18	①	19	④	20	③
21	①	22	④	23	③	24	①	25	①	26	①	27	④	28	③	29	②	30	①
31	④	32	③	33	④	34	①	35	③	36	④	37	③	38	②	39	③	40	③
41	③	42	③	43	③	44	①	45	③	46	④	47	①	48	②	49	④	50	④
51	④	52	③	53	①	54	②	55	④	56	④	57	③	58	①	59	③	60	④

해설

1 소재 확인(관찰, 분석) → 구상(디자인 계획) → 제작(구체적 작업) → 보정

2
- 정중선 : 코를 중심으로 두상을 수직으로 가르는 선(C.P.~T.P.~N.P.)
- 측두선 : 눈동자 바깥쪽을 헤어라인으로 올려(F.S.P.) 측중선까지
- 측중선 : 귓바퀴 가장 높은 곳(귀의 뒷뿌리, E.P.)에서 두상을 수직으로 가르는 선

3
- 가체는 신라시대부터 조선시대까지 널리 사용하였다.
- 통일신라시대는 화려한 머리빗으로 머리를 장식하였다.
- 조선시대 중엽에는 참기름을 사용하여 밑화장을 하였다.

4
- 액황, 화전 : 이마에 꽃문양을 그리거나 붙임, 입체감을 줌
- 연지 : 붉은색의 연지를 바름
- 홍분 화장법 : 홍장, 얼굴 전체를 붉게 함

5 스켈톤 브러시는 모발의 건조 시 모류를 설정하고 남성 머리를 스타일링하거나 짧은 퍼머 웨이브 모발을 드라이한 후 브러싱 아웃 할 때 사용한다.

6
- 가위 날의 두께가 얇고 양날의 견고함이 동일해야 한다.
- 협신에서 날끝으로 자연스럽게 구부러진(내곡선) 형태가 좋다.
- 가위의 길이, 무게, 손가락 구멍의 크기가 시술자에게 적합해야 한다.

7 논스트리핑 샴푸제는 pH가 낮아 두피자극이 적어 염색모발에 사용하면 좋다.

8 에그 샴푸의 노른자는 모발에 영양과 윤기를 준다.

9 헤어커트 시 고객의 의향을 파악하고 디자인에 반영한다.

10 두상의 90° 이상 시술각으로 커트한 레이어 커트는 가벼운 모발의 질감과 생동감 있는 움직임이 생긴다.

11 프레 커트는 퍼머넌트 웨이브 시술 전에 디자인 라인보다 1~2cm 길게 커트하는 것이다.

12 테스트 컬을 진행하여 모발의 연화 결과를 확인하며 제1액의 프로세싱 상태를 확인하여 정확한 프로세싱 시간을 결정하고 웨이브 형성 정도를 판단할 수 있다.

13 티오글리콜산은 모발의 시스틴 결합을 절단하는 환원제의 주성분이다.

14 고무 밴드가 강한 경우에는 모발에 밴드 자국이 남거나 심한 경우 모발이 잘려나간다.

15 트리밍 : 모발의 정리가 필요한 부분에 가위의 정인을 갖다 대고 엄지손가락으로 가위 끝날을 받치고 검지손가락으로 두상을 지지하여 모발을 정리하는 방향으로 가위질하며 밀고 나간다.

16 프레스 작업 : 모표피를 정돈하여 결을 매끄럽고 윤기 있게 만드는 작업

17 블로우 드라이 시술 시 수분, 열, 텐션, 시술속도, 패널의 크기, 도구의 회전 등을 조절할 수 있는 기술 등이 결과에 영향을 준다.

18 플레인 스캘프 트리트먼트는 정상 두피에 적합하다.

19 염색 시술 시 산성균형 린스를 하여 모발의 알칼리를 중화한다.

20 유기합성 염모제의 제1액에는 알칼리 성분인 암모니아가 포함되어 있다.

21 공중보건학의 목적 : 질병예방, 수명연장, 신체적·정신적 건강증진

22 기온역전작용 : 상부 기온이 하부 기온보다 높아지면서 공기의 수직 확산이 일어나지 않으므로 대기가 안정되지만 오염도는 심하게 나타나는 현상

23 용존산소(DO)는 물속에 용해되어 있는 유리산소량으로, DO가 낮으면 오염도가 높다는 의미이다.

24 • 독소형 식중독 : 포도상구균, 보툴리누스균, 웰치균
• 감염형 식중독 : 살모넬라, 장염비브리오, 병원성 대장균

25 • 제2급 법정감염병 : 홍역, 콜레라
• 제3급 법정감염병 : 말라리아

26 인공능동면역은 예방접종으로 형성되는 면역으로, 장티푸스, 결핵, 파상풍 등의 예방접종이 해당된다.

27 콜레라 예방접종은 사균백신을 사용한다.

28 제1급감염병은 생물테러감염병 또는 치명률이 높거나 집단 발생의 우려가 커서 발생 또는 유행 즉시 소재지를 보건소장을 거쳐 보고, 신고하여야 하고, 음압격리와 같은 높은 수준의 격리가 필요하다.

29 잠함병 : 고기압 상태에서 작업하는 잠수부들에게 흔히 나타나는 증상이며, 잠수병이라고도 한다. 체액 및 혈액 속 질소 기포의 증가가 원인이며 예방법으로는 감압의 적절한 조절이 중요하다.

30 별형 : 인구유입형(도시형), 생산인구가 전체 인구의 50% 이상인 경우

31 소독제는 원액 혹은 희석된 상태에서 화학적으로는 안정된 것이라야 한다.

32 크레졸은 손, 오물, 배설물 등의 소독 및 이·미용실의 실내소독용으로 사용되며, 크레졸 비누액의 농도는 3%가 적당하다(손 소독 시 농도 : 1~2%).

33 건열멸균법 : 건열 멸균기에서 170℃에서 1~2시간 가열하고 멸균 후 서서히 냉각시키는 것으로 유리, 도자기, 주사침, 바셀린, 분말 제품에 적합하다.

34 • 병원성 미생물 : 박테리아(세균), 바이러스, 리케차, 진균, 사상균, 원충류, 클라미디아 등
• 비병원성 미생물 : 유산균, 발효균, 효모균, 곰팡이균 등

35 고압증기 멸균법 : 100℃ 이상 고압에서 기본 15파운드로 20분 가열하는 방법
• 20파운드 : 126℃에서 15분간 가열
• 10파운드 : 115℃에서 30분간 가열

36 미생물 증식의 3대 요인 : 영양소, 수분, 온도

37 미용용품이나 기구 등을 일차적으로 청결하게 세척하는 것을 희석이라고 한다.

38 소독의 정의 : 병원성 미생물을 사멸하거나 또는 제거하여 감염력을 잃게 하는 것

39 석탄산, 알코올, 크레졸, 승홍, 생석회, 포르말린에 의한 소독 : 균체원형질 중의 단백질 변성

40 자비 소독 시 금속제품이 녹스는 것을 방지하기 위하여 탄산나트륨, 붕소, 크레졸 비누액 등을 첨가하여 사용한다.

41 진피층은 교원섬유(콜라겐)와 탄력섬유(엘라스틴)의 결합조직이다.

42 피부의 피지막은 기름에 물이 분산되어 있는 유중수적형(water in oil)이다.

43 자외선, 내분비 기능장애, 임신, 갱년기 장애, 유전적 요인, 스트레스 등은 색소침착을 유발한다.

44 비타민 A 결핍 시 피부건조, 세균 감염, 야맹증, 색소침착, 모발 퇴색, 손톱 균열 등의 증상이 발생한다.

45 홍반은 외적, 내적인 자극에 의해서 발생하는 가장 흔한 피부 반응 중 하나이며, 피부가 붉게 변하고 혈관이 확장된다.

46 • 백선(무좀)은 사상균(곰팡이균)에 의해 발생, 피부껍질이 벗겨지고 가려움을 동반, 주로 손과 발에서 발생한다.
   • 수족구염은 일반 감기같이 바이러스가 원인이 되어 손, 발, 입에 발진이 생기는 전염성 질환이다.
   • 여드름은 주로 얼굴, 목, 가슴, 등, 어깨 부위에 면포, 구진, 고름물집, 결절, 거짓낭 등이 발생하는 염증성 피부질환이다.

47 자외선 C는 살균, 소독 작용을 한다.

48 캐리어 오일은 에센셜 오일을 피부에 효과적으로 침투시키기 위해 사용하는 식물성 오일로서 에센셜 오일의 향을 방해하지 않도록 향이 없어야 하고 피부 흡수력이 좋아야 한다.

49 보습 제품은 기초화장품에 포함된다.

50 화장품 품질의 4대 조건 : 안전성, 안정성, 사용성, 유효성

51 이·미용사 면허 발급 대상자
   • 전문대학 또는 교육부장관이 인정하는 학교에서 이·미용에 관한 학과를 졸업한 자
   • 대학 또는 전문대학을 졸업한 자와 같은 수준 이상의 학력이 있는 것으로 인정되어 이·미용에 관한 학위를 취득한 자
   • 고등학교 또는 교육부장관이 인정하는 학교에서 이·미용에 관한 학과를 졸업한 자
   • 특성화고등학교, 고등기술학교, 고등학교에서 1년 이상 이·미용에 관한 소정의 과정을 이수한 자
   • 국가기술자격법에 의한 이·미용사의 자격을 취득한 자

52 시·도지사 또는 시장·군수·구청장은 위생서비스 평가의 결과 위생서비스의 수준이 우수하다고 인정되는 영업소에 대하여 포상을 실시할 수 있다.

53 영업소 외의 장소에서 이·미용 업무를 행할 수 있는 경우
   • 질병·고령·장애나 그 밖의 사유로 인하여 영업소에 나올 수 없는 자의 경우
   • 혼례나 그 밖의 의식에 참여하는 자에 대하여 그 의식 직전에 하는 경우
   • 사회복지시설에서 봉사활동의 목적으로 업무를 하는 경우
   • 방송 등의 촬영에 참여하는 사람에 대하여 그 촬영 직전에 하는 경우
   • 위의 네 가지 외에 특별한 사정이 있다고 시장·군수·구청장이 인정하는 경우

54 이·미용사 면허증의 재발급 사유 : 면허증의 기재사항에 변경이 있을 때, 면허증을 잃어버린 때, 헐어서 못쓰게 된 때

55 공중위생감시원의 업무범위
- 시설 및 설비 확인
- 공중위생영업 관련 시설 및 설비의 위생상태 확인, 검사, 공중위생업자의 위생관리 의무 및 영업자 준수사항 이행 여부의 확인
- 위생지도 및 개선명령 이행 여부의 확인
- 영업의 정지, 일부 시설의 사용중지 또는 영업소 폐쇄명령 이행 여부의 확인
- 위생교육 이행 여부의 확인

56 청문 실시 사유
- 신고사항의 직권 말소
- 이·미용사의 면허취소, 면허정지
- 영업정지명령
- 일부 시설의 사용 중지
- 영업소 폐쇄명령

57 이·미용사의 면허증을 다른 사람에게 대여한 경우의 행정처분
- 1차 위반 : 면허정지 3월
- 2차 위반 : 면허정지 6월
- 3차 위반 : 면허취소

58 미용업 신고증, 면허증 원본을 게시하지 않거나 업소 내 조명도를 준수하지 않은 경우
- 1차 위반 : 경고 또는 개선명령
- 2차 위반 : 영업정지 5일
- 3차 위반 : 영업정지 10일
- 4차 위반 : 영업장 폐쇄명령

59 300만 원 이하의 벌금
- 다른 사람에게 이·미용사의 면허증을 빌려주거나 빌린 사람
- 이·미용사의 면허증을 빌려주거나 빌리는 것을 알선한 사람
- 면허의 취소 또는 정지 중에 이·미용업을 행한 사람
- 면허를 받지 않고 이·미용업을 개설하거나 그 업무에 종사한 사람

60 영업소 폐쇄를 위한 조치
- 해당 영업소의 간판 및 영업표지물을 제거
- 해당 영업소가 위법한 영업소임을 알리는 게시물 등의 부착
- 영업을 위하여 필수 불가결한 기구 또는 시설물을 사용할 수 없게 하는 봉인

미용사 일반 필기 실전모의고사 ❷

수험번호 :

수험자명 :

제한 시간 : 60분
남은 시간 : 60분

글자
크기
 100%
 150%
200%

화면
배치

전체 문제 수 : 60
안 푼 문제 수 :

답안 표기란

1 ① ② ③ ④

2 ① ② ③ ④

3 ① ② ③ ④

4 ① ② ③ ④

5 ① ② ③ ④

1 미용의 과정이 바른 순서로 나열된 것은?

① 소재 → 구상 → 제작 → 보정

② 소재 → 보정 → 구상 → 제작

③ 구상 → 소재 → 제작 → 보정

④ 구상 → 제작 → 보정 → 소재

2 두부의 기준점 중 T.P에 해당되는 것은?

① 센터 포인트　　　　② 탑 포인트

③ 골든 포인트　　　　④ 백 포인트

3 우리나라 여성의 머리 형태 중 비녀를 꽂은 것은?

① 얹은머리　　　　　② 쪽머리

③ 좀좀머리　　　　　④ 귀밑머리

4 한국 현대미용사에 대한 설명 중 옳은 것은?

① 경술국치 이후 일본인들에 의해 미용이 발달했다.

② 1933년 일본인이 우리나라에 처음으로 미용원을 열었다.

③ 해방 전 우리나라 최초의 미용교육기관은 정화고등기술학교이다.

④ 오엽주씨가 화신백화점내에 미용원을 열었다.

5 고대 미용의 발상지로 가발을 이용하고 진흙으로 두발에 컬을 만들었던 국가는?

① 그리스　　　　　　② 프랑스

③ 이집트　　　　　　④ 로마

6 헤어세트용 빗의 사용과 취급방법에 대한 설명 중 틀린 것은?

① 두발의 흐름을 아름답게 매만질 때는 빗살이 고운살로 된 세트빗을 사용한다.

② 엉킨 두발을 빗을 때는 빗살이 얼레살로 된 얼레빗을 사용한다.

③ 빗은 사용 후 브러시로 털거나 비눗물에 담가 브러시로 닦은 후 소독하도록 한다.

④ 빗의 소독은 손님 약 5인에게 사용했을 때 1회씩 하는 것이 적합하다.

7 헤어커트 시 사용하는 레이저(razor)에 대한 설명 중 틀린 것은?

① 레이저의 날등과 날끝이 대체로 균등해야 한다.

② 초보자에게는 오디너리(ordinary) 레이저가 적합하다.

③ 레이저의 날 선이 대체로 둥그스름한 곡선으로 나온 것이 더 정확한 커트를 할 수 있다.

④ 레이저의 어깨의 두께가 균등해야 좋다.

8 원랭스 커트(one length cut)의 정의로 가장 적합한 것은?

① 두발 길이에 단차가 있는 상태의 커트

② 완성된 두발을 빗으로 빗어내렸을 때 모든 두발이 하나의 선상으로 떨어지도록 자르는 커트

③ 전체의 머리 길이가 똑같은 커트

④ 머릿결을 맞추지 않아도 되는 커트

9 다음 중 블런트 커트와 같은 의미인 것은?

① 클럽커트　　　　　　② 싱글링

③ 클리핑　　　　　　　④ 트리밍

10 헤어커팅의 방법 중 테이퍼링(tapering)에는 3가지의 종류가 있다. 이 중에서 노멀 테이퍼(normal taper)는?

11 두발을 윤곽 있게 살려 목덜미(nape)에서 정수리(back)쪽으로 올라가면서 두발에 단차를 주어 커트하는 것은?

① 원랭스 커트　　　　　② 쇼트 헤어 커트
③ 그라데이션 커트　　　④ 스퀘어 커트

12 퍼머넌트 제1액이 웨이브(wave)의 형성을 위해 주로 적용하는 모발의 부위는?

① 모수질(medulla)　　　② 모근(hair root)
③ 모피질(cortex)　　　　④ 모표피(curicle)

13 퍼머넌트 웨이브 후 두발이 자지러지는 원인이 아닌 것은?

① 사전 커트 시 두발 끝을 심하게 테이퍼한 경우
② 로드의 굵기가 너무 가는 것을 사용한 경우
③ 와인딩 시 텐션을 주지 않고 느슨하게 한 경우
④ 오버 프로세싱을 하지 않은 경우

14 물에 적신 모발을 와인딩 한 후 퍼머넌트 웨이브 1제를 도포하는 방법은?

① 워터래핑　　　　　　② 슬래핑
③ 스파이럴 랩　　　　　④ 크로키놀 랩

답안 표기란

15 ① ② ③ ④
16 ① ② ③ ④
17 ① ② ③ ④
18 ① ② ③ ④
19 ① ② ③ ④
20 ① ② ③ ④

15 다음 중 모류에 대한 설명으로 적절하지 않은 것은?

① 주로 골든 포인트와 네이프 포인트 또는 센터 포인트에 나타남
② 모류란 모발의 볼륨을 뜻함
③ 모류의 뭉침이나 흩어짐은 쇼트커트에 큰 영향을 줌
④ 모발 성장 패턴 반대 방향으로 커트하여 무거움을 제거하고 주변과 부드럽게 연결함

16 다음 중 열펌의 연화정도를 판단하는 적절한 방법은?

① 모발을 동그랗게 말아 지그시 누르기
② 미온수로 헹구기
③ 프레스 작업하기
④ 약제 도포하기

17 다음 중 열판의 모양이 평평한 판의 형태인 아이론의 종류는?

① 컬링 아이론　　　　　② 반원형 아이론
③ 삼각 아이론　　　　　④ 플랫 아이론

18 스캘프 트리트먼트(scalp treatment)의 시술과정에서 화학적 방법과 관련 없는 것은?

① 양모제　　　　　　　② 헤어토닉
③ 헤어크림　　　　　　④ 헤어 스티머

19 헤어 트리트먼트(hair treatment)의 종류가 아닌 것은?

① 헤어 리컨디셔닝(hair reconditioning)
② 틴닝(thining)
③ 클리핑(clipping)
④ 헤어 팩(hair pack)

20 산화염모제의 일반적인 형태가 아닌 것은?

① 액상 타입　　　　　② 가루 타입
③ 스프레이 타입　　　④ 크림 타입

21 가족계획 사업의 효과 판정상 가장 유력한 지표는?

① 인구증가율　　　　② 조출생률

③ 남녀출생비　　　　④ 평균여명년수

22 공중보건학의 정의로 가장 적합한 것은?

① 질병예방, 생명연장, 질병치료에 주력하는 기술이며 과학이다.

② 질병예방, 생명유지, 조기치료에 주력하는 기술이며 과학이다.

③ 질병의 조기발견, 조기예방, 생명연장에 주력하는 기술이며 과학이다.

④ 질병예방, 생명연장, 건강증진에 주력하는 기술이며 과학이다.

23 생물학적 산소요구량(BOD)과 용존산소량(DO)의 값은 어떤 관계가 있는가?

① BOD와 DO는 무관하다.

② BOD가 낮으면 DO는 낮다.

③ BOD가 높으면 DO는 낮다.

④ BOD가 높으면 DO도 높다.

24 감염병 예방법상 제3급에 해당되는 법정감염병은?

① B형 간염　　　　② 홍역

③ 페스트　　　　　④ 장티푸스

25 보건행정에 대한 설명으로 가장 올바른 것은?

① 공중보건의 목적을 달성하기 위해 공공의 책임하에 수행하는 행정활동

② 개인보건의 목적을 달성하기 위해 공공의 책임하에 수행하는 행정활동

③ 국가 간의 질병교류를 막기 위해 공공의 책임하에 수행하는 행정활동

④ 공중보건의 목적을 달성하기 위해 개인의 책임하에 수행하는 행정활동

답안 표기란

21	① ② ③ ④
22	① ② ③ ④
23	① ② ③ ④
24	① ② ③ ④
25	① ② ③ ④

26 주로 여름철에 발병하며 어패류 등에 생식이 원인이 되어 복통, 설사 등의 급성위장염 증상을 나타내는 식중독은?

① 포도상구균 식중독

② 병원성 대장균 식중독

③ 장염비브리오 식중독

④ 보툴리누스균 식중독

26 ① ② ③ ④

27 ① ② ③ ④

28 ① ② ③ ④

29 ① ② ③ ④

30 ① ② ③ ④

31 ① ② ③ ④

27 질병 발생의 요인 중 숙주의 요인에 해당되지 않는 것은?

① 경제적 수준   ② 선천적 요인

③ 연령   ④ 생리적 방어기전

28 파리에 의해 주로 전파될 수 있는 감염병은?

① 페스트   ② 장티푸스

③ 사상충증   ④ 황열

29 출생률보다 사망률이 낮으며 14세 이하 인구가 65세 이상의 인구의 2배를 초과하는 인구 구성형은?

① 피라미드형(pyramid form)

② 종형(bell form)

③ 항아리형(pot form)

④ 별형(accessive form)

30 다음 중 절지동물에 의해 매개되는 감염병이 아닌 것은?

① 발진티푸스   ② 탄저

③ 유행성 일본뇌염   ④ 페스트

31 소독작용에 영향을 미치는 요인에 대한 설명으로 틀린 것은?

① 온도가 높을수록 소독 효과가 크다.

② 유기물질이 많을수록 소독 효과가 크다.

③ 접속시간이 길수록 소독 효과가 크다.

④ 농도가 높을수록 소독 효과가 크다.

32 화학적 약제를 사용하여 소독 시 소독약품의 구비조건으로 옳지 않은 것은?

① 살균력이 강해야 한다.

② 용해성이 낮아야 한다.

③ 부식성, 표백성이 없어야 한다.

④ 경제적이고 사용방법이 간편해야 한다.

33 소독에 대한 설명으로 가장 적합한 것은?

① 병원성 미생물의 성장을 억제하거나 파괴하여 감염의 위험성을 없애는 것이다.

② 소독은 무균상태를 말한다.

③ 소독은 병원성 미생물의 발육과 그 작용을 제지 및 정지시키며 특히 부패 및 발효를 방지하는 것이다.

④ 소독은 포자를 가진 것 전부를 사멸하는 것을 말한다.

34 승홍수의 설명으로 틀린 것은?

① 금속을 부식시키는 성질이 있다.

② 피부소독에는 0.1%의 수용액을 사용한다.

③ 염화칼륨을 첨가하면 자극성이 완화된다.

④ 살균력이 일반적으로 약한 편이다.

35 다음 중 배설물의 소독에 가장 적당한 것은?

① 크레졸　　　　　② 오존

③ 염소　　　　　　④ 승홍

36 일반적으로 사용되는 소독용 알코올의 적정 농도는?

① 30%　　　　　　② 70%

③ 50%　　　　　　④ 100%

37 이·미용업소에서 일반적 상황에서의 수건 소독법으로 가장 적합한 것은?

① 석탄산 소독　　　② 크레졸 소독

③ 자비 소독　　　　④ 적외선 소독

답안 표기란

32	① ② ③ ④
33	① ② ③ ④
34	① ② ③ ④
35	① ② ③ ④
36	① ② ③ ④
37	① ② ③ ④

38 3%의 크레졸 비누액 900ml를 만드는 방법으로 옳은 것은?

① 크레졸 원액 270ml 에 물 630ml를 가한다.

② 크레졸 원액 27ml에 물 873ml를 가한다.

③ 크레졸 원액 300ml에 물 600ml를 가한다.

④ 크레졸 원액 200ml에 물 700ml를 가한다.

39 살균력이 좋고 자극성이 적어서 상처소독에 많이 사용되는 것은?

① 승홍수
② 과산화수소
③ 포르말린
④ 석탄산

40 고압증기 멸균법에서 20파운드(Lbs)의 압력에서는 몇 분간 처리하는 것이 가장 적합한가?

① 40분
② 30분
③ 15분
④ 5분

41 피지 분비의 과잉을 억제하고 피부를 수축시켜 주는 것은?

① 소염 화장수
② 수렴 화장수
③ 영양 화장수
④ 유연 화장수

42 다음 중 피부 구조에 대한 설명으로 옳은 것은?

① 피부의 구조는 표피, 진피, 피하조직의 3층으로 구분된다.

② 표피는 각질층, 투명층, 과립층의 3층으로 구분된다.

③ 피부의 구조는 한선, 피지선, 유선의 3층으로 구분된다.

④ 피부의 구조는 결합섬유, 탄력섬유, 평활근의 3층으로 구분된다.

43 건강한 모발의 pH 범위는?

① pH 3~4
② pH 4.5~5.5
③ pH 6.5~7.5
④ pH 8.5~9.5

44 모발의 성분은 주로 무엇으로 이루어졌는가?

① 탄수화물
② 지방
③ 단백질
④ 칼슘

답안 표기란

38	① ② ③ ④
39	① ② ③ ④
40	① ② ③ ④
41	① ② ③ ④
42	① ② ③ ④
43	① ② ③ ④
44	① ② ③ ④

45 다음 중 피부색을 결정하는 요소가 아닌 것은?

① 멜라닌   ② 혈관 분포와 혈색소

③ 각질층의 두께   ④ 티록신

46 다음 중 단백질의 최종 가수분해물질은?

① 지방산   ② 콜레스테롤

③ 아미노산   ④ 카로틴

47 피부질환의 상태를 나타낸 용어 중 원발진(primary lesions)에 해당하는 것은?

① 면포   ② 미란

③ 가피   ④ 반흔

48 다음 중 바이러스성 피부질환은?

① 기미   ② 주근깨

③ 여드름   ④ 단순포진

49 강한 자외선에 노출될 때 생길 수 있는 현상이 아닌 것은?

① 만성 피부염   ② 홍반

③ 광노화   ④ 일광화상

50 피부노화 인자 중 외부인자가 아닌 것은?

① 나이   ② 건조

③ 산화   ④ 자외선

51 공중위생관리법의 목적을 적은 아래 조항 중 (   ) 속에 순서대로 알맞은 말은?

> **보기**   제1조(목적) 이 법은 공중이 이용하는 (   )의 위생관리 등에 관한 사항을 규정함으로써 (   )을(를) 향상시켜 국민의 건강증진에 기여함을 목적으로 한다.

① 영업소, 관리 기준   ② 영업장, 소독 수준

③ 위생영업소, 알 권리   ④ 영업, 위생 수준

답안 표기란

45	① ② ③ ④
46	① ② ③ ④
47	① ② ③ ④
48	① ② ③ ④
49	① ② ③ ④
50	① ② ③ ④
51	① ② ③ ④

답안 표기란				
52	①	②	③	④
53	①	②	③	④
54	①	②	③	④
55	①	②	③	④
56	①	②	③	④

52 공중위생감시원의 자격, 임명, 업무범위 등에 필요한 사항을 정한 것은?

① 법률
② 대통령령
③ 보건복지부령
④ 당해 지방자치단체 조례

53 이·미용의 업무를 영업장소 외에서 행하였을 때 이에 대한 처벌기준은?

① 3년 이하의 징역 또는 1천만 원 이하의 벌금
② 500만 원 이하의 과태료
③ 200만 원 이하의 과태료
④ 100만 원 이하의 벌금

54 다음의 위생서비스 수준의 평가에 대한 설명 중 맞는 것은?

① 평가 주기는 3년마다 실시한다.
② 위생관리등급은 2개 등급으로 나뉜다.
③ 평가 주기와 방법, 위생관리등급은 대통령령으로 정한다.
④ 평가의 전문성을 높이기 위해 관련 전문기관 및 단체로 하여금 평가를 실시하게 할 수 있다.

55 부득이한 사유가 없는 한 공중위생영업소를 개설할 자는 언제 위생교육을 받아야 하는가?

① 영업개시 전
② 영업개시 후 1월 이내
③ 영업개시 후 2월 이내
④ 영업개시 후 3월 이내

56 이·미용사의 면허증을 다른 사람에게 대여한 때의 3차 위반 행정처분 기준은?

① 업무정지 1월
② 영업정지 2월
③ 면허정지 3월
④ 면허취소

57 다음 중 공중위생영업을 하고자 할 때 필요한 것은?

① 허가   ② 신고

③ 통보   ④ 인가

58 이·미용 영업소 안에 면허증 원본을 게시하지 않은 경우 3차 행정처분기준은?

① 개선명령 또는 경고   ② 영업정지 5일

③ 영업정지 10일   ④ 영업정지 15일

59 공중위생영업에 종사하는 자가 위생교육을 받지 아니한 경우에 해당되는 벌칙은?

① 300만 원 이하의 벌금

② 300만 원 이하의 과태료

③ 200만 원 이하의 벌금

④ 200만 원 이하의 과태료

60 이용사 또는 미용사의 면허를 받지 아니한 자 중 이용사 또는 미용사 업무에 종사할 수 있는 자는?

① 이·미용 업무에 숙달된 자로 이·미용사 자격증이 없는 자

② 이·미용사로서 업무정지 처분 중에 있는 자

③ 이·미용업소에서 이·미용사의 감독을 받아 이·미용업무를 보조하고 있는 자

④ 학원 설립·운영에 관한 법률에 의하여 설립된 학원에서 3월 이상 이용 또는 미용에 관한 강습을 받은 자

정답

1	①	2	②	3	②	4	④	5	③	6	④	7	②	8	②	9	①	10	③
11	③	12	③	13	④	14	①	15	②	16	①	17	④	18	④	19	②	20	③
21	②	22	④	23	③	24	①	25	①	26	③	27	①	28	②	29	①	30	②
31	②	32	②	33	①	34	④	35	①	36	②	37	②	38	②	39	②	40	③
41	②	42	①	43	②	44	③	45	④	46	③	47	①	48	④	49	①	50	①
51	④	52	②	53	③	54	④	55	①	56	④	57	②	58	③	59	④	60	③

해설

1 소재 확인(관찰, 분석) → 구상(디자인 계획) → 제작(구체적 작업) → 보정

2 센터 포인트(C.P), 골든 포인트(G.P), 백 포인트(B.P)

3 쪽머리, 조짐머리, 낭자머리, 첩지머리 등 쪽을 지는 머리는 비녀를 꽂는다.

4 ① 경술국치 이후 일본, 중국, 미국, 영국의 영향
② 1933년 한국인 오엽주 화신미용원 개원
③ 해방 이후 미용교육기관 : 현대미용학원, 정화고등기술학교, 예림미용고등기술학교

5 고대 이집트는 알칼리성 성분의 진흙을 발라 모발을 막대기에 감고 태양에 건조시켜 모발에 컬을 만들었다.

6 빗은 1인 사용 후 소독한다.

7 초보자가 사용하기에 적합한 레이저는 셰이핑 레이저이다.

8 원랭스 커트는 모발을 중력의 방향으로(자연시술각 0°) 빗어내려 동일선상에서 커트하여 네이프에서 정수리 방향으로 갈수록 모발의 길이가 길어지는 구조이다. 단차가 없어 무게감 있는 형태와 매끄럽고 가지런한 질감으로 표현된다.

9 블런트 커트는 모발과 수직으로 직선의 단면이 되게 커트하는 것으로 클럽커트로 불리기도 한다.

10 노멀 테이퍼링은 두발 끝 1/2 지점을 폭넓게 테이퍼링하는 방법으로 주로 모발의 양이 보통인 경우 사용한다.

11 그라데이션 커트는 두정부의 두발은 길게, 후두부의 두발은 짧게(사선 45°) 커트하여 작은 단차의 층이 생기는 커트 형태이다.

12 제1액이 모피질로 침투해서 모발의 측쇄결합인 시스틴 결합을 끊고 재결합하는 과정을 통해 퍼머넌트 웨이브가 형성된다.

13 오버 프로세싱이란 제1액의 방치시간을 모발의 상태를 고려하지 않고 과하게 방치한 것을 의미한다.

14 워터래핑은 물에 적신 모발을 와인딩 한 후 제1액을 도포하는 방법으로 가는 모발, 손상 모발에 적합하고 초보자가 시술하기에 용이한 방법이다.

15 모류 : 모발이 자라나가는 방향 또는 흐름을 뜻함

16 열펌 연화점검 : 소량의 모발을 동그랗게 말아 지그시 누르기, 모발 중간을 반으로 접기, 빗 꼬리 또는 로드에 모발을 말아 보기

17 컬링 아이론 : 열판 모양이 원형 롤의 형태

18 헤어스티머를 사용하는 것은 물리적 방법이다.

19 틴닝이란 틴닝 가위를 사용하여 모발의 양을 감소시켜 질감의 변화를 주는 것이다.

20 스프레이 타입은 주로 비산화염모제의 일시적 염모제에서 사용하는 형태이다.

21 조출생률 : 한 국가의 출생수준을 표시하는 지표로서, 1년간의 총 출생아수를 당해 연도의 총인구로 나눈 수치를 1,000분비로 나타낸 것

22 공중보건학은 조직화된 지역사회의 노력으로 질병을 예방하고 수명을 연장하며 신체적 · 정신적 효율을 증진시키는 기술이며 과학이다.

23 • 용존산소량(DO) : 물속에 용해되어 있는 유리 산소량
   • 생물학적 산소요구량(BOD) : 하수 중의 유기물이 호기성 세균에 의해 산화 · 분해될 때 소비되는 산소량
   • BOD가 높으면 DO는 낮다.

24 • 제1급 법정감염병 : 페스트
   • 제2급 법정감염병 : 홍역, 장티푸스

25 보건행정이란 공중보건의 목적(수명연장, 질병예방, 건강증진)을 달성하기 위해 공공의 책임하에 수행하는 행정활동이다.

26 장염비브리오 식중독은 오염된 어패류, 생선류, 초밥 등 생식하는 식습관이 원인이 되어 발생하는데, 급성위장염, 복통, 설사, 구토, 혈변 등의 증상이 나타난다.

27 경제적 수준은 환경적 요인에 해당한다.

28 파리에 의해 주로 전파될 수 있는 감염병 : 장티푸스, 이질, 콜레라, 파라티푸스, 결핵, 디프테리아 등

29 • 종형 : 출생률과 사망률이 낮은 형
   • 항아리형 : 평균수명이 높고 인구가 감퇴하는 형

• 별형 : 생산인구가 전체 인구의 50% 이상인 경우

30 탄저 : 양, 소, 말, 돼지

31 유기물질이 많을수록 소독 효과가 작아진다.
   소독에 영향을 주는 인자 : 온도, 수분, 시간, 열, 농도, 자외선

32 소독약품은 용해성이 높아야 한다.

33 • ②, ④는 멸균에 대한 설명
   • ③은 방부에 대한 설명

34 승홍수 : 단백질 변성 작용, 물에 잘 녹지 않고 살균력과 독성이 매우 강함, 소금(식염) 첨가 시 용액이 중성으로 변화하고 자극성이 완화된다.

35 크레졸 : 손, 오물, 배설물 등의 소독 및 이 · 미용실의 실내소독용으로 사용

36 소독용 알코올의 적정 농도 : 70%

37 자비 소독 : 100℃에서 끓는 물에 20~30분 가열하는 방법

38 900ml의 3%는 27ml이므로 크레졸 원액 27ml에 물 873ml를 첨가해서 900ml를 만든다.

39 과산화수소 : 구강, 피부 상처 소독에 주로 사용, 살균, 탈취 및 표백효과

40 고압증기 멸균법 : 100℃ 이상 고압에서 기본 15파운드로 20분 가열하는 방법
   • 20파운드 : 126℃에서 15분간 가열
   • 10파운드 : 115℃에서 30분간 가열

41 수렴 화장수 : 피지 분비의 과잉을 억제하고 피부를 수축시켜 준다.

42 표피는 각질층, 투명층, 과립층, 유극층, 기저층으로 구분한다.

43 모발의 등전점은 pH 4.5~5.50이다.

44 모발의 주성분은 약 80% 이상이 케라틴 단백질이다.

45 티록신은 단백질의 최소단위인 아미노산의 일종이다.

46 아미노산은 단백질을 구성하는 기본단위로 단백질의 최종가수분해물질이다.

47 원발진의 종류에는 반점, 홍반, 면포, 구진, 결절, 농포, 낭종, 팽진, 소수포, 대수포, 종양이 있다.

48 바이러스성 피부질환에는 단순포진, 대상포진, 사마귀, 수두, 홍역, 풍진이 있다.

49 피부는 자외선에 의해 홍반, 일광화상, 색소침착, 광노화, 피부암, 피부두께 변화 등의 변화가 생길 수 있다.

50 나이로 인한 피부노화는 내인성(자연적, 생리적) 노화이다.

51 공중위생관리법 : 공중이 이용하는 영업의 위생관리 등에 관한 사항을 규정함으로써 위생 수준을 향상시켜 국민의 건강증진에 기여함을 목적으로 한다.

52 공중위생감시원의 자격, 임명, 업무범위 : 대통령령

53 200만 원 이하 과태료 처분 기준
- 이·미용업소의 위생관리 의무를 지키지 아니한 자
- 영업소 외의 장소에서 이·미용업무를 행한 자
- 위생교육을 받지 아니한 자

54 ① 평가 주기는 2년마다 실시한다.
② 위생관리등급은 3개 등급으로 나뉜다.
③ 평가 주기와 방법, 위생관리등급은 보건복지부령으로 정한다.

55 부득이한 사유가 없는 한 공중위생영업소를 개설할 자는 영업개시 전 위생교육을 받아야 한다.

56 이·미용사의 면허증을 다른 사람에게 대여한 때의 행정처분
- 1차 위반 : 면허정지 3월
- 2차 위반 : 면허정지 6월
- 3차 위반 : 면허취소

57 이·미용업을 하려면 보건복지부령이 정하는 시설과 설비를 갖추고 시장·군수·구청장에게 신고하여야 한다.

58 미용업 신고증, 면허증 원본을 게시하지 않거나 조명도를 준수하지 않은 때
- 1차 위반 : 경고 또는 개선 명령
- 2차 위반 : 영업정지 5일
- 3차 위반 : 영업정지 10일
- 4차 위반 : 영업장 폐쇄명령

59 200만 원 이하의 과태료
- 영업소 외의 장소에서 미용업무를 행한 자
- 위생교육을 받지 않은 자
- 위생관리의무를 지키지 않은 자

60 이·미용업소에서 이·미용사의 감독을 받아 이·미용업무를 보조하고 있는 자는 면허를 받지 않아도 이용사 또는 미용사 업무에 종사할 수 있다.

수험번호 :

수험자명 :

제한 시간 : 60분
남은 시간 : 60분

글자
크기 🔍 100% Ⓜ 150% ➕ 200% │ 화면 배치

전체 문제 수 : 60
안 푼 문제 수 : ☐

| 답안 표기란 |
1	① ② ③ ④
2	① ② ③ ④
3	① ② ③ ④
4	① ② ③ ④

1 고객이 추구하는 미용의 목적과 필요성을 시각적으로 느끼게 하는 과정은 어디에 해당하는가?

① 소재   ② 구상
③ 제작   ④ 보정

2 개체변발의 설명으로 틀린 것은?

① 고려시대에 한동안 일부 계층에서 유행했던 남성의 머리모양이다.
② 남성의 머리카락을 끌어올려 정수리에서 틀어 감아 맨 모양이다.
③ 머리 변두리의 머리카락을 삭발하고 정수리 부분만 남기어 땋아 늘어뜨린 형이다.
④ 몽고의 풍습에서 전래되었다.

3 조선시대 후반기에 유행하였던 일반 부녀자들의 머리 형태는?

① 쪽진머리   ② 푼기명머리
③ 쌍쌍투머리   ④ 귀밑머리

4 브러시 세정법으로 옳은 것은?

① 세정 후 털은 아래로 하여 양지에서 말린다.
② 세정 후 털은 아래로 하여 응달에서 말린다.
③ 세정 후 털은 위로 하여 양지에서 말린다.
④ 세정 후 털은 위로 하여 응달에서 말린다.

답안 표기란

5 ① ② ③ ④
6 ① ② ③ ④
7 ① ② ③ ④
8 ① ② ③ ④
9 ① ② ③ ④

5 레이저(razor)에 대한 설명 중 가장 거리가 먼 것은?

① 셰이핑 레이저를 사용하여 커팅하면 안정적이다.

② 초보자는 오디너리 레이저를 사용하는 것이 좋다.

③ 솜털 등을 깎을 때는 외곡선상의 날이 좋다.

④ 녹이 슬지 않게 관리를 한다.

6 누에고치에서 추출한 성분과 난황성분을 함유한 샴푸제로서 모발에 영양을 공급해 주는 샴푸는?

① 산성 샴푸(acid shampoo)

② 컨디셔닝 샴푸(conditioning shampoo)

③ 프로테인 샴푸(protein shampoo)

④ 드라이 샴푸(dry shampoo)

7 알칼리성 비누로 샴푸한 모발에 가장 적당한 린스 방법은?

① 레몬 린스(lemon rinse)

② 플레인 린스(plain rinse)

③ 컬러 린스(color rinse)

④ 알칼리성 린스(alkali rinse)

8 레이저 커트는 어떤 모발에 하는 것이 적합한가?

① 젖은 모발   ② 가는 모발

③ 굵은 모발   ④ 건조한 모발

9 두상에서 90° 각도로 커트 한 헤어커트의 결과는?

① 단차가 적은 층이 생긴다.

② 그라데이션형 커트가 된다.

③ 레이어형 커트가 된다.

④ 모발 끝이 무겁고 단차가 없다.

답안 표기란

10 ① ② ③ ④
11 ① ② ③ ④
12 ① ② ③ ④
13 ① ② ③ ④
14 ① ② ③ ④
15 ① ② ③ ④

10 다음 (　　) 안에 적당한 의미로 들어갈 수 없는 용어는?

> 보기　위그를 커트할 때 수분을 적시고 블로킹을 구분하여 슬라이스를 뜨고 (　　)을/를 잡고 자른다.

① 스캘프　　　　　　　　② 패널
③ 스트랜드　　　　　　　④ 슬라이스

11 콜드 퍼머넌트 시 제1액을 바르고 비닐캡을 씌우는 이유가 아닌 것은?

① 체온으로 솔루션의 작용을 빠르게 하기 위하여
② 제2액의 작용이 두발 전체에 골고루 행하여지게 하기 위하여
③ 휘발성 알칼리의 휘산 작용을 방지하기 위하여
④ 두발을 구부러진 형태대로 정착시키기 위하여

12 콜드 웨이브(cold wave) 퍼머넌트 시술 시 두발의 진단 항목과 가장 거리가 먼 것은?

① 경모 혹은 연모 여부　　　② 발수성모 여부
③ 두발의 성장주기　　　　　④ 염색모 여부

13 두발에서 퍼머넌트 웨이브 형성과 직접 관련이 있는 아미노산은?

① 시스틴(cystine)　　　　　② 알라닌(alanine)
③ 멜라닌(melanin)　　　　　④ 티로신(tyrosin)

14 헤어스타일에 다양한 변화를 줄 수 있는 뱅(bang)은 주로 두부의 어느 부위에 하게 되는가?

① 앞이마　　　　　　　　② 네이프
③ 양 사이드　　　　　　　④ 크라운

15 다음 중 클리퍼에 사용에 대한 설명으로 적절하지 않은 것은?

① 고정날이 모발을 정돈하여 모음
② 주로 얼레살 빗을 사용
③ 잘린 모발이 날리지 않을 정도의 모발 수분상태로 커트
④ 클리퍼는 하나의 고정날과 몸체로 구성

16 다음 중 롤 브러시에 모발을 1바퀴 반($1\frac{1}{2}$) 이내로 감았을 때 만들어지는 컬의 형태는?

① C컬
② S컬
③ S-S컬
④ 스트레이트

17 다음 중 스캘프 트리트먼트 시술을 하기에 가장 적합한 경우는?

① 두피에 상처가 있는 경우
② 퍼머넌트 웨이브 시술 직전
③ 염색, 탈색 시술 직전
④ 샴푸잉 시

18 염모제에 대한 설명 중 틀린 것은?

① 제1액의 알칼리제로는 휘발성이라는 점에서 암모니아가 사용된다.
② 염모제 제1액은 제2액 산화제(과산화수소)를 분해하여 발생기 수소를 발생시킨다.
③ 과산화수소는 모발의 색소를 분해하여 탈색한다.
④ 과산화수소는 산화염료를 산화해서 발색시킨다.

19 헤어 블리치 시술에 관한 사항 중 틀린 것은?

① 블리치 시술 후 일주일 이상 경과된 뒤에 퍼머하는 것이 좋다.
② 블리치 시술 후 케라틴 등의 유출로 다공성 모발이 되므로 애프터케어가 필요하다.
③ 블리치제 조합은 사전에 정확히 배합해 두고 사용 후 남은 블리치제는 공기가 들어가지 않도록 밀폐시켜 사용한다.
④ 블리치제는 직사광선이 들지 않는 서늘하고 건조한 곳에 보관한다.

20 가발 손질법 중 틀린 것은?

① 스프레이가 없으면 얼레빗을 사용하여 컨디셔너를 골고루 바른다.
② 두발이 빠지지 않도록 차분하게 모근 쪽에서 두발 끝 쪽으로 서서히 빗질을 해 나간다.
③ 두발에만 컨디셔너를 바르고 파운데이션에는 바르지 않는다.
④ 열을 가하면 두발의 결이 변형되거나 윤기가 없어지기 쉽다.

답안 표기란

21 ① ② ③ ④
22 ① ② ③ ④
23 ① ② ③ ④
24 ① ② ③ ④
25 ① ② ③ ④
26 ① ② ③ ④

21 다음 중 공중보건에 대한 설명으로 적절한 것은?

① 예방의학을 대상으로 한다.

② 사회의학을 대상으로 한다.

③ 공중보건의 대상은 개인이다.

④ 집단 또는 지역사회를 대상으로 한다.

22 연간 전체 사망자 수에 대한 50세 이상의 사망자 수를 나타낸 구성 비율은?

① 평균수명   ② 조사망률

③ 영아사망률   ④ 비례사망지수

23 인수공통감염병이 아닌 것은?

① 페스트   ② 우형 결핵

③ 나병   ④ 야토병

24 질병 발생의 세 가지 요인으로 연결된 것은?

① 숙주−병인−환경

② 숙주−병인−유전

③ 숙주−병인−병소

④ 숙주−병인−저항력

25 다음 중 공중보건의 3대 요소에 속하지 않는 것은?

① 감염병 치료

② 수명연장

③ 건강과 능률의 향상

④ 감염병 예방

26 다음 중 지구의 온난화 현상(global warming)의 주원인이 되는 주된 가스는?

① CO_2 ② CO

③ Ne ④ NO

답안 표기란

27 ① ② ③ ④
28 ① ② ③ ④
29 ① ② ③ ④
30 ① ② ③ ④
31 ① ② ③ ④

27 출생률이 높고 사망률이 낮으며 14세 이하 인구가 65세 이상 인구의 2배를 초과하는 인구 구성형은?

① 피라미드형　　　　　② 종형
③ 항아리형　　　　　　④ 별형

28 주로 여름철에 발병하며 어패류 등의 생식이 원인이 되어 급성장염 등의 증상을 나타내는 식중독은?

① 포도상구균 식중독
② 병원성 대장균 식중독
③ 장염비브리오 식중독
④ 보툴리누스균 식중독

29 세계보건기구(WHO)에서 규정된 건강의 정의를 가장 적절하게 표현한 것은?

① 육체적으로 완전히 양호한 상태
② 정신적으로 완전히 양호한 상태
③ 질병이 없고 허약하지 않은 상태
④ 육체적, 정신적, 사회적 안녕이 완전한 상태

30 다음 중 불량조명에 의해 발생되는 직업병이 아닌 것은?

① 안정피로　　　　　　② 근시
③ 근육통　　　　　　　④ 안구진탕증

31 소독의 정의로서 옳은 것은?

① 모든 미생물 일체를 사멸하는 것
② 모든 미생물을 열과 약품으로 완전히 죽이거나 또는 제거하는 것
③ 병원성 미생물의 생활력을 파괴하여 죽이거나 또는 제거하여 감염력을 없애는 것
④ 균을 적극적으로 죽이지 못하더라도 발육을 저지하고 목적하는 것을 변화시키지 않고 보존하는 것

32 세균이 영양부족, 건조, 열 등의 증식 환경이 부적당한 경우 균의 저항력을 키우기 위해 형성하게 되는 형태는?

① 섬모 ② 세포벽

③ 아포 ④ 핵

33 고압증기 멸균법에 해당하는 것은?

① 멸균 물품에 잔류독성이 많다.
② 포자를 사멸시키는 데 멸균시간이 짧다.
③ 비경제적이다.
④ 많은 물품을 한꺼번에 처리할 수 없다.

34 E.O가스의 폭발위험성을 감소시키기 위하여 흔히 혼합하여 사용하게 되는 물질은?

① 질소 ② 산소

③ 아르곤 ④ 이산화탄소

35 금속성 식기, 면 종류의 의류, 도자기의 소독에 적합한 소독방법은?

① 화염 멸균법 ② 건열 멸균법

③ 소각 소독법 ④ 자비 소독법

36 일광소독과 가장 직접적인 관계가 있는 것은?

① 높은 온도 ② 높은 조도

③ 적외선 ④ 자외선

37 소독약의 살균력 지표로 가장 많이 이용되는 것은?

① 알코올 ② 크레졸

③ 석탄산 ④ 포름알데히드

38 다음 중 이·미용업소에서 종업원이 손을 소독할 때 가장 보편적으로 사용하는 것은?

① 승홍수 ② 과산화수소

③ 역성비누 ④ 석탄수

32	①	②	③	④
33	①	②	③	④
34	①	②	③	④
35	①	②	③	④
36	①	②	③	④
37	①	②	③	④
38	①	②	③	④

39 소독약을 사용하여 균 자체에 화학반응을 일으켜 세균의 생활력을 빼앗아 살균하는 것은?

① 물리적 멸균법　　　　② 건열 멸균법
③ 여과 멸균법　　　　　④ 화학적 살균법

39 ① ② ③ ④
40 ① ② ③ ④
41 ① ② ③ ④
42 ① ② ③ ④
43 ① ② ③ ④
44 ① ② ③ ④

40 다음 소독제 중 상처가 있는 피부에 가장 적합하지 않은 것은?

① 승홍수　　　　　　　② 과산화수소
③ 포비돈　　　　　　　④ 아크리놀

41 아포크린 한선에 대한 설명 중 틀린 것은?

① 아포크린 한선의 냄새는 여성보다 남성에게 강하게 나타난다.
② 땀의 산도가 붕괴되면서 심한 냄새를 동반한다.
③ 겨드랑이, 대음순, 배꼽 주변에 존재한다.
④ 인종적으로 흑인이 가장 많이 분비한다.

42 피부 각질층에 대한 설명으로 옳지 않은 것은?

① 생명력이 없는 세포이다.
② 혈관이 얇게 분포되어 있다.
③ 비늘의 형태로 되어 있다.
④ 피부의 방어대 역할을 한다.

43 피부의 피지막에 대한 설명 중 잘못된 것은?

① 보통 알칼리성을 나타내고 독물을 중화시킨다.
② 땀과 피지가 섞여서 합쳐진 막이다.
③ 세균 또는 백선균이 죽거나 발육이 억제 당한다.
④ 피지막 형성은 피부의 상태에 따라 그 정도가 다르다.

44 천연보습인자(NMF)의 구성 성분 중 40%를 차지하는 중요 성분은?

① 요소　　　　　　　　② 젖산염
③ 무기염　　　　　　　④ 아미노산

45 다음 중 바이러스성 피부질환이 아닌 것은?

① 수두
② 대상포진
③ 사마귀
④ 켈로이드

46 모공이 넓고 뾰루지가 잘 나며 정상 피부보다 두꺼운 피부의 유형은?

① 지성 피부
② 건성 피부
③ 민감성 피부
④ 중성 피부

47 피부에 자외선을 너무 많이 조사했을 경우에 일어날 수 있는 일반적인 현상은?

① 멜라닌 색소가 증가해 기미, 주근깨 등이 발생한다.
② 피부가 윤기가 나고 부드러워진다.
③ 피부에 탄력이 생기고 각질이 엷어진다.
④ 세포의 탈피현상이 감소된다.

48 다음 중 UV-A의 파장범위는?

① 320~400nm
② 290~320nm
③ 200~290nm
④ 100~200nm

49 다음 설명 중 기능성 화장품에 해당하지 않는 것은?

① 피부에 멜라닌 색소가 침착하는 것을 방지하여 기미·주근깨 등의 생성을 억제함으로써 피부의 미백에 도움을 주는 기능을 가진 화장품
② 미백과 더불어 신체적으로 약리학적 영향을 줄 목적으로 사용하는 제품
③ 피부에 탄력을 주어 피부의 주름을 완화 또는 개선하는 기능을 가진 화장품
④ 피부를 곱게 태우거나 자외선으로부터 피부를 보호하는 데에 도움을 주는 제품

답안 표기란

45	① ② ③ ④
46	① ② ③ ④
47	① ② ③ ④
48	① ② ③ ④
49	① ② ③ ④

50 다음 중 향수의 부향률이 높은 것부터 순서대로 나열된 것은?

① 퍼퓸 〉 오데퍼퓸 〉 오데코롱 〉 오데토일렛
② 퍼퓸 〉 오데토일렛 〉 오데코롱 〉 오데퍼퓸
③ 퍼퓸 〉 오데퍼퓸 〉 오데토일렛 〉 오데코롱
④ 퍼퓸 〉 오데코롱 〉 오데퍼퓸 〉 오데토일렛

50 ① ② ③ ④
51 ① ② ③ ④
52 ① ② ③ ④
53 ① ② ③ ④
54 ① ② ③ ④
55 ① ② ③ ④

51 이용사 또는 미용사 면허를 받을 수 없는 자는?

① 간질병자
② 당뇨병 환자
③ 비활동성 B형 간염자
④ 비전염성 피부질환자

52 이·미용업소에 게시하지 않아도 되는 것은?

① 면허증 원본   ② 영업신고증
③ 요금표   ④ 영업시간표

53 공중위생영업을 하고자 하는 위생교육을 언제 받아야 하는가? (단, 예외 조항은 제외한다.)

① 영업소 개설을 통보한 후에 위생교육을 받는다.
② 영업소를 운영하면서 자유로운 시간에 위생교육을 받는다.
③ 영업신고를 하기 전에 미리 위생교육을 받는다.
④ 영업소 개설 후 3개월 이내에 위생교육을 받는다.

54 이·미용사가 되고자 하는 자는 누구의 면허를 받아야 하는가?

① 보건복지부장관   ② 시·도지사
③ 시장·군수·구청장   ④ 대통령

55 미용업 영업소에서 영업정지 처분을 받고 그 영업정지 중 영업을 한 때에 대한 1차 위반 시 행정처분 기준은?

① 영업정지 1개월
② 영업정지 3개월
③ 영업장 폐쇄명령
④ 면허취소

56 면허가 취소된 후 계속하여 업무를 행한 자에게 해당되는 벌칙은?

① 1년 이하의 징역 또는 1천만 원 이하의 벌금

② 6월 이하의 징역 또는 500만 원 이하의 벌금

③ 200만 원 이하의 과태료

④ 300만 원 이하의 벌금

57 위생교육에 대한 내용 중 틀린 것은?

① 공중위생영업자는 매년 위생교육을 받아야 한다.

② 위생교육 시간은 3시간으로 한다.

③ 위생교육에 관한 기록을 1년 이상 보관·관리하여야 한다.

④ 위생교육을 받지 아니한 자는 200만 원 이하의 과태료에 처한다.

58 1회용 면도날을 2인 이상의 손님에게 사용한 경우에 대한 1차 위반 시 행정처분 기준은?

① 시정명령

② 경고

③ 영업정지 5일

④ 영업정지 10일

59 다음 중 청문을 실시하는 사항이 아닌 것은?

① 공중위생영업의 정지처분을 하고자 하는 경우

② 정신질환자 또는 간질병자에 해당되어 면허를 취소하고자 하는 경우

③ 공중위생영업의 일부시설의 사용중지 및 영업소 폐쇄처분을 하고자 하는 경우

④ 공중위생영업의 폐쇄처분 후 그 기간이 끝난 경우

60 영업신고를 하지 않고 영업소의 소재지를 변경한 경우의 1차 위반 시 행정처분 기준은?

① 경고

② 영업정지 1월

③ 영업정지 2월

④ 영업장 폐쇄명령

정답

1	④	2	②	3	①	4	②	5	②	6	③	7	①	8	①	9	③	10	①
11	④	12	③	13	①	14	①	15	④	16	①	17	④	18	②	19	③	20	②
21	④	22	④	23	③	24	①	25	①	26	①	27	①	28	③	29	④	30	③
31	③	32	③	33	②	34	④	35	④	36	④	37	③	38	③	39	④	40	①
41	①	42	②	43	①	44	④	45	④	46	①	47	①	48	①	49	②	50	③
51	①	52	④	53	③	54	③	55	③	56	④	57	③	58	②	59	④	60	②

해설

1 보정의 단계에서 전체의 형태와 조화미를 고려하여 수정 및 보완하고 고객의 만족여부를 확인하고 마무리한다.

2 원나라 침략 이후 모발을 정수리로 끌어올려 틀어 감은 개체변발이 등장하였다.

3 조선시대 기혼녀의 대표적인 머리 형태로 가르마를 타고 곱게 빗어 묶고 한 줄로 땋아서 끝은 자주색 댕기로 묶은 후 땋은 머리를 둥글게 말고 비녀로 고정한다.

4 브러시는 세정 후 털이 아래로 가도록 그늘에서 말린다.

5 셰이핑(shaping) 레이저는 날에 보호막이 있어 초보자에게 적합하다.

6 프로테인 샴푸는 누에고치와 노른자에서 추출한 단백질 성분을 함유한 영양공급을 위한 샴푸이다.

7 모발의 알칼리 성분을 중화하기 위하여 미온수에 레몬, 구연산, 식초 등을 희석하여 린스한다.

8 레이저 커트는 웨트 커트로 진행한다.

9 두상의 90° 이상 시술각으로 커트한 레이어 커트는 가벼운 모발의 질감과 생동감 있는 움직임이 생긴다.

10 블로킹으로 구분한 모발을 나누어 잡는 것을 스트랜드, 패널, 슬라이스라고 한다.

11 비닐캡을 사용하여 공기 중 노출로 인한 제1액의 산화와 건조를 방지하고 균일한 온도 유지와 열전달이 되며 약액의 흘러내림과 냄새를 차단한다.

12 모발의 굵기, 밀도, 질감, 손상도 등을 진단한다.

13 퍼머넌트 약액 제1액의 환원작용은 모발 아미노산인 시스틴 결합을 절단한다.

14 뱅은 앞이마에 있는 일종의 앞머리(애교머리)로 장식적, 얼굴형 결점 보정 효과가 있다.

15 클리퍼는 고정날, 이동날, 몸체로 구성되어 있다.

16 회전 바퀴수 : 롤 브러시에 감기는 모발의 바퀴수로 사용하는 롤 브러시의 굵기가 굵을수록 컬도 굵어진다.

17 헤어샴푸는 두피와 모발의 노폐물을 제거하는 과정으로 스캘프 트리트먼트를 하기에 적합한 단계이다.

18 염모제 1액의 알칼리 성분은 2액의 과산화수소와 만나 산소를 발생시킨다.

19 블리치제는 사용하기 직전에 정확하게 배합하여 사용하고 사용 후 남은 블리치제는 재사용하지 않는다.

20 두발이 빠지지 않도록 두발 끝에서 모근 쪽을 향해 서서히 빗질한다.

21 공중보건의 대상 : 지역사회 전체 주민 또는 국민

22 비례사망지수 : 연간 총 사망자수에 대한 50세 이상의 사망자 수

23 인수공통감염병 : 쥐(페스트, 살모넬라), 돼지(일본뇌염), 개(광견병), 산토끼(야토병), 소(결핵)

24 질병 발생의 3대 요소 : 숙주, 병인, 환경

25 공중보건의 3대 요소 : 감염병 예방, 수명연장, 건강과 능률의 향상
감염병 치료는 공중보건의 요소에 해당되지 않는다.

26 지구의 온난화 현상의 주원인이 되는 주된 가스는 CO_2(이산화탄소)이다.

27 피라미드형(인구증가형, 후진국형) : 출생률이 높고 사망률이 낮으며 14세 이하 인구가 65세 이상 인구의 2배를 초과하는 인구 구성형

28 장염비브리오 식중독의 특징
• 원인 : 오염된 어패류, 생선류 등(잠복기 8~20시간)
• 증상 : 급성위장염, 복통, 설사, 구토, 혈변
• 예방 : 생어패류 생식금지, 조리기구 위생관리

29 세계보건기구(WHO)에서 규정된 건강이란 육체적, 정신적, 사회적 안녕이 완전한 상태를 의미한다.

30 불량조명에 의해 발생되는 직업병은 안정피로, 근시, 안구진탕증이 있다.

31 • 소독 : 병원균을 파괴하여 감염력 또는 증식력을 없애는 작업
• 멸균 : 모든 미생물을 사멸 또는 제거하는 것

32 아포 : 세균이 영양부족, 건조, 열 등의 증식 환경이 부적당한 경우 균의 저항력을 키우기 위해 형성하게 되는 형태

33 ① 멸균 물품에 잔류독성이 없다.
③ 고압증기 멸균법은 경제적인 소독법이다.
④ 많은 물품을 한꺼번에 처리할 수 있다.

34 E.O 가스의 폭발위험성을 감소시키기 위하여 흔히 혼합하여 사용하게 되는 물질은 이산화탄소이다.

35 자비 소독법 : 100℃에서 끓는 물에 20~30분 가열하는 방법으로 금속성 식기, 면 종류의 의류, 도자기의 소독에 적합

36 일광소독과 가장 직접적인 관계가 있는 것은 자외선이다.

37 석탄산 : 소독약의 살균력 지표

38 역성비누는 이·미용업소에서 종업원이 손을 소독할 때 가장 보편적으로 사용하며, 병원용 소독제로 주로 사용된다.

39 화학적 살균법 : 소독약을 사용하여 균 자체에 화학반응을 일으켜 세균의 생활력을 빼앗아 살균하는 방법

40 승홍수 : 상처가 있는 피부에는 소독제로 적합하지 않다.

41 남성보다 여성의 생리 중에 냄새가 강하게 나타난다.

42 피부의 각질층에는 혈관이 분포하지 않는다.

43 피부의 피지막은 약산성이다.

44　천연보습인자(NMF)의 주성분은 필라그린 단백질에서 유래한 아미노산이며 이외에 젖산염, 암모니아, 요소 등으로 구성된다.

45　켈로이드란 피부 손상 후 발생하는 상처 치유과정에서 비정상적으로 섬유조직이 밀집되게 성장하는 질환이다.

46　지성 피부는 피부의 결이 거칠며, 피지 분비량이 많고 모공이 크며 트러블과 지루성 피부염이 발생하기 쉽다.

47　자외선으로 색소침착, 피부의 건조화, 피부두께의 증가 등이 발생한다.

48　자외선 A(UV-A)는 320~400nm의 장파장이다.

49　인체에 대한 약리학적 영향을 줄 목적으로 사용하는 것은 의약품에 해당된다.

50　향수의 부향률 순서 : 퍼퓸 〉오데퍼퓸 〉오데토일렛 〉오데코롱 〉샤워코롱

51　공중위생에 영향을 미칠 수 있는 감염병 환자로서 보건복지부령이 정하는 자 : 결핵환자, 간질병자

52　이·미용업 영업소 내에 게시해야 할 사항
　　• 영업신고증
　　• 개설자의 면허증 원본
　　• 최종지급요금표(이·미용 요금표)

53　위생교육은 영업신고를 하기 전에 미리 받아야 한다.

54　이·미용사가 되고자 하는 자는 보건복지부령이 정하는 바에 의하여 시장·군수·구청장에게 면허를 받아야 한다.

55　영업정지 처분을 받고 그 영업 정지 기간 중 영업을 한 때에 대한 1차 위반 시 행정처분 : 영업장 폐쇄명령

56　300만 원 이하의 벌금
　　• 다른 사람에게 이·미용사의 면허증을 빌려주거나 빌린 사람

　　• 이·미용사의 면허증을 빌려주거나 빌리는 것을 알선한 사람
　　• 면허의 취소 또는 정지 중에 이·미용업을 한 사람
　　• 면허를 받지 않고 이·미용업을 개설하거나 그 업무에 종사한 사람

57　위생교육 실시 단체장은 수료증 교부대장 등 교육에 관한 기록을 2년 이상 보관·관리해야 한다.

58　1회용 면도날을 2인 이상의 손님에게 사용한 경우 행정처분
　　• 1차 위반 : 경고
　　• 2차 위반 : 영업정지 5일
　　• 3차 위반 : 영업정지 10일
　　• 4차 위반 : 영업장 폐쇄명령

59　청문 실시 사유
　　• 신고사항의 직권 말소
　　• 이·미용사의 면허취소, 면허정지
　　• 영업정지명령
　　• 일부 시설의 사용중지
　　• 영업소 폐쇄명령

60　신고를 하지 않고 영업소의 소재지를 변경한 때 행정처분
　　• 1차 위반 : 영업정지 1월
　　• 2차 위반 : 영업정지 2월
　　• 3차 위반 : 영업장 폐쇄명령

글자
크기 100% 150% ⊕ 200%   화면 배치   전체 문제 수 : 60
안 푼 문제 수 : ☐

1 미용의 특수성에 해당하지 않는 것은?

① 자유롭게 소재를 선택한다.

② 시간적 제한을 받는다.

③ 손님의 의사를 존중한다.

④ 여러 가지 조건에 제한을 받는다.

2 두상(두부)의 그림 중 (2)의 명칭은?

① 백 포인트(B.P)　　　② 탑 포인트(T.P)

③ 이어 포인트(E.P)　　④ 이어 백 포인트(E.B.P)

3 한국의 고대 미용의 발달사를 설명한 것 중 틀린 것은?

① 헤어스타일(모발형)에 관해서 문헌에 기록된 고구려 벽화는 없었다.

② 헤어스타일(모발형)은 신분의 귀천을 나타냈다.

③ 헤어스타일(모발형)은 조선시대 때 쪽진머리, 큰머리, 조짐머리가 성행하였다.

④ 헤어스타일(모발형)에 관해서 삼한시대에 기록된 내용이 있다.

4 현대미용에 있어서 1920년대에 최초로 단발머리를 함으로써 우리나라 여성들의 머리형에 혁신적인 변화를 일으키게 된 계기가 된 사람은?

① 이숙종　　　　　② 김활란
③ 김상진　　　　　④ 오엽주

5 가위의 선택방법으로 옳은 것은?

① 양날의 견고함이 동일하지 않아도 무방하다.
② 만곡도가 큰 것을 선택한다.
③ 협신에서 날끝으로 내곡선상으로 된 것을 선택한다.
④ 만곡도와 내곡선상을 무시해도 사용상 불편함이 없다.

6 다음 중 헤어 브러시로서 가장 적합한 것은?

① 부드러운 나일론, 비닐계의 제품
② 탄력 있고 털이 촘촘히 박힌 강모로 된 것
③ 털이 촘촘한 것보다 듬성듬성 박힌 것
④ 부드럽고 매끄러운 연모로 된 것

7 다음 중 샴푸 시술 시의 주의사항으로 틀린 것은?

① 손님의 의상이 젖지 않게 신경을 쓴다.
② 두발을 적시기 전에 물의 온도를 점검한다.
③ 손톱으로 두피를 문지르며 비빈다.
④ 다른 손님에게 사용한 타월은 쓰지 않는다.

8 다음 중 산성 린스의 종류가 아닌 것은?

① 레몬 린스　　　　② 비니거 린스
③ 오일 린스　　　　④ 구연산 린스

9 블런트 커트(blunt cut)의 특징이 아닌 것은?

① 두발의 손상이 적다.
② 잘린 부분이 명확하다.
③ 입체감을 내기 쉽다.
④ 잘린 단면이 모발 끝으로 가면서 가늘다.

답안 표기란				
4	①	②	③	④
5	①	②	③	④
6	①	②	③	④
7	①	②	③	④
8	①	②	③	④
9	①	②	③	④

10 원랭스(one length) 커트형에 해당되지 않는 것은?

① 평행보브형(parallel bob style)

② 이사도라형(isadora style)

③ 스파니엘형(spaniel style)

④ 레이어형(layer style)

11 완성된 두발선 위를 가볍게 다듬고 정돈하는 커트 방법은?

① 테이퍼링(tapering) ② 틴닝(thinning)

③ 트리밍(trimming) ④ 싱글링(shingling)

12 다음 중 커트를 하기 위한 순서로 가장 옳은 것은?

① 위그 → 수분 → 빗질 → 블로킹 → 슬라이스 → 스트랜드

② 위그 → 수분 → 빗질 → 블로킹 → 스트랜드 → 슬라이스

③ 위그 → 수분 → 슬라이스 → 빗질 → 블로킹 → 스트랜드

④ 위그 → 수분 → 스트랜드 → 빗질 → 블로킹 → 슬라이스

13 다음 중 퍼머넌트 웨이브의 형성원리에 대한 연결이 옳은 것은?

① 제1액 : 환원작용, 제2액 : 산화작용

② 제1액 : 산화작용, 제2액 : 환원작용

③ 제1액 : 산화중합반응, 제2액 : 산화작용

④ 제1액 : 환원작용, 제2액 : 산화중합반응

14 두발의 양이 많고, 굵은 경우 와인딩과 로드의 관계가 옳은 것은?

① 스트랜드를 크게 하고, 로드의 직경도 큰 것을 사용

② 스트랜드를 적게 하고, 로드의 직경도 작은 것을 사용

③ 스트랜드를 크게 하고, 로드의 직경도 작은 것을 사용

④ 스트랜드를 적게 하고, 로드의 직경도 큰 것을 사용

15 정상적인 두발상태와 온도조건에서 콜드 웨이빙 시술 시 프로세싱(processing)의 가장 적당한 방치 시간은?

① 5분 정도 ② 10~15분 정도

③ 20~30분 정도 ④ 30~40분 정도

답안 표기란

10 ① ② ③ ④
11 ① ② ③ ④
12 ① ② ③ ④
13 ① ② ③ ④
14 ① ② ③ ④
15 ① ② ③ ④

답안 표기란			
16	① ② ③ ④		
17	① ② ③ ④		
18	① ② ③ ④		
19	① ② ③ ④		
20	① ② ③ ④		
21	① ② ③ ④		

16 다음 중 '온 더 베이스'에 대한 설명으로 적절하지 않은 것은?

① 잡은 모발을 베이스와 직각이 되게 중심으로 모아서 커트

② 시술자의 위치는 커트 선 중심에 위치

③ 모발이 당겨온 반대 방향이 길어짐

④ 커트 선이 움직이는 방향을 따라 시술자의 위치도 이동

17 다음 중 모량이 보통이거나 적은 보통 퍼머넌트웨이브 모발에 효과적인 스타일링 도구는?

① 아이론

② 드라이어

③ 브러시

④ 노즐

18 다음 중 염모제 잔여물을 깨끗이 제거하고 색상을 균일하게 안정적으로 정돈하는 염색 후 마무리 방법은?

① 유화

② 산성 린스

③ 토닝

④ 중화

19 모발에 도포한 약액이 쉽게 침투되게 하여 시술 시간을 단축하고자 할 때에 필요하지 않은 것은?

① 스팀타월

② 헤어스티머

③ 신징

④ 히팅캡

20 비듬이 없고 두피가 정상적인 상태일 때 실시하는 것은?

① 댄드러프 스캘프 트리트먼트

② 오일리 스캘프 트리트먼트

③ 플레인 스캘프 트리트먼트

④ 드라이 스캘프 트리트먼트

21 공중보건학 개념상 공중보건사업의 최소 단위는?

① 직장 단위의 건강

② 가족 단위의 건강

③ 지역사회 전체 주민의 건강

④ 노약자 및 빈민계층의 건강

답안 표기란

22 ① ② ③ ④
23 ① ② ③ ④
24 ① ② ③ ④
25 ① ② ③ ④
26 ① ② ③ ④
27 ① ② ③ ④

22 감염병 발생 시 일반인이 취하여야 할 사항으로 적절하지 않은 것은?

① 환자를 문병하고 위로한다.
② 예방접종을 받도록 한다.
③ 주위환경을 청결히 하고 개인위생에 힘쓴다.
④ 필요한 경우 환자를 격리한다.

23 어류인 송어, 연어 등을 날로 먹었을 때 주로 감염될 수 있는 것은?

① 갈고리촌충　　　② 긴촌충
③ 폐디스토마　　　④ 선모충

24 산업피로의 대책으로 가장 거리가 먼 것은?

① 작업과정 중 적절한 휴식시간을 배분한다.
② 에너지 소모를 효율적으로 한다.
③ 개인차를 고려하여 작업량을 할당한다.
④ 휴직과 부서 이동을 권고한다.

25 예방접종에 있어 생균백신을 사용하는 것은?

① 파상풍　　　② 결핵
③ 디프테리아　　　④ 백일해

26 보건행정의 정의에 포함되는 내용과 가장 거리가 먼 것은?

① 국민의 수명연장　　　② 질병예방
③ 공적인 행정활동　　　④ 수질 및 대기보전

27 생물학적 산소요구량(BOD)과 용존산소량(DO)의 값은 어떤 관계가 있는가?

① BOD와 DO는 무관하다.
② BOD가 낮으면 DO는 낮다.
③ BOD가 높으면 DO는 낮다.
④ BOD가 높으면 DO도 높다.

답안 표기란

28 ① ② ③ ④
29 ① ② ③ ④
30 ① ② ③ ④
31 ① ② ③ ④
32 ① ② ③ ④
33 ① ② ③ ④

28 페스트, 살모넬라증 등을 전염시킬 가능성이 가장 큰 동물은?

① 쥐   ② 말
③ 소   ④ 개

29 대기오염의 주원인 물질 중 하나로 석탄이나 석유 속에 포함되어 있어 연소할 때 산화되어 발생되며 만성기관지염과 산성비 등을 유발시키는 것은?

① 일산화탄소   ② 질소산화물
③ 황산화물   ④ 부유분진

30 이·미용실에서 사용하는 수건을 통해 감염될 수 있는 질병은?

① 트라코마   ② 장티푸스
③ 페스트   ④ 풍진

31 화학적 소독제의 이상적인 구비조건에 해당하지 않는 것은?

① 가격이 저렴해야 한다.
② 독성이 적고 사용자에게 자극이 없어야 한다.
③ 소독효과가 서서히 증대되어야 한다.
④ 희석된 상태에서 화학적으로 안정되어야 한다.

32 멸균의 의미로 가장 옳은 표현은?

① 병원성 균의 증식억제
② 병원성 균의 사멸
③ 아포를 포함한 모든 균의 사멸
④ 모든 세균의 독성만 파괴

33 다음 중 물리적 소독방법이 아닌 것은?

① 방사선 멸균법   ② 건열 소독법
③ 고압증기 멸균법   ④ 생석회 소독법

답안 표기란

34 ① ② ③ ④
35 ① ② ③ ④
36 ① ② ③ ④
37 ① ② ③ ④
38 ① ② ③ ④
39 ① ② ③ ④

34 자비 소독법에 대한 설명 중 틀린 것은?

① 아포형성균에는 부적당하다.

② 물에 탄산나트륨 1~2%를 넣으면 살균력이 강해진다.

③ 금속기구 소독 시 날이 무디어질 수 있다.

④ 물리적 소독법에서 가장 효과적이다.

35 미생물의 성장과 사멸에 주로 영향을 미치는 요소로 가장 거리가 먼 것은?

① 영양　　　　　　　　② 수소이온농도

③ 온도　　　　　　　　④ 호르몬

36 유리 제품의 소독방법으로 가장 적당한 것은?

① 끓는 물에 넣고 10분간 가열한다.

② 건열멸균기에 넣고 소독한다.

③ 끓는 물에 넣고 5분간 가열한다.

④ 찬물에 넣고 75℃까지만 가열한다.

37 화장실, 하수도, 쓰레기통 소독에 가장 적합한 것은?

① 알코올　　　　　　　② 연소

③ 승홍수　　　　　　　④ 생석회

38 다음 중 건열 멸균에 관한 내용이 아닌 것은?

① 화학적 살균 방법이다.

② 주로 건열 멸균기(dry oven)를 사용한다.

③ 유리기구, 주사침 등의 처리에 이용된다.

④ 160°C에서 1시간 30분 정도 처리한다.

39 에틸렌 옥사이드(Ethylene Oxide) 가스의 설명으로 적합하지 않은 것은?

① 50~60℃의 저온에서 멸균된다.

② 멸균 후 보존기간이 길다.

③ 비용이 비교적 비싸다.

④ 멸균 완료 후 즉시 사용 가능하다.

답안 표기란

40 ① ② ③ ④
41 ① ② ③ ④
42 ① ② ③ ④
43 ① ② ③ ④
44 ① ② ③ ④

40 소독제로서 석탄산에 관한 설명이 틀린 것은?

① 유기물에도 소독력은 약화되지 않는다.

② 고온일수록 소독력이 커진다.

③ 금속 부식성이 없다.

④ 세균단백에 대한 살균작용이 있다.

41 한선에 대한 설명 중 틀린 것은?

① 체온 조절기능이 있다.

② 진피와 피하지방 조직의 경계부위에 위치한다.

③ 입술을 포함한 전신에 존재한다.

④ 에크린선과 아포크린선이 있다.

42 모발의 색은 흑색, 적색, 갈색, 금발색, 백색 등 여러 가지 색이 있다. 다음 중 주로 검은 모발의 색을 나타나게 하는 멜라닌은?

① 티로신(tyrosine)

② 멜라노사이트(melanocyte)

③ 유멜라닌(eumelanin)

④ 페오멜라닌(pheomelanin)

43 모발의 구성 중 피부 밖으로 나와 있는 부분은?

① 피지선   ② 모표피

③ 모구   ④ 모유두

44 지용성 비타민으로서 결핍하게 되면 출혈발생 시 혈액응고 저하 현상을 일으키는 비타민은?

① 비타민 K   ② 비타민 C

③ 비타민 B1   ④ 비타민 D

45 모세혈관의 울혈에 의해 피부가 발적된 상태를 무엇이라 하는가?

① 소수포   ② 종양

③ 홍반   ④ 자반

46 피부질환 중 지성의 피부에 여드름이 많이 나타나는 이유의 설명 중 가장 옳은 것은?

① 한선의 기능이 왕성할 때

② 림프의 역할이 왕성할 때

③ 피지가 계속 많이 분비되어 모낭구가 막혔을 때

④ 피지선의 기능이 왕성할 때

47 자외선 차단지수를 나타내는 약어는?

① UVC   ② SPF

③ WHO   ④ FDA

48 색소침착 작용으로 인공선탠에 사용하는 광선은?

① UV A   ② UV B

③ UV C   ④ UV D

49 화장품에 배합되는 에탄올의 역할이 아닌 것은?

① 청량감   ② 수렴효과

③ 소독작용   ④ 보습작용

50 페이스(face) 파우더(가루형 분)의 주요 사용 목적은?

① 주름살과 피부결함을 감추기 위해

② 깨끗하지 않은 부분을 감추기 위해

③ 파운데이션의 번들거림을 완화하고 피부화장을 마무리하기 위해

④ 파운데이션을 사용하지 않기 위해

답안 표기란

51 ① ② ③ ④
52 ① ② ③ ④
53 ① ② ③ ④
54 ① ② ③ ④
55 ① ② ③ ④

51 보건복지부령으로 정하는 위생교육을 반드시 받아야 하는 자에 해당되지 않는 것은?

① 공중위생관리법에 의한 명령을 위반한 영업소의 영업주
② 공중위생영업의 신고를 하고자 하는 자
③ 공중위생영업소에 종사하는 자
④ 공중위생영업을 승계한 자

52 영업신고를 하지 않고 영업소의 소재지를 변경한 경우의 행정처분은?

① 경고   ② 면허정지
③ 면허취소   ④ 영업장 폐쇄명령

53 공중위생관리법에서 규정하고 있는 공중위생영업의 종류에 해당되지 않는 것은?

① 이·미용업   ② 건물위생관리업
③ 학원영업   ④ 세탁업

54 공중위생관리법상의 위생교육에 대한 설명 중 옳은 것은?

① 위생교육 대상자는 이·미용업 영업자이다.
② 위생교육 대상자는 이·미용사이다.
③ 위생교육 시간은 매년 8시간이다.
④ 위생교육은 공중위생관리법 위반자에 한하여 받는다.

55 영업소 폐쇄명령을 받고도 계속하여 영업을 하는 경우 관계공무원으로 하여금 해당 영업소를 폐쇄하기 위하여 할 수 있는 조치가 아닌 것은?

① 해당 영업소의 간판 기타 영업표지물의 제거
② 해당 영업소가 위법한 것임을 알리는 게시물 등의 부착
③ 영업을 위하여 필수 불가결한 기구 또는 시설물을 이용할 수 없게 하는 봉인
④ 영업시설물의 철거

답안 표기란

56 ① ② ③ ④
57 ① ② ③ ④
58 ① ② ③ ④
59 ① ② ③ ④
60 ① ② ③ ④

56 이·미용업소에서 음란행위를 알선 또는 제공하거나 이에 대한 손님의 요청에 응한 경우, 1차 위반 시 영업소에 대한 행정처분기준은?

① 영업정지 2월　　　　　　② 영업정지 3월
③ 영업정지 6월　　　　　　④ 영업장 폐쇄

57 다음 중 청문을 실시하여야 할 경우에 해당되는 것은?

① 영업소의 필수불가결한 기구의 봉인을 해제하려 할 때
② 폐쇄명령을 받은 후 폐쇄명령을 받은 영업과 같은 종류의 영업을 하려 할 때
③ 벌금을 부과 처분하려 할 때
④ 영업소 폐쇄명령을 처분하고자 할 때

58 위생교육을 실시한 전문기관 또는 단체가 교육에 관한 기록을 보관·관리하여야 하는 기간은 얼마 이상인가?

① 1월　　　　　　　　　② 6월
③ 1년　　　　　　　　　④ 2년

59 이·미용사가 면허정지 처분을 받고 업무정지 기간 중 업무를 행한 때 1차 위반 시 행정처분 기준은?

① 면허정지 3월　　　　　　② 면허정지 6월
③ 면허취소　　　　　　　　④ 영업장 폐쇄

60 다음 위법사항 중 가장 무거운 벌칙기준에 해당하는 자는?

① 신고를 하지 아니하고 영업한 자
② 변경신고를 하지 아니하고 영업한 자
③ 면허정지 처분을 받고 그 정지 기간 중 업무를 행한 자
④ 공중위생영업자가 준수하여야 할 사항을 준수하지 않은 자

정답

1	①	2	③	3	①	4	②	5	③	6	②	7	③	8	③	9	④	10	④
11	③	12	①	13	①	14	②	15	②	16	③	17	②	18	①	19	③	20	③
21	③	22	①	23	②	24	④	25	②	26	④	27	③	28	①	29	③	30	①
31	③	32	③	33	④	34	④	35	④	36	②	37	④	38	①	39	④	40	③
41	③	42	③	43	②	44	①	45	③	46	③	47	③	48	①	49	④	50	③
51	③	52	④	53	③	54	①	55	④	56	②	57	④	58	④	59	③	60	①

해설

1   미용은 고객 신체의 일부를 소재로 작업하는 소재 선택의 제한성이 있다.

2   (1)의 명칭은 프론트 사이드 포인트(F.S.P), (3)의 명칭은 네이프 포인트(N.P)이다.

3   고구려시대의 고분벽화를 통해 다양한 머리모양을 확인할 수 있다.

4   1920년대 신여성 스타일의 유행 : 김활란(단발머리), 이숙종(높은머리)

5   가위는 날의 두께가 얇고 양날의 견고함이 동일한 것, 협신에서 날끝으로 자연스럽게 구부러진(내곡선) 형태인 것, 가위의 길이, 무게, 손가락 구멍의 크기가 시술자에게 적합한 것으로 선택하여야 한다.

6   헤어 브러시는 털이 빳빳하고 탄력이 있으며 양질의 자연 강모로 만들어진 것이 좋다.

7   두피를 손톱으로 문지르거나 비비면 두피자극이 심하고 상처가 생길 수 있다.

8   오일 린스, 크림 린스는 유성 린스이다.

9   레이저를 사용한 테이퍼링 커트의 잘린 단면은 모발 끝으로 가면서 가늘어진다.

10   원랭스 커트는 커트 섹션(라인)에 따라 패러럴(수평, 평행), 스파니엘, 이사도라, 머시룸 형태가 있다.

11   트리밍은 완성된 형태의 커트선을 최종적으로 다듬고 정돈하는 방법이다.

12   위그(가발) → 수분(분무) → 블로킹(커트 형태에 적합하게 두상의 구획을 나눔) → 슬라이스(커트 형태에 적합한 커트선으로 슬라이스를 나누면서) → 스트랜드(나눈 슬라이스의 모다발을 잡아 커트)

13   퍼머넌트 제1액의 환원작용으로 모발(모피질)의 시스틴 결합을 끊어 "로드"로 형태를 변형하고 제2액의 산화작용에 의한 시스틴 재결합으로 새로 만든 웨이브를 고정하여 영구적인 웨이브를 형성한다.

14   • 모량이 많고 굵은 모발은 스트랜드를 적게 하고 가는 로드를 사용
    • 모량이 적고 가는 모발은 스트랜드를 크게 하고 굵은 로드를 사용

15   정상모발은 제1액 도포 후 10~15분 방치시간 이후 테스트 컬을 진행한다.

16 사이드 베이스(side base) : 잡은 모발을 한쪽 면이 직각이 되도록 베이스의 한쪽 방향으로 당긴 지점에서 커트, 모발이 당겨온 반대 방향이 길어짐

17 아이론 : 모량이 많거나 강한 곱슬머리 또는 직모에 효과적

18 유화(에멀전) : 샴푸를 하기 전 헤어라인과 두피에 묻은 염모제를 손가락으로 원을 그리듯이 문지르는 동작을 반복하며 빠져나오는 염모제를 모발의 끝 방향으로 쓸어내리며 빼낸다.

19 신징은 왁스나 전기 신징기를 사용하여 상한 모발을 그슬리거나 태우는 것이다.

20 정상 두피에는 플레인 스캘프 트리트먼트를 한다.

21 공중보건의 대상 : 지역사회 전체 주민 또는 국민

22 감염병 발생 시 일반인은 환자의 접촉을 피해야 한다.

23 긴촌충(광절열두조충) : 제1숙주(물벼룩), 제2숙주(연어, 송어)의 생식으로 인한 감염

24 휴직과 부서 이동은 산업피로의 근본적인 대책이 되지 못한다.

25 생균백신 : 결핵, 홍역, 폴리오, 두창, 탄저, 광견병, 황열 등

26 보건행정이란 공중보건의 목적(수명연장, 질병예방, 건강증진)을 달성하기 위해 공공의 책임하에 수행하는 행정활동이다.

27 BOD가 높으면 오염도가 높고, DO가 낮으면 오염도가 높다.

28 쥐 : 페스트, 살모넬라증

29 황산화물 : 대기오염의 주원인 물질 중 하나로 석탄이나 석유 속에 포함되어 있어 연소할 때 산화되어 발생되며 만성기관지염과 산성비 등을 유발한다.

30 트라코마 : 이·미용실에서 사용하는 수건을 통해 감염될 수 있는 질병

31 소독효과가 빠르고, 살균 소요시간이 짧아야 한다.

32 멸균 : 모든 미생물을 사멸 또는 제거하는 것

33 생석회 소독법 : 화학적 소독방법

34 • 자비 소독법 : 100℃에서 끓는 물에 20~30분 가열하는 방법으로, 금속성 식기, 면 종류의 의류, 도자기의 소독에 적합
   • 소독법 중 완전 멸균으로 가장 빠르고 효과적인 방법은 고압증기 멸균법이다.

35 미생물 증식의 조건 : 온도, 습도(수분), 영양분, 산소, 수소이온농도, 삼투압

36 건열 멸균법은 유리기구, 금속기구, 자기 제품, 주사기, 분말 등의 멸균에 이용된다.

37 생석회 : 저렴한 비용으로 넓은 장소에 주로 사용(화장실, 하수도, 쓰레기통 소독)

38 건열 멸균법 : 물리적 소독법

39 에틸렌 옥사이드 가스는 독성이 있는 가스이므로 소독 후 허용치 이하로 떨어질 때까지 공기에 장시간 노출시킨 후 사용해야 한다.

40 석탄산 : 피부점막, 금속류, 아포(포자), 바이러스의 소독에는 부적합하다.

41 입술과 생식기를 제외한 전신에 분포한다.

42 • 페오멜라닌 : 노란색과 빨간색 모발(서양인)
   • 유멜라닌 : 흑갈색과 검정색 모발(동양인)

43 피부 밖으로 모발이 나온 부분을 모간이라 하고, 모간부 모발의 횡단면은 바깥쪽부터 모표피, 모피질, 모수질로 구성되어 있다.

44
- 유용성(지용성) 비타민은 비타민 A, D, E, K이다.
- 비타민 K(필로키논)의 결핍 시 혈액응고 저하로 과다 출혈 발생, 피부염 발생, 모세혈관 약화 등의 증상이 나타난다.

45
- 소수포 : 표피 안에 혈청이나 림프액이 고이는 것으로 직경 1cm 미만의 피부융기물
- 종양 : 직경 2cm 이상의 결절
- 홍반 : 모세혈관의 충혈과 확장으로 피부가 붉게 변하는 상태

46 여드름은 피지분비 과다, 여드름 균의 증식, 모공이 막혔을 때 발생하는 모공 내의 염증이다.

47 SPF(Sun Protection Fator)

48
- UV B : 일광화상, 기저층 및 진피 상부까지 전달, 기미, 주근깨 등의 색소침착
- UV C : 살균작용, 피부암 유발

49 에탄올 : 청량감과 휘발성이 있음, 수렴효과, 소독작용

50 페이스(face) 파우더 : 화장의 지속성을 높여주고 파운데이션의 유분기를 잡아준다.

51 공중위생영업소에 종사하는 자는 위생교육 대상자가 아니다.

52 신고를 하지 않고 영업소의 소재지를 변경한 경우의 행정처분
- 1차 위반 : 영업정지 1월
- 2차 위반 : 영업정지 2월
- 3차 위반 : 영업장 폐쇄명령

53 공중위생영업 : 미용업, 이용업, 숙박업, 세탁업, 목욕장업, 건물위생관리업 등

54 위생교육의 대상자는 이·미용업 영업자이며, 교육 시간은 매년 3시간이다.

55 영업소 폐쇄를 위한 조치
- 해당 영업소의 간판 및 영업표지물을 제거
- 해당 영업소가 위법한 영업소임을 알리는 게시물 등의 부착
- 영업을 위하여 필수 불가결한 기구 또는 시설물을 사용할 수 없게 하는 봉인

56 음란행위를 알선 또는 제공한 영업소
- 1차 위반 : 영업정지 3월
- 2차 위반 : 영업장 폐쇄명령

음란행위를 알선 또는 제공한 업주
- 1차 위반 : 면허정지 3월
- 2차 위반 : 면허취소

57 시장·군수·구청장은 신고사항의 직권 말소, 이·미용사의 면허취소 및 면허정지, 일부 시설의 사용중지 및 영업소폐쇄명령 등의 처분을 하고자 하는 때에 청문을 실시할 수 있다.

58 위생교육을 실시한 전문기관 또는 단체가 교육에 관한 기록을 보관·관리하여야 하는 기간은 2년이다.

59 1차 위반 시 면허취소가 되는 경우
- 국가기술자격법에 따라 미용사 자격이 취소된 때
- 결격사유에 해당하는 때
- 이중으로 면허를 취득한 때
- 면허정지 처분을 받고 그 정지 기간 중 업무를 행한 때

60
① 신고를 하지 아니하고 영업한 자 : 1년 이하의 징역 또는 1천만 원 이하의 벌금
② 변경신고를 하지 아니하고 영업한 자 : 6개월 이하의 징역 또는 500만 원 이하의 벌금
③ 면허정지 처분을 받고 그 정지 기간 중 업무를 행한 자 : 300만 원 이하의 벌금
④ 공중위생영업자가 준수하여야 할 사항을 준수하지 않은 자 : 6개월 이하의 징역 또는 500만 원 이하의 벌금

글자
크기　🔍100%　Ⓜ150%　🔍200%　｜화면 배치　전체 문제 수 : 60
안 푼 문제 수 : ☐

답안 표기란

1　① ② ③ ④
2　① ② ③ ④
3　① ② ③ ④
4　① ② ③ ④
5　① ② ③ ④

1 헤어스타일 또는 메이크업에서 개성미를 발휘하기 위한 첫 단계는?

① 구상
② 보정
③ 소재의 확인
④ 제작

2 우리나라 고대 여성의 머리 장식품 중 재료의 이름을 붙여서 만든 비녀로만 된 것은?

① 산호잠, 옥잠
② 석류잠, 호도잠
③ 국잠, 금잠
④ 봉잠, 용잠

3 고대의 미용의 역사에 있어서 약 5,000년 이전부터 가발을 즐겨 사용했던 고대 국가는?

① 이집트
② 그리스
③ 로마
④ 잉카제국

4 1940년대에 유행했던 스타일로, 네이프선까지 가지런히 정돈하여 묶어 청순한 이미지를 부각시킨 스타일이며 아르헨티나의 대통령부인이었던 에바페론의 헤어스타일로 유명한 업스타일은?

① 링고 스타일
② 시뇽 스타일
③ 킨키 스타일
④ 퐁파두르 스타일

5 빗을 선택하는 방법으로 틀린 것은?

① 전체적으로 비뚤어지거나 휘지 않은 것이 좋다.
② 빗살 끝이 가늘고 빗살 전체가 균등하게 똑바로 나열된 것이 좋다.
③ 빗살 끝이 너무 뾰족하지 않고 되도록 무딘 것이 좋다.
④ 빗살 사이의 간격이 균등한 것이 좋다.

6 논스트리핑 샴푸제는 어떤 두발에 가장 좋은가?

① 정상 두발　　　　② 염색한 두발

③ 비듬성 두발　　　④ 지성 두발

7 다음 중 유성 린스(oil rinse)가 아닌 것은?

① 레몬 린스　　　　② 라놀린 린스

③ 올리브유 린스　　④ 크림 린스

8 다음 중 퍼머넌트 제1액의 프로세싱 처리시간이 가장 짧은 모질은?

① 강모　　　　　　② 손상모

③ 발수성모　　　　④ 경모

9 일반적으로 퍼머넌트 웨이브가 잘 나오지 않는 두발은?

① 발수성 두발　　　② 다공성 두발

③ 염색한 두발　　　④ 흡수성 두발

10 다음 중 S컬을 연출할 때 리지를 고정하여 파도 형상의 웨이브를 만드는 데 사용하는 도구는?

① 웨이브클립　　　② 헤어핀

③ 롤러　　　　　　④ 컬링로드

11 물결상이 극단적으로 많은 웨이브로 곱슬곱슬하게 된 퍼머넌트의 두발에서 주로 볼 수 있는 것은?

① 와이드 웨이브　　② 섀도우 웨이브

③ 내로우 웨이브　　④ 마샬 웨이브

12 퍼머넌트 웨이브의 제2액 주제로서 취소산나트륨과 취소산칼륨은 몇 %의 적정 수용액을 만들어서 사용하는가?

① 1~2%　　　　　② 3~5%

③ 5~7%　　　　　④ 7~9%

답안 표기란

6	①	②	③	④
7	①	②	③	④
8	①	②	③	④
9	①	②	③	④
10	①	②	③	④
11	①	②	③	④
12	①	②	③	④

13 다음 중 퍼머넌트 웨이브가 잘 나올 수 있는 경우는?

① 오버 프로세싱으로 시스틴이 지나치게 파괴된 경우

② 사전 샴푸 시 비누와 경수로 샴푸하여 두발에 금속염이 형성된 경우

③ 두발이 저항성모이거나 발수성모로 경모인 경우

④ 와인딩 시 텐션(tension)을 적당히 준 경우

14 모발 위에 얹어지는 힘 혹은 당김을 의미하는 말은?

① 엘리베이션(elevation) ② 웨이트(weight)

③ 텐션(tension) ④ 텍스처(texture)

15 플랫 아이론을 사용하여 스트레이트(straight) 형태의 직모로 만드는 열펌은?

① 매직스트레이트 ② 볼륨 매직

③ 세팅펌 ④ 디지털펌

16 다음 중 모발 끝의 움직임을 강조, 포마드와 젤의 중간 정도의 사용감으로 웨이브나 자연스러운 스타일에 주로 사용하는 헤어스타일링 제품은?

① 헤어 스프레이 ② 헤어 왁스

③ 헤어 세럼 ④ 헤어 오일

17 두발의 다공성에 관한 사항으로 틀린 것은?

① 다공성모란 두발의 간충물질이 소실되어 보습작용이 적어져서 두발이 건조해지기 쉬운 손상모를 말한다.

② 다공성은 두발이 얼마나 빨리 유액(流液)을 흡수하느냐에 따라 그 정도가 결정된다.

③ 두발의 다공성 정도가 클수록 프로세싱 타임을 짧게 하고, 보다 순한 용액을 사용하도록 해야 한다.

④ 두발의 다공성을 알아보기 위한 진단은 샴푸 후에 해야 하는데 이것은 물에 의해서 두발의 질이 다소 변화하기 때문이다.

답안 표기란

13 ① ② ③ ④
14 ① ② ③ ④
15 ① ② ③ ④
16 ① ② ③ ④
17 ① ② ③ ④

18 패치 테스트에 대한 설명 중 틀린 것은?

① 처음 염색할 때 실시하여 반응의 증상이 없을 때는 그 후 계속해서 패치 테스트를 생략해도 된다.

② 테스트할 부위는 귀 뒤나 팔꿈치 안쪽에 실시한다.

③ 테스트에 쓸 염모제는 실제로 사용할 염모제와 동일하게 조합한다.

④ 반응의 증상이 심할 경우에는 피부전문의에게 진료토록 하여야 한다.

19 모표피에만 착색되고 샴푸 후에 지워지는 염모제는?

① 일시적 헤어틴트 ② 반영구적 염모제

③ 영구적 염모제 ④ 유기합성 염모제

20 산화염모제의 제1액 중 알칼리의 주 역할은?

① 모발의 색소를 분해한다.

② 모표피를 팽창시켜 산화염료의 침투를 돕는다.

③ 염료를 발색한다.

④ 환원제와 반응하여 수소를 발생시킨다.

21 시·군·구에 두는 보건행정의 최일선 조직으로 국민건강 증진 및 예방 등에 관한 사항을 실시하는 기관은?

① 병·의원 ② 보건소

③ 보건진료소 ④ 복지관

22 임신 초기에 이환되면 태아에게 치명적인 영향을 주어 선천성 기형아를 낳을 수 있는 질환은 무엇인가?

① 성홍열 ② 풍진

③ 홍역 ④ 디프테리아

답안 표기란

23 ① ② ③ ④
24 ① ② ③ ④
25 ① ② ③ ④
26 ① ② ③ ④
27 ① ② ③ ④
28 ① ② ③ ④

23 다음 중 공중보건의 내용과 거리가 먼 것은?

① 수명연장
② 질병예방
③ 성인병 치료
④ 신체적·정신적 건강 및 효율 증진

24 오염된 주사기, 면도날 등으로 인해 감염이 잘되는 만성 감염병은?

① 렙토스피라증　　　② 트라코마
③ B형 간염　　　　　④ 파라티푸스

25 국가 간이나 지역사회 간의 보건 수준을 비교하는 데 사용되는 대표적인 3대 지표는?

① 평균수명, 모성사망률, 비례사망지수
② 영아사망률, 비례사망지수, 평균수명
③ 유아사망률, 사인별 사망률, 영아사망률
④ 영아사망률, 사인별 사망률, 평균수명

26 감염병예방법상 제2급 감염병인 것은?

① 페스트　　　　　② 말라리아
③ 결핵　　　　　　④ B형간염

27 감자에 함유되어 있는 독소는?

① 에르고톡신　　　② 솔라닌
③ 무스카린　　　　④ 베네루핀

28 인구구성 중 14세 이하가 65세 이상 인구의 2배 정도이며 출생률과 사망률이 모두 낮은 형은?

① 피라미드형(pyramid form)
② 종형(bell form)
③ 항아리형(pot form)
④ 별형(accessive form)

답안 표기란				
29	①	②	③	④
30	①	②	③	④
31	①	②	③	④
32	①	②	③	④
33	①	②	③	④
34	①	②	③	④

29 환경오염지표와 관련해서 연결이 바르게 된 것은?

① 수소이온농도 – 음료수오염지표

② 대장균 – 하천오염지표

③ 용존산소 – 대기오염지표

④ 생물학적 산소요구량 – 수질오염지표

30 다음 중 바이러스에 대한 일반적인 설명으로 옳은 것은?

① 항생제에 감수성이 있다.

② 광학 현미경으로 관찰이 가능하다.

③ 핵산 DNA와 RNA 둘 다 가지고 있다.

④ 바이러스는 살아있는 세포 내에서만 증식 가능하다.

31 소독에 대한 설명으로 가장 옳은 것은?

① 감염의 위험성을 제거하는 비교적 약한 살균작용이다.

② 세균의 포자까지 사멸한다.

③ 아포형성균을 사멸한다.

④ 모든 균을 사멸한다.

32 소독액의 농도표시법에 있어서 소독액 1,000,000mL 중에 포함되어 있는 소독약의 양을 나타낸 단위는?

① 밀리그램(mg)　　　　② 피피엠(ppm)

③ 퍼밀리(‰)　　　　　④ 퍼센트(%)

33 소독제의 농도가 알맞지 않은 것은?

① 승홍 0.1%　　　　　② 알코올 70%

③ 석탄산 0.3%　　　　④ 크레졸 3%

34 미생물을 대상으로 한 작용이 강한 것부터 순서대로 옳게 배열된 것은?

① 멸균 〉 소독 〉 살균 〉 청결 〉 방부

② 멸균 〉 살균 〉 소독 〉 방부 〉 청결

③ 살균 〉 멸균 〉 소독 〉 방부 〉 청결

④ 소독 〉 살균 〉 멸균 〉 청결 〉 방부

35 결핵환자의 객담 처리방법 중 가장 효과적인 것은?

① 소각법   ② 알코올 소독

③ 크레졸 소독   ④ 매몰법

36 이·미용실 바닥 소독용으로 가장 알맞은 소독약품은?

① 알코올   ② 크레졸

③ 생석회   ④ 승홍수

37 소독약품으로서 갖추어야 할 구비조건이 아닌 것은?

① 안전성이 높을 것   ② 독성이 낮을 것

③ 부식성이 강할 것   ④ 융해성이 높을 것

38 다음 중 금속제품 기구소독에 가장 적합하지 않은 것은?

① 알코올   ② 역성비누

③ 승홍수   ④ 크레졸수

39 다음 중 열에 대한 저항력이 커서 자비 소독으로는 멸균이 되지 않는 것은?

① 장티푸스균   ② 결핵균

③ 살모넬라균   ④ B형 간염 바이러스

40 세균 증식에 가장 적합한 최적 수소이온농도는?

① pH 3.5~4.5   ② pH 6~8

③ pH 8.5~9.5   ④ pH 10~11

41 에크린선에 대한 설명으로 틀린 것은?

① 대한선이라고도 한다.

② 손·발바닥 등에 많이 분포한다.

③ 진피 내에 존재한다.

④ 무색, 무취이다.

답안 표기란

35 ① ② ③ ④
36 ① ② ③ ④
37 ① ② ③ ④
38 ① ② ③ ④
39 ① ② ③ ④
40 ① ② ③ ④
41 ① ② ③ ④

42 피부구조에 있어 기저층의 가장 중요한 역할은?

① 팽윤   ② 새 세포 형성

③ 수분방어   ④ 면역

43 모발의 기능이 아닌 것은?

① 저장작용   ② 감각작용

③ 보온작용   ④ 보호작용

44 비타민 C가 인체에 미치는 효과가 아닌 것은?

① 피부의 멜라닌색소의 생성을 억제시킨다.

② 혈색을 좋게 하여 피부에 광택을 준다.

③ 호르몬의 분비를 억제시킨다.

④ 피부의 과민증을 억제하는 힘과 해독작용이 있다.

45 다음 중 바이러스성 질환으로 연령이 높은 층에 발생 빈도가 높고 심한 통증을 유발하는 것은?

① 대상포진   ② 단순포진

③ 습진   ④ 태선

46 화상의 구분 중 홍반, 부종, 통증뿐만 아니라 수포를 형성하는 것은?

① 제1도 화상   ② 제2도 화상

③ 제3도 화상   ④ 중급 화상

47 적외선을 피부에 조사시킬 때 나타나는 생리적 영향의 설명으로 틀린 것은?

① 신진대사에 영향을 미친다.

② 혈관을 확장시켜 순환에 영향을 미친다.

③ 전신의 체온저하에 영향을 미친다.

④ 식균 작용에 영향을 미친다.

42	①	②	③	④
43	①	②	③	④
44	①	②	③	④
45	①	②	③	④
46	①	②	③	④
47	①	②	③	④

48 다음 중 화장품 용기에 표시 및 기재 사항이 아닌 것은?

① 제품의 명칭

② 내용물의 용량 및 중량

③ 제조자의 이름

④ 제조번호

49 피부 관리에서 팩 사용 효과가 아닌 것은?

① 수분 및 영양 공급

② 각질 제거

③ 치유 작용

④ 피부 청정 작용

50 계면활성제에 대한 설명 중 잘못된 것은?

① 계면활성제는 계면을 활성화시키는 물질이다.

② 계면활성제는 친수성기와 친유성기를 모두 소유하고 있다.

③ 계면활성제는 표면장력을 높이고 기름을 유화시키는 등의 특징을 가지고 있다.

④ 계면활성제는 표면활성제라고도 한다.

51 공중위생관리법상 미용업의 정의로 가장 올바른 것은?

① 손님의 얼굴 등에 손질을 하여 손님의 용모를 아름답고 단정하게 하는 영업

② 손님의 머리를 손질하여 손님의 용모를 아름답고 단정하게 하는 영업

③ 손님의 머리카락을 다듬거나 하는 등의 방법으로 손님의 용모를 단정하게 하는 영업

④ 손님의 얼굴·머리·피부 등을 손질하여 손님의 외모를 아름답게 꾸미는 영업

52 다음 중 이·미용사 면허를 받을 수 없는 경우에 해당하는 것은?

① 전문대학 또는 이와 같은 수준 이상의 학력이 있다고 교육부장관이 인정하는 학교에서 이용 또는 미용에 관한 학과 졸업자

② 교육부장관이 인정하는 인문계 학교에서 1년 이상 이·미용사 자격을 취득한 자

③ 국가기술자격법에 의한 이·미용사 자격을 취득한 자

④ 초·중등교육법령에 따른 고등기술학교에서 1년 이상 이·미용에 관한 소정의 과정을 이수한 자

53 신고를 하지 않고 영업소 명칭(상호)을 바꾼 경우에 대한 1차 위반 시의 행정처분 기준은?

① 주의

② 경고 또는 개선명령

③ 영업정지 10일

④ 영업정지 1월

54 이·미용사가 면허증 재발급 신청을 할 수 없는 경우는?

① 면허증을 잃어버린 때

② 면허증 기재사항에 변경이 있는 때

③ 면허증이 못쓰게 된 때

④ 면허증이 더러운 때

55 이·미용업자가 준수하여야 하는 위생관리기준에 대한 설명으로 틀린 것은?

① 영업장 안의 조명도는 100럭스 이상이 되도록 유지해야 한다.

② 업소 내에 이·미용업 신고증, 개설자의 면허증 원본 및 요금표를 게시하여야 한다.

③ 1회용 면도날은 손님 1인에 한하여 사용하여야 한다.

④ 이·미용 기구 중 소독을 한 기구와 소독을 하지 아니한 기구는 각각 다른 용기에 넣어 보관하여야 한다.

56 영업소의 폐쇄명령을 받고도 영업을 하였을 시에 대한 벌칙기준은?

① 2년 이하의 징역 또는 3천만 원 이하의 벌금

② 1년 이하의 징역 또는 1천만 원 이하의 벌금

③ 200만 원 이하의 벌금

④ 100만 원 이하의 벌금

57 이·미용사의 면허증을 다른 사람에게 대여한 경우의 1차 위반 행정처분 기준은?

① 영업정지 2월   ② 면허정지 2월

③ 영업정지 3월   ④ 면허정지 3월

58 공중위생감시원의 자격에 해당되지 않는 사람은?

① 위생사 자격증이 있는 사람

② 대학에서 미용학을 전공하고 졸업한 사람

③ 외국에서 환경기사의 면허를 받은 사람

④ 1년 이상 공중위생 행정에 종사한 경력이 있는 사람

59 공중위생영업소 위생관리등급의 구분에 있어 최우수업소에 내려지는 등급은 다음 중 어느 것인가?

① 백색 등급   ② 황색 등급

③ 녹색 등급   ④ 청색 등급

60 공중위생업소가 의료법을 위반하여 폐쇄명령을 받았다. 최소한 어느 정도의 기간이 경과되어야 동일 장소에서 동일영업이 가능한가?

① 3개월   ② 6개월

③ 9개월   ④ 12개월

미용사 일반 필기 실전모의고사 ⑤ 정답 및 해설

정답

1	③	2	①	3	①	4	②	5	③	6	②	7	①	8	②	9	①	10	①
11	③	12	②	13	④	14	③	15	①	16	②	17	④	18	①	19	①	20	②
21	②	22	②	23	③	24	③	25	②	26	③	27	②	28	②	29	④	30	④
31	①	32	②	33	③	34	③	35	①	36	②	37	③	38	③	39	④	40	②
41	①	42	②	43	①	44	③	45	①	46	②	47	③	48	①	49	③	50	④
51	④	52	②	53	②	54	④	55	①	56	②	57	④	58	②	59	③	60	②

해설

1 고객의 특징을 신속하게 관찰하고 분석하는 소재 확인이 미용의 첫 단계이다.

2 산호잠, 옥잠, 금잠은 재료에 따라 붙여진 비녀의 명칭이다.

3 고대 이집트는 모발을 짧게 자르거나 밀고 가발을 착용하였다.

4 시뇽 스타일은 머리 뒤쪽에서 쪽처럼 말아 틀어 올린 머리 형태이다.

5 빗은 빗몸이 일직선이고 빗살의 간격이 균일하고 뾰족하지 않은 빗살 끝과 일정한 빗의 두께로 열이나 약품에 대한 내구성이 있어야 한다.

6 논스트리핑 샴푸제는 pH가 낮아 두피자극이 적어 염색모발에 사용하면 좋다.

7 레몬 린스는 산성 린스이다.

8 손상모는 모발의 간충물질이 빠져나가 약액의 흡수가 빠르기 때문에 프로세싱 타임을 짧게 한다.

9 발수성 모발은 단단하게 밀착된 모표피에 지질이 둘러싸여 용액의 흡수가 잘 되지 않는 모발로 양액의 흡수도 잘 되지 않는다.

10 • 롤러 : 수분이 있는 모발을 감아 고정하여 일시적인 웨이브를 만드는 도구
    • 컬링 로드 : 퍼머넌트 웨이브를 할 때 사용하는 도구

11 내로우(narrow) 웨이브는 리지 사이의 간격이 좁은 작고 강한 웨이브 형태이다.

12 퍼머넌트 웨이브 제2액은 3~5%의 수용액이다.

13 ①~③은 퍼머넌트 웨이브가 잘 나오지 않는 경우이다.

14 모발을 적당한 텐션으로 당겨 잡아 와인딩, 커트 등의 시술을 한다.

15 볼륨매직 : 반원형 아이론(half round iron)을 사용하여 뿌리의 볼륨을 살리고 모발 끝부분에 C컬을 만드는 열펌

16 헤어 스프레이 : 모근의 볼륨감을 유지하고 헤어 디자인의 형태를 고정

17 약간의 모발을 잡아서 머리끝에서 두피 쪽으로 손가락 끝으로 밀어 봤을 때, 밀려서 나가는 모발의 양이 많으면 손상이 많은 다공성모이다.

18 염색 시술 48시간 전에 테스트한다.

19 일시적 염모제는 모표피 표면층에 일시적 착색하여 사용 후 샴푸로 즉시 제거가 가능하다. 종류로는 컬러 스프레이, 컬러 무스, 컬러 마스카라, 컬러 파우더 등이 있다.

20 산화염모제의 제1액 중 알칼리제는 모표피를 팽창하여 약액의 침투를 돕는다.

21 시·군·구에 두는 보건행정의 최일선 조직으로 국민건강 증진 및 예방 등에 관한 사항을 실시하는 기관 : 보건소

22 임신 초기에 이환되면 태아에게 치명적인 영향을 주어 선천성 기형아를 낳 을 수 있는 질환 : 풍진

23 성인병 치료는 공중보건에 해당되지 않는다.

24 B형 간염 바이러스는 환자의 혈액, 타액, 성접촉, 오염된 주사기, 면도날 등으로 감염될 수 있다.

25 국가 간이나 지역사회 간의 보건 수준을 비교하는 데 사용되는 대표적인 3대 지표 : 영아사망률, 비례사망지수, 평균수명

26 • 제1급 법정감염병 : 페스트
   • 제3급 법정감염병 : 말라리아, B형간염

27 • 감자 : 솔라닌
   • 무스카린 : 버섯
   • 테트로도톡신 : 복어
   • 아미그달린 : 청매

28 종형 : 인구정지형(이상적인 형), 출생률과 사망률이 낮은 형으로, 14세 이하 인구가 65세 이상 인구의 2배 정도인 형태이다.

29 • 수질오염지표 : 용존산소량(DO), 생물화학적 산소요구량(BOD), 화학적 산소요구량(COD)
   • 음용수오염지표 : 대장균수

30 • 바이러스는 세균보다 크기가 훨씬 작아 보통의 광학 현미경으로는 볼 수 없다.
   • 바이러스는 DNA나 RNA 중 한 종류의 핵산을 가지고 있어, 이를 기준으로 DNA 바이러스와 RNA 바이러스로 구분하기도 한다.

• 바이러스는 반드시 살아 있는 세포 내에서 기생할 때에만 증식할 수 있는 특징을 가진다.

31 소독 : 병원성 미생물의 생활력을 파괴하여 죽이거나 또는 제거하여 감염력을 없애는 것으로, 비교적 약한 살균작용이다.

32 피피엠(ppm) : 용액량 1,000,000mL (1,000L) 중에 포함되어 있는 소독액의 양

33 소독제의 농도
   • 승홍 0.1%
   • 알코올 70%
   • 석탄산 3%
   • 크레졸 3%

34 소독 효과 : 멸균 〉살균 〉소독 〉방부 〉청결

35 결핵환자의 객담 처리방법 중 가장 효과적인 것은 소각법이다.

36 크레졸 : 손, 오물, 배설물 등의 소독 및 이·미용실의 실내소독용으로 사용

37 소독약은 부식성 및 표백성이 없어야 한다.

38 승홍수 : 금속류, 상처, 음료수 소독에 부적합

39 B형 간염 바이러스는 열에 대한 저항력이 커서 자비 소독으로는 멸균이 되지 않는다.

40 세균 증식에 가장 적합한 최적 수소이온농도 : pH 6~8(중성)

41 체내 노폐물 등의 분비물을 배출하고 땀을 분비하며 체온조절 역할을 하는 에크린 한선은 소한선이라고도 한다.

42 기저층의 각질형성세포(피부기저세포)는 모세혈관으로부터 영양을 공급받아 세포분열을 하여 피부의 새 세포를 만들어낸다.

43 모발은 보온, 보호, 감각, 장식의 기능을 한다.

44 비타민 C는 노화예방, 멜라닌색소 형성 억제, 미백제 사용, 교원질 형성, 항산화 작용, 모세혈관 강화의 효과가 있다.

45 대상포진은 바이러스 감염 질환으로 심한 통증을 동반하며 신경띠를 따라 길게 군집 수포성 발진 증상이 나타난다.

46 • 제1도 화상 : 피부가 붉어짐
• 제2도 화상 : 홍반, 부종, 통증뿐만 아니라 진피까지 수포 형성
• 제3도 화상 : 흉터가 남음

47 적외선은 피부 깊숙이 침투하여 온열작용으로 혈류 증가를 촉진하고 근육이완, 통증, 긴장감 완화 등의 효과를 준다.

48 화장품 용기 기재 사항
• 화장품의 명칭
• 영업자의 상호 및 주소
• 해당 화장품 제조에 사용된 모든 성분
• 내용물의 용량 또는 중량
• 제조번호
• 사용기한 또는 개봉 후 사용기간
• 가격
• 사용할 때의 주의사항

49 팩이 치유 작용을 하지는 않는다.

50 계면활성제는 표면장력을 감소시키는 역할을 한다.

51 공중위생관리법상 미용업의 정의 : 손님의 얼굴·머리·피부 및 손톱·발톱 등을 손질하여 손님의 외모를 아름답게 꾸미는 영업

52 고등학교 또는 이와 같은 수준의 학력이 있다고 교육부장관이 인정하는 학교에서 이용 또는 미용에 관한 학과를 졸업한 자

53 신고를 하지 않고 영업소의 명칭, 상호, 면적의 1/3 이상을 변경한 경우의 행정처분
• 1차 위반 : 경고 또는 개선명령
• 2차 위반 : 영업정지 15일
• 3차 위반 : 영업정지 1월
• 4차 위반 : 영업장 폐쇄명령

54 면허증 재발급 신청을 할 수 있는 경우
• 면허증의 기재사항 변경 시 (성명 및 주민등록번호의 변경)
• 면허증 분실 시
• 면허증 훼손 시

55 영업장 안의 조명도는 75럭스 이상이 되도록 유지해야 한다.

56 1년 이하의 징역 또는 1천만 원 이하의 벌금의 경우
• 영업의 신고를 하지 아니하고 공중위생영업을 한 사람
• 영업정지 명령 또는 일부 시설의 사용중지 명령을 받고도 그 기간 중에 영업을 하거나 그 시설을 사용한 사람
• 영업소 폐쇄명령을 받고도 계속해서 영업을 한 사람

57 면허증을 다른 사람에게 대여한 경우의 행정처분
• 1차 위반 : 면허정지 3월
• 2차 위반 : 면허정지 6월
• 3차 위반 : 면허취소

58 공중위생감시원의 자격
• 위생사 또는 환경기사 2급 이상의 자격증을 소지한 사람
• 대학에서 화학, 화공학, 환경공학 또는 위생학 분야를 전공하고 졸업한 사람 또는 이와 같은 수준 이상의 학력이 있다고 인정되는 사람
• 외국에서 위생사 또는 환경기사의 면허를 받은 사람
• 1년 이상 공중위생 행정에 종사한 경력이 있는 사람
• 기타 공중위생 행정에 종사하는 사람 중 교육훈련을 2주 이상 받은 사람

59 • 녹색 등급 : 최우수업소
• 황색 등급 : 우수업소
• 백색 등급 : 일반관리 대상 업소

60 성매매처벌법 등 외의 법을 위반하여 폐쇄명령을 받은 영업장소는 6개월이 경과되어야 같은 종류의 영업을 할 수 있다.